自動車用タイヤの
基礎と実際

株式会社ブリヂストン 編

Pneumatic
Tire Technology

東京電機大学出版局

図1-4-2 (1) キャップなしタイヤ、(2) キャップつきタイヤ
第1章 P.15より

図2-3-5 (1) F1グルーブドタイヤ、(2) Indyスリックタイヤ
第2章 P.34より

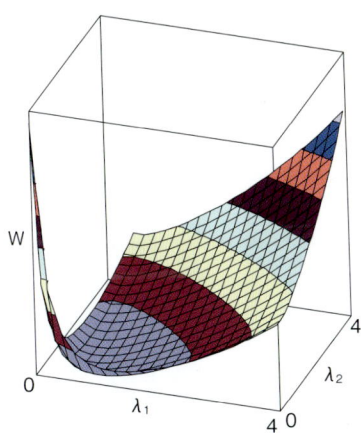

図3-2-2 Ogdenの求めた歪エネルギー関数 W
第3章 P.80より

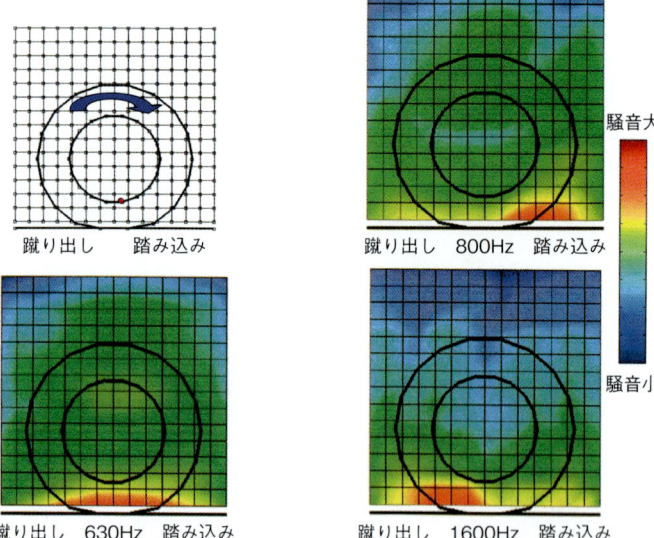

図4-5-3 近接音響ホログラフィーによるタイヤ騒音
第4章 P.189より

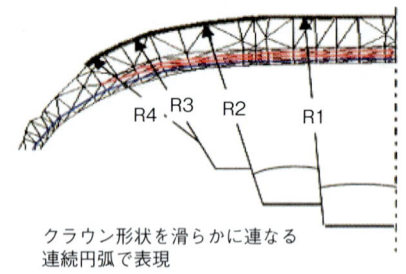

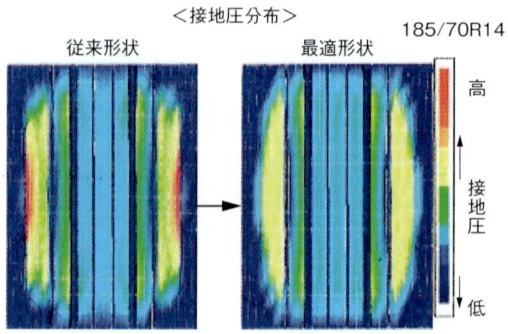

図4-6-9 接地圧均一最適クラウン形状による接地圧分布の変化
第4章 P.212より

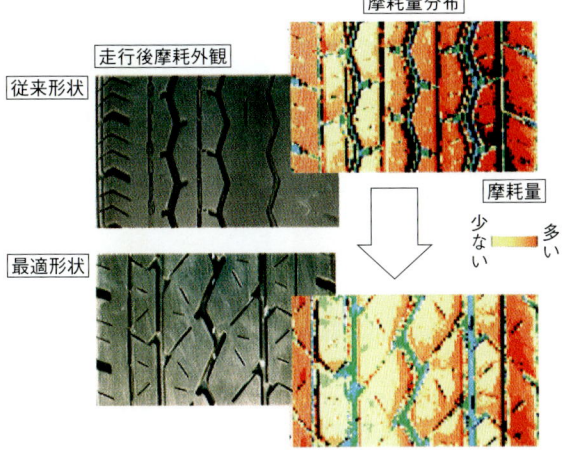

図4-6-10　最適形状による摩耗量分布の変化
第4章　P.213より

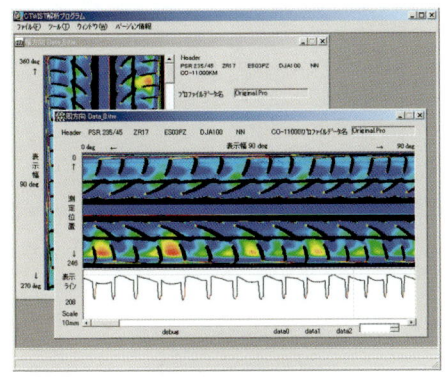

図4-6-17　偏摩耗状態の可視化例
第4章　P.218より

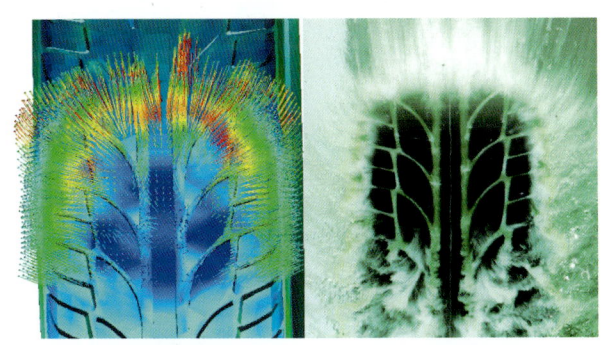

（1）予測結果　　　　　（2）実験観察結果

図4-7-12　タイヤ接地面での水の流れ比較
第4章　P.231より

 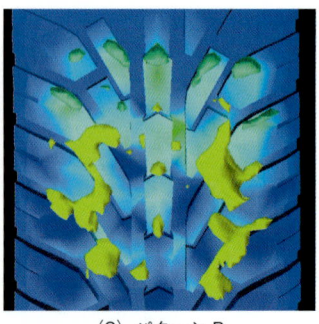

(1) パターンA　　　　　　　　(2) パターンB

図4-7-17　パターンによる雪のせん断応力分布の違い
第4章　P.235より

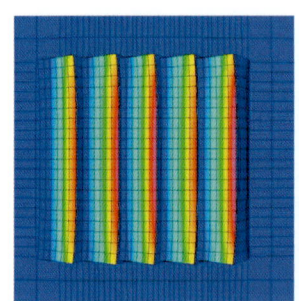 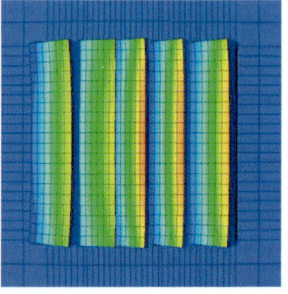

図4-7-21　せん断入力時のブロックの接地面積比較
第4章　P.237より

図5-1-2　タッピングによる天然ゴムラテックスの採取
第5章　P.254より

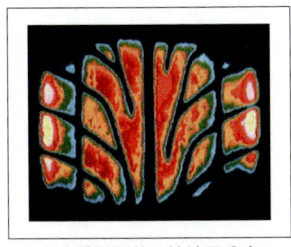 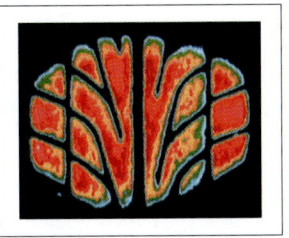

従来設計形状の接地圧分布　　　　最適設計形状の接地圧分布

図6-1-10　自動進化設計法で得られた最適クラウン形状
第6章　P.316より

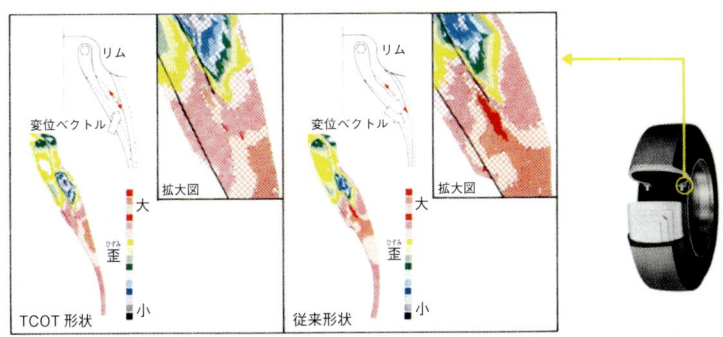

図6-2-3　空気圧充填時におけるビード部プライ端歪の比較
第6章　P.320より

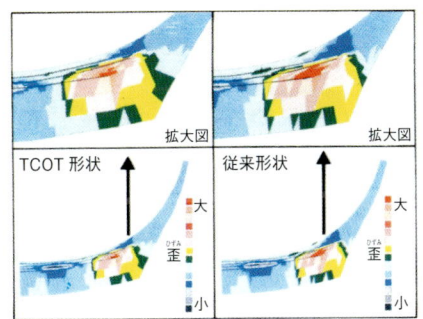

図6-2-4　転動時におけるベルト端部歪分布比較
第6章　P.321より

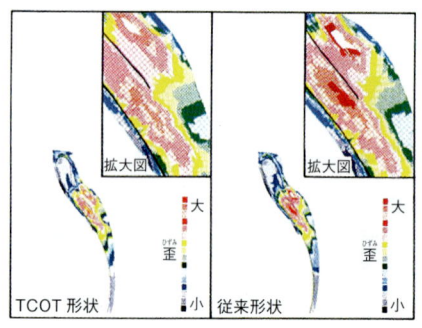

図6-2-5 転動時におけるビード部プライ端部歪分布比較
第6章 P.321 より

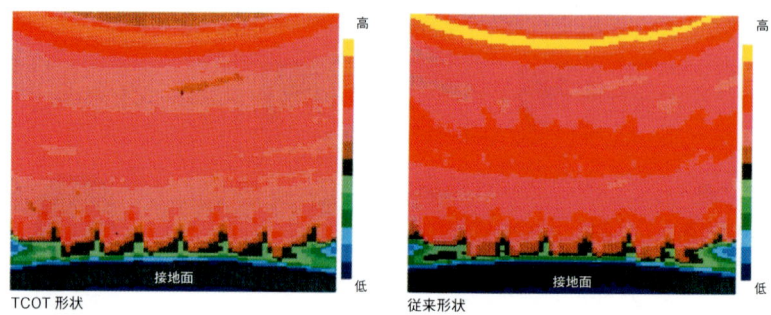

図6-2-6 転動時における発熱性の比較
第6章 P.322 より

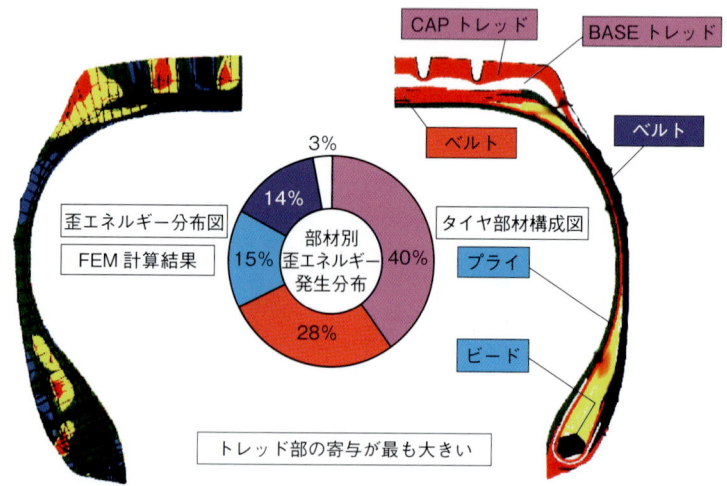

図6-2-13 トラック・バス用タイヤのエネルギーロス分布図
第6章 P.327 より

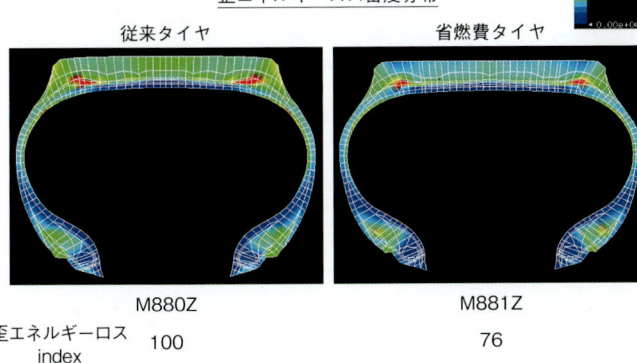

図6-2-14　M880とM881のエネルギーロス比較
第6章　P.328より

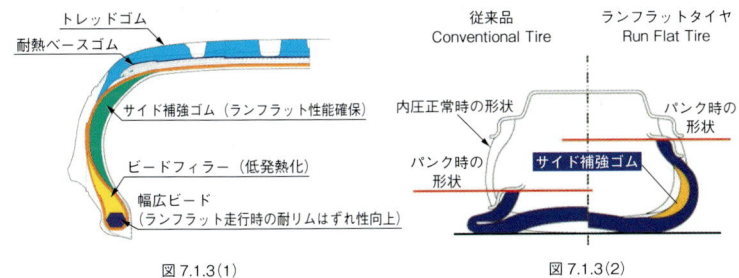

図7-1-3　サイド補強式ランフラットタイヤ
第7章　P.338より

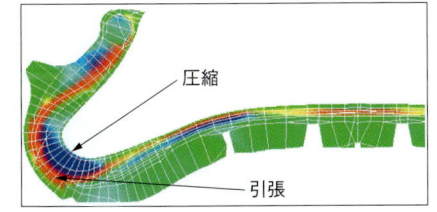

図7-1-5　FEAによるランフラットタイヤの歪予測
第7章　P.339より

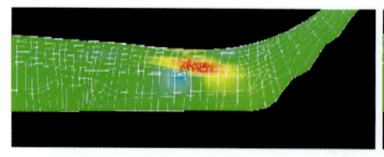 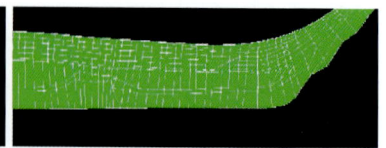

一般ベルト構造　　　　　　　　新ウェーブドベルト構造

図7-2-3　通常ベルト構造と新ウェーブドベルト構造の歪分布比較（FEA、荷重時）
第7章　P.343より

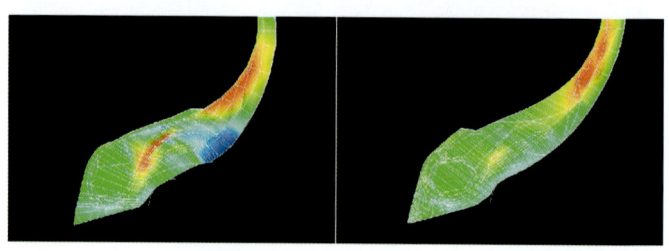

一般ビード構造　　　　　　　　ワインドビード構造

図7-2-5　通常ビード構造とワインドビード構造の歪分布比較
第7章　P.344より

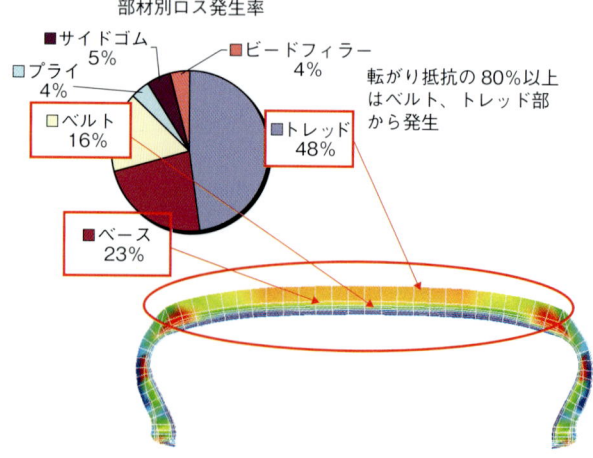

図7-4-1　部材別の歪エネルギーロス発生率の割合（タイヤサイズ；235/35 R 19）
第7章　P.354より

はじめに

　岩波書店の広辞苑によれば、技術とは「科学を実地に応用して自然の物事を改変・加工し、人間生活に応用するわざ。」とある。更に、この科学とは、狭義では自然科学と同義であり、自然科学とは「自然に属する諸対象を取り扱いその法則性を明らかにする学問。普通、天文学・物理学・化学・地学・生物学などに分ける。」となっている。

　本書において対象とするタイヤは自動車の操縦性・安定性の上で重要な役割を果たしていることは言うまでもない。自動車の直進や制動及びコーナリング特性は、ステアリングに伴うタイヤの回転と複雑な接地変形を通じて路面からの力が伝達されることによるものなので、古くから「自動車におけるタイヤの力学は、航空機における空気力学に対応する」と言われている。

　第4章で詳しく触れるが、確かに、タイヤのスリップ角（タイヤの回転面と走行方向との角度）に対するコーナリングフォース（横力）とセルフアライニングトルク（復元トルク）の関係は、主翼の迎え角（Angle of incidence）に対する揚力（Lift）と空気力の頭上げ下げモーメントにそれぞれ対応している。また、タイヤの転がり抵抗は翼の空気抵抗（Drag）に対応し、タイヤに起こる波打ち現象（スタンディングウェーブ；丸いタイヤが多角形に変形する現象）は翼前縁に発生する衝撃波（Mach wave）に対応する。

　更に、それぞれの臨界速度を越えるとともに熱の発生を伴って、いわゆる熱の障壁（Thermal barrier）に当面するなどの相似性がある（**図0**）。ここで、航空機における空気力学のまさに支配的な重要度を想像すれば、自動車におけるタイヤ力学の占める位置は容易に伺い知ることができると思う[1]。

　本書は、タイヤに関する技術解説書として、広い対象の中でも特に学生や

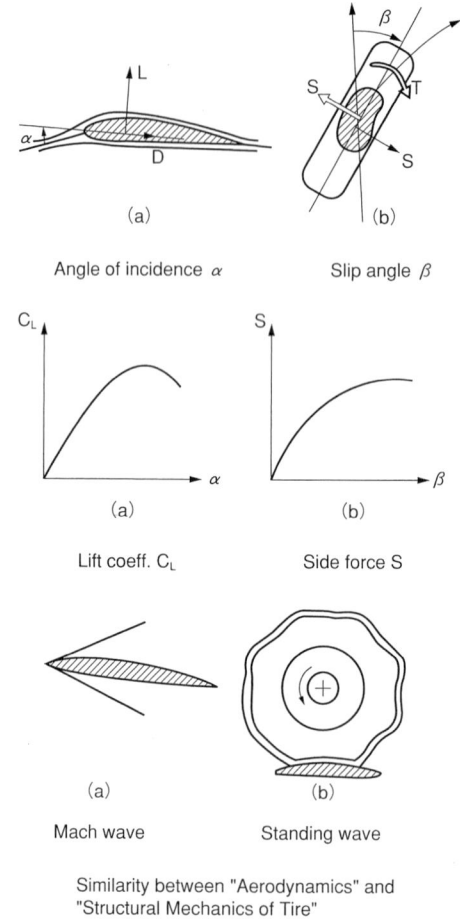

図0　空気力学とタイヤ力学の相似性[1]

参 考 文 献

1) 赤坂研究室 OB 会：赤坂隆教授の足跡、中央大学理工学部、頁21、1995年3月11日

若手技術者に対して、タイヤには広範囲な理学や工学分野が適用されていて、学ばれてきた理学や工学の分野とタイヤ工学との接点があることを識って頂けるよう努めた。

　限られた時間の中で手が及ばないところもあろうかと思うが、本書を読まれ活用されることであろう技術者によって、今後一層の検討・考証が加えられ、純技術的に更なる発展をむかえる日の来ることを希望して已まない。

追　記

　本書は、2006年の初版発行以来、㈱山海堂から刊行され、幸いにも多くの読者から愛用されてきた。このたび東京電機大学出版局から新たに刊行されることとなった。本書が今後とも、読者の役に立つことを願っている。

2008年3月

執筆者一同

目　次

はじめに

第1章　タイヤの概要
1.1　タイヤの歴史 …………………………………………………………………… 1
　1.1.1　タイヤへと到る起源…効率と利便とに応えて ………………………… 1
　1.1.2　初期のタイヤ ……………………………………………………………… 5
　1.1.3　現在のタイヤ ……………………………………………………………… 6
1.2　タイヤの機能 …………………………………………………………………… 7
　1.2.1　ヒトが求めてきた基本機能 ……………………………………………… 7
　1.2.2　圧力容器としてのタイヤ ………………………………………………… 7
　1.2.3　多岐にわたる機能の形 …………………………………………………… 8
1.3　タイヤの構造 …………………………………………………………………… 10
　1.3.1　タイヤの各部分の基本名称 ……………………………………………… 10
　1.3.2　タイヤ内部構材の基本名称と役割 ……………………………………… 10
　1.3.3　チューブタイプとチューブレス ………………………………………… 11
　1.3.4　バイアスとラジアル ……………………………………………………… 12
1.4　タイヤの材料 …………………………………………………………………… 13
　1.4.1　インナーライナー ………………………………………………………… 14
　1.4.2　ビードフィラー …………………………………………………………… 14
　1.4.3　プライ ……………………………………………………………………… 14
　1.4.4　ベルト ……………………………………………………………………… 14
　1.4.5　トレッドゴム ……………………………………………………………… 15
　1.4.6　サイドゴム ………………………………………………………………… 17

第2章　タイヤの種類と特徴
2.1　タイヤの種類と規格・基準 …………………………………………………… 19
　2.1.1　タイヤの種類 ……………………………………………………………… 19
　2.1.2　タイヤの規格 ……………………………………………………………… 20
　　（1）規格とは …………………………………………………………………… 20
　　（2）規格の内容 ………………………………………………………………… 20
　　　（a）タイヤの呼び …………………………………………………………… 20
　　　（b）タイヤの寸法 …………………………………………………………… 21
　　　（c）空気圧と負荷能力 ……………………………………………………… 21
　2.1.3　タイヤの基準 ……………………………………………………………… 22

（1）基準とは………………………………………………………………… 22
　　（2）基準の内容……………………………………………………………… 22
　　　（a）表示要件…………………………………………………………… 22
　　　（b）性能基準…………………………………………………………… 23
2.2　乗用車用タイヤ（Passenger Car Tire；PC）………………………………… 23
　2.2.1　夏用汎用タイヤ……………………………………………………… 24
　2.2.2　夏用高性能タイヤ…………………………………………………… 25
　2.2.3　冬用タイヤ…………………………………………………………… 26
　2.2.4　Tタイプスペアー専用タイヤ……………………………………… 28
2.3　レース用タイヤ……………………………………………………………… 29
　2.3.1　レース用タイヤの歴史……………………………………………… 29
　2.3.2　F1用タイヤの特徴………………………………………………… 34
　2.3.3　F1用タイヤの構造及び形状設計………………………………… 36
　2.3.4　F1用タイヤのパターン設計……………………………………… 38
　2.3.5　F1用タイヤのコンパウンド設計………………………………… 39
　2.3.6　F1用グルーブドタイヤの特徴…………………………………… 39
2.4　二輪自動車用タイヤ（Motor Cycle Tire；MC）…………………………… 42
　2.4.1　一般公道用タイヤ…………………………………………………… 43
　2.4.2　競技（非公道）用タイヤ…………………………………………… 44
　　（1）ロードレース用タイヤ……………………………………………… 45
　　（2）モトクロスレース用タイヤ………………………………………… 45
2.5　トラック・バス用タイヤ（Truck・Bus Tire；TB）………………………… 45
　2.5.1　トラック・バス用タイヤの要求性能……………………………… 45
　2.5.2　トラック・バス用ラジアルタイヤの種類（基本パターンと主な用途）… 46
　2.5.3　トラック・バス用ラジアルタイヤ市場の特徴…………………… 47
2.6　航空機用タイヤ（Air Craft Tire；AC）…………………………………… 48
　2.6.1　航空機用タイヤの使用条件と基本となる要求性能……………… 48
　2.6.2　航空機用タイヤに求められる他の要求性能……………………… 49
　2.6.3　航空機用タイヤにおける動向……………………………………… 49
2.7　建設車輌用タイヤ（Off the Road Tire；OR）……………………………… 50
　2.7.1　建設車輌用タイヤの特徴…………………………………………… 50
　2.7.2　建設車輌用タイヤの種類（主な用途）…………………………… 50
　2.7.3　建設車輌用タイヤの動向…………………………………………… 53
2.8　その他特殊車輌用タイヤ…………………………………………………… 54
　2.8.1　産業車輌用タイヤ（Industrial Tire；ID）………………………… 54
　　（1）産業車輌の用途と特徴……………………………………………… 55
　　（2）タイヤに要求される性能と特徴…………………………………… 55

        2.8.2　農業機械用タイヤ（Agricultural Tire：AG）……………………… 56
            （1）装着される車輌の用途と特徴………………………………… 56
            （2）タイヤに要求される性能と特徴……………………………… 56
        2.8.3　新交通用タイヤ（地下鉄、モノレール、新交通システム用タイヤ）……… 57
            （1）新交通用タイヤの要求性能…………………………………… 57
            （2）新交通の種類…………………………………………………… 58

第3章　タイヤ力学の基礎
    3.1　ゴム系複合材料力学……………………………………………………… 59
        3.1.1　はじめに………………………………………………………… 59
        3.1.2　一方向繊維強化材の複合則…………………………………… 60
        3.1.3　積層材の剛性（古典積層理論）……………………………… 63
        3.1.4　面内せん断剛性………………………………………………… 65
        3.1.5　任意の角度・枚数の積層構成………………………………… 66
        3.1.6　層間ゴムのせん断変形を考慮した積層理論（修正積層理論）…… 66
        3.1.7　修正積層理論…………………………………………………… 67
        3.1.8　任意積層板の修正積層理論…………………………………… 71
        3.1.9　強い非線形の応力～歪特性を有する複合材（ウェーブドベルト）……… 72
        3.1.10　円弧梁のモデル……………………………………………… 73
        3.1.11　古典積層理論を用いた解析モデル………………………… 74
        3.1.12　有限変形弾性論を用いた解析モデル……………………… 75
    3.2　ゴムの力学と計測………………………………………………………… 77
        3.2.1　非線形弾性……………………………………………………… 77
        3.2.2　線形粘弾性……………………………………………………… 82
    3.3　空気入りタイヤの力学…………………………………………………… 87
        3.3.1　膜理論に基く形状理論………………………………………… 87
        3.3.2　有限要素法を用いた形状理論………………………………… 93

第4章　タイヤの特性
    4.1　タイヤのばね特性………………………………………………………… 101
        4.1.1　断面形状について……………………………………………… 102
        4.1.2　半径方向剛性（Kr）…………………………………………… 103
        4.1.3　横剛性（Ks）…………………………………………………… 107
        4.1.4　面内回転剛性（Kt）…………………………………………… 110
        4.1.5　3次元タイヤモデル…………………………………………… 114
        4.1.6　ばね特性の計測方法…………………………………………… 116
    4.2　タイヤの耐久性…………………………………………………………… 118

- 4.2.1 耐久性 ……………………………………………………… 118
- 4.2.2 ドラム耐久試験機（計測法） ……………………………… 122
- 4.3 操縦安定性能 ………………………………………………………… 124
  - 4.3.1 タイヤのコーナリング特性と各要因の効果 ………………… 126
    - （1）CP の要因効果 ………………………………………… 128
      - （a）設計要因 …………………………………………… 128
      - （b）内圧の影響 ………………………………………… 128
    - （2）最大コーナリングフォース（CFmax）の要因効果 …… 129
      - （a）設計要因 …………………………………………… 129
      - （b）内圧の影響 ………………………………………… 129
      - （c）荷重の影響 ………………………………………… 130
    - （3）残留 CF・残留 SAT ………………………………… 131
    - （4）制動・駆動時のコーナリング特性 …………………… 132
      - （a）内圧の影響 ………………………………………… 133
      - （b）荷重の影響 ………………………………………… 133
      - （c）設計要因の影響 …………………………………… 134
    - （5）コーナリングフォースの過渡特性 …………………… 134
  - 4.3.2 車輌運動とタイヤ特性 ………………………………………… 137
    - （1）車の操縦安定性を示す基本特性 ……………………… 137
    - （2）操縦安定性に及ぼすタイヤ特性の寄与 ……………… 139
      - （a）セルフアライニングトルク ……………………… 141
      - （b）ロールによる荷重の効果 ………………………… 141
      - （c）内圧による変化 …………………………………… 142
      - （d）CP の前後バランス ……………………………… 142
  - 4.3.3 車輌開発の CAE 化とタイヤモデル ………………………… 142
    - （1）実験式モデル …………………………………………… 145
      - （a）Magic Formula タイヤモデル …………………… 145
        - ⅰ）Pure Slip 条件 ……………………………………… 145
        - ⅱ）Combined Slip 条件 ……………………………… 149
    - （2）物理モデル ……………………………………………… 151
      - （a）代表的な物理モデル ……………………………… 151
        - ⅰ）SWIFT ……………………………………………… 151
        - ⅱ）FTire ……………………………………………… 152
        - ⅲ）RMOD-K、CDTire ……………………………… 153
      - （b）物理モデルのパラメーター ……………………… 153
  - 4.3.4 タイヤ単体操縦性試験の種類 ………………………………… 154
    - （1）自由転動時操縦性試験 ………………………………… 154

（2）制駆動時操縦性試験……………………………………………… 157
　　（3）過渡応答試験…………………………………………………… 157
　　（4）実路操縦性試験………………………………………………… 158
4.4　タイヤの振動特性………………………………………………………… 158
　4.4.1　はじめに…………………………………………………………… 158
　4.4.2　自動車における振動騒音現象の概要…………………………… 159
　4.4.3　タイヤ振動に対する基本的な考え方…………………………… 161
　4.4.4　動的ばね特性……………………………………………………… 161
　4.4.5　エンベロープ特性………………………………………………… 163
　4.4.6　タイヤ振動特性…………………………………………………… 165
　　（1）タイヤの固有振動数…………………………………………… 165
　　（2）タイヤ空洞共鳴………………………………………………… 168
　　（3）トレッド部の振動……………………………………………… 170
　　（4）振動伝達特性…………………………………………………… 172
　　（5）動的突起乗り越し特性………………………………………… 174
　4.4.7　自動車における振動・騒音現象の詳細………………………… 176
　　（1）タイヤのユニフォーミティ…………………………………… 176
　　　（a）サンプ………………………………………………………… 177
　　　（b）ビート音……………………………………………………… 178
　　　（c）ラフネス……………………………………………………… 178
　　（2）ハーシュネス…………………………………………………… 178
　　　（a）ハーシュネスに関するCAE適用例………………………… 179
　　　（b）ハーシュネスの対応策……………………………………… 179
　　（3）ロードノイズ…………………………………………………… 180
　　　（a）ロードノイズの特徴………………………………………… 181
　　　（b）路面及び車速………………………………………………… 181
　　　（c）タイヤ振動特性……………………………………………… 182
　　　（d）ロードノイズに関するCAE適用例………………………… 182
4.5　タイヤ道路騒音…………………………………………………………… 185
　4.5.1　概要………………………………………………………………… 185
　4.5.2　室内試験法………………………………………………………… 186
　4.5.3　タイヤ道路騒音の音源探査……………………………………… 188
　4.5.4　タイヤ道路騒音の発生メカニズム……………………………… 190
　　（1）パターン主溝共鳴音…………………………………………… 190
　　（2）パターン加振音………………………………………………… 191
　　（3）その他の音……………………………………………………… 192
　4.5.5　タイヤへの入力…………………………………………………… 192

（1）パターンによる入力 …………………………………………………… 192
　　　（2）路面凹凸による入力 …………………………………………………… 193
　　　（3）タイヤと路面間のすべり ……………………………………………… 195
　　4.5.6　タイヤ伝達特性 …………………………………………………………… 196
　　　（1）気柱管共鳴 ……………………………………………………………… 196
　　　（2）その他の音響特性 ……………………………………………………… 197
　　　（3）タイヤ振動特性 ………………………………………………………… 197
4.6　タイヤの摩耗特性 ……………………………………………………………… 199
　　4.6.1　偏摩耗発生メカニズム …………………………………………………… 199
　　　（1）主な偏摩耗の種類と発生メカニズム ………………………………… 199
　　　　（a）ヒール＆トー（H&T）摩耗 ……………………………………… 199
　　　　（b）センター摩耗、両減り摩耗、片減り摩耗、肩落ち摩耗 ………… 199
　　　　（c）リバーウエア（幅方向の段差摩耗）…………………………… 200
　　　　（d）多角形摩耗 …………………………………………………………… 200
　　　（2）強制摩耗と自励摩耗 …………………………………………………… 200
　　　（3）摩耗エネルギーの概念 ………………………………………………… 202
　　　（4）放物線接地圧モデル …………………………………………………… 204
　　　（5）タイヤに働くローカルな力 …………………………………………… 206
　　　　（a）ゴムの非圧縮性に起因する力 …………………………………… 206
　　　　（b）ベルト（トレッドベース）との相対変位に起因する力 ……… 207
　　　（6）径差の概念 ……………………………………………………………… 207
　　　（7）接地圧分布と偏摩耗性 ………………………………………………… 208
　　　（8）偏摩耗性向上技術 ……………………………………………………… 209
　　　　（a）偏摩耗吸収リブ …………………………………………………… 209
　　　　（b）横力防御グルーブ ………………………………………………… 210
　　　　（c）ドーム型3次元ブロック形状 …………………………………… 210
　　　　（d）接地圧均一最適クラウン形状 …………………………………… 211
　　4.6.2　摩耗試験 …………………………………………………………………… 213
　　4.6.3　室内での摩耗試験 ………………………………………………………… 213
　　　（1）摩耗ドラムの構成 ……………………………………………………… 214
　　　（2）耐摩耗試験 ……………………………………………………………… 215
　　　（3）偏摩耗試験 ……………………………………………………………… 215
　　　（4）実走行状態を模擬した条件設定法 …………………………………… 216
　　　（5）偏摩耗の可視化と定量化 ……………………………………………… 218
　　4.6.4　摩耗エネルギーの測定 …………………………………………………… 219
　　　（1）踏面観察機の構成 ……………………………………………………… 219
　　　（2）摩耗エネルギーの測定例 ……………………………………………… 220

（3）踏面観察機による摩耗予測 …………………………………………………… 221
　4.7　タイヤの摩擦特性 …………………………………………………………………… 223
　　はじめに ………………………………………………………………………………… 223
　　4.7.1　タイヤの摩擦特性の考え方 …………………………………………………… 223
　　　（1）ブラッシュモデルと s–μ 特性 ………………………………………………… 223
　　　（2）トレッドブロックの変形 ……………………………………………………… 225
　　　（3）ケースの変形 …………………………………………………………………… 227
　　　（4）路面性状の影響 ………………………………………………………………… 227
　　4.7.2　ハイドロプレーニング現象 …………………………………………………… 229
　　　（1）ハイドロプレーニングの考え方 ……………………………………………… 229
　　　（2）予測手法 ………………………………………………………………………… 231
　　4.7.3　雪上性能 ………………………………………………………………………… 232
　　　（1）雪上性能の考え方 ……………………………………………………………… 232
　　　（2）予測手法 ………………………………………………………………………… 234
　　4.7.4　氷上性能 ………………………………………………………………………… 234
　　　（1）氷上性能の考え方 ……………………………………………………………… 234
　　　（2）予測手法 ………………………………………………………………………… 236
　4.8　タイヤの転がり抵抗 ………………………………………………………………… 237
　　4.8.1　考え方 …………………………………………………………………………… 237
　　4.8.2　転がり抵抗の計測 ……………………………………………………………… 240
　　　（1）フォース式 ……………………………………………………………………… 241
　　　（2）トルク式 ………………………………………………………………………… 241
　　　（3）パワー式 ………………………………………………………………………… 241
　　　（4）惰行式 …………………………………………………………………………… 241
　　4.8.3　予測 ……………………………………………………………………………… 242

第5章　タイヤの構成材料

　5.1　ゴム材料 ……………………………………………………………………………… 253
　　5.1.1　タイヤに用いられる代表的なポリマー ……………………………………… 253
　　　（1）天然ゴム（Natural Rubber；NR）…………………………………………… 253
　　　（2）合成ゴム ………………………………………………………………………… 255
　　　　（a）合成イソプレン（Isoprene Rubber；IR）………………………………… 256
　　　　（b）スチレンブタジエンゴム（Styrene Butadiene Rubber；SBR）………… 257
　　　　（c）ブタジエンゴム（Butadiene Rubber；BR）……………………………… 261
　　　　（d）ブチルゴム（Isobutylene Isoprene Rubber；IIR）……………………… 262
　　5.1.2　充填剤 …………………………………………………………………………… 266
　　　（1）カーボンブラック ……………………………………………………………… 266

　　　　（a）カーボンブラックの形態……………………………………………267
　　　　　①粒子径………………………………………………………………268
　　　　　②ストラクチャー……………………………………………………268
　　　　　③粒子表面の化学的性質……………………………………………269
　　　（2）シリカ…………………………………………………………………270
　　5.1.3 加硫剤及び加硫促進剤……………………………………………………274
　　　（1）加硫剤…………………………………………………………………274
　　　（2）加硫促進剤……………………………………………………………275
　　5.1.4 老化防止剤…………………………………………………………………277
　　　（1）Chain Breaking Antioxidants（ラジカル連鎖禁止剤）……………278
　　　（2）Peroxide Decomposers（過酸化物分解剤）…………………………279
　　5.1.5 タイヤ用材料の配合設計…………………………………………………281
　　　（1）低転がりタイヤの開発………………………………………………283
　　　（2）タイヤ用各部材の配合設計…………………………………………284
5.2 有機繊維補強材料……………………………………………………………………287
　　5.2.1 有機繊維補強材料概論……………………………………………………287
　　5.2.2 代表的なタイヤの有機繊維補強材料……………………………………287
　　5.2.3 有機繊維材料の構造と物理特性…………………………………………288
　　5.2.4 有機繊維の用途と種類……………………………………………………288
　　5.2.5 補強用繊維材料の使用量変遷……………………………………………292
　　5.2.6 繊維種と接着手法の違い…………………………………………………292
　　5.2.7 タイヤ用補強有機繊維の疲労……………………………………………294
5.3 スチールコード……………………………………………………………………295
　　5.3.1 スチールコードの役割……………………………………………………295
　　　（1）スチールコードの特徴………………………………………………295
　　　（2）タイヤ内スチールコードへの要求特性……………………………296
　　　　（a）強力………………………………………………………………297
　　　　（b）疲労性……………………………………………………………297
　　　　（c）接着耐久性………………………………………………………297
　　　　（d）剛性………………………………………………………………298
　　5.3.2 スチールコードの特性支配因子…………………………………………299
　　　（1）綱材……………………………………………………………………299
　　　（2）メッキ…………………………………………………………………300
　　　（3）撚り構造………………………………………………………………301

第6章　タイヤの設計

6.1 乗用車用タイヤの設計……………………………………………………………305

6.1.1　形状設計······305
　（1）タイヤ外径・断面幅······305
　（2）トレッド幅······306
　（3）クラウンR······306
　（4）サイドR1・R2······306
　（5）ビード形状······306
6.1.2　構造設計······307
　（1）カーカス構造設計······307
　（2）ベルト構造設計······308
　（3）ビード構造設計······309
6.1.3　パターン設計······309
　（1）平滑路面でのパターンノイズ······310
　（2）ハイドロプレーニング性能······311
　（3）偏摩耗性······311
　（4）雪上性能······311
6.1.4　材料設計······311
　（1）トレッドゴム······312
　（2）サイドウォールゴム······312
　（3）インナーライナーゴム······312
　（4）ベルトゴム······313
　（5）カーカスゴム······313
6.1.5　新しい設計の流れ；最適設計技術······313
　（1）タイヤ形状の最適化······314
　（2）クラウン形状の最適化······315
6.2　トラック・バス用タイヤの設計······316
　6.2.1　トラック・バス用タイヤへの要求性能······316
　6.2.2　基本構造設計······317
　　（1）トレッドパターン〜構造······317
　　（2）ベルト構造······317
　　（3）ビード構造······318
　　（4）ケースライン······319
　6.2.3　代表的なタイヤ性能について······322
　　（1）耐久性能······322
　　（2）摩耗ライフ······323
　　（3）偏摩耗性······324
　　（4）燃費性······326
　　（5）ウェット性······328

（6）氷雪上性 ･･ 329
　　　（7）ワンダリング性 ･･ 331
　　6.2.4　設計の手順 ･･ 332
　　6.2.5　今後の設計の流れ ･･ 333

第7章　タイヤの現状と将来
　7.1　ランフラットタイヤ ･･ 335
　　7.1.1　はじめに ･･ 335
　　7.1.2　ランフラットタイヤの歴史 ･････････････････････････････････ 336
　　7.1.3　ランフラットタイヤの種類と特徴 ･･････････････････････ 337
　　　（1）サイド補強式ランフラットタイヤ ･･････････････････････ 337
　　　（2）中子式ランフラットタイヤ ････････････････････････････････ 339
　　7.1.4　ランフラットタイヤの今後 ･････････････････････････････････ 340
　7.2　超偏平シングルタイヤ「GREATEC（グレイテック）」
　　　　及び安全装置「AIRCEPT（エアーセプト）」･･････････････ 341
　　7.2.1　シングル化傾向 ･･ 341
　　7.2.2　超偏平シングルタイヤ「GREATEC」･･････････････････ 342
　　　（1）シングル化のメリット ･･ 342
　　　（2）ベルト耐久性～ウェーブドベルト構造～ ･･････････････ 343
　　　（3）ビード耐久～ワインドビード構造～ ･･････････････････････ 343
　　7.2.3　安全装置「AIRCEPT」･･･････････････････････････････････････ 345
　　　（1）タイヤ損傷とエアー流出速度 ･･････････････････････････････ 345
　　　（2）安全装置コンセプト ･･･ 346
　　7.2.4　トラック・バス用シングルタイヤの今後 ･･･････････････ 347
　7.3　ITタイヤ（Intelligent Tire）･････････････････････････････････････ 348
　　7.3.1　はじめに ･･･ 348
　　7.3.2　RFID（Radio Frequency Identification）･････････････････ 350
　　7.3.3　TPMS（Tire Pressure Monitoring Sensor；内圧警報装置）･･････････ 350
　　7.3.4　路面情報・車輌状況のセンシング ････････････････････････ 352
　7.4　『環境』に関するタイヤの技術革新 ････････････････････････････ 353
　　7.4.1　はじめに ･･･ 353
　　7.4.2　低転がり抵抗用タイヤ輪郭形状 ････････････････････････････ 353
　7.5　インホイールモーター駆動システム ･･･････････････････････････ 359
　　7.5.1　インホイールモーターシステムの接地特性 ･････････････ 359
　　7.5.2　ダイナミックダンパーの適用 ･･･････････････････････････････ 362

おわりに ･･ 367
索引 ･･ 368

第1章 タイヤの概要

1.1 タイヤの歴史

1.1.1 タイヤへと到る起源…効率と利便とに応えて

　考古学や文化人類学の教本ではないが、人類の生活発展の歴史の一端を垣間見ることによって、タイヤへの歴史に結び付けることができる。

　先ず、ヒトが歩くようになり、生活を利便にし、効率化するために物を運ぶ「輸送」という行為が出現する。ヒト自身が運んでいたものを今で言うところの機械化することになる。この機械化「輸送」に車輪が一翼を担って、経済の発展に寄与していくことになる。この「輸送」は、ヒトが楽をして効率的に作業を進めることを起源としており、古代にその起源を認めることができる。メソポタミアのシュメールの絵（図1-1-1）に描かれている紀元

図1-1-1　シュメールの4輪車の絵、木製の車輪（紀元前2600年ごろ）[1)]

前2600年ごろの木製の車輪がつとに有名である[1]。

　人間というものは、複数集まると、競争を始める。現在のオリンピックの起源となっているのがマラソンである。ヒトが二人対峙して、「どちらが早いか（速いか）？」といった意識が自然と湧き出してきた結果、発生したものである。競争原理に他ならない。その「競争」は、ヒト自身が走る「競走」から、道具を使った「競争」へと長い歴史を辿ることになる。先ずは、速く走る道具を動物に求めることになる。馬を想像されるだろう。更に、競技性が加わってくると、チャールトン・ヘストン主演の映画ベンハーに出てくるようなローマ時代の馬に牽かせる車輪付き競技用台車が現れる（**図1-1-2**）。これは、映画解説等を見ると、戦車競技とか戦車レースという名前で紹介されている。イタリアのローマ郊外にあるバレルンガというサーキットがあるが、かつては、こうしたローマ時代の戦車競技場だったと言われている。

　その後、クルマが出現すると、その耐久性を競い合う競技としてレースが行われ、公

図1-1-2　映画ベンハーでの戦車競技

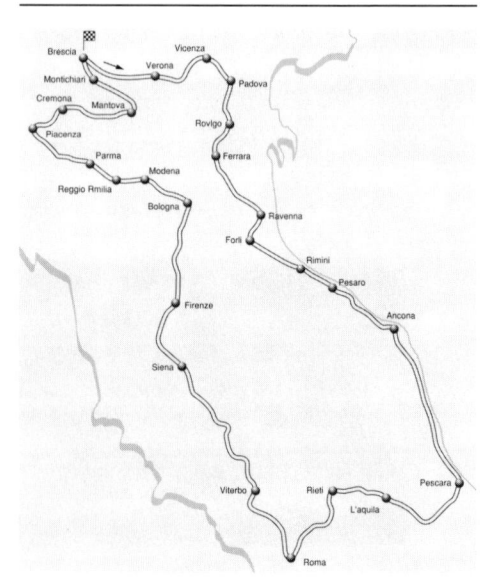

図1-1-3　（1）ミレミリアのコース図

道レース（有名なロードレースとしては、北イタリア地域で 1927 年から 1957 年まで開催された図 1 - 1 - 3 のミレミリアが知られている）から、クローズドの舗装コースを使う現代の F1 に代表されるレースへと、レース自体の進化に沿う形で、タイヤの姿もまた、進化を続けてきた（図 1 - 1 - 4）。

図 1 - 1 - 3 （2）ミレミリアのレース風景

人間の欲求は、当然「競争」だけではない。「食」がある。米や麦が、我々の主食になったのは、やはり人類の歴史の中で、車輪からタイヤへの進化が寄与している。稲作、畑作、そして、人馬に代わるディーゼルエンジンを積んだ農業用機械（トラクター）の出現である。米国の Mid-west を中心とした大穀倉地帯は、その規模から、当然のように機械化を要求した。トラクターは、土の上を進まなければならないわけで、現在よく言われるところのトラクションが必要となる。

初期のトラクターは、現在のようなタイヤを履いていなかった。先の車輪タイプである。鉄輪に、トラクションを稼ぐためのヒレ状のプレートがついたものであった（図 1 - 1 - 5 （1））。Firestone Tire & Rubber Company（現在はブリヂストンの米国子会社；Bridgestone Americas Holding, Inc.）の創業者であるハーベイ・ファイアストン

図 1 - 1 - 4 F1 のタイヤ

図1-1-5 (1) トラクター用の鉄輪

図1-1-5 (2) その後の空気入りタイヤ

は、自身でも農場を持っていた。当時のこの鉄輪トラクターで、農地を耕すこともしていた。いくら土の上といっても、大規模農地で長時間作業をしていれば、振動で疲れることになる。こうした農業の最前線での作業効率や快適性から、ゴムを使ったタイヤで、しかも後述の空気入りタイヤとなる Agricultural Tire（図1-1-5（2））を開発し世に送り出した。米国が農業大国となれたのも、こうした「ヒト」と「クルマという機械」と「タイヤ」との関係があったればこそである。

　次は、ヒト自身の「移動」である。この「移動」という領域でも、馬に引かせる幌馬車の車輪の形態に始まり、ある時から機械化の波が訪れ、現代のクルマ社会でのタイヤへと発展する。こうして、「輸送」「競争」「食」「移動」といったヒトの欲求が、今のタイヤの母体らしきモノとして、「丸いモノ＝車輪」を生み、長い歴史を経てタイヤへと進化し、世界を楽しくそして便利に変えるきっかけとなった。

1.1.2　初期のタイヤ

　読者の中には、「タイヤ＝ゴムのかたまりでタイ焼きのように型に入れてどんどんできる」といったイメージをお持ちの方もおられようが、後の各章で解説されるように、単なる「タイヤ＝ゴムのかたまり」ではない。

　車輪の初期の材料は木。構造は単純な丸太の輪切り。西部劇時代となれば、幌馬車の車輪が登場する。だが、まだ材料は木。それを組み合わせて今で言うところの放射状スポークに相当する構造となる。それでも、この時点での車輪には、今であれば皆が口にするクッション機能は無く、揺れるに任せて乗らなければならなかったことは、映画で馬車の揺れている映像を見れば、そうかと思い出される。この車輪の時代は続いた。ヒトは、「輸送」でも「競争」でも「食」でも「移動」でも、常に一歩先の望みをかなえるために、技術を高め、望みを達成してきた。

　その現在のタイヤに繋がる第一歩となったのが、ゴムの出現によるゴム付き車輪である。今でこそ、我々の日常生活には、当たり前のものとなっているが、空気入りではない。しかし、柔らかさをあたえるゴムという要素材料が出現したのである。スポークのついたリムにゴムをつけたもの、つまりソリッドタイヤに分類されるものである。かつての馬車用タイヤの製造の様子が写真で残っている（図1-1-6）。

　ゴムは、確かに、今風に言うグリップの助けにはなったであろう。しかしながら、これまた今風に言うクッション性には程遠く、まだ、車輪の殻を抜

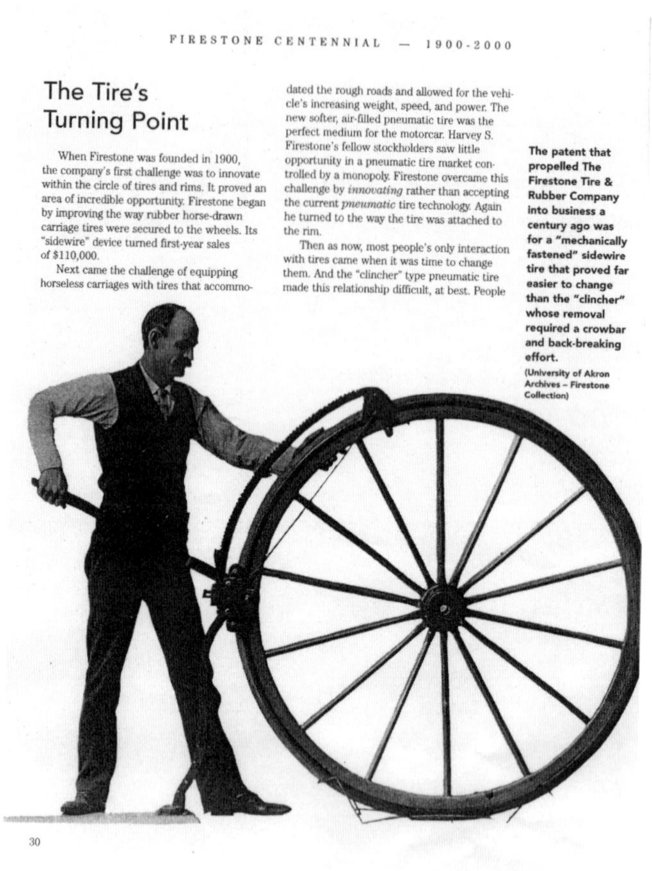

FIRESTONE CENTENNIAL — 1900-2000

The Tire's Turning Point

When Firestone was founded in 1900, the company's first challenge was to innovate within the circle of tires and rims. It proved an area of incredible opportunity. Firestone began by improving the way rubber horse-drawn carriage tires were secured to the wheels. Its "sidewire" device turned first-year sales of $110,000.

Next came the challenge of equipping horseless carriages with tires that accommodated the rough roads and allowed for the vehicle's increasing weight, speed, and power. The new softer, air-filled pneumatic tire was the perfect medium for the motorcar. Harvey S. Firestone's fellow stockholders saw little opportunity in a pneumatic tire market controlled by a monopoly. Firestone overcame this challenge by *innovating* rather than accepting the current *pneumatic* tire technology. Again he turned to the way the tire was attached to the rim.

Then as now, most people's only interaction with tires came when it was time to change them. And the "clincher" type pneumatic tire made this relationship difficult, at best. People

The patent that propelled The Firestone Tire & Rubber Company into business a century ago was for a "mechanically fastened" sidewire tire that proved far easier to change than the "clincher" whose removal required a crowbar and back-breaking effort.

(University of Akron Archives – Firestone Collection)

30

図1-1-6　昔のソリッドタイヤ製造風景

け切っていなかった。

1.1.3　現在のタイヤ

ここからが、今のタイヤに繋がる歴史となる。今我々が日常生活で、クルマにつけている「空気入りタイヤ（Pneumatic Tire）」への発展である。（尚、Tyre が英語で、Tire が米語となる。）

この空気入りタイヤの原型は、1846 年にスコットランドの一技師 R. W.

トンプソンによって発明された。しかし、耐久性が不充分で、この発明は42年間埋もれていた。その後、1888年に、この空気入りタイヤは、アイルランドの獣医師であるJ. B. ダンロップによって、自転車用タイヤに応用され世の中に登場した[2]。以後、現在までの約100年以上、そしてこれからも、路面と車輌とのインターフェイスとなるタイヤは、この空気入りタイヤの形で進化していくことになるであろう。

そして、手の平に乗るくらいの小さなリム径5インチのカート用タイヤから、見上げるようになる建設車輌用のリム径63インチの超大型ダンプ用タイヤまで、その姿は広がっており、第2章「タイヤの種類と特徴」において、更に詳しく紹介する。

1.2 タイヤの機能

1.2.1 ヒトが求めてきた基本機能

「輸送」「競争」「食」「移動」がタイヤ出現の源となったことは、前述のとおりである。「早く（速く）」そして「快適に」は共通の要求である。これらを受ける形で、過去から言われているように、タイヤには、荷重を支える、（駆動力を伝え）走る、（制動力を伝え）止まる、（舵角に応じて）曲がる、それに（路面からの衝撃を）吸収緩和する基本機能がある。

1.2.2 圧力容器としてのタイヤ

これらの機能を実現しているのが、タイヤ内部に注入されている空気の要素である。空気が入っているからこそ、タイヤが機能しているとも言える。幼稚園時代に漕いだことのあろう三輪車のソリッドタイヤ（ゴムだけのタイヤ）もタイヤではあるが、機能の範囲は狭い。だからこそ、空気入りタイヤは、こうしたソリッドタイヤとは、次元の違うものとなる。$PV=nRT$ を思い出される人もいるだろう。言うまでもなく、空気は、圧縮性流体であり、この空気自体の特性を使えるようにしている「圧力容器」の概念が、タイヤ機能の根本となる。

8　第1章　タイヤの概要

　自転車で、出かける時に、タイヤを押して凹む程空気が減っているとしよう。低内圧状態である。サドルに体重を掛ければ、ゴツゴツとした感覚を実体験できる。逆に、空気がキッチリと入っていれば、よりスムーズに進めるはずで、荷重を支え、走り、止まり、曲がり、（衝撃を）吸収緩和できることになる。

1.2.3　多岐にわたる機能の形

　確かに、荷重を支える、走る、止まる、曲がる、それに（衝撃を）吸収緩和するが、基本機能ではある。

　更に速く走る、止まる、曲がる、に応えるものとしてPOTENZA（ポテンザ）が生まれた。吸収緩和して快適さを提供するものとして、REGNO（レ

図1-2-1（1）
POTENZA RE-01R

図1-2-1（2）
POTENZA RE050

図1-2-1（3）
REGNO GR-8000

図1-2-1（4）
DUELER A/T 694

図1-2-1（5）
BLIZZAK REVO1

図 1-2-1 （6）ECOPIA B381　　　　　図 1-2-1 （7）Playz PZ-1

グノ）が生まれた。舗装路以外での走破性から、DUELER（デューラー）が生まれた。そして、スパイク粉塵から環境を守りしかも雪や氷の上での安全性から、スタッドレスの BLIZZAK（ブリザック）が生まれてきたわけである。更に近年では、環境が叫ばれ、自動車の燃費を上げて、CO_2 を削減するために低燃費タイヤの ECOPIA（エコピア）が深く関係している。2005 年には、新しいヒトとの接点として、運転の疲れを減らすとの観点から、Playz（プレイズ）が誕生した。こうした各時代に産声を上げてきた名前を思い浮かべると、よりイメージし易いと思う。これらは、広く社会に関係する機能に応えるための結果でもある。

図 1-2-2　ブリヂストンが「F-Cell グローバルプログラム・パートナーシップ」に基き使用している燃料電池車「F-Cell」この車輌には ECOPIA B381 を装着している

1.3 タイヤの構造

1.3.1 タイヤの各部分の基本名称

　通常パターンと呼ばれる溝模様のある部分をトレッド部と言う（クラウン部と言う場合もある）。一方、リムと接し内圧を保持するとともに駆動や制動を伝える部分をビード部と言う。これらトレッド部とビード部とを結ぶ部分をサイドウォール部またはサイド部と言う。また、サイドウォール部の上方で、トレッド部と繋がる領域をショルダー部と区別する（**図1-3-1**）。

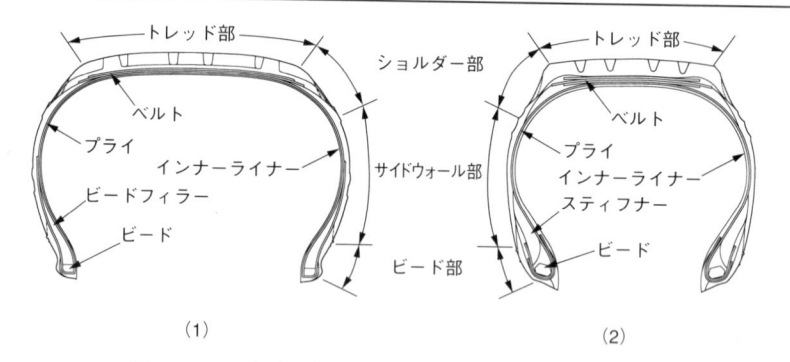

図1-3-1　（1）乗用車用ラジアルタイヤ断面
　　　　　（2）トラック・バス用ラジアルタイヤ断面

1.3.2 タイヤ内部構材の基本名称と役割

　先に記したように、ゴムを入れて、タイ焼きのように型から出されるとタイヤのでき上がり…とはいかない。タイヤの中には、ゴム以外に有機繊維の糸やスチールも入っているのである。
　先ず、内側には、チューブレスの場合（現在、このチューブレスが一般的。チューブタイプとチューブレスとについては、1.3.3にて解説。）空気入りタイヤとして内圧を保持するインナーライナーがある。

ビード部の中には、スチールワイヤーからなるビードがあり、これが、リムとの間での内圧保持をしたり、トルクに対してリムからすべらないようにリムに固定する役割を果している。

このビードワイヤーの上には、ゴムのビードフィラー（エペックス、スティフナーと呼ばれることもある）がつけられ補強の役目を果たしている。

こうしたビードとビードフィラーを包み込むようにして、左右のビードに繋がる層をカーカスと言い（ケースやボディと言う場合もある）、有機繊維コードやスチールコードが使われ、プライまたはプライコードと呼ばれる。これが、タイヤの骨格であり、Carcass と呼ばれる所以である。

このカーカスの中央上部にベルトが配置され、内圧や回転によるせり出し（成長）を抑える箍効果や路面からの入力を受け止めて緩和したりする役目を果たしている。

そして、サイド部にサイドゴム、トレッド部にトレッドゴムがつくと、タイヤの完成となる。

1.3.3 チューブタイプとチューブレス

読者の身近に存在するタイヤは、現在では、ほとんどが、チューブレスとなってきている。一方のチューブタイプといえば、最も身近な存在が、自転

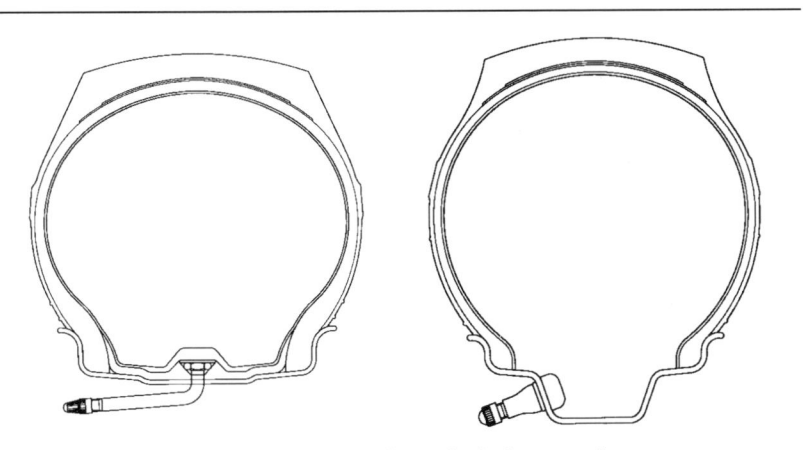

図1-3-2 (1) チューブタイプ、(2) チューブレス

車用タイヤとなろう。自転車屋さんの店先で、このチューブを修理したり交換したりしている風景に遭遇したことはあると思う。このチューブが、先に述べた「圧力容器」なるタイヤの空気を保持する役目を果たすことになる。

現在の一般的なチューブレスとは、タイヤ内面にインナーライナーと呼ばれる空気を透過し難いゴム層がついたものである。このチューブレスは、チューブがない分、当然部品点数が少ないわけで、軽量化にもなる。

1.3.4 バイアスとラジアル

現在では、ラジアルが主流となってきている。だが、かつては、バイアスが長く主流を占めていた時代があった。

バイアスでもラジアルでも、どちらにしても、カーカスというプライコードの層を持つ。これが、圧力容器としての骨格の役目を果たしている。

バイアスとは「Bias＝斜め」の意味で、斜めの方向のプライコードを、方向を交互に重ね合わせた構造となる。ビード部からサイドウォール部を経てトレッド部まで全域でこのプライコードの交差状態で構成され、いわゆる積層板の機能から内圧に対する強度と剛性を生むことになる。尚、カーカス中央上部にブレーカーと呼ばれる保護層を持つものもある。

一方のラジアルは、「Radial＝放射状」の意味であり、今度は、プライコードがビード部からサイドウォール部を経てトレッド部まで直線状に通る形となる。このため、トレッド部では、先のバイアスのように交差するプライコード層が無いので、内圧に対して膨らんでしまうことになる。そこで、トレッド部を抑えるために、ベルトと呼ばれる別の交錯層を持つ構造となっている。これが、ベルトの箍効果である。

バイアスは、一見単純構造で良いように見えるが、ビード部からサイドウォール部を経てトレッド部までプライコードが交差し剛性体となっている関係で、どこかで発生した動きが他の部位に伝わってしまうことになり、不要な動きを発生することになる。いわゆる、ロスを発生させ、走行抵抗にもなり、燃費には不利な方向になってくる。ただ、サイド部でも、コードが交錯しており、ラジアルより高い横剛性を持つことができる。

一方のラジアルは、プライコードが直線状で、横剛性的には低くなるもの

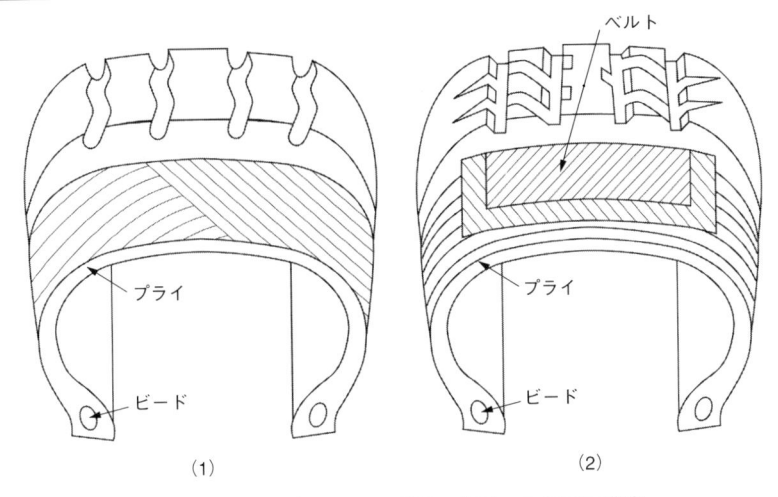

図1-3-3 (1) バイアス構造、(2) ラジアル構造

の、剛性が必要となるトレッド部にベルトを配していることより、カーカスでは吸収緩衝し、交錯するベルトで剛性を付与することで、機能分離の形をとっている。このことは、バイアスの場合に見られる余分な動きの伝播を抑制でき、逆にロスが少なくなり、走行抵抗も抑えられ、燃費も良くなる。ただ、サイドのカーカスプライが直線状で、剛性が低く、この点を補完するために、ビードフィラーと呼ばれる比較的硬質なゴムで補強される。

　ラジアルにおいて、トレッドにはベルトがあり「剛」、サイドはプライコードが直線状であり「柔」、その下方はビードフィラーがあり「剛」という具合に、「剛」〜「柔」〜「剛」の基本剛性配分をとることになる。また、後節2.1のタイヤの規格で触れる偏平比において、偏平化が進んだことがラジアルの横剛性の弱さを大きく助けてきたとも言える。

1.4 タイヤの材料

　詳細は、第5章「タイヤの構成材料」での説明となるが、ここでは、前節1.3のタイヤの構造に続ける形で、特にラジアルに焦点を絞って、基礎的な

内容について触れておく。

1.4.1 インナーライナー

先出のように、チューブタイプとチューブレスとがあるが、現在では後者のチューブレスが主流であり、チューブと同じ機能をタイヤの内面のゴム層で果たしている。当然、内圧を保持して空気が漏れ難いようにしなければならないわけで、特殊なゴム材料となっている。

1.4.2 ビードフィラー

比較的硬質なゴムを適用する。その中でも、「硬」「中」「軟」という具合に、幾つかの硬さや剛性の異なるゴムを、それぞれの用途に沿って使い分けていく。また、組み合わせとして、「硬」と「軟」とを組み合わせてデュアルフィラーとする場合もある（図1-4-1）。

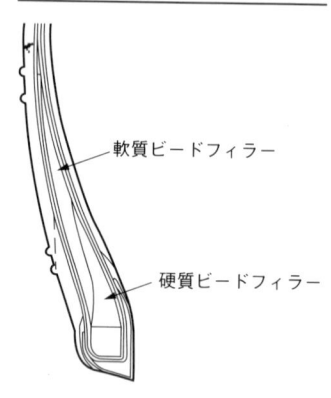

図1-4-1 デュアルビードフィラーの適用例（ライトトラック用タイヤ）

軟質ビードフィラー
硬質ビードフィラー

1.4.3 プライ

小型から中型となる乗用車用やライトトラック用タイヤには、主に有機繊維であるポリエステルコードが用いられる。用途に応じて、レイヨンコードやケブラーコードもこのプライ材となる適用例もある。

一方、中型から大型となるライトトラック用やトラック・バス用以上になると、このプライは、スチールコードとなってくる。

1.4.4 ベルト

ラジアルの普及当初には、高弾性ポリエステル、グラスファイバー、カーボンファイバーを適用していた時代もあった。しかしながら、淘汰されるように、小型から中型を経て大型に到るまで、現在では、スチールコードが主

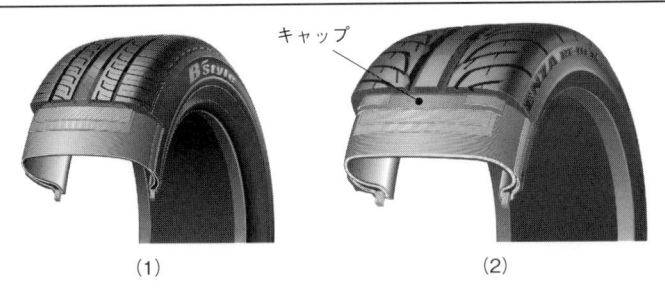

図1-4-2 （1）キャップなしタイヤ、（2） キャップつきタイヤ
※カラーの図は口絵参照

役となっている。

　一部、軽量化のために、ケブラーコードを適用する例はあるが、広くは拡大されていない。

　更に、高速化への対応として高速走行時の成長を抑えるため、スチールコードのベルトの外層に、有機繊維（主にナイロン、その他もある）を回転方向（周方向）に巻く補強帯をキャップと言う（図1-4-2）。

1.4.5 トレッドゴム

　トレッドパターンと組み合わせて、様々な要求性能に対応している。グリップだけでも、ドライ（晴天）からウェット（降雨）までの広い条件に適合するよう、様々な種類がある。更に、雪上性能に優れたもの、氷上性能に優れたもの、転がり抵抗を低くしたもの、耐摩耗に優れたもの、悪路走行に必要な耐カット性に優れたもの等々、使用用途に応じて、多岐の組み合わせとなる。

　このトレッドゴムは、タイヤ性能を大きく変える源となっている。テストコースのベテランドライバー曰く、過去幾つか大きな性能変革があった、と言う。彼の言葉を借りれば「新しいトレッドゴムの出現で、世界が変わった」とのことであった。それは、ウェットグリップに強い「アクアコンパウンド」が出た時。次に、高運動性能を狙った「レーシングライクコンパウンド」が生まれた時。更に、スタッドレスのBLIZZAKに搭載された「マルチ

図1-4-3 (1) アクアコンパウンドを適用した RD208

図1-4-3 (2) レーシングライクコンパウンドを適用した初代 POTENZA RE47

図1-4-3 (3) マルチセルコンパウンドを適用した初代 BLIZZAK PM10

図1-4-3 (4) シリカコンパウンドを適用した B391

セル（発泡）コンパウンド」の出現で、スパイクなしでの氷上性能が飛躍的に向上した時。そして、転がり抵抗を低く抑えてしかもウェットグリップを高めた「シリカコンパウンド」である。このように、トレッドゴムは、タイヤ性能の変革の命とも言える（**図1-4-3**）。

　注）コンパウンドとは「配合、調合」の意味で、トレッドゴムには様々な

種類のポリマーやカーボンブラックや薬品が配合されていることから、トレッドコンパウンドと呼ぶことが通例化してきている。

1.4.6 サイドゴム

　タイヤの「横顔」となる部分の材料である。普段、トレッドが、車輌のフェンダーの中に隠れているのに対して、いつも外に面している部分となる。紫外線やオゾンを受けたり、縁石と接触したりするわけである。サイドゴムには、こうした耐オゾンクラック性や耐カット性といった耐久性を考慮したゴムが使われる。

参 考 文 献

1) 芝浦工業大学教授　小口泰平：文化論29　車の原点は車輪にあり―メソポタミヤの轍、日刊工業新聞、2005年3月8日
2) 社団法人　自動車技術会：自動車工学ハンドブック第7編第3章、図書出版社、頁7-41、1984年

資 料 提 供

図1-1-2　DVD「ベン・ハー特別版」、ワーナーホームビデオ、3129円

第2章 タイヤの種類と特徴

2.1 タイヤの種類と規格・基準

2.1.1 タイヤの種類

　タイヤは用途に応じ多岐に開発され使用されている。スクーターからトラック・バス等の自動車用、建設車輌用、航空機用、新交通システム用などの特殊車輌用、レースカー用のタイヤがある。後述するが、日本のタイヤ規格（JATMA YEAR BOOK）では次のよう分類されている。
- 乗用車用
- 小形トラック用
- トラック及びバス用
- 建設車輌用
- 産業車輌用
- 農業車輌用
- 二輪自動車用

また、構造上での分類では、
- ラジアルタイヤ
- バイアスタイヤ
- バイアスベルテッドタイヤ
- 総ゴムタイヤ（ソリッドタイヤ）

があり、使用時期での分類では、
- 夏用タイヤ

20　第2章　タイヤの種類と特徴

- オールシーズンタイヤ
- 冬用タイヤ

となる。

2.1.2　タイヤの規格

(1)　規格とは

全世界に車が普及し、あわせてタイヤも全世界で使用されているので、タイヤの大きさ等がバラバラに作られると、市場が混乱する。従って互換性があるように標準化が必要となる。規格化の目的は、①タイヤが使われる車輌設計に必要なデータの提供、②タイヤの寸法・性能等の互換性の保証、③使用条件の制約を規定、ということが主なものである。

日本においては、JATMA（日本自動車タイヤ協会；The Japan Automobile Tyre Manufacturers Association, Inc.）のYEAR BOOKが相当する。欧州ではETRTO（The European Tyre and Rim Technical Organisation）、米国ではTRA（The Tire and Rim Association, Inc.）がYEAR BOOKを発行しており、日本を含め3大規格と言われている。

国際化が進んだ現在、各々若干の相違を埋めるため国際的な整合性の必要が更に強まり、ISO（国際標準化機構；International Organization for Standardization）で統一化に向けて動いている。

(2)　規格の内容

YEAR BOOKの内容はおよそ次のような項目から成り立っている。

- タイヤの呼び
- 寸法
- 空気圧と負荷能力

順次、代表的な例で紹介する。

(a)　タイヤの呼び

タイヤ構造変化に伴い呼び方も変遷してきているが、現在では

表2-1-1　速度記号と最高速度

タイヤ表示		最高速度
速度記号	速度カテゴリ	km/h
M※	—	130
Q	—	160
S	—	180
H	—	210
V	—	240
W	—	270
Y	—	300
—	ZR	240 超

※　乗用車用Tタイプ応急用タイヤに適用する。

2.1 タイヤの種類と規格・基準　21

ISO 表示が主流になってきており、代表的な表示例とその内容は次のようになる。

乗用車用；215/60 R 16　95 H

215；	断面幅の呼び（mm 相当）
60；	偏平比の呼び（タイヤの断面幅に対する断面高さの比、％表示）
R；	構造記号（R はラジアル構造を示す）
16；	リム径の呼び（インチ相当）
95；	LI 値(ロードインデックスと呼ばれ負荷能力指数、95＝690 kg)
H；	速度記号（走行可能な最高速度を記号で示す、**表 2 - 1 - 1 参照**）

(b) **タイヤの寸法**

表 2 - 1 - 2 のように、外径・断面幅・静的負荷半径等が記載されている。

表 2 - 1 - 2　タイヤの基本寸法

タイヤの呼び	測定リム幅の呼び	設計寸法		参考
		断面幅 mm	外径 mm	静的負荷半径 mm
215/60 R 16 95 H	6.50	221	664	304

注）静的負荷半径；タイヤを適用リムに装着し、規定の空気圧とし、静止した状態で平板に対し垂直に置き、規定の質量に対応する負荷を加えた時のタイヤ軸中心から接触面までの最短距離。

(c) **空気圧と負荷能力**

表 2 - 1 - 3 のように、タイヤに充填される空気圧に対して負荷することが許される質量を kg の単位で表す。この表の最大負荷能力値を指数化したのが LI 値（ロードインデックス）となる。

表 2 - 1 - 3　タイヤ空気圧と負荷能力

空気圧 タイヤの呼び	kPa	200	210	220	230	240
	kgf/cm^2	2.0	2.1	2.2	2.3	2.4
215/60 R 16 95 H		620	640	655	675	690

尚、LI 値対応表の一部は**表 2 - 1 - 4** に示すとおりであり、YEAR BOOK に

表2-1-4 LI値対応表の一部

LI	負荷能力 kg	荷重 kN	LI	負荷能力 kg	荷重 kN
95	690	6.77	135	2180	21.38
96	710	6.96	136	2240	21.97

は全てのLI値の対応が記載されている。

2.1.3 タイヤの基準

(1) 基準とは

自動車の安全問題から、重要部品であるタイヤについても種々の基準が制定されている。それぞれの国の法規で具体的な基準を制定しており、その国で使用される場合は、その基準を満足しなければならない。代表的基準は、米国のFMVSS(アメリカ連邦自動車安全基準；Federal Motor Vehicle Safety Standards)で、欧州ではECE(国連欧州経済委員会；Economic Commission for Europe)の制定基準がある。日本においては、JISやJATMAをベースに基準ができていたが、2003年7月からECE基準をベースとした安全基準に代わった。

(2) 基準の内容

タイヤの安全基準はタイヤ種毎に規定されており、乗用車用について言えば米国ではFMVSS 109及び139、欧州ではECE No. 30が相当する。因みにFMVSS 119とECE No. 54は商用車用、FMVSS 119とECE No. 75は二輪車用の基準となる。その内容は、大きく分けると
- 表示要件
- 性能基準

から構成されている。

(a) 表示要件

日本・FMVSS・ECEでは表示要件の項目に違いが有る。

共通した表示項目は、タイヤの呼び、TUBELESS、構造記号、ブランド名、製造シリアル(製造年週)で、FMVSSでは更に最大許容内圧値、最大負荷

能力値、構造材質を表示しなければならないし、ECE では基準を満足している証明の認可 No. を表示しなければならない。

(b) 性能基準

性能項目と内容は次のようになる。

- ウェアーインジケーター；トレッド摩耗の度合いが目視により判別できるトレッド溝内の突起物を言い、これの設置を規定している。
- 寸法；YEAR BOOK 等で規定された寸法範囲内であることを規定している。
- 強度；プランジャーテストと呼ばれ、突起物に乗り上げ時を想定したもので、タイヤの破壊エネルギーの必要最小値を規定している。
- リム外れ；ビードアンシーティングテストと呼ばれ、チューブレスタイヤが歩道の縁石等によりリム外れすることを想定したもので、リム外れ抵抗の必要最小値を規定している。
- 耐久性能；ドラム試験機を使用し、規定速度で負荷荷重をステップアップさせて故障発生の有無を確認する。
- 高速耐久性能；ドラム試験機を使用し、規定荷重を負荷し速度をステップアップさせて故障発生の有無を確認する。
- 低内圧高速性能；ドラム試験機を使用し、敢えて低い空気圧を充填し、規定荷重を負荷し規定速度で走行させて故障発生の有無を確認する。
(乗用車用)

上記の項目について、FMVSS の乗用車用は全て規定しているのに対し、ECE 及び日本では寸法とウェアーインジケーターと高速耐久性能を規定している。また、詳細の試験条件についても FMVSS と ECE では若干の相違があり、グローバルに統一化しようという動きが出てきている。

尚、FMVSS の低内圧高速性能は、市場での使用実態を勘案して新たに規定されたもので、今後も自動車社会の環境変化によっては、基準が見直されることがある。

2.2 乗用車用タイヤ（Passenger Car Tire；PC）

乗用車用タイヤは道路環境の整備や車輌の高速化に伴い、運動性能と耐摩

耗性に優れたラジアル構造のチューブレスタイヤがほぼ100%となっている。

　乗用車用タイヤに求められる性能は運動性能（制駆動性能・操縦安定性能）、居住性能（乗り心地性能・騒音性能）、経済性能（摩耗ライフ・燃費性能）があり、機能別に区分すると夏用、冬用及びオールシーズン用タイヤに層別され、更にそれぞれの中で汎用及び高性能タイヤに分けられる。以下にその代表的なものについて説明する。

2.2.1　夏用汎用タイヤ

　軽車輌・コンパクトカー・セダンに装着されるタイヤで運動性能・居住性能・経済性能をバランスさせたタイヤで、速度区分はS・T・Hレンジ、偏平比は80～60シリーズがメインとなる。パターンとしては細かなブロックもしくはリブが基調となった比較的おとなしいパターンが主体である（図2-2-1）。

　構造的にはシンプルであり、カーカスが1枚もしくは2枚で構成されており、ビード付近に補強部材が無いものが多い。カーカスの材質としてはポリエステルが主流となっている。

　ベルト構造も2枚のスチールベルトのみのも

図2-2-1　夏用汎用タイヤ

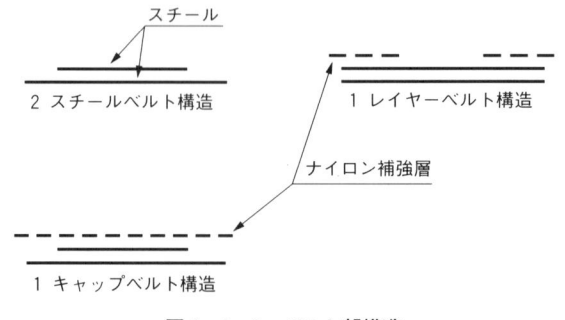

図2-2-2　ベルト部構造

の及びスチールベルトの上に簡単なナイロン補強層を適用したものがある（図 2-2-2）。

2.2.2 夏用高性能タイヤ

　スポーツカー及び高級サルーンカーに装着されるタイヤで運動性能重視型のものと運動性能＋居住性能バランス型のものに大別される。運動性能重視型のものは高速走行時の直進安定性とコーナリング時の操縦性を特化させており、また運動性能＋居住性能バランス型のものは前記の運動性能と静粛性並びに乗り心地を高度にバランスさせたタイヤである。速度区分は V・W・Y レンジ、偏平比は 55〜45 シリーズがメインだが、最近では 25 シリーズまで偏平化が進んでいる。パターンとしてはブロックの大きい運動性能重視型（図 2-2-3）と比較的細かいブロックで繊細な運動性能＋居住性能バランス型（図 2-2-4）のパターンに代表される。また、コーナリング性能を高めた車輌装着時の外側と内側を指定した非対称のパターンや高速走行時のハイドロプレーニング性を高めた回転方向を指定したパターンが多い。

　構造的には汎用タイヤと比較すると複雑であり、カーカスの他にビード付近にナイロンもしくはスチールの補強部材を適用したものもある

図 2-2-3　運動性能重視型

図 2-2-4　運動性能＋居住性能バランス型

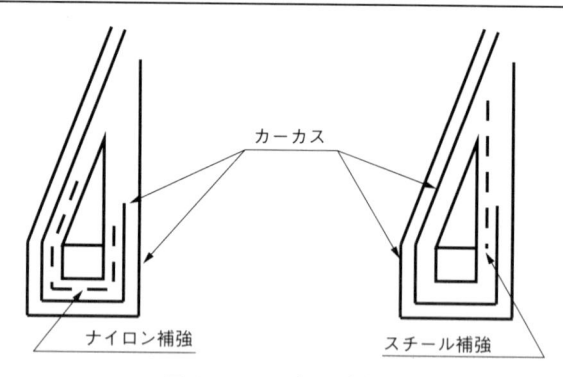

図2-2-5 ビード部構造

図2-2-6 ベルト部構造

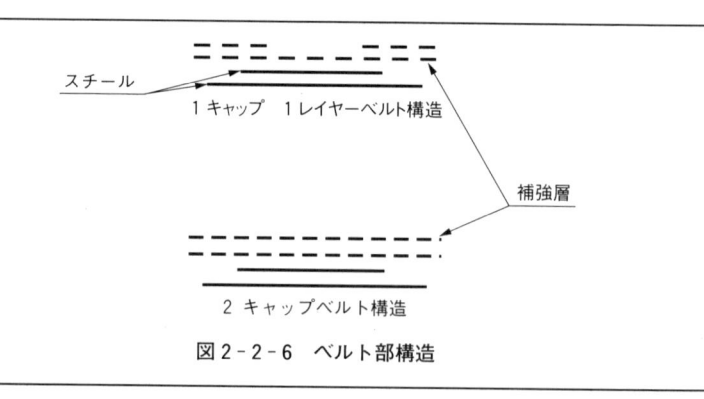

（図2-2-5）。カーカスの材質としてはポリエステルが主流であるが、レーヨンを適用したものもある。

　ベルト構造もスチールベルトの上に補強層を適用し、補強層の材質もナイロンの他、剛性のより高いアラミドやPEN（ポリエチレンナフタレート）を適用したものもある（図2-2-6）。

2.2.3 冬用タイヤ

　チェーン装着時の乗り心地悪化・道路損傷・チェーン脱着の不便さを改善するために開発された雪氷路用タイヤでスパイクの有無によりスパイクタイヤ

図2-2-7 冬用タイヤ

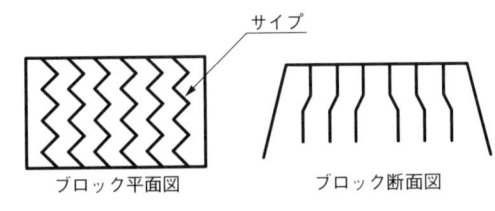

図2-2-8 3次元立体サイプ

（海外ではスタッダブルタイヤとも言う）とスタッドレスタイヤに大別される。

スパイクタイヤによる道路損傷や騒音問題からスタッドレスタイヤが冬用タイヤの主流となっている。速度区分はQレンジ、偏平比は80〜60シリーズがメインであるが、輸出向けとしては車輌の高速化に伴い最近ではHレンジ、40シリーズの偏平サイズも現れている。パターンとしてはブロック基調で雪を踏み固めて駆動・制動・旋回性能を高めるため、「溝面積比率（ネガティブ比率）」が高く溝を深く設定し、更に多くのサイプを配置することにより路面の引っ掻き効果を高め、かつ摩擦係数を著しく低下させる氷上の水膜を除去するように設計されている（図2-2-7）。尚、最近ではサイプの形状が工夫され、ブレーキ時にブロックに大きな荷重が掛かってもブロックが変形し難く、より大きな接地面積を確保しブレーキ性能を高める3次元立体サイプが多用されている（図2-2-8）。

構造的には汎用タイヤ同様シンプルである。トレッドゴムとしては冬期の低温環境下でも路面との密着性を高めるために柔軟な弾性を保持するように設定されている。また、ゴムの中に気泡を配置し、その密度及び形状をコントロールすることにより路面の引っ掻き効果と氷上の水膜の除去効果を高めている（図2-2-9）。更にトレッドゴムの中に比較的硬い粒を混入させ氷路での引っ掻き効果を高めたものもある。

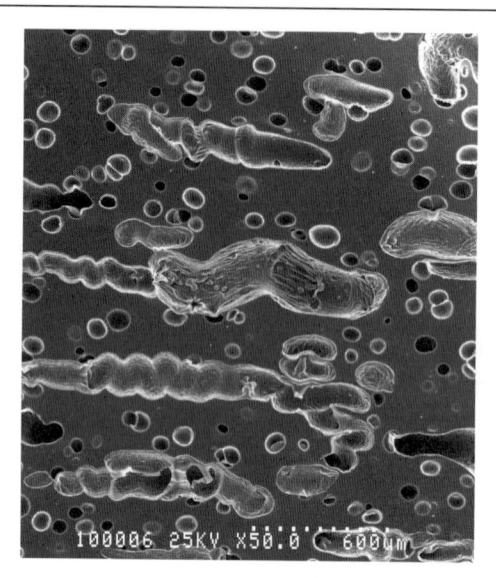

図2-2-9　発泡ゴム

スパイクタイヤについては環境問題（道路損傷・騒音・粉塵）より国内での使用は禁止されており、北欧や北米等の限定された地域及び期間のみ使用可能となっている。

2.2.4　Tタイプスペアー専用タイヤ

道路環境の整備が充実したことにより、パンクの頻度が著しく少なくなったことからスペアータイヤの必要性が見直され、車輌の居住スペースの確保や拡大及び車輌総重量の低減を目的としたスペアー専用タイヤが1970年代後半から普及し出した。標準タイヤと比較しタイヤ外径はほぼ同等だが空気圧（420 kPa）を高く設定すること

図2-2-10　Tスペアー専用タイヤ

図 2-2-11 断面形状比較

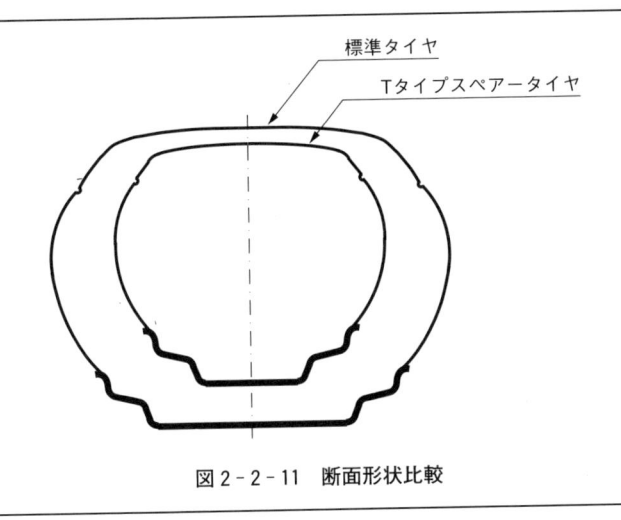

によりタイヤの負荷能力を標準タイヤ同等に確保しタイヤ幅を大幅に狭くしている。速度区分はMレンジのみ（国内用）、偏平比は90～70シリーズがメインである。パンク時の応急用を目的としており、摩耗ライフも標準タイヤ並みには必要ないため、溝深さも4mm程度と浅くなっている。

2.3 レース用タイヤ

レースといってもその範囲は広く、例えば、四輪と二輪、舗装路での走行と非舗装路での走行といった具合に分けることができる。本節では、四輪のサーキットで使用されるレース用タイヤ、特にF1用タイヤについて述べる。

2.3.1 レース用タイヤの歴史

世界初のモータースポーツ・イベントは、1894年7月のパリ～ルーアン間で行われたとされ、車輌の耐久性を主眼とした走行会のようなものだった。1950年代に入り、自動車文化が急速な発展をとげ、モータースポーツも盛んになり、レース専用のタイヤが登場してくるが、外観は一般タイヤと差のない物がほとんどであった。ところが、ゴムの技術が進み、トレッドコンパ

ウンドのグリップ力が向上すると、タイヤの溝が減少して行き、細い溝だけのものや、鳥の足跡のような溝が入ったものへと発展して行った。これらの溝は、見掛けのゴムの柔らかさを出し、コーナリング中のグリップ感やコントロール性を増すために付与されていた。1970年代に入ると、極めてグリップの高いトレッドコンパウンドが発明され、1971年にF1でドライ用タイヤとして、トレッドに溝の全く無いスリックタイヤが登場した。国内ではその年の10月にブリヂストンが国内初のスリックタイヤを開発し注目を集めた。

一方、国内のモータースポーツは、大正時代、昭和初期にダートトラックでレースが開催されたという記録はあるが、近代モータースポーツの開幕は、1963年の第1回日本グランプリで、これ以降、車の高性能化と国内モータースポーツの発展にともなって国内外のタイヤメーカーが、日本での覇権を争い、レーシングタイヤの激しい技術開発競争を繰り広げたのである。

1978年、フランスのミシュラン社が世界初のラジアルレーシングタイヤを完成させ、それを携えて、それまでバイアス構造が主流であったF1の世界に参入した。モータースポーツの世界にも、ラジアル化の波が押し寄せ、

図2-3-1 (1) RA-100 ドライ、(2) RA-300 ドライ

国内ではブリヂストンが他社に先駆けて開発、実戦投入を行い、1980年秋、鈴鹿のJAFグランプリで中嶋悟選手に供給した。

　今では、日本でF1が行われるのは当たり前になったが、はじめて行われたのは、1976年で、富士スピードウェイで開催された。この時、国産タイヤメーカーでは、ブリヂストンと日本ダンロップがスポットで初めてF1というものに挑戦した。1976年のレースは中盤まで雨で、ブリヂストンのウェットタイヤを装着した星野一義選手が一時3位を走行し、その性能の高さを示し、日本のタイヤ技術が世界に注目されるようになった。翌1977年にも同サーキットにて開催されたが、それ以後中断する。そして10年後の1987年11月に鈴鹿サーキットで再開され、現在に至っている。

　F1に現在参戦している日本の自動車メーカーとしては、1960年代、1980年代、そして現在、3期目としてエンジン供給で参戦しているホンダと、2002年からエンジン供給と車体製作両面で参戦しているトヨタがある。また、かつて、ヤマハ発動機と無限－ホンダもエンジン供給で参加していた。

図2-3-2　F1・ティレル007を駆る星野一義選手（1976年・富士）

参戦タイヤメーカーとしては、前述のスポット参戦を除くと、ブリヂストン[1]が1997年から、それまで長い期間、米国のグッドイヤー社が単独供給を行っていたＦ１の世界に、国内タイヤメーカーとしてはじめて、全戦参加した。1998年には、早くもその実力が認められ、マクラーレンとベネトンというトップチームへのタイヤ供給を開始した。その年の初戦のオーストラリアグランプリで、初ポールポジションと初優勝をマクラーレン・メルセデス・チームとともに飾り、その後も彼らと優勝を重ねた。その結果、彼らのコンストラクターズチャンピオンシップと同チームのミカ・ハッキネン選手のドライバーズチャンピオンシップ獲得に対する力強いサポートを足元から行った。

　Ｆ１のタイヤ供給状況は、1999年からのグッドイヤー社の撤退により、2年間、ブリヂストンのタイヤ単独供給という状況になるが、2001年からのミシュラン社参戦により、再び競争状態に戻った。ブリヂストンはこれを制し、1998年から2004年まで、連続してチャンピオン獲得タイヤとして実力

図2-3-3　ハッキネン選手のチャンピオン決定（1998年・鈴鹿）

を示し、F1界における地位を確実なものにした。

　1997年からのブリヂストンとグッドイヤー社との、F1の世界でのいわゆるタイヤ戦争で、タイヤのグリップが飛躍的に向上し、これによりラップタイムが急速に縮まった。これは、車輌の高速化を意味し、F1などを統括する国際自動車連盟（FIA）は、衝突時の衝撃を減らし、安全性を向上させるため、車輌の速度低減を狙って、タイヤのグリップを低下させ、その目的を図ろうとした。それまでのスリックタイヤに代わり、接地面積の減少によるグリップ力の低下を図るために、タイヤの周方向に、前輪に3本、後輪に4本の溝を配したグルーブドタイヤの導入を1998年から行うことを決定した。タイヤメーカーはFIAに協力し、このタイヤの開発を行った（後述）。1999年にグッドイヤー社はF1からの撤退を決めたが、それでもタイヤの性能が向上し、ラップタイム短縮には目を見張るべきものがあったため、FIAは、前輪の溝を4本にする追加措置や、2001年からのフランスのミシュラン社の参入による、タイヤ戦争の再燃に対し、2005年からは、使用可能タイヤ

図2-3-4　表彰台のM.シューマッハ選手（2004年・鈴鹿）

図 2-3-5 （1）F1グルーブドタイヤ、（2）Indy スリックタイヤ
※カラーの図は口絵参照

セット数の制限などにより、タイヤのグリップの低減を図る施策を展開している。しかし、技術開発の速度は非常に速く、ラップタイムの短縮と速度低減の施策とは、まるで、鼬ごっこの様相を呈している。車輌、エンジン、タイヤなど全体を見渡した安全策を見直すことは当然必要ではあるが、本来、発生するエネルギーそのものを絞るのが車輌速度低減の根本である。この考えに基き、2006年からそれまでの 3000 cc・V10 エンジンに代わり、2400 cc・V8 エンジンが導入されることになった。

2.3.2　F1用タイヤの特徴

　F1用タイヤと一般乗用車用タイヤの使われ方の最も大きな違いは、天候やサーキットの違いによって、タイヤの種類を使い分けるところにあると言える。乗用車のタイヤの場合、ほとんどの人が、パンクした時、雪道を走る時、もしくは摩り減った時以外はタイヤを交換したりしない。しかし、F1の場合、雨が降れば、その雨量に応じた2種類のタイヤの内から1つを選択するし、ドライ状態であれば、例えば、モナコのような公道レースにおいては、グリップ力の高い、非常にソフトなトレッドコンパウンドを搭載したスペックを使用し、超高速のモンツァのようなサーキットでは、耐熱性のある

ハードなコンパウンドを搭載したスペックを用いるのである。これは、F1用タイヤが限定された時間と状況において使用され、タイヤ交換が容易にできる車輌構造、チーム体制になっているからである。

F1用タイヤは当然のことながら、運動性能に重点を置き、使用条件にあった構造の高速耐久性とコンパウンドの耐熱性、耐摩耗性を確保した設計を行っている。そして、サーキットの特性や天候にあわせて、これらの中で、最も適した物を選択し、使用する。しかしその一方で、一般の乗用車用タイヤに、操縦安定性以外に求められる、騒音や乗り心地などの諸性能については目をつぶっていると言わざるを得ない。ただし、そうは言っても、レーシングカーの速さに耐えうる基本的な安全性については充分に確保され、更に、乗用車のタイヤ設計にも求められる、"使い始めから、使い終わりまで、性能落差の少ないタイヤ"を目指していることは変わらない、ということを付け加えておきたい。

F1車輌を速く走らせるには、当然のことであるが、操縦安定性を向上させ、高速コーナーから低速コーナーまで高い横Gに抗する力を発生し、そしてブレーキング時、トラクション時にやはり高い前後Gに抗する力を発生するタイヤが求められる。こうすることで、コーナーをできる限り早い速度で走り抜けることが可能となり、コーナー進入時にはカーボンブレーキで発生される強大な減速力を有効に使った短時間での減速、コーナー出口では、エンジンパワーの確実な伝達により最大の加速力を得ることができるのである。コーナリング中のタイヤについて話を絞れば、コーナリングフォース(CF)[2]と呼ばれる力が、これらの横Gに抗する力に匹敵する。それは、CFmax $= \mu \times W$(CFmax;最大コーナリングフォース、μ;タイヤの横すべり摩擦係数、W;タイヤへの垂直荷重)で表される。μはタイヤと路面(路面の性状、温度など)の関係で決定され、Wは車重や車の空力で得られるダウンフォースなどによって決まる。

ダウンフォースは、簡単に言えば、タイヤを地面に押えつける力であり、F1をはじめとする、レーシングカー特有のものである。この式から分かるように、Wは、CFmaxを増加させるのに効果があり、大切なものである。飛行機の翼は、前進することで、上向きの力を発生させ、飛行機を空中に留

図 2-3-6　フェラーリ F1 の 2005 年モデル

めるが、レーシングカーの場合には、前進することで、車輌全体で下向きの力を発生するように設計されている。このため、車体本体の形状や、付加されたウィングなどが空気抵抗の発生を最小限に抑え、かつ効率よくダウンフォースを発生させるよう、風洞試験などを用いて、入念に設計されている。

一方、レーシングタイヤ開発にとっては、式中の μ をいかに大きくするかが重要な課題となることは自明である。すなわち、この μ を大きくすることができれば、CFmax は大きくなり、高い速度を保ってコーナーを走り抜けることができるのである。

2.3.3　F1用タイヤの構造及び形状設計

F1 の場合、CFmax は乗用車のタイヤの 2 倍以上発生しているが、これは μ の値が非常に高いことを表している。ゴムの摩擦係数の特徴として、μ は垂直荷重の上昇に伴って低下することがあげられる。従って、同一荷重を支える場合、タイヤの接地面積をできるだけ大きくし、また、接地面内での圧

力分布を均一化してやれば、μを大きくすることができるわけである。与えられた条件下で、できるだけ大きな接地面積が得られるよう、構造、形状を、コンピューターシミュレーションなどを用いながら、設計している。現在のＦ１のドライ用タイヤはグルーブドタイヤであるが、スリックと呼ばれる、パターンの無いつるつるのトレッドが採用されたのは、この理由による。一方、タイヤの内圧も接地面積を大きくする効果があるのは容易に想像がつくが、一般の乗用車のタイヤが200 kPa程度で使用されるのに対し、Ｆ１のタイヤは140 kPa前後で使用されている。これらの目的を達成したいがあまり、風船のゴム膜のような構造を採用すると、均一な接地圧で最大面積を得ることができるわけであるが、ベルトとしての反力が発生しないばかりでなく、大きなダウンフォースに抗しきれず、コーナリング中にタイヤがよじれてしまい、車輌を安定して支えることができなくなってしまうのである。また、内圧にしても、安全性が保証された規定の値よりも低くし過ぎれば、空気の張力による反力の恩恵を被れないだけではなく、タイヤの変形が大きくなり過ぎて、構造的な故障や発熱によるトラブルを生じてしまう。このため、適切な内圧を保つことが要求される。また、Ｆ１のタイヤは先程述べたように、乗用車のタイヤの内圧よりも低い内圧で使用されているにもかかわらず、縦ばね定数的には、乗用車のタイヤの約1.5倍程度高くなるように構造設計され、剛性が保たれている。

　ところでＦ１の場合、タイヤは車輌重心から遠い位置にあり、車輌のパーツとしては比較的重い部類に属するので、コーナリング中のタイヤによる遠心力の影響も無視できない。また、タイヤ自体が回転していることによる慣性モーメントの大きさは操縦安定性に影響し、ここにも重量の影響が現れる。したがって、タイヤの軽量化は大きな課題で、タイヤを１本で１kg軽くすればコンマ数秒ラップタイムを短縮できるというシミュレーションデータもある。この目的を達成するため、例えば、乗用車のタイヤではサイドウォールをある程度厚くして、縁石にこすりつけた場合にタイヤ本体が傷つかないよう、保護層の役目を与えているが、Ｆ１のタイヤでは、縁石に当てることがないに等しいため、安全性が確保できる極限までゲージを削って軽量化を図っている。また、トレッドゲージにしても、走行距離などを考慮した最小

限な値にするのが普通である。素材的にも、一般乗用車のタイヤの場合、主としてスチールベルトが用いられるが、F1の場合、軽くて強い、カーボンファイバー、アラミド繊維、グラスファイバーなどが多く用いられているようである。

2.3.4 F1用タイヤのパターン設計

　ドライ（晴天）時には、グルーブドタイヤを用いるので、パターン設計は基本的に行なわない。しかし、ウェット（雨天）用に関しては、前述した通り、二種類のパターンを準備し、雨量に応じた使い分けができるようにしている。1つはスタンダードウェットと呼ばれるもので、通常の雨量から乾き勝手の場合に使用し、もう1つは、エキストリームウェザータイヤと呼び、雨量の多い時に使用する。パターン設計の基本的概念は、同一の溝体積で最大の排水性が得られることである。すなわち、これにより、耐摩耗性の確保やブロック剛性の確保ができ、操縦安定性の犠牲を最低限にしながら、耐ハイドロプレーニング性を保つことができるからである。従来は、設計者がパターンを幾つも創作し、それを実車テストで確かめて開発していたが、最近では、ハイドロシミュレーションといったプログラムを使用し、机上である

図2-3-7　（1）ウェットタイヤ、（2）エキストリームウェザータイヤ

程度の絞込みを行なってから、サーキットでのテストを行なうようになり、ウェットタイヤの開発速度が向上した。こういったシミュレーション技術は、F1のような単純な系で実証され、その後一般タイヤの開発技術へと昇華していくことが度々で、F1タイヤの開発が、走る実験室的な面を持っていることを表わしている。

2.3.5 F1用タイヤのコンパウンド設計

トレッドコンパウンドは、先ほどの式の μ を効果的、直接的に上げる重要な要素である。一般乗用車のトレッドコンパウンドに比べて、F1のものは、カーボンや軟化剤が倍以上多く配合されており、こうすることで、$\tan\delta$ (3.2節、4.8節、5.1節等を参照) が高く、モジュラスが低い、ハイグリップコンパウンドが得られる。高い $\tan\delta$ で粘弾性によるグリップを増し、柔らかさで路面との食い込み性を良くし、物理的なグリップを得るとともに、実質接地面積を増大させようという考え方である。しかし、この手法の延長だけで、F1のような強大な入力がタイヤに加わる場合、コンパウンドの耐熱性や耐摩耗性に限界があり、レース中にブリスター（熱によるゴム破壊で、気泡発生によるふくれ）が生じ、性能が低下したり、レース距離を走りきる前にトレッドコンパウンドが摩り減って無くなり、急激なグリップ低下を招いたりする。従って、近代の配合設計においては、これらの課題を解決するため、グリップの高い超高分子ポリマー、超微粒子、超連鎖カーボンや特殊な加硫助剤などを用いて種々の性能を向上させている。これらの原材料開発が最終的には技術格差となり、レースの結果を大きく左右することになるので、レースタイヤ開発にとってこの領域は非常に重要である。

2.3.6 F1用グルーブドタイヤの特徴

前述したとおり、FIAはF1の速度低減を狙い、グルーブドタイヤの導入を1998年から行ない、スリックタイヤの歴史に終止符を打った。このグルーブドタイヤのレーシングタイヤとしての要求特性はこれまで述べてきたものと基本的に変化はないが、溝がついたことによる技術課題が生じた。

その1つは摩耗特性の変化である。スリックタイヤからグルーブドタイヤ

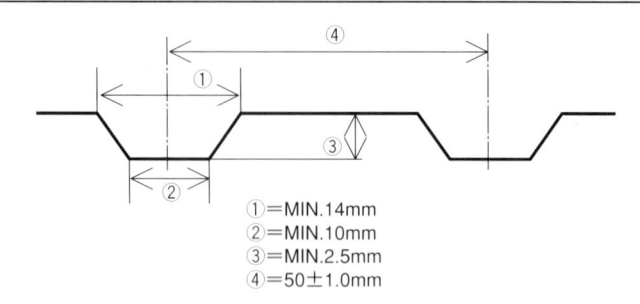

① ＝ MIN.14mm
② ＝ MIN.10mm
③ ＝ MIN.2.5mm
④ ＝ 50±1.0mm

図 2-3-8　グルーブドタイヤの溝の規定

への変更により、コーナリング中の接地圧分布が極端に悪化し、横力に対する溝端部での負担が非常に大きくなり、図 2-3-9 に示されたような、トレッドが急激に削ぎ落とされる、メクレ摩耗が発生するようになった。この摩耗形態の発現により摩耗ライフが大幅に低下し、更に走行中、コーナリング中のグリップの変化が非常に大きくなった。従って、この異常摩耗を抑え、グリップを保つ技術開発が求められるようになった。

　2つ目は、溝による接地面積の減少によるグリップの低下と、見かけのトレッド剛性の低下による運動性能の悪化である。開発初期は、トレッドのブロック剛性の低下の影響が、極端に大きなアンダーステアーを生んだり、コーナリング中のタイヤのムービング（挙動不安定感）に結びついたりし、操縦安定性に大きな影響を与えた。このことは、剛性が高くかつグリップの高いコンパウンドの開発を促した。

　こうして、徐々に開発が進み、グルーブドタイヤの技術が向上し、トラクションに関する前後Gはスリックと遜色ないところまで来たが、ブレーキング性能とコーナリング性能は、スリック並みには回復していないのが現実である。このグルーブの付与により、サーキット一周当たり、およそ3秒F1の車輛を遅くすることができていると見込まれている。

図 2-3-9　グルーブドタイヤのメクレ摩耗

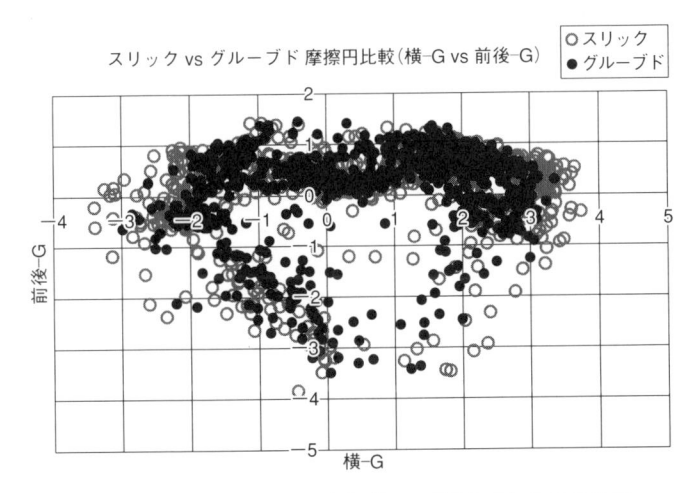

図 2-3-10　スリックタイヤとグルーブドタイヤとのG比較

2.4 二輪自動車用タイヤ（Motor Cycle Tire；MC）

　二輪車は四輪車と違いコーナーを曲がる時に車体を傾ける必要がある。つまり二輪車はそのタイヤがキャンバー角によって発生するキャンバースラストを主体にした横力により曲がることができる（図2-4-1）。従ってタイヤも四輪車用タイヤとは異なり、大きなキャンバー角が取れるようにトレッド形状は断面の半径が小さく、路面と接地する部分（トレッド面）がタイヤのサイド部にまで達している。

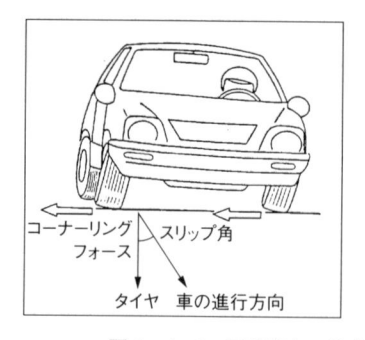

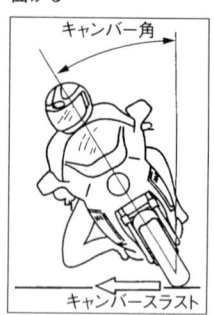

図2-4-1　四輪車と二輪車の曲がり方の違い

　またタイヤの構造に関しては、近年は乗用車用タイヤと同様にラジアル構造が主流になりつつあるが、一部悪路走行用タイヤやファミリーバイク用タイヤなどではバイアス構造を採用している。
　二輪自動車用タイヤの使用条件は四輪自動車用タイヤのそれと比べて下記2点が大きく異なる。
① 荷重が小さい割には空気圧が高く、タイヤの幅も小さいことから接地面積は小さい。因みに四輪自動車用タイヤが葉書程の大きさとすると二輪自動車用タイヤは名刺程の大きさと言える。

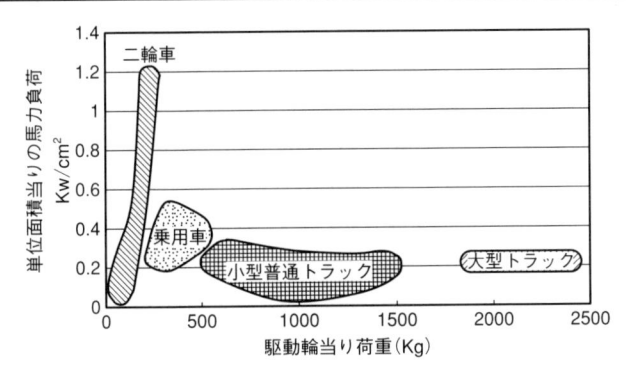

図 2-4-2　単位面積当りの馬力負荷比較

② 接地面積が小さい割にはタイヤが受ける駆動力が大きく単位面積当りの馬力負荷は車種によって小さいものから大きいものまであり、大型二輪車用では乗用車の約2倍、トラックの約5倍と過酷な条件で使用される（図2-4-2）。

二輪自動車用タイヤには、一般公道用タイヤとサーキット等の非公道におけるレース（競技）用タイヤがある。以下にそれぞれについて少し詳しく説明する。

2.4.1　一般公道用タイヤ

一般公道用タイヤは大別すると良路用タイヤと良路／悪路兼用タイヤの2種類がある（図2-4-3）。どちらのタイヤもトレッドパターンは外観デザインの観点だけでなく天候に左右されないで安定した性能を発揮できるように考慮されている。トレッド面内の溝面積比率（ネガティブ比率）や溝の配列は摩耗及びウェット性能や操縦安定性等への影響が大きいのでタイヤを開発する上でも重要なポイントである。

良路／悪路兼用タイヤは、悪路での走破性能を重視しブロック系のパターンを採用するが、良路でも安定して走行できるように後述するモトクロス競技用タイヤよりもブロックが詰まったものとしている。

良路用フロント　　　良路用リヤ　　　良路／悪路兼用　良路／悪路兼用
　　　　　　　　　　　　　　　　　　フロント　　　　リヤ

図2-4-3　一般公道用タイヤ

2.4.2　競技（非公道）用タイヤ

　二輪車による競技は大きく分けて、ロードレース、モトクロス、トライアルの三大競技が存在する。競技用タイヤは一般公道用タイヤと異なり限られた使用条件下で最高の性能を発揮させることを目的に形状、パターン、材料

ロードレース　　　　　　ロードレース
ドライ用タイヤ　　　　　ウェット用タイヤ

図2-4-4　ロードレース用タイヤ

等が最適設計されている。以下にこれらのタイヤの特徴について記しておく。

（1） ロードレース用タイヤ（図2-4-4）

ロードレース用タイヤにはドライ路面用とウェット路面用とがあり、ドライ路面用は路面とのグリップを最大限に発揮させる目的から溝の無いスリックパターンを採用し、ウェット路面用は排水性等を考慮した溝付きパターンで、かつ一般良路用タイヤよりも溝の多いパターンを採用している。

またこれらロードレース用タイヤは、それぞれに使用される路面粗さ、気温等の使用条件に適したトレッドゴム、形状、構造を持った数種類の仕様が用意されている。また高速で走行することから、ホイールに組んだ状態でバランスを充分にとる必要があり、使用する空気圧も発熱による上昇を加味して厳密に調整する必要がある。

（2） モトクロスレース用タイヤ（図2-4-5）

モトクロスレースは非舗装路において行われる代表的なレースで、タイヤはそのような路面でのスリップを防ぐ必要がある。そのために、接地面積を大きくさせる目的で使用空気圧を 70〜100 kPa という非常に低圧に設定し、パターンも路面に食い込み易くさせる目的でブロックを配列させたものとなっている。

図2-4-5 モトクロス用タイヤ

また、そのブロックの大きさと配列は泥濘地から硬い路面等それぞれの路面に適したいろいろなものが用意されている。

2.5 トラック・バス用タイヤ（Truck・Bus Tire；TB）

2.5.1 トラック・バス用タイヤの要求性能

トラック・バス用タイヤは、ラジアルが主流となっており、本節では、トラック・バス用ラジアルタイヤ（Truck・Bus Radial Tire；TBR）について解説する。トラック・バス用ラジアルタイヤは、荷物や人客運搬の車輌に使

用されるタイヤである。要求される性能として大きく3つに分けられる。第1に「安全性」である。使用条件を満足する耐久性があることは基より、安全に停止でき思ったように曲がれることが基本性能として求められる。第2に「経済性」である。トラック・バス用ラジアルタイヤを使用する車輌は、その車輌を使用することで利益を上げることを目的としているため、問題なく長期間使用できて燃費の良いタイヤが求められる。そのためには、均一に摩耗し摩耗ライフが長く、高い耐久力を持ち、転がり抵抗が小さいタイヤが求められる。第3に「環境」である。環境面においては、省資源やCO_2削減のために、転がり抵抗の小さいタイヤが求められる。リサイクルの面では、使用済みのタイヤのトレッドを張り替えた更生タイヤが市場で使われている。また、低騒音であることも重要なタイヤ性能の一つである。

2.5.2　トラック・バス用ラジアルタイヤの種類
　　　　（基本パターンと主な用途）

ラグ	悪路走行に適したパターン
リブラグ	短距離走行で、摩耗ライフ重視
リブ	長距離走行で、高速主体
ミックス	路面状況の変化に対応、駆動軸に多い
スノー、スタッドレス	冬用タイヤ
スリック	建設車輌用のような特殊用途向け

図2-5-1　(1) ラグ　　　図2-5-1　(2) リブラグ　　　図2-5-1　(3) リブ

図2-5-1（4）
ミックス

図2-5-1（5）
スノー

図2-5-1（6）
スタッドレス

2.5.3 トラック・バス用ラジアルタイヤ市場の特徴

　各市場でメインとなるタイヤサイズが異なり、また、使用条件が異なることによりタイヤへの要求性能の優先順位が異なる。代表的な市場の特徴について述べる。
● 日本市場
　（特徴）同一タイヤ全軸装着が一般的で、摩耗差をなくすためタイヤローテーションが一般的に行われる。南北に長く高低差があり、比較的降水量が多いためミックス（オールシーズン系のパターン）が好まれる。また、冬季の降雪量も多いためスタッドレスタイヤの需要も多い。
● USA市場
　（特徴）世界一の巨大市場で、直線路が多く定常走行が主体で、かつ、荷重規制が厳しくタイヤに掛かる荷重は軽くなっており、摩耗速度が非常に遅くロングライフである。また、軸別に装着タイヤが異なり、通常タイヤのローテーションは行われない。従って、タイヤの偏摩耗性は商品力を左右する重要な性能である。車輌は全長規制が無いため、トレーラータイプが大半で、トラクターは安全性や操作性や居住性を考えボンネットタイプの車輌が多い。
● 欧州市場
　（特徴）国毎に使用条件が異なり、要求性能は多岐にわたる。軸別に装着するタイヤが異なり、通常タイヤのローテーションは行われない。摩耗速度

は日本市場と USA 市場の中間の位置付けである。

2.6 航空機用タイヤ（Air Craft Tire；AC）

　航空機用タイヤといえば、白煙を出して滑走路に着陸する瞬間を想い起こされることだろう。従い、非常に高速で厳しい条件下で使われていることは想像頂けると思うが、実際にそのタイヤとなると、飛行機にはよく乗っていてもセキュリティーの面から簡単には見ることができず、よく知られていないのが実情である。

2.6.1 航空機用タイヤの使用条件と基本となる要求特性

　航空機用タイヤが使われる時間は、航空機の運行上から見れば、離陸と着陸のほんの僅かな時間であるが、乗用車、トラック・バス等のタイヤと同じく、地上で飛行機を支えるあるいは移動する機能を持っている。しかしながら、他のタイヤに比べると使用条件はかなり特殊である。

　例えば、ボーイング747型機、いわゆるジャンボ機では、タイヤは前輪、後輪をあわせ18本使用されるが、タイヤ1本当りの要求荷重は25 ton に達する。

　25 ton といえば、建設車輌用タイヤのような、かなり大きなタイヤを想像されるかも知れないが、ジャンボ機用のタイヤでも僅か外径1.3 m、幅0.5 m 程度の大きさである。タイヤの荷重を受け持つ能力は、タイヤ内に充填する内圧に依存する。タイヤは小さくてもその内圧を保持できる骨格を持っていれば、内圧を増加すればするほど負荷能力は増加する。この特性を活かしたのが航空機用タイヤである。ジャンボ機用のタイヤはトラック・バス用タイヤの2倍以上の内圧で使用されており、負荷荷重もそれに応じ大きくなるわけである。

　更に、このような高荷重条件下においても、その要求速度は最高約380 km/h にもなり、使用環境は、高度上空あるいは極寒地ではマイナス数十度の低温から、熱帯地域での高温まで幅広い使用条件下で耐え得るものでなければならない。

こういった使用条件下でタイヤに要求されるものとして、最優先で挙げられるのは言うまでもなく安全性である。唯一路面に接する部品として、常に高い耐久性が求められている。

2.6.2 航空機用タイヤに求められる他の要求特性

一方で、運行上、上空では使用されないことから、常に軽量化が求められる。また、タイヤ交換頻度の面からは一回の交換で長く使えるよう、ランディング回数の向上が求められる等、経済性に関する要求も多い。

また、航空機用タイヤには、ハイドロプレーニング性が求められ、トレッドパターンは周方向に繋がった4本から6本の溝からなるリブタイプが一般的である。タイヤはその溝がなくなるまで使用される。離陸から着陸を1サイクルとした場合、機体の種類にも依るが、およそ200から300サイクル使用される。更に、航空機用タイヤの多くは摩耗したトレッドを除去し、新しいトレッドを載せて再生される（更生タイヤと言う）が、この更生を約5回から6回繰り返す。ランディング回数の向上及び更生耐久性と経済性の両立が常に求められるタイヤである。

2.6.3 航空機用タイヤにおける動向

こういった中で、航空機用タイヤにもバイアス構造とラジアル構造の2種類の構造が適用されているが、性能上優れるラジアルタイヤが選定されることが主流となってきている。一方で、航空機用タイヤのシェアではまだバイアスタイヤが大半の機体に使われている。最近では、乗用車等に装着されるバイアスタイヤを見ることは少なくなったが、航空機の場合、一旦、機体が開発されるとその機体が退役するまで20～30年間同じ構造のタイヤが装着され続けることがその理由である。しかしながら、ラジアルタイヤの高耐久性、軽量、高ランディング性が認められた現在、新しい機体のほとんどにラジアルタイヤが装着されおり、ラジアルタイヤがバイアスタイヤのシェアを越えるのはもう間もないことであろう。

図2-6-1　航空機用タイヤ

2.7　建設車輌用タイヤ（Off the Road Tire ; OR）

2.7.1　建設車輌用タイヤの特徴

　建設車輌用タイヤは、ダンプトラック、グレーダー、ショベルローダー、タイヤローラー、及びホイールクレーン等の建設車輌に使用される（図2-7-1）。これらの車輌が使用される路面は、砕石地、岩盤地、泥濘軟弱地等の悪路から、舗装公道等の良路まで、極めて多岐にわたりかつ非常に過酷なことから、タイヤの基本性能に加え、耐摩耗性、耐カット性、耐熱性等の耐久性能及び牽引力、泥濘地走破性、操縦安定性等の多様な特性が要求される。

2.7.2　建設車輌用タイヤの種類（主な用途）

　建設車輌用タイヤはその用途が多岐にわたるため、種類も非常に多い。タ

2.7 建設車輌用タイヤ 51

(1) ダンプトラック　　　　　　　　(2) グレーダー

(3) ショベルローダー　　　　　　　(4) タイヤローラー

(5) ホイールクレーン　　　　　　　(6) アーティキュレートダンプトラック

図2-7-1　建設車輌の例

イヤの大きさは、小さいもので外径が60 cm程度のものから、大きいもので外径4 mを超えるもの、タイヤ1本の質量が約7 tonのものまで幅広い。規格では、大きくは下記の5種に分かれており、更にそれらの中でも車種、詳細用途別にサイズ、パターンが数多く存在する。図2-7-2にそれらの中から数例を示す。

(1) ダンプトラック用　　(2) グレーダー用　　(3) ショベルローダー用

(4) タイヤローラー用　　(5) クレーン用

図2-7-2　建設車輛用タイヤの例

第1種（運搬機械）	ダンプトラック、スクレーパー用
第2種（整地機械）	グレーダー用
第3種（掘削・積込機械）	ショベルローダー用
第4種（締固め機械）	タイヤローラー用
クレーン	ホイールクレーン用

建設車輌用タイヤの構造は、ラジアル構造とバイアス構造に大別されるが、近年はラジアル構造が耐摩耗性、耐カット性、耐発熱性等に優れることから、その比率が増大する傾向にあり、特に比較的使用速度が速いダンプトラック用、ホイールクレーン用では、ラジアル構造が大半を占めている。

2.7.3 建設車輌用タイヤの動向

ここではダンプトラック用タイヤの動向について記すこととする。世界各地の鉱山で使用されるこの種のタイヤは、近年、現場における運搬効率向上のため積載量を大きくした新しい大型車輌が開発されてきたことに伴い、年々大型化の傾向にある。図2-7-3は、ダンプトラック用ラジアルタイヤ最大サイズの負荷容量推移を示したものであるが、約20年前に比べても、タイヤ1本で支えられる荷重は2倍以上になってきている。

従来、車輌の大型化に伴うタイヤ負荷容量増大の要求に対しては、タイヤサイズを大きくすることで対応してきた。しかしタイヤ外径が大きくなると車輌の重心位置も高くなり操縦安定性を阻害するため、超々大型と呼ばれる最大サイズ（リム径63インチ）のタイヤでは、従来の建設車輌用タイヤよりタイヤを偏平化し、エアボリューム当たりの荷重負荷率を上げて大きな荷

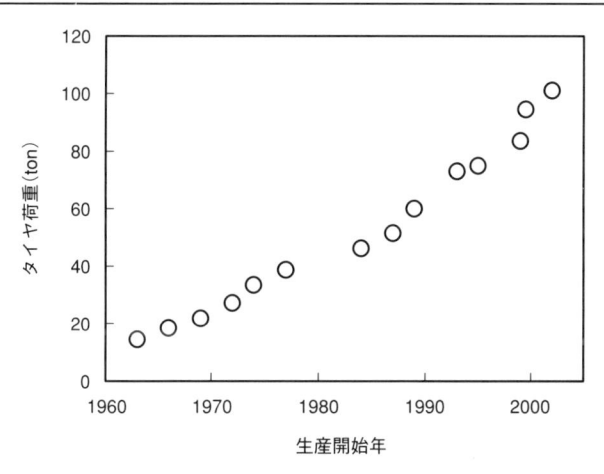

図2-7-3 ダンプ用ORラジアルタイヤの大型化傾向

重を負担することにより、外径を抑えている。ただしこれを実現するためには、発熱、摩耗、カット等を抑制する新しい技術が必要となり、超々大型建設車輌用タイヤを開発するメーカーは、日々新構造、新材料等の技術開発に取り組んでいる。

2.8 その他特殊車輌用タイヤ

（産業車輌用タイヤ、農業機械用タイヤ、新交通用タイヤ）

2.8.1 産業車輌用タイヤ（Industrial Tire；ID）

産業車輌（主な車輌の紹介）

フォークリフトトラック

一般産業車輌

（ストラドルキャリアー）
＊港湾でのコンテナの運搬に使用

（パレットキャリアー）
＊構内の重量物運搬に使用

（トーイングトラクター）
＊構内トレーラーや空港での
　飛行機の牽引に使用

図2-8-1　産業車輌の例

2.8 その他特殊車輌用タイヤ

（1） 産業車輌の用途と特徴（図2-8-1）

産業車輌は用途毎に特殊に設計されており、形状も大きさも極めて多様である。車輌の種類は"フォークリフトトラック"と"一般産業車輌"に分類され、"フォークリフトトラック"は主に工場・倉庫で使用されているカウンターバランス式フォークリフトを示す。

一方、一般産業車輌は主に積荷式と牽引式に分けられ、積荷式の代表的なものには、港湾で使用されている"ストラドルキャリアー"や、製鉄所等の構内等で使用されている"パレットキャリアー"などがあり、牽引式の代表的なものには空港使用の"トーイングトラクター"がある。これらの車輌の使用条件の特徴としては、「重荷重運搬」、「短距離の断続作業」、「舗装路面の走行」が挙げられる。

（2） タイヤに要求される性能と特徴（図2-8-2）

産業車輌は車輌の種類が多く、用途も多岐にわたるため、タイヤに要求される性能も一様ではないが、総じて、①重荷重使用における耐久性、②車輌の操縦安定性、③摩耗によるタイヤ寿命、燃費等の経済性、④メンテナンス性、といった性能が要求される。また、車輌の形式が特殊なため、一般的な

産業車輌用タイヤの特徴紹介（ソリッドタイヤ/空気入りバイアス＆ラジアルタイヤを除く）

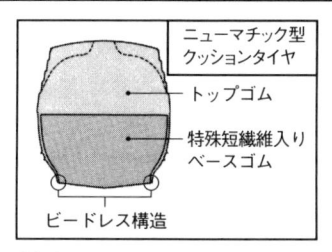

ニューマチック型クッションタイヤ
- トップゴム
- 特殊短繊維入りベースゴム
- ビードレス構造

空気入りタイヤの外観をもち、ベース層に特殊短繊維入りゴムを配置した総ゴムタイヤ（ベースにビードを配置しているものも有り）。
空気圧管理が不要で、パンクが無いため、メンテナンスに優れている。
屋内用で床面の清潔感を考慮したカラータイヤもある。

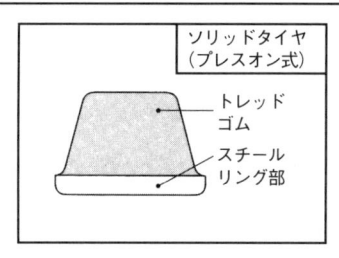

ソリッドタイヤ（プレスオン式）
- トレッドゴム
- スチールリング部

鉄製ベースバンドに、耐摩耗性の高いトレッドゴムを装着したタイヤ。
小型でありながら、高い荷重を支えることができる。
適用車輌としてリーチ型フォークリフトなどがある。

図2-8-2 空気入りタイヤ以外の産業車輌用タイヤの特徴紹介

空気入りタイヤ以外にもニューマチック型クッションタイヤやソリッドタイヤ（プレスオン式）といった特殊なタイヤが使用される。

また、最近では屋内作業を中心として、環境への配慮よりバッテリー式のフォークリフトが増加しており、バッテリー充電による運行ロスを最小限に抑えるために、走行抵抗に対する関心が高まり、タイヤに対しては、低転がり抵抗が新たに要求されている。

2.8.2　農業機械用タイヤ（Agricultural Tire；AG）

（1）　装着される車輛の用途と特徴（図2-8-3）

一般には農業車輛とはいわず農業機械という。農業機械の主なものはトラクター、耕耘機、管理機、収穫機（バインダー）、田植え機、草・芝刈機、作業機、防除機、不整地運搬車が挙げられる。農業機械は水田、畑地、果樹地、牧草地等の耕地の違いや農作物の種類によって使い分けられており、その用途の広さゆえ多岐にわたっていることが大きな特徴と言える。汎用機と専用機に大別されるが、主な汎用機はトラクターで作業機やトレーラーを連結し牽引車輛として作業や移動に使用されることから一般に稼働率が高い。一方、専用機はその用途のみに使われ、名前からも収穫機（バインダー）や植え機、草・芝刈機が専用機であることが容易に分かる。

（2）　タイヤに要求される性能と特徴（表2-8-1）

農業機械は用途が広いため、使用条件も舗装路、軟弱地、畑地、湿田と幅広い。タイヤに求められる性能もタイヤの4基本性能に加え、その用途に応じてAGタイヤ特有の高いトラクション性能やフローテーション性能、排土性能等が求められる。また他グループタイヤと異なり長期にわたって使用さ

表2-8-1　農業機械用タイヤの要求性能

タイヤの基本性能		農業機械用タイヤの要求性能
（1）荷重負荷性能 （2）ブレーキ性能 （3）乗り心地性能 （4）操縦安定性能	＋	（1）トランクション性能 （2）フローテーション性能 （3）排土性能 （4）対カット性能 （5）耐候性能

(1) トラクター用
　　（リヤ駆動論）
(2) 草刈機用
　　ゴルフカート用
(3) バインダー用
　　（収穫機用）

図2-8-3　農業機械用タイヤの例

れることから、耐候性能（耐オゾンクラック性）が強く求められることも大きな特徴のひとつになっている。また、長期使用でタイヤ空気圧が徐々に低下するので適正な空気圧管理を行なうことがタイヤを長持ちさせ上手な使い方と言える。

2.8.3　新交通用タイヤ（地下鉄、モノレール、新交通システム用タイヤ）

　新交通用タイヤは、人客輸送の公共交通機関車輌に使用されるタイヤである。大量輸送の地下鉄、中量輸送のモノレール、小量輸送の新交通システムが世界中で活躍している。新交通車輌は荷重を支える主輪タイヤとハンドルの役目となる案内輪タイヤで車輌の安全な走行が得られる。通常の電車は鉄輪であるが、新交通は利便性の面で駅間距離を短くしていることから「路面との摩擦係数が大きいゴムタイヤ」を使用することで運行時間の短縮が可能となっている。

（1）　新交通用タイヤの要求性能

　新交通用タイヤへ要求される性能として大きく3つに分けられる。第1に「安全性」である。旅客の安全を守ることが一番重要である。第2に「経済性」である。新交通には、長期間・長距離を安全に走行可能なタイヤが求められる。そのためには、均一に摩耗し摩耗ライフが長く、高い耐久力を持ち、転がり抵抗が小さいタイヤが求められる。第3に「環境」である。環境面に

おいては、省資源のために、転がり抵抗の小さいタイヤが求められる。また、低騒音・乗り心地も重要なタイヤ性能のひとつである。

（2） 新交通の種類
- 地下鉄　　　　メキシコ、モントリオール、チリ、札幌地下鉄他
- モノレール　　東京、多摩、大阪、北九州、舞浜、那覇モノレール他
- 新交通システム　ゆりかもめ、金沢、大阪南港、神戸、広島新交通他

参 考 文 献

1) 吉原正文：自動車技術 Vol. 152「F1への挑戦」, 1998年
2) 酒井秀男：タイヤ工学, グランプリ出版, 1987年

第3章　タイヤ力学の基礎

3.1　ゴム系複合材料力学

3.1.1　はじめに

　繊維強化複合材料は、航空機や自動車をはじめ、現在、多くの工業製品に使用されている。一方、タイヤの場合は、100年以上前から、ゴム産業の主要製品として、ゴムマトリックスを繊維で強化した複合材（FRR；Fiber Reinforced Rubber）をタイヤの構造要素（プライ材等）、として使用している。

　航空機や自動車工学の分野での複合材料は、エポキシ樹脂のような硬い母材を、ボロンやグラファイトやガラス繊維等で強化した硬い複合材料である（例えば、FRP；Fiber Reinforced Plastic や FRM；Fiber Reinforced Metal）。一方、タイヤではフレキシブルで比較的伸びのあるコードをヤング率が非常に小さいゴムで被覆した複合材料となっている。

　繊維のヤング率（E_f）とマトリックスのヤング率（E_m）の比で較べてみると、硬い複合材料（FRP等）の100：1に対して、コード～ゴム複合材料は1000：1の比であり、タイヤのベルト材等に使われるスチールコードで強化した場合は、10000：1の比率となる。このように、ヤング率の差が大きいため、FRP、FRM等の複合材料ではみられない大きなポアソン比の発生等など、コード～ゴム複合材料特有の現象が出てくる。

　以下に、硬い複合材料で確立された複合則をベースにコード～ゴム複合材料の複合則、及び、複合材としての引張剛性と面内せん断剛性についてのみ述べる。ここで引張剛性は、特にタイヤの内圧充填時の外径成長（径成長）

や走行にともなって変化する外径成長（走行成長）に関連し、ベルト面内せん断剛性は、タイヤの操縦安定性や摩耗性能に密接な関係がある。

　尚、複合材料力学には数多くの優れた教科書（例えば[1],[2],[3]）があり、面内及び面外曲げ剛性やキャンバス等の織物などの力学については（[1],[2]）を参照されたい。尚本節では、文献[2]の表記に基づいて述べている。

3.1.2　一方向繊維強化材の複合則

　強化繊維が一方向に並んだ複合材料の模式図を図 3-1-1 に示す。ここで、L はコード軸方向、T はコード垂直方向を示す。一方向強化材のコード方向ヤング率は E_L、コード垂直方向ヤング率は E_T、ポアソン比；ν_L 及び ν_T、またせん断剛性は G_{LT} で表す。また、Maxwell–Betti の相反定理から、$E_L/E_T = \nu_L/\nu_T$ が要求される。E_L、E_T、G_{LT} 及び ν_L、ν_T の関係は以下となる[4]。

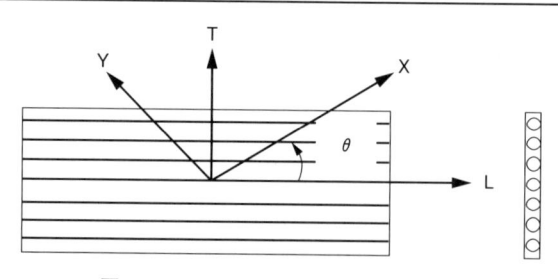

図 3-1-1　一方向繊維強化材の座標軸

$$E_L = E_f V_f + E_m V_m$$

$$\frac{1}{E_T} = \frac{V_f}{E_f} + \frac{V_m}{E_m} - V_f V_m \frac{\left(\frac{\nu_m}{E_m} - \frac{\nu_f}{E_f}\right)^2}{\frac{V_f}{E_m} + \frac{V_m}{E_f}}$$

$$\nu_L = \nu_f + \nu_m V_m \qquad \nu_T = \nu_L \frac{E_T}{E_L}$$

$$\frac{1}{G_{LT}} = \frac{V_f}{G_f} + \frac{V_m}{G_m} \quad \cdots\cdots\cdots\cdots\cdots\cdots\cdots\cdots\cdots (3.1.1)$$

ここで V_f はコードの体積分率を示し、$V_m = 1 - V_f$ はゴムの体積分率を示す。

E_f、ν_f、$G_f = E_f/2/(1+\nu_f)$ は、コードのヤング率、ポアソン比、せん断剛性であり E_m、ν_m、$G_m = E_m/2/(1+\nu_m)$ はゴムのヤング率、ポアソン比、せん断剛性である。ここで、$E_f \gg E_m$、及びゴムの非圧縮性から、式(3.1.1)は簡略化され、

$$E_L \approx E_f V_f \gg E_T$$

$$E_T \approx \frac{E_m}{V_m} \frac{1}{1-\nu_m^2} \approx \frac{4}{3} \frac{E_m}{V_m}$$

$$\nu_T \approx 0 \qquad \nu_L \approx 1/2$$

$$G_{LT} \approx \frac{G_m}{V_m} = E_T \frac{1-\nu_m}{2} \approx E_T/4 \quad \cdots\cdots\cdots\cdots\cdots\cdots\cdots\cdots (3.1.2)$$

となる。以上よりコード方向（L）及びコード垂直方向の剛性関係及びポアソン比が求められたので、次は**図3-1-1**の、X-Y座標系での応力〜歪関係式を剛性マトリックス $\boldsymbol{E}$ を用いて式(3.1.3)に示す。

$$\begin{Bmatrix} \sigma_x \\ \sigma_y \\ \tau_{xy} \end{Bmatrix} = \begin{Bmatrix} E_{xx} & E_{xy} & E_{xs} \\ E_{xy} & E_{yy} & E_{ys} \\ E_{xs} & E_{ys} & E_{ss} \end{Bmatrix} \begin{Bmatrix} \varepsilon_x \\ \varepsilon_y \\ \gamma_{xy} \end{Bmatrix} \quad \{\sigma_i\} = [\boldsymbol{E}_{ij}]\{\varepsilon_i\} \quad \cdots\cdots (3.1.3)$$

また、コンプライアンスマトリックス $\boldsymbol{C}$ を用いて式(3.1.4)のように表現できる。

$$\begin{Bmatrix} \varepsilon_x \\ \varepsilon_y \\ \gamma_{xy} \end{Bmatrix} = \begin{Bmatrix} C_{xx} & C_{xy} & C_{xs} \\ C_{xy} & C_{yy} & C_{ys} \\ C_{xs} & C_{ys} & C_{ss} \end{Bmatrix} \begin{Bmatrix} \sigma_x \\ \sigma_y \\ \tau_{xy} \end{Bmatrix} \quad \{\varepsilon_i\} = [\boldsymbol{C}_{ij}]\{\sigma_i\} \quad \cdots\cdots (3.1.4)$$

剛性マトリックス $\boldsymbol{E}$ の各要素は式(3.1.2)から下記のように表すことができる。

$$E_{xx} \approx E_T + (E_L - E_T)\cos^4\theta$$
$$E_{yy} \approx E_T + (E_L - E_T)\sin^4\theta$$
$$E_{ss} \approx E_T/4 + (E_L - E_T)\sin^2\theta\cos^2\theta$$
$$E_{xy} \approx E_T/2 + (E_L - E_T)\sin^2\theta\cos^2\theta$$
$$E_{xs} \approx -(E_L - E_T)\sin\theta\cos^3\theta$$
$$E_{ys} \approx -(E_L - E_T)\sin^3\theta\cos\theta \quad \cdots\cdots\cdots\cdots\cdots\cdots\cdots\cdots (3.1.5)$$

このような直交異方性材は、1軸引張を与えた場合に、**図3-1-2**に示す

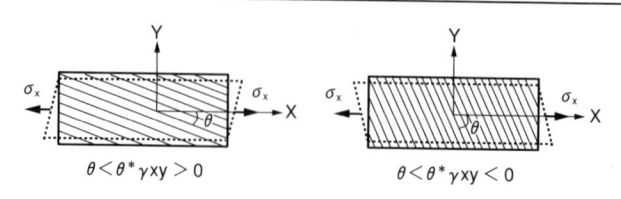

図3-1-2 コード角度θとカップリングせん断歪γ_{xy}の符号の関係

ように、矩形の形状をしたサンプルが平行四辺形的にせん断変形する、という特徴的な現象が発生する（カップリングせん断変形という）。このせん断変形は、$\theta=0°$、$\theta=90°$及び$\theta=\theta^*$（式(3.1.8)）では発生しないが、その他の角度では発生する変形である。また、後述する(3.1.6項)層間ゴムに発生するせん断変形の直接的な要因であり、タイヤの耐久性を考える上で重要な特性と言える。

一方向強化材にσ_xのみ加わる状態（$\sigma_y=\tau_{xy}=0$）において、カップリングせん断歪γ_{xy}は式(3.1.4)を用いると、

$$\gamma_{xy}=C_{xs}\sigma_x \quad \cdots\cdots\cdots (3.1.6)$$

式(3.1.3)と式(3.1.5)から、C_{xs}は

$$C_{xs}=-2\cos^3\theta\sin\theta\,\frac{1+\nu_L}{E_L}+2\cos\theta\sin^3\theta\,\frac{1+\nu_T}{E_T}+\sin\theta\cos\theta$$

$$(\cos^2\theta-\sin^2\theta)\frac{1}{G_{LT}}\approx\frac{2\sin\theta\cos^3\theta}{E_T(2-\tan^2\theta)} \quad \cdots\cdots (3.1.7)$$

で与えられる。**図3-1-2**にカップリングせん断変形の模式図を示す。θ^*（式(3.1.8)）をはさんで、せん断変形の向きが変わり、式(3.1.7)より、式(3.1.8)の角度でカップリングせん断変形が発生しないことが分かる。尚、この角度は式(3.1.2)の$G_{LT}=E_T/4$から出てくるもので、ガラス繊維やエポキシ等からなる硬い複合材料では、せん断変形がゼロになる特異角が存在しない場合がある。

$$\theta^*\equiv\tan^{-1}\sqrt{2}=54.7° \quad \cdots\cdots\cdots (3.1.8)$$

式(3.1.7)を図式化したのが**図3-1-3**である。ピークを与える角度θ^{**}は下記の式で与えられる。尚このカップリングせん断変形パラメーターC_{xs}

3.1 ゴム系複合材料力学　63

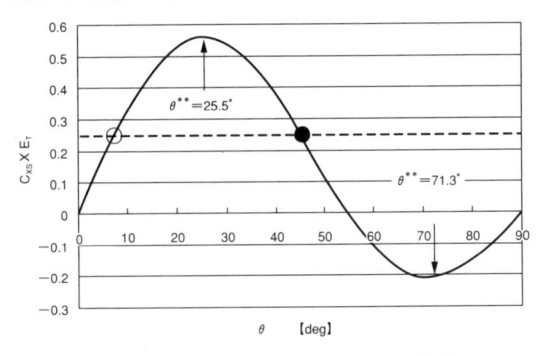

図3-1-3　コード角度θとC_{xs}の関係

はタイヤのプライステア力発生の直接要因であることは良く知られている。

$$\cos^2\theta^{**} = (11\pm\sqrt{73})/24$$

通常のベルト材は対称積層材なのでカップリング特性の絶対値は1ベルト（1層目のベルト）、2ベルト（2層目のベルト）ともに同じであるが、対称積層板でなくとも、図3-1-3の点線で示すように適切な角度の非対称角度構成を選択すれば$|C_{xs}|$は同等になる。

3.1.3　積層材の剛性（古典積層理論）

ラジアルタイヤのベルト材は一方向強化材（単層板）を周方向に対して対称な角度で2枚重ねた積層板（2層対称積層板、図3-1-4）を用いている。この対称積層の周方向剛性がタイヤの内圧充填時の外径成長（径成長）を特徴付けるので、以下に、上述の単層板の剛性関係からベルト材のような積層板の剛性について述べる。

図3-1-4においてX軸をタイヤ周方向、Y軸をタイヤ回転軸方向とし、$+\theta°$、$-\theta°$の2枚の単層板を積層する。ここで各層の周方向応力をσ_x、周方向歪をε_xとすると、

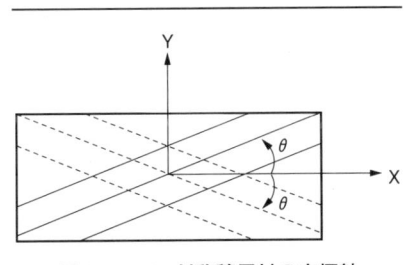

図3-1-4　対称積層材の座標軸

$$\{\sigma_x^{(1)}\} = [\boldsymbol{E}(-\theta)]\{\varepsilon_x^{(1)}\} \qquad \{\sigma_x^{(2)}\} = [\boldsymbol{E}(\theta)]\{\varepsilon_x^{(2)}\} \quad \cdots\cdots\cdots (3.1.9)$$

また、1層目、2層目の歪が同じ、$\{\varepsilon_x^{(1)}\} = \{\varepsilon_x^{(2)}\} \equiv \{\varepsilon_x\}$ とし、平均応力 $\{\sigma_x\} = \{\sigma_x^{(1)}\} + \{\sigma_x^{(2)}\}$ とし、また単純引張条件 $\sigma_y = \tau_{xy} = 0$ を仮定すると、

$$\{\sigma_x\} = 1/2 \{\boldsymbol{E}(-\theta) + \boldsymbol{E}(\theta)\}\{\varepsilon_x\} = [\boldsymbol{E}^*(\theta)]\{\varepsilon_x\} \quad \cdots\cdots (3.1.10)$$

ここで $\boldsymbol{E}^*(\theta)$ は、式(3.1.5)及び $[\boldsymbol{E}^*(\theta)] = [\boldsymbol{C}^*(\theta)]^{-1}$ から、

$$[\boldsymbol{E}^*(\theta)] = \begin{Bmatrix} E_{xx}^* & E_{xy}^* & 0 \\ E_{xy}^* & E_{yy}^* & 0 \\ 0 & 0 & E_{ss}^* \end{Bmatrix} \quad \cdots\cdots\cdots\cdots\cdots\cdots\cdots (3.1.11)$$

また

$$E_x = 1/C_{xx}^* = E_{xx}^* - (E_{xy}^*)^2/E_{yy}^* \qquad E_y = 1/C_{yy}^* = E_{yy}^* - (E_{xy}^*)^2/E_{xx}^*$$

$$\nu_x = E_{xy}^*/E_{yy}^* \qquad \nu_y = E_{xy}^*/E_{xx}^* \qquad G_{xy} = 1/C_{ss}^* = E_{ss}^* \quad \cdots\cdots (3.1.12)$$

である。$E_T/E_L \ll 1$ を用いると、

$$E_x = \frac{E_L E_T(\sin^4\theta - \sin^2\theta\cos^2\theta + \cos^4\theta) + 3/4 E_T^2}{E_L \sin^4\theta + E_T} \approx E_T(1 - \cot^2\theta + \cot^4\theta)$$

$$E_y = \frac{E_L E_T(\sin^4\theta - \sin^2\theta\cos^2\theta + \cos^4\theta) + 3/4 E_T^2}{E_L \cos^4\theta + E_T} \approx E_T(1 - \sin^2\theta + \sin^4\theta)$$

$$\nu_x = \frac{E_L \sin^2\theta \cos^2\theta + 1/2 E_T}{E_L \sin^4\theta + E_T} \approx \cot^2\theta$$

$$\nu_y = \frac{E_L \sin^2\theta \cos^2\theta + 1/2 E_T}{E_L \cos^4\theta + E_T} \approx \tan^2\theta$$

$$G_{xy} = 1/4(E_L \sin^2 2\theta + E_T \cos^2 2\theta) \approx (E_L \sin^2 2\theta + E_T)/4 \quad \cdots\cdots (3.1.13)$$

以上で2枚対称積層板の、単純引張条件下での剛性及びポアソン比が求まった。ベルト材を想定すると、E_x が周方向剛性となり、例えば、ベルト角度；$\theta = 20°$、$V_m = 0.5$、ベルトコード径；$h = 1\,\mathrm{mm}$、とすると、単位幅当たりのベルト剛性は、式(3.1.2)と式(3.1.13)を用いて、

単位幅当たりのベルト周方向剛性 $= 2 \times$ コード径 $\times E_T(1 - \cot^2\theta + \cot^4\theta)$

$$\approx E_m \times 269 \quad \cdots\cdots\cdots\cdots\cdots\cdots (3.1.14)$$

となる。つまり、たかだかゴムの数百倍の剛性しか有していないことになり、これではベルトに発生する内圧充填時の膨大な周方向張力；$T = P$（内圧）$\times R$（ベルト半径）を支えることはできない。

3.1 ゴム系複合材料力学

ではベルト張力をどのように支えているのか（乗用車用ラジアルタイヤの場合、内圧充填時での径成長量はたかだか1%）、について述べる。ラジアルタイヤはプライ（Y軸方向）が存在するために、ベルトの幅方向収縮（ν_x）をある程度抑制している。そこで、$\sigma_y \neq 0$ とし、$\nu_x = -\varepsilon_y/\varepsilon_x$ とおいて ν_x を未知数として式(3.1.4)、式(3.1.5)、式(3.1.10)を展開すると、

単位幅当たりのベルト周方向剛性＝$2 \times$ コード径 $h \times$
$$E_L(1-\nu_x\tan^2\theta)\cos^4\theta \quad \cdots (3.1.15)$$

式(3.1.14)とは異なり、E_L の項が直接効いてくることが分かる。尚、式(3.1.15)は $\tan^4\theta$ 以上の高次項は無視している（式(3.1.13)の $\nu_x = \cot^2\theta$ を式(3.1.15)に代入するとゼロになる）。式(3.1.13)で $\theta = 20°$ を代入すると $\nu_x \sim 7.5$、と大きな幅方向収縮が発生するが、タイヤには $\theta = 90°$ のプライが存在するために、ベルトのセンター部付近のポアソン比はたかだか 1〜2 であり、式(3.1.15)の E_L の項が発揮されるのである。

一方で、ベルトのショルダー部は、プライによる幅方向拘束の効果が弱いため、式(3.1.13)のような大きな幅収縮が発生する。トレッド部を切り出して、実験してみると、幅収縮に伴い、ショルダー部のコード〜コード間ゴムが盛り上がってくる現象が観察できる（**図3-1-5**）。

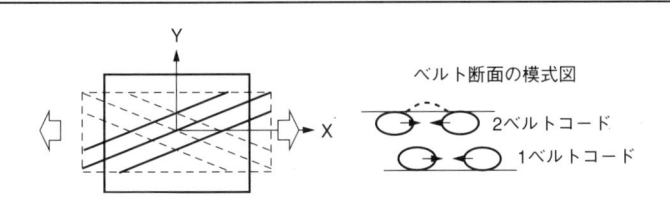

図3-1-5 対称積層材の幅収縮イメージ図

3.1.4 面内せん断剛性

タイヤのコーナリング特性（特にコーナリングパワー C_p；4.3節参照）や摩耗性能（4.6節参照）に関係する、ベルト面内せん断剛性について簡単に述べる。面内せん断剛性 G_{xy} は、式(3.1.13)より E_L に比例するため、高剛性コードの使用が好ましい。しかし、引張剛性は高いが、圧縮剛性は低いコ

ードでベルトを構成する場合は C_p が低下してしまうことに注意しなければならない。つまり、スチールコードと有機繊維コードで E_L が等しくなるようにベルト材を組んだとしても、同等の C_p を得ることができない、ということである。理由としては一般的に、有機繊維コードの圧縮弾性率は引張弾性率に比べて極端に低いからである。

ここで単層板のせん断剛性 G_{xy} について述べる。対称交錯の場合は上述のように大きなせん断剛性を得ることができるが（$\theta=45°$ で最大）、単層板では境界条件で大きく異なり、式(3.1.4)及び式(3.1.5)から、

・純せん断の場合（$\sigma_x=\sigma_y=0$）$\Rightarrow G_{xy}=1/C_{ss}=E_T/(1+3\cos^2 2\theta)$
$$\cdots\cdots\cdots\cdots\cdots\cdots\cdots\cdots\cdots\cdots\cdots\cdots\cdots\cdots\cdots\cdots (3.1.16)$$

・完全固定の場合（$\varepsilon_x=\varepsilon_y=0$）$\Rightarrow G_{xy}=E_{ss}=(E_L\sin^2 2\theta+E_T)/4$
$$\cdots\cdots\cdots\cdots\cdots\cdots\cdots\cdots\cdots\cdots\cdots\cdots\cdots\cdots\cdots\cdots (3.1.17)$$

となる。いずれも $\theta=45°$ で最大値を与えるが、純せん断の場合（式(3.1.16)）ではたかだか E_T のオーダーしか期待できない。

3.1.5　任意の角度・枚数の積層構成

これまで、2枚且つ対称交錯に絞って述べたが、2枚ベルトの乗用車用タイヤでもプライを入れれば3層積層構成であり、トラック・バス用タイヤは4～5層構成である。このような実タイヤに即した解析を行う（任意の角度や枚数の積層構成）場合でも、式(3.1.4)の考え方で可能で、コンプライアンスマトリックス C を各層について足し合わせた ΣC を使うことにより、引張・せん断剛性、ポアソン比、等を求めることができる。

3.1.6　層間ゴムのせん断変形を考慮した積層理論（修正積層理論）

今まで述べてきた3.1.2項の古典積層理論は、層間ゴムの変形を考慮しない解析であるが、ここでは層間ゴムの変形を考慮できる解析について述べる。層間せん断変形はタイヤの耐久性に重要なパラメーターであるので、その発生メカニズムや積層材に発生する張力等について述べていく。

タイヤのベルトは内圧により引張変形を生じ、またタイヤの接地面においてクラウン R（半径）に起因するセンターからショルダーにかけての外径

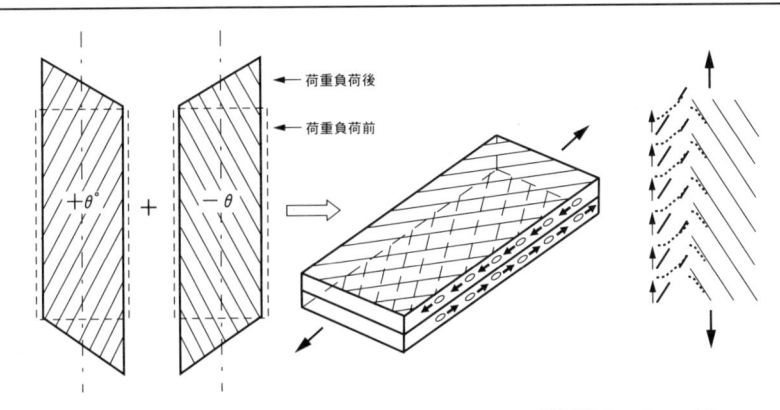

図3-1-6 対称積層材の層間ゴムに発生するせん断歪発生メカニズム

差や周方向の曲げ変形により、少なくともショルダー部では周方向に更に引張変形を生じる。ここでは簡単のために一様な引張変形を受ける積層板を用いて、層間せん断歪の発生メカニズムについて、先ず解説する。

乗用車用タイヤのベルトに多く使われている2層対称交錯積層板を例にとると、積層されていない場合は図3-1-2のように、周方向に引張変形を加えると各単層板とも面内せん断変形が生じるが、図3-1-6に示すような対称交錯の場合はコード角度が負荷方向に対して互いに反対となるためせん断変形は逆方向に現れる。

この2層を積層して、ひとつの積層板としていることから逆方向のせん断変形は互いの拘束により打ち消される。その結果、単層板内にはせん断変形を打ち消すような面内せん断応力が発生する。これに対して帯状（有限幅）積層板の端部ではこの面内せん断応力に釣り合う力が無いことから、上下層で周方向に逆方向の変位が生じ、層間ゴム層に層間せん断歪が発生する。

3.1.7 修正積層理論

前項で述べた層間ゴム層を有する2層対称積層板の理論解析は、赤坂の論文[5],[6]等に詳しいので式の展開等の詳細は文献を参照頂きたい。ここでは積層板に発生する張力分布、引張剛性及び周方向層間せん断歪についてのみ述

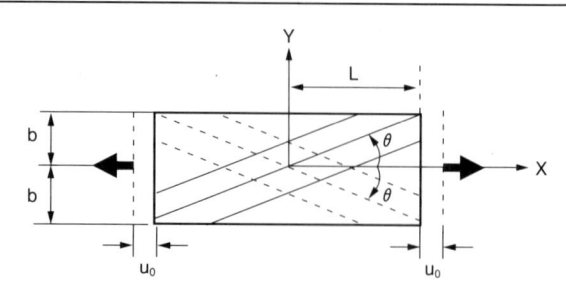

図3-1-7　1軸引張条件下での対称積層材モデル及び座標軸

べる。

　図3-1-7に示す幅 $2b$ の帯状積層板に働く張力分布の最終形は式(3.1.18)で現すことができる（導出の過程は割愛する）。N_x は周方向の膜力（単位幅当たりに発生する張力）でコード径 h と σ_x の積である。

$$\frac{N_x^{(1)}}{\varepsilon_0} = \frac{N_x^{(2)}}{\varepsilon_0} = h\left\{\underbrace{E_{xx} - \frac{E_{xy}^2}{E_{yy}}}_{\text{第1項}} - \underbrace{\frac{(E_{ys}E_{xy} - E_{yy}E_{xs})^2}{E_{yy}(E_{yy}E_{ss} - E_{ys}^2)}\frac{\cosh(\sqrt{\rho}y)}{\cosh(\sqrt{\rho}b)}}_{\text{第2項}}\right\}$$

　　　　　　　　　　　　　　　　　　　　　　　　　　　　(3.1.18)

ここで h はベルトコード径、$k = Gm/\bar{h}$ であり、Gm は層間ゴムのせん断剛性、$\bar{h}$ は層間ゴムの厚さ、である。また $\rho = 2kE_{yy}/h/(E_{yy}E_{ss} - E_{ys}^2)$、$\varepsilon_0 = u_0/L$ である。

　式(3.1.18)の第1項は式(3.1.12)の古典積層理論から導かれたものと一致しているが、第2項は張力の低下を示していて、**図3-1-8**のように端部（$y = \pm b$）では、張力はゼロになる。式(3.1.18)を幅方向に積分し、b で割ることで、単位幅当たりの剛性を導出したのが式(3.1.19)である。

$$\int_0^b \frac{N_x}{\varepsilon_0}dy/b = h\left\{\underbrace{E_{xx} - \frac{E_{xy}^2}{E_{yy}}}_{\text{第1項}} - \underbrace{\frac{(E_{ys}E_{xy} - E_{yy}E_{xs})^2}{E_{yy}(E_{yy}E_{ss} - E_{ys}^2)}\frac{\tanh(\sqrt{\rho}b)}{\sqrt{\rho}b}}_{\text{第2項}}\right\}$$

　　　　　　　　　　　　　　　　　　　　　　　　　　　　(3.1.19)

　第1項は式(3.1.12)の古典積層理論の周方向剛性；$h \cdot E_T(1 - \cot^2\theta + \cot^4\theta)$ に等しいが、式(3.1.18)の第2項が現す張力低下分で式(3.1.18)第

3.1 ゴム系複合材料力学

（注）フォールド構造はセンターで切り離し フルフォールド構造はセンターで連結		引張剛性 【指数】	面内曲げ剛性 【指数】
ベルト半巾 b=77.5mm	2層対称積層板	100	100
	フォールド構造	100	119
	フルフォールド構造	106	119

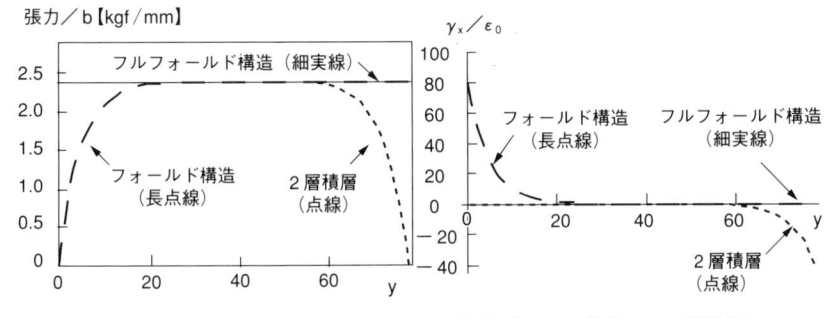

図3-1-8 対称積層材に加わる張力及び層間ゴムに発生するせん断歪分布

2項の剛性低下分が現れる。ただし第2項の末尾の／b から、ベルト半幅 b が充分広ければ第2項の剛性低下は無視できるほど小さく、そのため古典積層理論と修正積層理論での剛性値は一致してくる。

次に層間ゴム層の周方向せん断歪 γ_x の分布形式について述べる。同様に最終形のみ記すと、

$$\frac{\gamma_x}{\varepsilon_0} = \frac{2}{\bar{h}\sqrt{\rho}} \frac{E_{xs}E_{yy}-E_{ys}E_{xy}}{E_{yy}E_{ss}-E_{ys}^2} \frac{\sinh(\sqrt{\rho}y)}{\cosh(\sqrt{\rho}b)} \quad \cdots\cdots (3.1.20)$$

ここで、$k=G_m/\bar{h}$ であり、$\bar{h}$ は層間ゴム層の厚さである。

図3-1-8 や式(3.1.20)に含まれる sinh から分かるように、γ_x は積層材端部付近で急激に立ち上がり、端部で最大となることが分かる。

γ_x の最大値は $y \to b$ を式(3.1.20)に代入すると下記の式で与えられる。

$$\gamma_x(y=b)/\varepsilon_0 = \frac{2}{\bar{h}\sqrt{\rho}} \frac{E_{xs}E_{yy}-E_{ys}E_{xy}}{E_{yy}E_{ss}-E_{ys}^2} \tanh(\sqrt{\rho}b)$$

また、この層間せん断歪の発生により端部付近の張力が低下する現象が生じる。式(3.1.20)において、最大歪を与える $y=b$ でのせん断歪を $E_T \ll E_L$ から簡略化し、また $\sqrt{\rho}b \gg 1$ と仮定すると、

$$\gamma_x(y=b)/\varepsilon_0 \approx \sqrt{\frac{h}{\bar{h}\,V_m}}\,(2\nu_x-1)\cos\theta \quad\cdots\cdots\cdots\cdots\cdots\cdots (3.1.21)$$

となり、コード径 h の1/2乗に比例、層間ゴム厚さ $\bar{h}$ の-1/2乗に比例することが分かる。またポアソン比 $\nu_x \sim \cot^2\theta$ に比例、つまりベルト角度 θ が小さくなればなる程、急激に層間せん断歪は増加する。

ベルト端で単層板が折り返されたフォールドベルト構造の場合（**図3-1-8**）、折り返し部で上下層のコードの相対変位はないので層間せん断歪の発生は抑制されるとともに、ベルト層端部でのベルト張力も低下せず、端部での張力は切り離しベルト構造対比増大する。ただし折り返し端では層間せん断歪が発生してしまうので、折り返しはセンター部まで持ってきて、且つ何らかの手法で連結する必要がある（フルフォールド化）。センターで連結しない場合は、センターで層間せん断歪が発生する。

同様の効果を狙い、積層板の端部を縫い合わせる手法（ステッチング）がある。レース用車体に使用される積層材に適用するケースが提案されているが、スチールコードで構成されるタイヤのベルト材に適用するのは現実的ではない。

層間せん断歪の低減方向としては、一定引張変形のもとではゴムのヤング率 E_m の寄与は少なく（式(3.1.21)）

　・層間ゴム厚さ $\bar{h}$ アップ　　　　・コード角度 θ アップ
　・コード打込ダウン（V_m アップ）・コード径 h ダウン

等が挙げられるが、同時に積層板全体の引張剛性も変化するので一定歪的な変形以外の場合は注意を要する。実際のタイヤではベルト端部での層間せん断歪の集中緩和のために対称交錯層端部にゴムシートを入れて（層間ゴム厚さアップ）、歪低減を図っている。

また、3.1.6項で述べた層間せん断歪発生の根本要因である、積層板端部の局所的な面内せん断変形を直接抑制するために、単層板端部近傍にせん断剛性のみ有する部材（周・幅方向剛性は小）を隣接して配置する手法もある。幅の狭い該部材を単層板の端を覆うように配置しても良い。

以上はコード～ゴム複合体（単層板）を均質な異方性材料としての取り扱いであるが、コードの離散的配列を考慮した解析手法[2],[7]も発表されており、

コード配列に関する要因も解析可能になっている。またコード端部近傍のミクロな歪集中度解析も可能となるので、ベルト間ゴム歪の解析に非常に有効な手段である。

3.1.8 任意積層板の修正積層理論

トラック・バス用タイヤはプライも含め4〜5層構成の積層材を用いており、建設車輌用タイヤにおいては更に7枚構成も用いられている。このような多層構成での各層間のせん断歪の解析には、任意の角度や任意の積層数(n層)での修正積層理論が必要になる。これらは更に複雑になるため考え方のみ記す。

各ベルト層(単層板)の膜力を、周方向:$N_x^{(i)}$、幅方向:$N_y^{(i)}$、面内せん断方向:$N_{xy}^{(i)}$とおくと、剛性マトリックスの各要素(式(3.1.5))と任意のn層の膜力の関係は、カップリング捩れ変形を固定した場合

$$N_x^{(i)} = A_{xx}^{(i)} \varepsilon_0 + A_{xy}^{(i)} dV_i/dy + A_{xs}^{(i)} dU_i/dy$$
$$N_y^{(i)} = A_{xy}^{(i)} \varepsilon_0 + A_{yy}^{(i)} dV_i/dy + A_{ys}^{(i)} dU_i/dy \qquad i=1, 2、\cdots\cdots n$$
$$N_{xy}^{(i)} = A_{xs}^{(i)} \varepsilon_0 + A_{ys}^{(i)} dV_i/dy + A_{ss}^{(i)} dU_i/dy$$

$$\cdots\cdots\cdots\cdots\cdots\cdots\cdots\cdots\cdots\cdots\cdots\cdots\cdots\cdots\cdots\cdots (3.1.22)$$

と表すことができる。ここで$A_{jk}^{(i)} = h_{jk} E_{jk}^{(i)}$、$j$、$k \equiv x$、$y$、$s$である。

また$U(y)_i$、$V(y)_i$は式(3.1.23)と式(3.1.24)で示す変位関数である。

図3-1-7において、各層のX軸方向の変位を$U(y)_i$、Y軸方向の変位を$V(y)_i$とおくと、変位関数は、

$$\begin{Bmatrix} U(y)_1 \\ U(y)_2 \\ \cdot \\ \cdot \\ U(y)_n \end{Bmatrix} = \begin{Bmatrix} A^{(1)}_1 \\ A^{(2)}_1 \\ \cdot \\ \cdot \\ A^{(n)}_1 \end{Bmatrix} \sinh \lambda_1 y + \begin{Bmatrix} A^{(1)}_2 \\ A^{(2)}_2 \\ \cdot \\ \cdot \\ A^{(n)}_2 \end{Bmatrix} \sinh \lambda_2 y + \cdots\cdots$$

$$+ \begin{Bmatrix} A^{(1)}_{2(n-1)} \\ A^{(2)}_{2(n-1)} \\ \cdot \\ \cdot \\ A^{(n)}_{2(n-1)} \end{Bmatrix} \sinh \lambda_{2(n-1)} y + B_1 y \quad \cdots\cdots\cdots\cdots (3.1.23)$$

$$\begin{Bmatrix} V(y)_1 \\ V(y)_2 \\ \cdot \\ \cdot \\ V(y)_n \end{Bmatrix} = \begin{Bmatrix} C^{(1)}{}_1 \\ C^{(2)}{}_1 \\ \cdot \\ \cdot \\ C^{(n)}{}_1 \end{Bmatrix} \sinh \lambda_1 y + \begin{Bmatrix} C^{(1)}{}_2 \\ C^{(2)}{}_2 \\ \cdot \\ \cdot \\ C^{(n)}{}_2 \end{Bmatrix} \sinh \lambda_2 y + \cdots\cdots$$

$$+ \begin{Bmatrix} C^{(1)}{}_{2(n-1)} \\ C^{(2)}{}_{2(n-1)} \\ \cdot \\ \cdot \\ A^{(n)}{}_{2(n-1)} \end{Bmatrix} \sinh \lambda_{2(n-1)} y + B_2 y \qquad \cdots\cdots\cdots (3.1.24)$$

で表現できる。式(3.1.23)及び式(3.1.24)を式(3.1.22)に代入して、下記の境界条件から固有値 λ_i 及び未定係数 $A_j^{(i)}$、$C_j^{(i)}$、B_1、B_2 を決定する（ここで、$i = 1, 2, \cdots\cdots n$、$j = 1, 2, \cdots\cdots 2(n-1)$）。

　　$y = \pm b$ で、$N_y^{(i)} = 0$、$N_{xy}^{(i)} = 0$、$i = 1, 2, \cdots\cdots n$

以上で変位関数が決まるので、任意の層間ゴム層の周方向層間せん断歪は、

$$\gamma_x^{(i)} = [U(y)_{i+1} - U(y)_i]/\overline{h}、i = 1, 2, \cdots\cdots n-1 \qquad \cdots\cdots\cdots\cdots (3.1.25)$$

で決定できる。以上、さわりのみ述べたが、3.1.5項の冒頭で述べたように、大型タイヤや小型タイヤでも積層部材の多いレーシングタイヤでも耐久性検討に威力を発揮する。

3.1.9　強い非線形の応力～歪特性を有する複合材（ウェーブドベルト）

　タイヤは成形時及び加硫時にある程度部材を伸ばして製造することが多い。前項までの角度を有する単層板を積層した部材は成形・加硫時に角度変化してくれるので、容易に製造時の伸びに追随するが、剛性の高いコード（スチールコードやケブラーコード）で且つ最も周方向剛性の高い角度（$\theta = 0°$）の部材をベルトに使用しようとすると、ほとんど拡張できないのでタイヤを製造し難くなってしまう。そこで要求されるのは、初期はヤング率が極めて小さいが、ある程度伸ばされると高い剛性を発揮できる複合材であり、このような強い非線形性を持った複合材として新たに首記の波状ベルト（ウェーブドベルト）が開発された。尚、他分野への適用については、Chou らが詳しく解説している[8]。

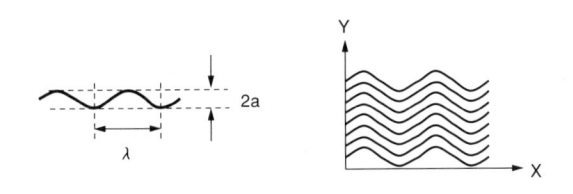

図3-1-9 ウェーブドベルトモデル及び座標軸

　構成としては図3-1-9に示すように波長 λ、両振幅 $2a$、の正弦波状に加工された補強コードをゴムで被覆し等間隔に並べたもので、長手方向をタイヤの周方向としている。最初にケブラーコードで構成したウェーブドベルトが航空機用ラジアルタイヤの外傷に対するベルト保護層として採用され、主ベルトとしては、92年末から60シリーズのトラック・バス用タイヤへ適用された。また近年、タイヤ2本を1本に置き換えた大型車用超偏平タイヤ（スーパーシングルタイヤ、495/45 R 22.5等）にも適用され、GREATEC（グレイテック）として2000年2月に発表・発売されている。

3.1.10 円弧梁のモデル

　このような形態の複合材の力学について説明する。最初に最も簡便な円弧梁の理論[9]を用いた解析につて述べる。コードはスチールモノフィラメント（直径 $\phi=d$）を想定し、長手方向の変位を u、振幅方向の変位を v、とすると（図3-1-10）、見かけの伸び歪 ε は $\varepsilon=u/(\lambda/4)$ となる。1本のウ

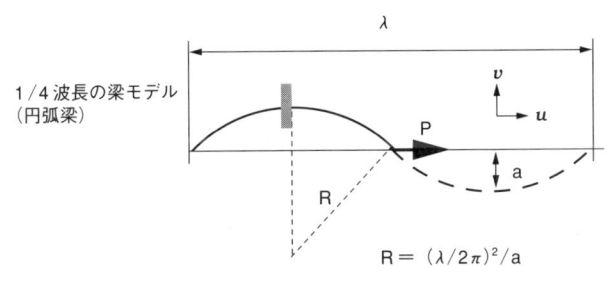

図3-1-10 ウェーブドベルトの円弧梁モデル

$R = (\lambda/2\pi)^2/a$

ェーブドコードに荷重 P が加わった時の変位 u、v は、

$$u = \frac{\pi^4}{480}\frac{P}{EI}a^2\lambda \quad\cdots\cdots\cdots\cdots\cdots\cdots\cdots\cdots\cdots\cdots\cdots\cdots\cdots (3.1.26)$$

$$v = \frac{25}{64\pi^2}\frac{P}{EI}a\lambda^2 \quad\cdots\cdots\cdots\cdots\cdots\cdots\cdots\cdots\cdots\cdots\cdots\cdots (3.1.27)$$

で表すことができる。ここで E はフィラメントのヤング率、I は断面2次モーメントで $I=\pi d^4/64$ である。フィラメント断面積 $A=\pi d^2/4$ 及び式(3.1.26)、式(3.1.27)から見掛けのヤング率 $P/\varepsilon/A$ を算出すると、

$$P/\varepsilon = 120/\pi^4 EI/a^2 \;\Rightarrow\; \frac{P/\varepsilon}{A} = E\frac{15}{2\pi^4}\frac{d^2}{a^2} \quad\cdots\cdots\cdots\cdots (3.1.28)$$

式(3.1.28)より、フィラメント径 d／片振幅 a が小さければ初期ヤング率が小さくなるが、

$$d/a > 3.604\text{ の場合}\;\Rightarrow\; \frac{P/\varepsilon}{A} > E \quad\cdots\cdots\cdots\cdots\cdots\cdots (3.1.29)$$

となり、真直のフィラメントのヤング率をオーバーしてしまう。従って、このような設定ではリニアな S-S カーブを有することとなる。d/a が 3 近辺のサンプルで引張試験を行った所、下に凸の S-S カーブにならないことが確認された。

幾何学的形状（$2a/\lambda$）が大きいほど、下に凸の S-S カーブになり易いが、上述のように断面2次モーメントと片振幅 a の関係に注意しないと所望の非線形性は得ることができない。

式(3.1.28)から S-S カーブを出すには、歪を逐次増分（$\Delta\varepsilon$）し、円弧の長さを不伸長と仮定して、荷重増分や振幅変化を決定していけばよいが、振幅がゼロに近づくに従い、見掛けのヤング率が発散（荷重が発散）してしまうので、うまくシミュレートできない。

3.1.11 古典積層理論を用いた解析モデル

次に、3.1.2 項や 3.1.3 項で述べた古典積層理論を用いたウェーブドベルト解析モデルについて簡単に紹介する。詳細については文献[10]～[13]を参照されたい。

手法としては、1 波長の中をサブエレメントに分割し、各エレメントの X

軸に対する角度 θ を求め、式(3.1.3)、式(3.1.4)、式(3.1.5)から各エレメントの応力～歪関係を決定する。その後、1波長分を積分して、マクロ的な応力～歪関係を確定させ、歪を逐次増分（$\Delta \varepsilon$）し、荷重増分や振幅変化を決定、ということである。基本的には3.1.10項と同様に、振幅がゼロに近づくに従い、見掛けのヤング率が発散（荷重が発散）してしまうという特徴を有している。

3.1.12 有限変形弾性論を用いた解析モデル

最後に有限変形弾性論を用いた解析モデルについて述べる。有限変形弾性論そのものの解説は有名な教科書[17]を参照されたいが、ウェーブドベルトモデルについては文献[14]～[16]に詳しい。ここでは文献[14]に基づいた解析のフローチャートのみ記す。

このモデルの特徴は、3.1.10項や3.1.11項と異なり、軸方向応力 $\sigma=0$ から $\sigma=\sigma_0$ が与えられた時の軸方向伸び ε を直接求めることができ、また振幅 $a \to 0$ でヤング率→発散が避けられる、つまりウェーブドベルトコード自体のヤング率を E_0 と置くと $a \to 0$ で $E \to E_0$ となる。従って、任意の応力下での軸力やヤング率、また振幅変化やヤング率変化も決定できるので非常に便利な手法である。特徴としては、

- ウェーブドベルトの1/4波長分をサブエレメント（N分割）に分割
- サブエレメント毎にコード角度（θ_n）を算出
- エネルギー平衡条件を解き λ_n、δ_n、K_n を求める
- Nエレメント分を足し合わせて軸方向歪 ε を求める

ここで、

- $\lambda_n=$サブエレメントの伸び率（軸方向）>1
- $\delta_n=$サブエレメントの伸び率（幅方向）
- $K_n=$サブエレメントのせん断変形量
- $\theta_n=$サブエレメントの初期角度（図3-1-9右、においてX軸に対する角度）
- $N=1/4$波長内での分割数

また、$C\,11=$Wavy$\,E_L$、$C\,22=E_T$、$C\,12=E_T/2$、$C\,66=E_T/4$ である。

尚、ウェーブドコードのコード曲げ剛性や、サブエレメントの角度変化に伴うコード～コード間のせん断抵抗は考慮できていないが、代わりに G_{LT} を適切に設定すると、S-Sカーブやヤング率変化等など、実測値をかなりよく表現できることが実験から判明している。

最後に、応力やヤング率変化の算出方法は複雑なので詳細は割愛するが、計算の流れの概略のみ、式(3.1.30)に記す。

$$\theta_n = [\text{ArcTan}(2\pi a/\lambda \text{Cos}(\pi(n-1)/2N)) + \text{ArcTan}(2\pi a/\lambda \text{Cos}(\pi n/2N))]/2 \quad n=1,2,N$$

⬇

$$E11(\lambda_n, \delta_n, K_n)$$
$$= [(\lambda_n^2 + \delta_n^2 - 2 + \lambda_n^2 K_n^2)$$
$$+ (\lambda_n^2 - \delta_n^2 + \lambda_n^2 K_n^2)\text{Cos}\,2\theta_n + 2K_n \lambda_n \delta_n \text{Sin}\,2\theta_n]/4$$
$$E22(\lambda_n, \delta_n, K_n)$$
$$= [(\lambda_n^2 + \delta_n^2 - 2 + \lambda_n^2 K_n^2) - (\lambda_n^2 - \delta_n^2 + \lambda_n^2 K_n^2)\text{Cos}\,2\theta_n$$
$$- 2K_n \lambda_n \delta_n \text{Sin}\,2\theta_n]/4$$
$$E12(\lambda_n, \delta_n, K_n)$$
$$= [(\delta_n^2 - \lambda_n^2 - \lambda_n^2 K_n^2)\text{Sin}\,2\theta_n + 2K_n \lambda_n \delta_n \text{Cos}\,2\theta_n]/4$$

Lagrangian Strain

⬇

$$W11(\lambda_n, \delta_n, K_n) = C11\,E11 + C12\,E22$$
$$W22(\lambda_n, \delta_n, K_n) = C22\,E22 + C12\,E11$$
$$W12(\lambda_n, \delta_n, K_n) = 4C66\,E12$$

$= \partial W/\partial E_{ij}$ (W = strain-enegy density)

⬇

$$Q1(\lambda_n, \delta_n, K_n) = \text{Cos}^2\theta_n W11 + \text{Sin}^2\theta_n W22 - \text{Cos}\,\theta_n \text{Sin}\,\theta_n W12$$
$$Q2(\lambda_n, \delta_n, K_n) = \text{Cos}\,\theta_n \text{Sin}\,\theta_n W11 - \text{Cos}\,\theta_n \text{Sin}\,\theta_n W22$$
$$+ (\text{Cos}^2\theta_n - \text{Sin}^2\theta_n)W12/2$$
$$Q3(\lambda_n, \delta_n, K_n) = \text{Sin}^2\theta_n W11 + \text{Cos}^2\theta_n W22 + \text{Cos}\,\theta_n \text{Sin}\,\theta_n W12$$

⬇

$$\Pi 11(\lambda_n, \delta_n, K_n) = \lambda_n Q1$$
$$\Pi 22(\lambda_n, \delta_n, K_n) = K_n \lambda_n Q2 + \delta_n Q3$$
$$\Pi 21(\lambda_n, \delta_n, K_n) = K_n \lambda_n Q1 + \delta_n Q2$$

➡ $\Pi 11 = \sigma$
$\Pi 22 = \Pi 21 = 0$

Lagrangian Stress

➡ $[0 \to \sigma] \Rightarrow [0 \to \varepsilon]$
$$\varepsilon = \sum_{n=1}^{n=N} \lambda_n/N - 1$$

.... (3.1.30)

3.2 ゴムの力学と計測

　ゴムはヤング率が低く、非常に大きな変形に耐えうる粘弾性体である（表3-2-1）。輪ゴムは手で容易に引張ることができ、5倍（500％）以上の歪まで切れることなく伸び、力を緩めると元の長さに戻る。振動する物体を固定する際、間にゴム板等を挟み込むと周囲に振動伝達しなくなるのは、粘性で振動が減衰してしまうためである。もう一つの特徴はポアソン比が0.5に近い点である[1]。これは液体に近く非圧縮性を持つことを示しており、消しゴムをつぶすと非常に硬く感じることでも分かる。タイヤではこれらの特性を活かしてゴムを使っている。つまり、非圧縮性を活かしてトレッドゴムやランフラットタイヤの補強ゴムで荷重支持し、大きな変形に耐えることで操縦安定性、駆動／制動性を持ち、粘弾性により乗り心地性能を持っている。

表3-2-1　材料定数の比較

材料	ヤング率（MPa）	破断歪（％）	ポアソン比
ゴム	≒1	>300	≒0.5
鉄	≒2×10$_5$	≒2	≒0.3
アルミ	≒7×10$_4$	≒10	≒0.34

　このようなゴムの力学挙動を簡単のために非線形弾性と線形粘弾性に分けて考える。この他にもMullins効果[2]、クリープ[3]等の多くの非線形要因があるが、ここでは説明しないので参考文献を見て頂きたい。

3.2.1　非線形弾性

　歪や変位によって定義されるスカラー量である歪エネルギー関数 W が存在し、これを大変形する弾性体に適用できる材料を、超弾性体（Hyper-elastic）と呼び、ゴムの弾性的非線形挙動はこれによって記述できるとされている。W は次の式で定義される。

$$W(\lambda) = \int \sigma d\lambda \quad \cdots\cdots (3.2.1)$$

ここで σ は応力、λ は伸長比で、ゴムの大変形を考慮して一般に使われている。歪を ε とすると伸長比とは次の関係にある。

$$\lambda = 1 + \varepsilon \quad \cdots\cdots (3.2.2)$$

歪エネルギー関数は剛体回転に対し、客観性を有しているので、ストレッチテンソルを用いて表すことができる。材料が等方性の場合、ストレッチテンソルの不変量 I_i によって歪エネルギー関数は、

$$W(I_1, I_2, I_3) = \sum_{p=1}^{\infty} \sum_{q=1}^{\infty} \sum_{r=1}^{\infty} C_{pqr}(I_1-3)^p (I_2-3)^q (I_3-1)^r \quad \cdots\cdots (3.2.3)$$

と表わすことができる。ここで、不変量は主ストレッチ λ_i により、

$$I_1 = \lambda_1^2 + \lambda_2^2 + \lambda_3^2$$
$$I_2 = \lambda_1^2 \lambda_2^2 + \lambda_2^2 \lambda_3^2 + \lambda_3^2 \lambda_1^2$$
$$I_3 = \lambda_1^2 \lambda_2^2 \lambda_3^2 \quad \cdots\cdots (3.2.4)$$

と定義される。主軸方向の伸長比を使うことで、せん断変形を除いて考えることができる。

応力、例えば工業応力 σ_1 は次の式で表せる。

$$\sigma_1 = \frac{\partial W}{\partial \lambda_1} = \frac{\partial W}{\partial I_1}\frac{\partial I_1}{\partial \lambda_1} + \frac{\partial W}{\partial I_2}\frac{\partial I_2}{\partial \lambda_1} + \frac{\partial W}{\partial I_3}\frac{\partial I_3}{\partial \lambda_1} \quad \cdots\cdots (3.2.5)$$

ゴム材料は非圧縮性であると仮定してよいので、$I_3 = 1$ となる。従って歪エネルギー関数は二つの不変量の関数となる。

$$W(I_1, I_2) = \sum_{p=1}^{\infty} \sum_{q=1}^{\infty} C_{pq}(I_1-3)^p (I_2-3)^q \quad \cdots\cdots (3.2.6)$$

ゴム材料で一般的な構成式としては、

・neo-Hookean モデル

$$W = C_1(I_1-3) \quad \cdots\cdots (3.2.7)$$

・Mooney-Rivlin モデル

$$W = C_1(I_1-3) + C_2(I_2-3) \quad \cdots\cdots (3.2.8)$$

・Ogden モデル

$$W = \sum_{n=1}^{3} \frac{\mu_n}{\alpha_n} (\lambda_1{}^{\alpha_n} + \lambda_2{}^{\alpha_n} + \lambda_3{}^{\alpha_n} - 3),\ \lambda_1 \lambda_2 \lambda_3 = 1 \quad \cdots\cdots\cdots\cdots (3.2.9)$$

が有名である。Mooney–Rivlin モデルで $C_2=0$ とすると neo–Hookean モデルになる。また、Ogden モデルで $\alpha_1=2$、$\mu_1=C_1$、$\alpha_2=-2$、$\mu_2=C_2$、$\mu_3=0$ とすると Mooney–Rivlin モデルになる。

材料定数を調べるためには静的引張り試験が必要である。試験は JIS K 6251 で規定されており、ダンベル型もしくはリング型試験片を用いる。静的試験で得られた一例として、ゴムの1軸応力-伸長比関係を図3-2-1に示す。λが1より小さい領域で圧縮応力が急増する部分は非圧縮性による。λが1より大きい領域では伸長比に対して非線形な応力増加を示す。Ogden[4]の求めた W をプロットすると（図3-2-2）、λが1より小さい領域で W が急増していることが分かる[5]。以上より、材料定数の W を実験から求める場合、これらの非線形性を精度良く求める必要がある。

式(3.2.5)から分かるように、応力と伸長比は、

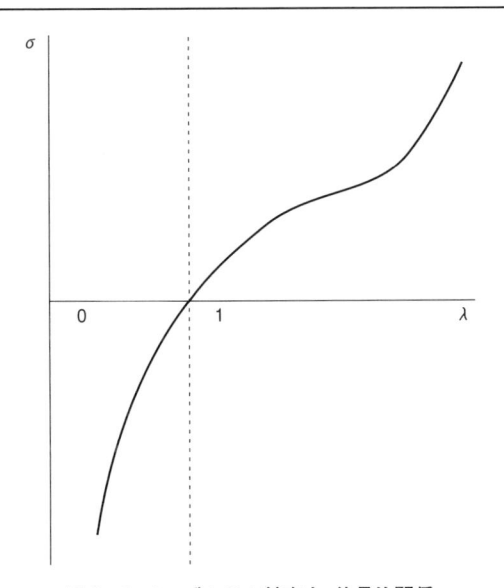

図3-2-1　ゴムの1軸応力-伸長比関係

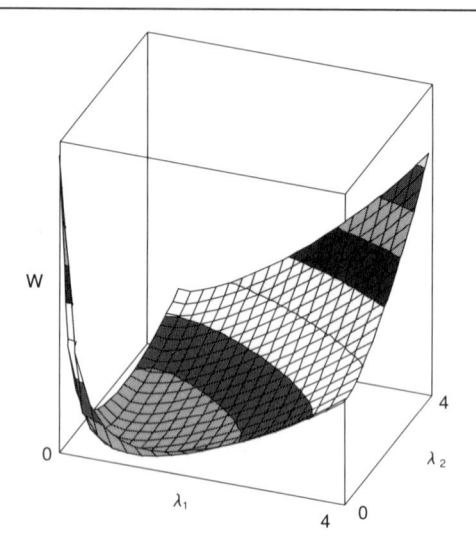

図 3-2-2　Ogden の求めた歪エネルギー関数 W [4],[5]
※カラーの図は口絵参照

$$\frac{\partial W}{\partial I_1} = \frac{1}{2(\lambda_1^2 - \lambda_2^2)} \left[\frac{\lambda_1^3 \sigma_1}{\lambda_1^2 - (\lambda_1 \lambda_2)^{-2}} - \frac{\lambda_2^3 \sigma_2}{\lambda_2^2 - (\lambda_1 \lambda_2)^{-2}} \right]$$

$$\frac{\partial W}{\partial I_2} = \frac{1}{2(\lambda_2^2 - \lambda_1^2)} \left[\frac{\lambda_1 \sigma_1}{\lambda_1^2 - (\lambda_1 \lambda_2)^{-2}} - \frac{\lambda_2 \sigma_2}{\lambda_2^2 - (\lambda_1 \lambda_2)^{-2}} \right] \quad \cdots\cdots (3.2.10)$$

により関連付けられる。式中に σ_1、λ_1、σ_2、λ_2 の 4 変数を含んでいることから、$\partial W/\partial I_1$、$\partial W/\partial I_2$ の値を求める材料試験の方法としては、通常の金属材料で用いられている 1 軸伸張（＝単軸引張り）試験ではなく、2 軸伸長試験が必要になる。1 軸方向を拘束し、もう 1 軸方向を伸長する 1 軸拘束 1 軸伸張試験は、1 軸伸張と 2 軸伸張の間に位置づけられる（図 3-2-3）[5]。試験法としては 2 軸伸張試験より簡単なため、実在ゴムの $\partial W/\partial I_1$、$\partial W/\partial I_2$ 同定に用いられている[6]。この値から 1 軸伸張、1 軸圧縮を計算すると実測値とよくあうこと（図 3-2-4）から、1 軸拘束 1 軸伸張試験で W を精度良く求められることが分かる。

Fukahori らはよく利用される Mooney–Rivlin モデルについて検討している[6]。その結果では構成式から、

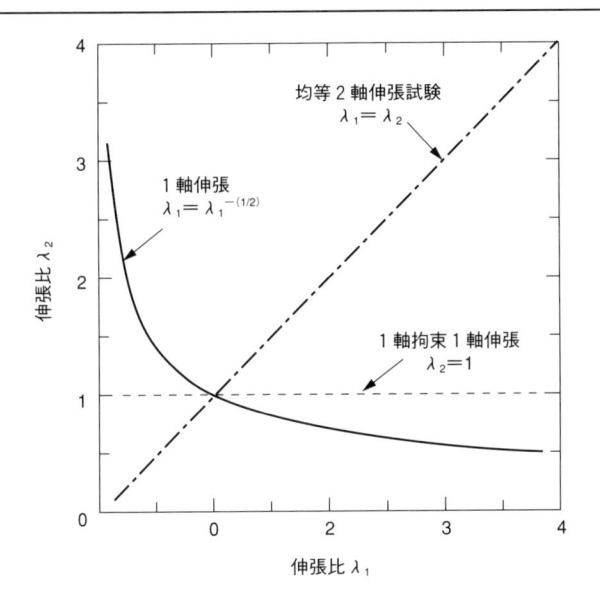

図 3-2-3 各種引張り試験の比較[5]

$$C_1 = \frac{\partial W}{\partial I_1}、C_2 = \frac{\partial W}{\partial I_2} \quad \cdots\cdots (3.2.11)$$

なので、1軸伸張の関係

$$\sigma = 2\left(\lambda - \frac{1}{\lambda^2}\right)\left(\frac{\partial W}{\partial I_1} + \frac{1}{\lambda}\frac{\partial W}{\partial I_2}\right) \quad \cdots\cdots (3.2.12)$$

に代入し変形すると、次式を得る。

$$\frac{\sigma}{2\left(\lambda - \frac{1}{\lambda^2}\right)} = \frac{1}{\lambda}C_2 + C_1 \quad \cdots\cdots (3.2.13)$$

　式の形は $y=ax+b$ になっているので、$\sigma/2(\lambda-1/\lambda^2)$ を $1/\lambda$ に対してプロットすると直線になり、傾きが C_2、y 切片が C_1 になる。**図 3-2-4** と同じゴムで求めた結果 $C_1=1.6$、$C_2=1.3$ になる。この値を用い 1 軸拘束 1 軸伸張試験の応力-伸長比関係を見た結果を**図 3-2-5**に示す。Mooney-Rivlin モデルは変形が大きくなるにつれて実測と大きく異なることが分かる。

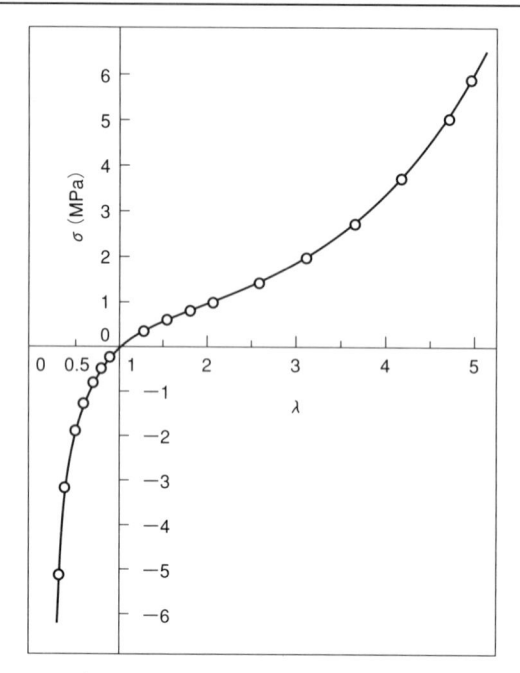

図3-2-4 実在ゴム材料試験から同定した $\partial W/\partial I_1$、$\partial W/\partial I_2$ を用いて求めた1軸伸張、1軸圧縮の実測との比較[6]

この原因は C_1、C_2 を定数としたためであり、ゴムの非線形性を充分表現できていないことが分かる。

以上のように、ゴム材料は線形弾性体として表現が難しく、またMooney–Rivlinモデルを用いても大歪や2軸入力条件を表現することが難しい。

3.2.2 線形粘弾性

粘弾性挙動を表すモデルとして、ばねとダンパーを組み合わせたVoigtモデルとMaxellモデルがある（図3-2-6）。

Voigtモデルでは、モデル全体の応力 σ はばねとダンパーが発生する力の和なので変位を x として次の式で表せる。

$$\sigma = kx + \eta \frac{dx}{dt} \quad (3.2.14)$$

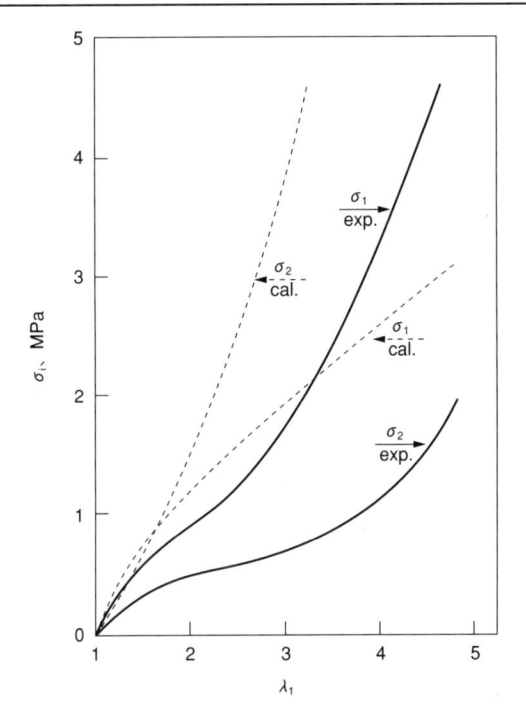

図 3-2-5　Mooney-Rivlin モデルを用いて求めた1軸拘束1軸伸張の実測との比較[6]

初期条件 $t=0$ で $x=0$ と積分定数が $-\sigma/k$ を考慮して積分すると、

$$x = \frac{\sigma}{k}\left\{1-\exp\left(-\frac{k}{\eta}t\right)\right\} \quad \cdots\cdots (3.2.15)$$

となり、変位の時間変化を表すことができる。従ってこのモデルはクリープのような一定荷重での変位が時間変化するモデル化に適する。

Maxell モデルでは、ばねとダンパーに発生する応力は等しいのでそれぞれの変位を x_1、x_2 とすると、

$$\sigma = kx_1 = \eta\frac{dx_2}{dt} \quad \cdots\cdots (3.2.16)$$

変位には $x=x_1+x_2$ の関係が成り立つので、

Voigt モデル　　　Maxell モデル

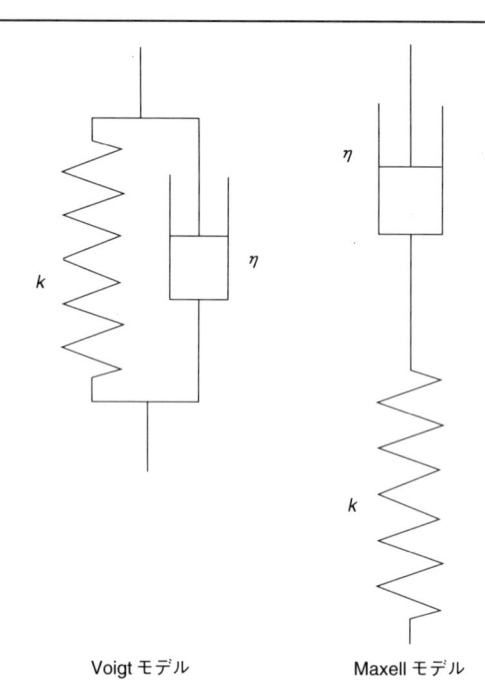

図 3 - 2 - 6　ばねとダンパーを組み合わせた粘弾性モデル

$$\frac{dx}{dt} = \frac{dx_1}{dt} + \frac{dx_2}{dt} = \frac{1}{k}\frac{d\sigma}{dt} + \frac{\sigma}{\eta} \qquad (3.2.17)$$

初期条件 $t=0$ で $\sigma=\sigma_0$ を考慮して積分すると、

$$\sigma = \sigma_0 \exp\left(-\frac{k}{\eta}t\right) \qquad (3.2.18)$$

となり、応力の時間変化を表すことができる。従ってこのモデルは応力緩和のような一定変位での応力が時間変化するモデル化に適する。

　実際のゴムをこのような単純なモデルで表すことは困難なため、これらのモデルを直列や並列に組み合わせたモデルが使われる。Maxell モデルを並列に並べた一般化 Maxell モデルを**図 3 - 2 - 7** に示す。

　全体系に $t=0$ で x_0 の変位を与えた時、i 番目要素の応力は式(3.2.18)と同様になるので、全体の応力は弾性を表す k_e を考慮して、

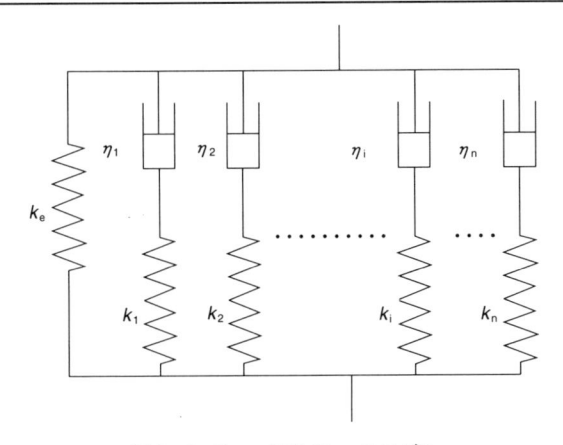

図 3-2-7　一般化 Maxell モデル

$$\sigma(t) = k_e x_0 + \sum_{i=1}^{n} \sigma_0 \exp\left(-\frac{k_i}{\eta_i}t\right) \quad \cdots\cdots (3.2.19)$$

全体系の弾性率は、

$$E(t) = k_e + \sum_{i=1}^{n} k_i \exp\left(-\frac{k_i}{\eta_i}t\right) \quad \cdots\cdots (3.2.20)$$

と表すことができる。$E(t)$ は時間変化する弾性率で、緩和弾性率と呼ばれる。

次に動的粘弾性について考える[3],[7]。周期的なせん断歪 $\gamma(t) = \gamma_0 \cos(\omega t)$ を充分長時間与えると、せん断応力 $\tau(t)$ は $\gamma(t)$ と同じ周期で定常振動する。

（ⅰ）弾性体の場合、$\tau(t)$ の位相は $\gamma(t)$ と一致しており、$\tau(t) = G\gamma(t) = \tau_0 \cos(\omega t)$ になる。ここで、G は弾性体のせん断剛性。

（ⅱ）粘性体の場合、$\tau(t)$ の位相は $\pi/2$ 進んだもの、$\tau(t) = -\tau_0 \sin(\omega t)$ になる。

（ⅲ）粘弾性体の場合、$\tau(t)$ の位相は δ だけ進んだもの、$\tau(t) = \tau_0 \cos(\omega t + \delta)$ になる。これを弾性体、粘性体の寄与分の和と見て、それぞれの位相に対応する項に展開すると、

$$\tau(t) = \tau_0 \cos\delta \cos(\omega t) - \tau_0 \sin\delta \sin(\omega t) \quad \cdots\cdots (3.2.21)$$

と表すことができる。それぞれのせん断剛性を G'、G'' とすると、

$$G' = \frac{\tau_0}{\gamma_0}\cos\delta 、 G'' = \frac{\tau_0}{\gamma_0}\sin\delta \quad \cdots\cdots\cdots\cdots\cdots\cdots\cdots (3.2.22)$$

となり、G'を貯蔵弾性率、G''を損失弾性率と呼ぶ。両者の比は、

$$G''/G' = \tan\delta \quad \cdots\cdots\cdots\cdots\cdots\cdots\cdots\cdots\cdots\cdots\cdots\cdots (3.2.23)$$

で、損失正接（$\tan\delta$）と呼ぶ（4.8.1及び5.1.5にて更に説明を加えている）。これはG''と合わせてエネルギー損失のメジャーになる。1周期当たりの散逸エネルギーE_dは次の式で求めることができる。

$$E_d = \int_0^{2\pi/\omega} \tau(t)\dot{\gamma}_0(t)dt = \pi\gamma_0^2 G''(\omega) \quad \cdots\cdots\cdots\cdots (3.2.24)$$

これらの材料定数を調べるためには動的引張り、せん断試験が必要である。試験はJIS K 6394及びK 7198で規定されており、それぞれ円柱、長方形平板状試験片を用い、一般には非共振の強制振動を与えて計測する。引張り試験の場合は、E'（貯蔵弾性率）、E''（損失弾性率）として、これらから式(3.2.23)と同様にして両者の比である$\tan\delta$を求めることができる。せん断試験の場合は、（式3.2.22)のG'とG''から式(3.2.23)において$\tan\delta$を求めることができる。一例として円柱状ゴム試験片でのG'、G''、$\tan\delta$についてせん断歪周波数（ω）を変化させた場合を図3-2-8に、一定周波数でせん断歪振幅（γ_0）を変化させた場合を図3-2-9に示す。両者ともに強い非線形性（周波数・せん断歪振幅依存性）を示しており、ばねとダンパーを組みあわせたモデルで表現することは難しいことが理解できる。

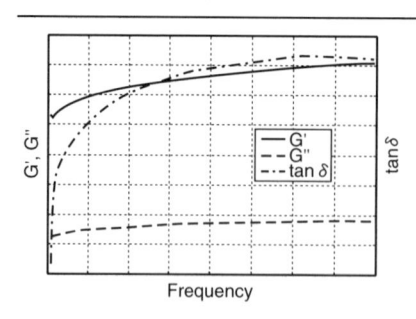

図3-2-8　せん断歪周波数（ω）を変化させた場合のG'、G''、$\tan\delta$

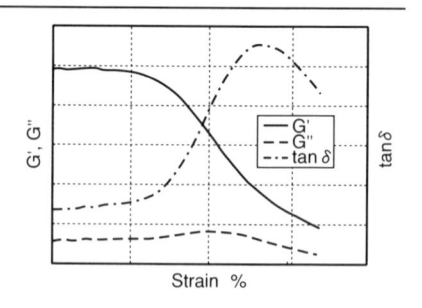

図3-2-9　一定周波数でせん断歪振幅（γ_0）を変化させた場合のG'、G''、$\tan\delta$

この他の材料定数計測方法については、簡潔にまとまった文献[8]や詳しい内容が書かれた書籍[9]を参照頂きたい。

3.3 空気入りタイヤの力学

空気入りタイヤの力学を考える場合、重要な点は内部に高圧の空気（内圧）を入れた場合の安定した形状と、その時のコード張力、各部の変形、応力、歪などの強度である[1]。形状について考える場合、コードとゴムからなる複合体であるタイヤを、カーカスやベルトをコードとゴムの複合材料として剛性を評価し[2]、これを用いて曲げ剛性を考慮せずに平衡形状を求める膜理論[3]、カーカスの曲げ剛性を考慮した殻理論[4]、有限要素法を用いた形状理論[5]~[7]がある。ここで、形状とはカーカスやベルトの形状を示しており、タイヤ外面の形状ではないことに注意が必要である。これはタイヤが内圧を保持するための圧力容器と考え、圧力を保持するのはヤング率の低いゴムではなくヤング率の高いカーカスやベルトであるためである。形状は吉村によれば、次のように求めることができる[1]。

3.3.1 膜理論に基く形状理論[1]

カーカスを曲げ剛性の無い膜と考えて取り扱うのが膜理論である。トラックやバス用タイヤのように厚みのあるカーカスも膜とし、カーカス以外のゴム部分を無視する仮定を行う。前者はカーカスコードが通常撚り線であり曲げ剛性が引張り剛性対比高くないこと、後者はカーカスコードのヤング率はゴムの1万倍以上大きいことから悪くない仮定と言える。実際充分役立つ結果が得られており、バイアスタイヤ設計の基礎となり、ラジアルタイヤにも適用されている。これらは、形状理論の基礎となるパンタグラフ変形[8]、バイアスタイヤの形状理論で重要な網目理論[9],[10]、ラジアルタイヤではベルトを考慮した形状理論[11]を挙げられる。

パンタグラフ変形は、バイアスタイヤでの積層されたプライ層やラジアルタイヤでのベルト層が変形した場合のコード角度に対して適用できる考えである。円筒状の成型ドラム上で貼り付けられた斜交積層ベルトが、製品タイ

ヤではクラウン部に曲率を持つためコード角度が変化する。この時各層間にすべりが無く、コードは不伸長で、その角度がパンタグラフのように変形すると仮定したものである。この仮定はコードのヤング率がマトリックスのヤング率より非常に大きいゴム製品では広く用いられており、実用上も悪くない結果を与える。この仮定では、**図3-3-1**を参照して、菱形のタイヤ回転方向長さはタイヤ半径に比例するため、次の式が成立する。

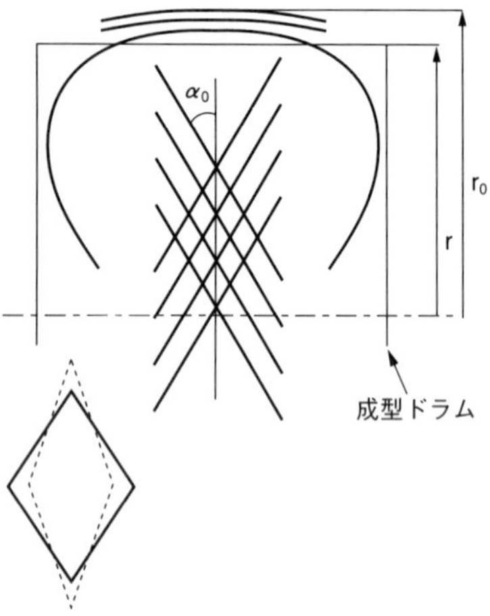

$$\frac{\cos \alpha}{r} = \frac{\cos \alpha_0}{r_0} = const. \quad \cdots\cdots (3.3.1)$$

図3-3-1 パンタグラフ変形によるカーカスコードの角度変化[1]

ここで α は成型ドラム上、α_0 は製品タイヤでのタイヤ幅方向中心線上での回転方向とのコード角度。

次にバイアスタイヤに空気を入れた場合に得られる力の釣り合いが取れた断面の形状、平衡形状を考える。ラジアルタイヤもプライ角度がタイヤ回転方向に対して90度のバイアスタイヤにベルトが付加されたと考えることができる。

タイヤを膜構造物と見なし、座標系と記号を**図3-3-2**で定義する。**図3-3-3**のように微小部分 dA を取り、力の釣り合いを考える。

単位長さ当たり、タイヤ回転方向に働く力を N_θ、これと垂直で膜面内に働く力を N_ψ、せん断力を $N_{\psi\theta}$ とし、θ、ψ と膜面と垂直方向nの外力の成分を (F_θ, F_ψ, F_n) とすると次の式で表せる。

$$2N_{\psi\theta} + r\frac{\partial N_{\psi\theta}}{\partial r} - \frac{1}{\cos\psi}\frac{\partial N_\theta}{\partial \theta} + \frac{F_\theta r}{\cos\psi} = 0 \quad \cdots\cdots (3.3.2)$$

$$\frac{\partial (N_\psi r)}{\partial r} - N_\theta - \frac{1}{\cos\psi}\frac{\partial N_{\psi\theta}}{\partial \theta} + \frac{F_\psi r}{\cos\psi} = 0 \quad \cdots\cdots (3.3.3)$$

3.3 空気入りタイヤの力学　89

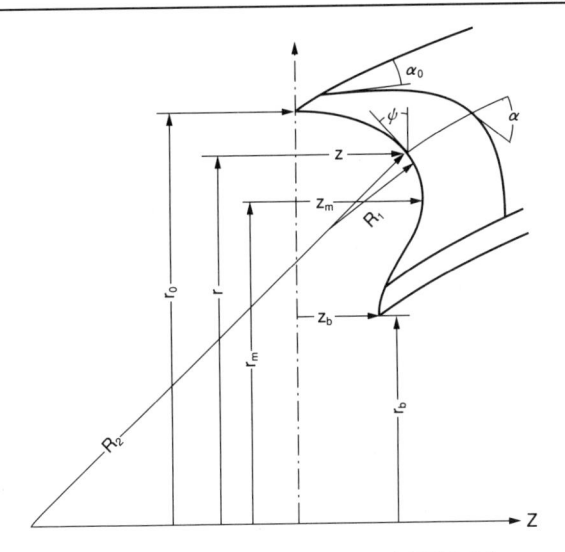

図3-3-2　タイヤカーカス形状の座標系定義[1]

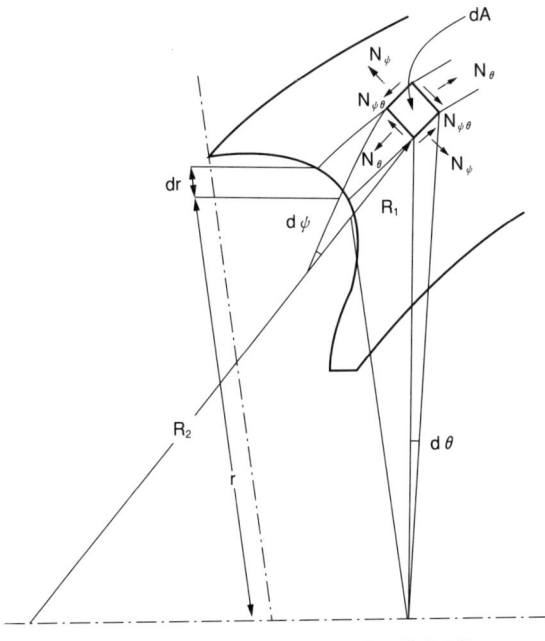

図3-3-3　カーカス上微小要素に働く力[1]

$$\frac{N_\psi}{R_1} + \frac{N_\theta}{R_2} = F_n \quad \cdots\cdots (3.3.4)$$

タイヤは内圧 (P) だけを考えているので、$F_\theta = F_\psi = 0$、$F_n = P$である。タイヤは回転対称体であるからこの圧力は一様にかかるので、$N_{\psi\theta} = 0$である。従って、式(3.3.2)～(3.3.4)は、

$$\frac{d(N_\psi r)}{dr} - N_\theta = 0 \quad \cdots\cdots (3.3.5)$$

$$\frac{N_\psi}{R_1} + \frac{N_\theta}{R_2} = P \quad \cdots\cdots (3.3.6)$$

R_1は微分幾何から、R_2は**図3-3-2**から次の関係にある。

$$\frac{1}{R_1} = \cos\psi \frac{d\psi}{dr} \quad \cdots\cdots (3.3.7)$$

$$R_2 = \frac{r}{\sin\psi} \quad \cdots\cdots (3.3.8)$$

式(3.3.7)、式(3.3.8)を式(3.3.6)に代入しN_θを求め、これを式(3.3.5)に入れると次の式を得る。

$$\frac{d(N_\psi r \sin\psi)}{dr} = rP \quad \cdots\cdots (3.3.9)$$

これを積分して、タイヤの最も幅が広い部分 (r_m) では$\psi = 0$を考慮し式(3.3.6)を使うと、膜力は次の式で得られる。

$$N_\psi = \frac{r^2 - r_m^2}{2r\sin\psi} P \quad \cdots\cdots (3.3.10)$$

$$N_\theta = \frac{2R_1 r \sin\psi - (r^2 - r_m^2)}{2R_1 \sin^2\psi} P \quad \cdots\cdots (3.3.11)$$

断面の平衡形状を求めるためには、式(3.3.6)、式(3.3.8)、式(3.3.10)を式(3.3.7)に代入する。

$$\cos\psi \frac{d\psi}{dr} = \frac{2r\sin\psi}{r^2 - r_m^2} - \frac{\sin\psi}{r}\left(\frac{N_\theta}{N_\psi}\right) \quad \cdots\cdots (3.3.12)$$

これを積分して、タイヤ幅方向中心で$r = r_0$、$\psi = \pi/2$になることを考慮すると、

$$\sin\psi = \frac{r^2 - r_m^2}{r_0^2 - r_m^2} \exp\left(\int_r^{r_0} \frac{N_\theta}{N_\psi} \frac{1}{r} dr\right) \quad \cdots\cdots (3.3.13)$$

ここで、

$$A = (r^2 - r_m^2) \exp\left(\int_r^{r_0} \frac{N_\theta}{N_\psi} \frac{1}{r} dr\right) \quad \cdots\cdots (3.3.14)$$

$$B = r_0^2 - r_m^2 \quad \cdots\cdots (3.3.15)$$

と置き、

$$\sin\psi = -\frac{z'}{\sqrt{1+z'^2}} \quad \cdots\cdots (3.3.16)$$

を考慮すると

$$z' = \frac{dz}{dr} = -\frac{A}{\sqrt{B^2 - A^2}} \quad \cdots\cdots (3.3.17)$$

となる。これを積分することで、

$$z = \int_r^{r_0} \frac{A}{\sqrt{B^2 - A^2}} dr \quad \cdots\cdots (3.3.18)$$

で平衡形状が得られる。この式は、A で膜のタイヤ回転方向に働く力を N_θ とこれに垂直で膜面内に働く力 N_ψ をパラメーターとして与えられる。A は膜の剛性やコード角度で決まるので r の関数として与えれば、平衡形状が得られることを示している。

網目理論は、タイヤのカーカスをコードのみからなる網のように考える。具体的には膜に働く単位長さ当たりの力 N_θ と N_ψ は全てカーカスコードが受け持ち、ゴムは力を保持しないと仮定する。**図3-3-4**に示すようにタイヤ回転方向と角度 α を成す斜交積層プライを考える。

網掛けした菱形に着目し、一辺の長さを d、コード張力を t とすれば、

$$N_\theta = \frac{2t\cos\alpha}{2d\sin\alpha} = \frac{t}{d}\cot\alpha \quad \cdots\cdots (3.3.19)$$

$$N_\psi = \frac{2t\sin\alpha}{2d\cos\alpha} = \frac{t}{d}\tan\alpha \quad \cdots\cdots (3.3.20)$$

これから

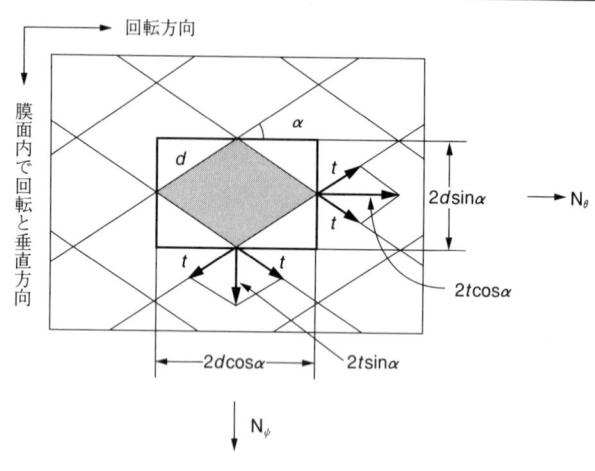

図3-3-4 網目理論での力の釣り合い[1]

$$\frac{N_\theta}{N_\psi} = \cot^2 \alpha \qquad (3.3.21)$$

以上より平衡形状は、式(3.3.1)、式(3.3.21)を式(3.3.14)に代入し、

$$A = (r^2 - r_m^2) \frac{\sqrt{r_0^2 - r^2 \cos^2 \alpha_0}}{r_0 \sin \alpha_0} \qquad (3.3.22)$$

となるので、式(3.3.18)に代入すれば平衡形状は次式で与えられる。

$$z = \int_r^{r_0} \frac{(r^2 - r_m^2)\sqrt{r_0^2 - r^2 \cos^2 \alpha_0}}{\sqrt{(r_0^2 - r_m^2)^2 r_0^2 \sin^2 \alpha_0 - (r^2 - r_m^2)^2 (r_0^2 - r^2 \cos^2 \alpha_0)}} dr \qquad (3.3.23)$$

ここで注目すべき点は、平衡形状はカーカスコードがタイヤ回転方向と成す角度だけで決まり、内圧やコード剛性などの物理的性質に依存しないことである。コード張力は次の式で得られる。

$$t = \frac{\pi P}{N} \frac{(r_0^2 - r_m^2)\sin \alpha_0}{\sin^2 \alpha} \qquad (3.3.24)$$

ここでNはカーカスコードの総本数。

ラジアルタイヤではベルトを考慮した形状理論を考える必要がある。なぜなら、カーカスコードが回転方向に対して90°($\alpha = 90°$)を成し入っており、

内圧を保持しクラウン部の形状を安定させるため、ベルトで箍を嵌めるようになっている。このベルトを用いることで、サイド部形状を変更してタイヤを偏平化することができる。

サイド部形状は、式(3.3.23)において $\alpha_0 = 90°$ と置くことで次式で求められる。

$$z = \int_r^{r_0} \frac{(r^2 - r_m^2)}{\sqrt{(r_0^2 - r_m^2)^2 - (r^2 - r_m^2)^2}} dr \quad \cdots\cdots (3.3.25)$$

クラウン部ではカーカスとベルトが内圧を分担すると考えて平衡形状を求める[11]。ベルトの内圧負担率を g とし、クラウン部では幅方向に一定値を取ると仮定すると[12]、クラウン部の平衡形状は次式で表せる。

$$z = \int_r^{r_0} \frac{(r_d^2 - r_m^2) + (1-g)(r^2 - r_d^2)}{\sqrt{\{(r_d^2 - r_m^2) + (1-g)(r_0^2 - r_d^2)\}^2 - \{(r_d^2 - r_m^2) + (1-g)(r^2 - r_d^2)\}^2}} dr$$
$$\cdots\cdots (3.3.26)$$

ここで r_d はベルト端の半径。

この時、カーカスコード張力はカーカスコード総本数を N として次の式で与えられる[13]。

$$t = \frac{\pi P}{N} \{(r_d^2 - r_m^2) + (1-g)(r_0^2 - r_d^2)\} \quad \cdots\cdots (3.3.27)$$

つまり、平衡形状ではカーカス張力は一定になっていることが特徴となる。

平衡形状がバイアス、ラジアルタイヤを問わず広く用いられてきた理由は、得られる形状が内圧やコード剛性に依らないため、タイヤ製造時や内圧時に無用な初期応力を発生させることがない点が挙げられる。一方、バイアスタイヤでもタイヤ性能を向上させるためには経験的に非平衡形状を用いることもあった。非平衡形状を解析的に理論づけることは難しく、非平衡形状を作り易いラジアルタイヤでも平衡形状が使われていた。コンピューターの能力向上により有限要素法による解析がタイヤの形状研究、設計にも使われるようになり、ラジアルタイヤにおいて様々な非平衡形状理論が提案されている。

3.3.2 有限要素法を用いた形状理論

膜理論は見通しの良い形でタイヤの形状を近似的に表すことに広く用いられてきた。しかし多くの仮定を用いており、タイヤに用いられている有機繊

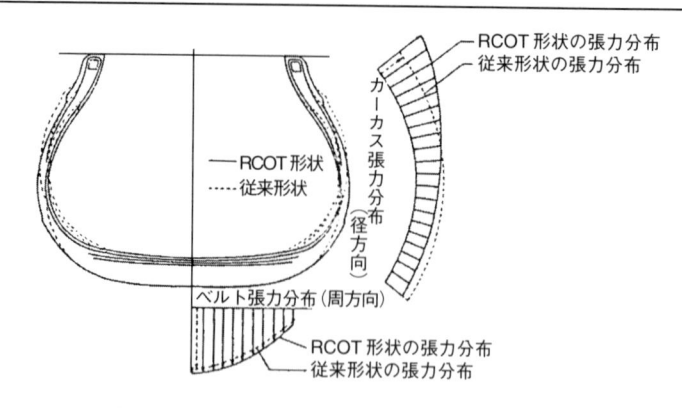

図3-3-5　RCOTでのカーカス形状と張力分布[5]

維やスチールとゴムを有効に活用するためには不充分だと認識されてきた。このような複雑かつヤング率の大きく違う物性を持つ複合材料構造物であるタイヤを精度良く解析するためには、数値解析である有限要素法を用いることが非常に有効である。有限要素法を用いてブリヂストンから提案された非平衡形状としてRCOT（Rolling Contour Optimization Theory）[5]、TCOT（Tension Control Optimization Theory）[6]がある。更にこれらの非平衡形状理論を含めた最適タイヤ形状理論として、有限要素解析と最適化手法を組み合わせることでGUTT（Grand Unified Tire Technology）[7]を提案している。

　RCOTでは乗用車用ラジアルタイヤの走行性能を向上させるために、ビード部とベルト部張力を増加させるような非平衡断面形状を提示している（**図3-3-5**）。式(3.3.4)を参照して、ラジアルタイヤでは$N_\theta=0$と仮定できるので、$N_\psi=R_1 P$になる。これは断面形状で曲率半径が大きい部分でカーカス張力が大きくなることを示している。RCOTではビード部の曲率半径を大きくすることでビード部のカーカス張力を大きくしている。ベルト総張力T_0は次式で与えられる（**図3-3-6**）[14]。

$$T_0 = \frac{1}{2} aP(b - 2R_1 \sin\theta) \quad \cdots\cdots (3.3.28)$$

　RCOTでは、カーカスとベルトの成す角θを小さくすることでベルト張力を大きくしている。

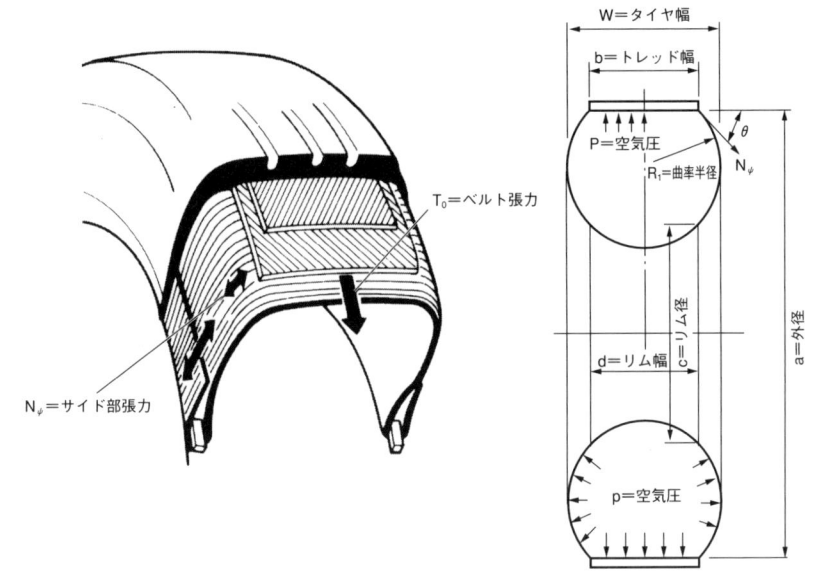

図 3-3-6　ベルト総張力と形状の関係[14]

　TCOTではトラックやバス用ラジアルタイヤで重要な耐久強度を向上させるため、ベルト部張力を増加させながらサイド部張力を下げ、内圧充填時にビード部がホイール側に変形するような非平衡断面形状を提示している。ベルト部張力を上げることで箍(たが)効果が大きくなり、さらにサイド部張力が下がることで剛性の高いベルト部が荷重時に偏心変形し易くなり、ベルト変形を抑制してベルト部耐久強度を向上させている。ビード部は内圧時に沈み込むことで初期の引張り歪を低減し、ビード部耐久強度を向上させている。

　GUTTではラジアルタイヤのサイド形状を設計変数として多項式や複数曲率で表現し（図3-3-7）、ベルト部及びビード部張力のような目的関数を最大化している（図3-3-8）。この結果操縦性が向上する（図3-3-9）形状を設計できている。有限要素法を用いたからこそできた点として、ゴム部材も考慮できているために内圧充填時に発生する曲げ変形による張力を最適化できていることが挙げられる（図3-3-10）。また従来の経験に基づく最適形状ではなく、数学的に証明された真の最適形状が得られている点が特徴

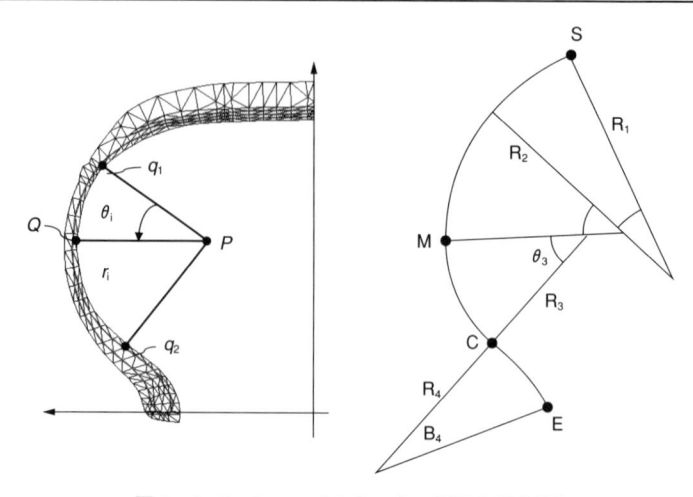

図3-3-7　GUTTでのカーカス形状表現方法[7]

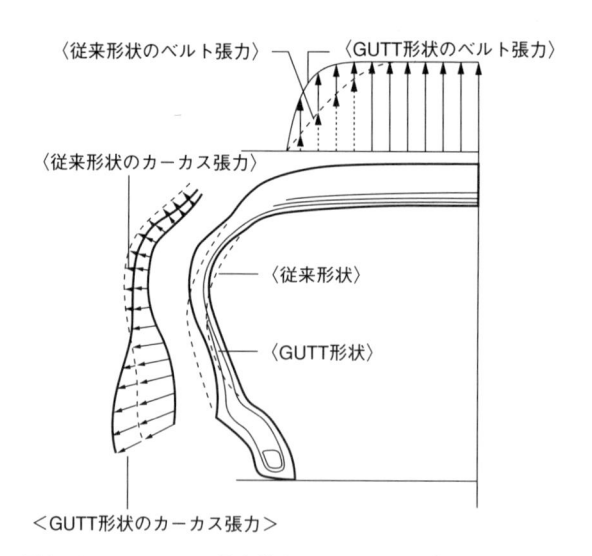

図3-3-8　GUTTで最大化されたベルト、ビード張力分布[7]

になる。このように有限要素法により従来の膜理論では実現できなかった形状理論が実現できた。

　以上のように、断面形状を変化させることでタイヤ性能を大きく向上

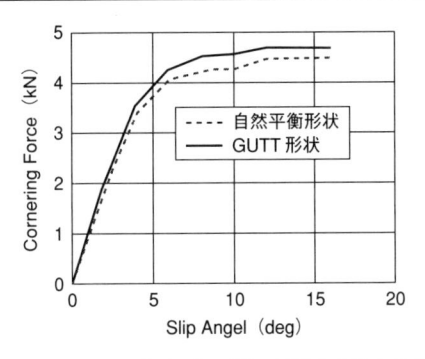

図3-3-9 GUTTでベルト、ビード張力を最大化されたタイヤでのコーナリングフォース[7]

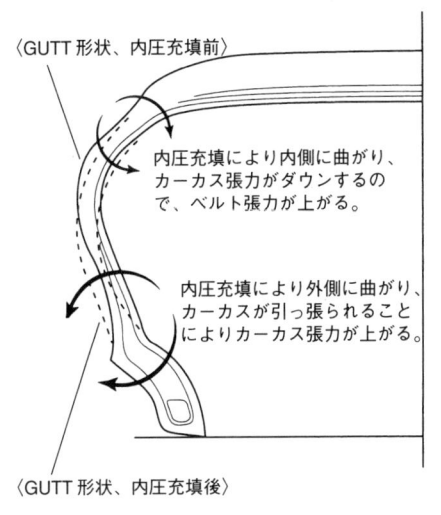

図3-3-10 GUTTで考慮できる内圧充填時の曲げ変形[7]

〈GUTT形状、内圧充填前〉

内圧充填により内側に曲がり、カーカス張力がダウンするので、ベルト張力が上がる。

内圧充填により外側に曲がり、カーカスが引っ張られることによりカーカス張力が上がる。

〈GUTT形状、内圧充填後〉

ことができる。これはタイヤが内圧保持する圧力容器であり、カーカスとベルトには内圧により張力が発生し、ほぼ膜と近似できるカーカスとベルトは張力により剛性を発揮できる、と考えられることを示している。さらに有限要素解析を活用してゴム部材を考慮することで、膜理論では考慮できなかった曲げ変形も考慮できる。

… 第3章 タイヤ力学の基礎

参 考 文 献

3.1

1) 林毅 編:複合材料工学,日科技連,(1971)
2) T. W. Chou, F. K. Ko 編, Chapter 9 (T. Akasaka): TEXTILE STRUCTURAL COMPOSITES, ELSEVIER, (1989)
3) 赤坂隆,吉田均:実用エネルギー法,養賢堂,(2000)
4) T. Akasaka, K. Asano, K. Kabe : A Relation Between Elastic Constants of Unidirectional Cord Reinforced Rubber sheet, Trans. JSCM., Vol. 4, No. 1,(1978)
5) M. Hirano, T. Akasaka : Coupled deformation of an Asymmetrically Laminated Plate, FUKU-GOU ZAIRYO, Vol. 2, No. 3, (1973)
6) T. Akasaka : Recent Advancea in Tire Structural Mechanics (Mechanics of Tire, The 20th Report), Bull. Facul. Sci. & Eng., CHUO UNIVERSITY, Vol. 33, (1990)
7) T. Akasaka, Y. Shoyama : Stress Analysis of the Laminated Biased Composite Strip of Discrete Cord-Rubber System under Uniaxial Tension, Proc., 3rd., Japan-U. S. Conf., on Comp. Mater., (1986)
8) T. W.Chou, et. al. : Composites, Scient. Am., Vol. 225, no. 4, 192-201, (1986)
9) 中原一郎:材料力学,養賢堂,(1977)
10) T. W. Chou, K. Takahashi : Non-Linear elastic behavior of flexible fiber composites, Composites, Vol. 18, No. 1 (1987)
11) S. Y. Luo, T. W. Chou : Finite Deformation and Nonlinear Elastic Behavior of Flexible Composites, Journal of Applied Mechanics, Vol. 55, (1988)
12) C. M. Kuo, K. Takahasi, T. W. Chou : Effect of Fiber Waviness on the Nonlinear Elastic Behavior of Flexible Composites, Journal of Composite Materials, Vol. 22, (1988)
13) T. W. Chou : Review Flexible composites, Journal of Material Science, Vol. 24, (1989)
14) S. Y. Luo, T. W. Chou : Finite deformation of flexible composite, Proc. R. Soc. Lond. A 429, (1990)
15) S. Y. Luo, T. W. Chou : Comstitutive Relations of Flexible composites under Finite Elastic Deformation, In Mechanics of composite materials, Vol. 92, ASME, AMD, (1988)
16) S. Y. Luo, T. W. Chou : Elastic behavior of Laminated Flexible composites Under Finite deformation, In Micromechanics and Inhomogeneity-the Toshio Mura Anniversary Volume, Springer-Verlag, (1989)
17) A. E. Green, W. Zerna : Theoretical Elasticity, Dover Publications, Inc. (1967)

3.2

1) Kawabata, S., Matsuda, M., Tei, K. and Kawai, H. : "Experimental Survey of the Strain Energy

Function of Isopren Rubber Vulcanizates", Macromolecules, 14, 154 (1981)
2) Mullins, L.: "Softening of Rubber by Deformation," Rubber Chemistry and Technology, Vol. 42, pp. 339-362, 1969.
3) 深掘 美英：高分子の力学, p 53, 技報堂出版, (2000)
4) Ogden, R. W.: "Large Deformation Isotropic Elasticity: on the Correlation of Theory and Experiment for Incompressible Rubberlike Solids", Proceedings of the Royal Society of London, Series A, 326, 565 (1972)
5) 飯塚 博, 山下 義裕："ゴム材料の力学特性同定とFEM解析への利用", 日本ゴム協会誌, 77, 9, (2004)
6) Fukahori, Y., and Seki, W.: "Molecular behavior of elastomeric materials unde large deformation : 1. Re-evaluation of the Mooney-Rivlin plot", Polymer, 33, 3 (1992)
7) 高分子学会：高分子の物性 (1) 熱的・力学的性質, p 169, 共立出版, 1997
8) 日本ゴム協会誌, "シリーズ：ゴム技術入門講座 第12講架橋ゴムの試験", 73, 11, (2000)
9) 日本ゴム協会：ゴム試験法 新版, p 300, 日本ゴム協会, (1980)

3.3
1) 吉村 信哉："タイヤの形状力学について", 日本ゴム協会誌, 50, 3, (1977)
2) 林 毅 編：複合材料工学, p 532, 日科技連, (1988)
3) Robecchi, E. and Amici, L.: "Mechanics of the Pneumatic Tire. Part I. The Tire Under Inflation Alone", Tire Sci. Tech. 1, 290 (1973)
4) Walter, J. D., Avgeropoulos, G. N., Janssen, M. L., and Potts, G. R.: "Advances in Tire Composite Theory", Tire Sci. Tech., 1, 2, p 210, (1973)
5) Yamagishi, K., Togashi, M., Furuya, S., Tsukahara, K., and Yoshimura, N.: "Study on Contour of Radial Tire: Rolling Contour Optimization Theory-RCOT", Tire Sci. Tech, 15, 1 (1987)
6) Ogawa, H., Furuya, S., Koseki, H., Iida H., Sato, K., and Yamagishi, K.: "Study on Contour of Truck & Bus Radial Tire", K., Tire Sci. Tech, 18, 4, (1990)
7) Nakajima, Y., Kamegawa, T., and Abe, A.: "Theory of Optimum Tire Contour and Its Application", Tire Sci. Tech., 24, 3 (1996)
8) Woods, E. C.: Pneumatic Tyre Design, W Heffer, Cambridge (1955)
9) Hofferberth, W.: "Zur Statil des Luftreifens", Kautschuk und Gummi, 8 WT 124 (1955)
10) Hofferberth, W.: "Zur Festigkeit des Luftreifens", Kautschuk und Gummi, 9, WT 225 (1956)
11) Böhm, F: "Zur Statik und Dynamik des Gurtelreifens", ATZ 69, 255 (1967)
12) Frank, F.: "Theorie der Querchnittsform von Kreuzlagen-und Gurtelreifen", Kautschuk und Gummi, 24, 231 (1971)
13) 赤坂 隆："ラジアルタイヤの構造力学", 日本ゴム協会誌, 51, 3, (1978)
14) Yamagishi, K.: Contact Problems for the Radial Tire, Ph. D. Thesis, Cornell University, Ithaca, N. Y., (1978)

第4章　タイヤの特性

4.1　タイヤのばね特性

　タイヤの基本機能のうち、車輌の重量を支えること、路面からの衝撃を和らげること、を考える上で、タイヤのばね特性を知ることは重要である。タイヤは使用時に目で見て分かる程度の大変形をすること、ゴム自身が持つ材料特性が非線形であること、必ず路面に接触して使われるため接触を考慮する必要があること等から非線形性が強く、解析的に力学挙動を考えることは難しいことが知られている。このタイヤの構造力学を解析するために、ホイールを剛体と考え、サイド部、ベルト部、トレッドゴム部の3要素に分けて考えるモデルがある。サイド部を3方向のばねで表現し、ベルト部とトレッドゴム部をそれぞれ弾性リングとして表現する（図4-1-1）。ベルト、ト

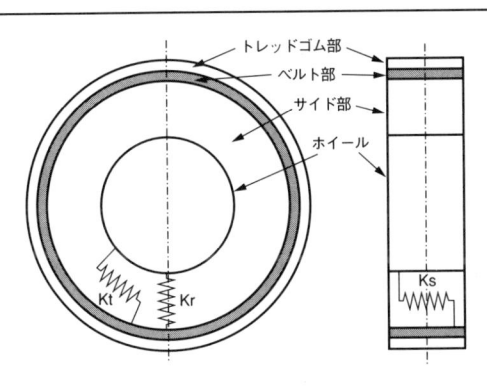

図4-1-1　2次元弾性リングモデル

レッド部の幅方向剛性を一定とした2次元弾性リングモデルは見通しが良いこと、取り扱いが楽なことから広く用いられ、コーナリング[1]や振動[2]問題等に適用されている。最近はより精度を向上させるため、ベルト、トレッド部の幅方向剛性分布を考慮した3次元弾性リングモデルも提案されている[3]。これらの解析モデルを考える際に必要になるラジアルタイヤの断面形状とサイド部のばね特性について、カーカスコード張力とサイド部ゴム双方の効果を含めた赤坂らの研究[4],[5]がある。これらの研究によれば、3方向の剛性は次のように求めることができる。

4.1.1 断面形状について

ここではサイド部を変形させた場合の形状変化を、網目理論を用いて解析する。このためサイド部の断面形状をラジアルタイヤでベルト端とビード部の間について表現した形に3.3節の式を書き直す。

式(3.3.10)、式(3.3.20)からラジアルタイヤでは $\alpha = 90°$ を考慮してカーカスコード張力 t はコード本数を N として次式になる。

$$t = \frac{\pi P}{N} \frac{(r^2 - r_m^2)}{\sin \psi} \quad \cdots\cdots (4.1.1)$$

式(3.3.12)を積分する際、ベルト端の点をD点とし、この点で $\psi = \psi_D$ とすると次式になる。

$$\sin \psi = \frac{r^2 - r_m^2}{r_D^2 - r_m^2} \exp\left(\int_r^{r_D} \frac{N_\theta}{N_\psi} \frac{1}{r} dr \right)$$

$$A = (r^2 - r_m^2) \sin \psi_D \exp\left(\int_r^{r_D} \frac{N_\theta}{N_\psi} \frac{1}{r} dr \right)$$

$$B = r_D^2 - r_m^2$$

$$z = \int_r^{r_D} \frac{A}{\sqrt{B^2 - A^2}} dr$$

$$\cdots\cdots (4.1.2)$$

$N_\theta / N_\psi = \cot 2\alpha$ で、ラジアルタイヤでは $\alpha = 90°$ なので、

$$A = (r^2 - r_m^2) \sin \psi_D \quad \cdots\cdots (4.1.3)$$

測地線（＝曲面上に沿って二点を最短距離で結ぶ線）にカーカスコードが

沿っている場合、$r\cos\alpha = C$（定数）なので、

$$A = (r^2 - r_m^2)\sin\psi_D \frac{r\sin\alpha_D}{\sqrt{r^2 - C^2}} \quad \cdots\cdots\cdots\cdots\cdots\cdots\cdots\cdots\cdots (4.1.4)$$

サイド部の曲率 κ は式(4.1.2)を用いて次式になる。

$$\kappa = \frac{-z''}{(1 + z'^2)^{3/2}} = \frac{1}{B}\frac{dA}{dr} = \frac{2r\sin\psi_D}{r_D^2 - r_m^2} \quad \cdots\cdots\cdots\cdots\cdots\cdots (4.1.5)$$

4.1.2 半径方向剛性 (Kr)[5]

　半径方向剛性を次のように定義する。図4-1-2を参照して、剛体ホイールに拘束されたカーカス上の点Bを固定して、ベルト端の点Dに半径方向へ H の力を負荷する。D点の変位を δr_D として、$K_r = H/\delta r_D$ とする。実際のタイヤではカーカスがホイールに拘束された点はなく、ゴムが両者間に存在する。従ってこのモデルでは、このゴムの変形を無視していること、またB点の位置決定に任意性がある点に注意したい。

　カーカスコード張力による寄与 $K_r(c)$ を見るために、サイド部の初期断面形状は内圧充填後の平衡形状（3.3節参照）で、半径方向負荷後は同じ支配方程式で表せる新たな平衡形状になると考える。この時カーカスコードを

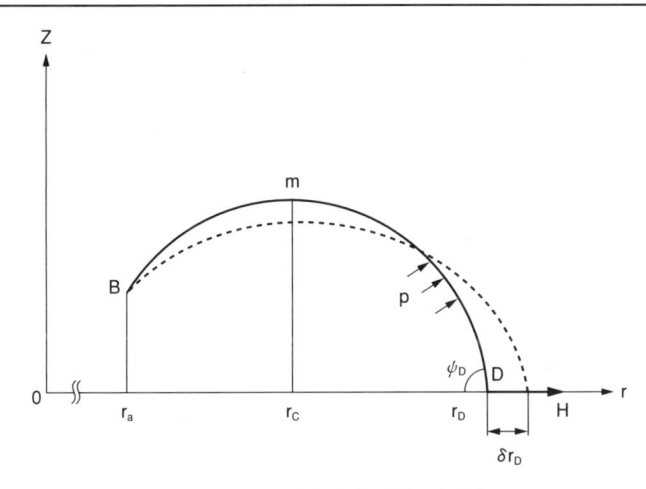

図4-1-2　半径方向剛性の定義[5]

不伸長と仮定し、ゴムの剛性は小さいとして無視する。支配方程式は式 (4.1.2) で、式中の A、B に含まれるパラメーター r_m、r_D と ψ_D が半径方向力負荷により変化すると考える。これらの微小変化量 δr_m、δr_D と $\delta \psi_D$ の関係とコード張力から $K_r(c)$ を計算する。

B点からm点を経てD点までのカーカスコード長さ L とB点の Z 座標 z_B は次式で与えられる。

$$L = \int_{r_B}^{r_D} \frac{B}{\sqrt{B^2-A^2}}\, dr \quad \cdots\cdots (4.1.6)$$

$$z_B = \int_{r_B}^{r_D} \frac{A}{\sqrt{B^2-A^2}}\, dr \quad \cdots\cdots (4.1.7)$$

カーカスコード張力 t は式 (4.1.1) から

$$t = \frac{\pi P}{N} \frac{(r_D^2 - r_m^2)}{\sin \psi_D} \quad \cdots\cdots (4.1.8)$$

パラメーター r_m、r_D と ψ_D が微小量変化した場合の L と z_B の変化は次式で表せる。

$$\delta L = \frac{\partial L}{\partial r_m}\delta r_m + \frac{\partial L}{\partial r_D}\delta r_D + \frac{\partial L}{\partial \psi_D}\delta \psi_D$$

$$\delta z_B = \frac{\partial z_B}{\partial r_m}\delta r_m + \frac{\partial z_B}{\partial r_D}\delta r_D + \frac{\partial z_B}{\partial \psi_D}\delta \psi_D$$

$$\cdots\cdots (4.1.9)$$

これらの式に、前提条件のカーカスコード不伸長 $\delta L = 0$ と B 点の固定境界条件 $\delta z_B = 0$ を考慮すると、次式が得られる。

$$\frac{\delta r_m}{\delta r_D} = -\frac{\dfrac{\partial L}{\partial r_D}\dfrac{\partial z_B}{\partial \psi_D} - \dfrac{\partial z_B}{\partial r_D}\dfrac{\partial L}{\partial \psi_D}}{\dfrac{\partial L}{\partial r_m}\dfrac{\partial z_B}{\partial \psi_D} - \dfrac{\partial z_B}{\partial r_m}\dfrac{\partial L}{\partial \psi_D}} \equiv U_1$$

$$\frac{\delta \psi_D}{\delta r_D} = -\frac{\dfrac{\partial L}{\partial r_D}\dfrac{\partial z_B}{\partial r_m} - \dfrac{\partial z_B}{\partial r_D}\dfrac{\partial L}{\partial r_m}}{\dfrac{\partial L}{\partial \psi_D}\dfrac{\partial z_B}{\partial r_m} - \dfrac{\partial z_B}{\partial \psi_D}\dfrac{\partial L}{\partial r_m}} \equiv U_2$$

$$\cdots\cdots (4.1.10)$$

式中の各項は式 (4.1.6)、(4.1.7) から計算できる。

D点での力の釣り合いを考える。コード張力の半径方向成分 (t_r) は次式になる。

$$t_r = \frac{\pi P}{N} \frac{(r_D^2 - r_m^2)}{\sin \psi_D} \cos \psi_D \quad \cdots\cdots\cdots\cdots\cdots\cdots\cdots\cdots (4.1.11)$$

この増分と半径方向力 H が釣り合うので次式になる。

$$H = \delta t_r = \left(\frac{\partial t_r}{\partial r_m} U_1 + \frac{\partial t_r}{\partial r_D} + \frac{\partial t_r}{\partial \psi_D} U_2 \right) \delta r_D \quad \cdots\cdots\cdots\cdots\cdots (4.1.12)$$

以上よりカーカスコード張力による半径方向剛性 $K_r(c)$ はサイド部が両側にあることを考慮して、回転方向単位長さ当たりの値は次式になる。

$$K_r(c) = \frac{H}{\delta r_D} \frac{N}{2 \pi r_B} \times 2 \quad \cdots\cdots\cdots\cdots\cdots\cdots\cdots\cdots\cdots (4.1.13)$$

上式は微小変形を考えて線形表現になっているが、実際は非線形な大変形をするので、逐次 δr_m, δr_D と $\delta \psi_D$ を更新して解く必要がある。

次にサイド部ゴムによる寄与 $K_r(r)$ を考える。これは内圧が低くコード張力が低い場合に無視できない。カーカスコード張力による寄与の場合と同様に逐次解析による。ゴムの断面内曲げ変形と回転方向伸長変形の歪エネルギーを求め、外力のポテンシャルを考慮し、最小ポテンシャルエネルギー原理を用いる。

断面内の曲げ変形による歪エネルギーを求めるために、式(4.1.5)から曲率変化 $\delta \kappa$ を求める。

$$\delta \kappa = \left(\frac{\partial \kappa}{\partial r_m} U_1 + \frac{\partial \kappa}{\partial r_D} + \frac{\partial \kappa}{\partial \psi_D} U_2 \right) \delta r_D \equiv \eta_1 \delta r_D \quad \cdots\cdots\cdots\cdots (4.1.14)$$

式中の各項は、式(4.1.5)から使って計算できる。

この曲率変化による隣接するカーカスコード間のゴム部の歪エネルギー U_B は次式になる。

$$U_B = \frac{1}{2} \int_{r_B}^{r_D} D_\psi (\delta \kappa)^2 ds \quad \cdots\cdots\cdots\cdots\cdots\cdots\cdots\cdots (4.1.15)$$

ここで D_ψ はゴムのカーカスに沿った断面内での曲げ剛性。これはゴムのヤング率を E_m、ポアソン比を ν_m、r の関数であるゴムの厚さを h、隣接コード間の回転方向に成す角度 $\Delta \theta$ とすると、次式になる。

$$D_\psi = \frac{E_m h^3 r \Delta\theta}{3(1-\nu_m^2)} \quad \cdots\cdots (4.1.16)$$

回転方向伸長変形による歪エネルギーは、半径方向に変形すると回転方向変位 u が生じ、これが回転方向歪 $\varepsilon_\theta = u/r$ を生み出すことで発生する。図 4-1-3 にカーカスコード上の点 P の変位 u を示す。

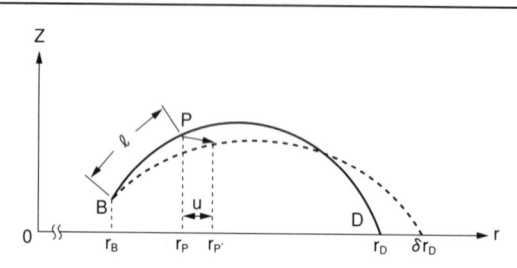

図 4-1-3 半径方向変位を与えた場合のカーカス上点 P の変位[5]

B 点から P 点へのカーカスコード長さを l とすると、式(4.1.6)と同様に、

$$l = \int_{r_B}^{r_P} \frac{B}{\sqrt{B^2 - A^2}} dr \quad \cdots\cdots (4.1.17)$$

前提条件のカーカスコード不伸長 $\delta l = 0$ なので、

$$\delta l = \left(\frac{\partial l}{\partial r_m} U_1 + \frac{\partial l}{\partial r_D} + \frac{\partial l}{\partial \psi_D} U_2 + \frac{\partial l}{\partial r_P} \frac{\partial r_P}{\partial r_D} \right) \delta r_D = 0 \quad \cdots\cdots (4.1.18)$$

式中の各項は、式(4.1.17)から計算できる。図 4-1-3 を参照して $\delta r_P = u$ を考慮して、

$$u = \delta r_P = -\frac{\left(\frac{\partial l}{\partial r_m} U_1 + \frac{\partial l}{\partial r_D} + \frac{\partial l}{\partial \psi_D} U_2 \right) \delta r_D}{\frac{\partial l}{\partial r_P}} = \eta_2 \delta r_D \quad \cdots\cdots (4.1.19)$$

この変位による隣接するカーカスコード間のゴム部の歪エネルギー U_s は次式になる。

$$U_s = \frac{1}{2} \int_{r_B}^{r_D} C_\theta \left(\frac{u}{r} \right)^2 ds \quad \cdots\cdots (4.1.20)$$

ここで C_θ はゴムの回転方向伸長剛性で、V_m をゴムの体積含有率とすると、

次式になる。

$$C_\theta = \frac{E_m h r \Delta\theta}{V_m(1-\nu_m^2)} \quad\cdots\cdots\cdots\cdots\cdots\cdots\cdots\cdots\cdots\cdots\cdots (4.1.21)$$

ホイール上で回転方向単位長さ当たりの半径方向力を q_r とすると、$H = q_r \Delta\theta r_B$。この関係を使い半径方向の力 H によるポテンシャル変化は、次式になる。

$$V_s = H\delta r_D = q\Delta\theta r_B \delta r_D \quad\cdots\cdots\cdots\cdots\cdots\cdots\cdots\cdots (4.1.22)$$

以上から、ポテンシャル $U_b + U_s - V_s$ へ仮想変位 δr_D を用いて最小ポテンシャルエネルギー原理を適用すると、

$$q = \frac{\delta r_D}{r_B} \int_{r_B}^{r_D} \left\{ \frac{E_m h^3 r}{3(1-\nu_m^2)} \eta_1^2 + \frac{E_m h}{V_m(1-\nu_m^2)} \frac{\eta_2^2}{r} \right\} ds \quad\cdots\cdots (4.1.23)$$

以上から、サイド部ゴムによる半径方向剛性 $K_r(r)$ は、

$$K_r(r) = \frac{2q}{\delta r_D} \quad\cdots\cdots\cdots\cdots\cdots\cdots\cdots\cdots\cdots\cdots\cdots (4.1.24)$$

カーカスの寄与と合わせて、全体の半径方向剛性は、

$$K_r = K_r(c) + K_r(r) \quad\cdots\cdots\cdots\cdots\cdots\cdots\cdots\cdots\cdots\cdots (4.1.25)$$

4.1.3 横剛性（Ks）[4]

横剛性 K_s を次のように定義する。**図4-1-4**の断面図を参照して、ベルト端の点Dを固定して、剛体のホイールに拘束されたビード部の点Bにタイヤ回転方向に沿って密度 q の横力を一様に負荷する。B点の変位を δz_B として、$K_s = q/\delta z_B$ とする。図では片側のサイド部のみを示しているが、通常の対称タイヤでは反対側のサイド部も同じ横剛性を持つと考えて良い。

カーカスコード張力による寄与 $K_s(c)$ を見るために、4.1.2と同様に考える。支配方程式は式(4.1.2)で、式中のA、Bに含まれるパラメーター r_m と ψ_D が横力負荷により変化すると考える。これらの微小変化量 δr_m と $\delta\psi_D$ と外力 q、変位 δz_B の関係を求めて（**図4-1-4**）、K_s を計算する。

B点からm点を経てD点までのカーカスコード長さ L、B点の Z 座標 z_B とカーカスコード張力 t は式(4.1.6)、式(4.1.7)、式(4.1.8)と同様に得られる。

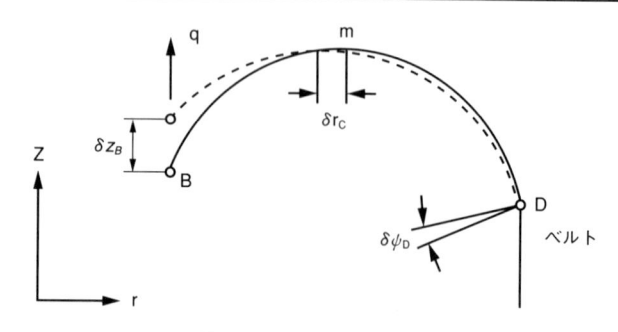

図 4-1-4　横方向剛性[4]

パラメーター r_m と ψ_D が微小量変化した場合の L と z_B の変化は次式で表せる。

$$\delta L = \frac{\partial L}{\partial r_m} \delta r_m + \frac{\partial L}{\partial \psi_D} \delta \psi_D \quad \cdots\cdots\cdots (4.1.26)$$

$$\delta z_B = \frac{\partial z_B}{\partial r_m} \delta r_m + \frac{\partial z_B}{\partial \psi_D} \delta \psi_D \quad \cdots\cdots\cdots (4.1.27)$$

これらの式に、前提条件のカーカスコード不伸長 $\delta L=0$ から、次式になる。

$$\frac{\delta \psi_D}{\delta r_m} = -\frac{\partial L}{\partial r_m} \bigg/ \frac{\partial L}{\partial \psi_D} \equiv U_0 \quad \cdots\cdots\cdots (4.1.28)$$

$$\lambda = \delta z_B = \left(\frac{\partial z_B}{\partial r_m} + \frac{\partial z_B}{\partial \psi_D} U_0 \right) \delta r_m \equiv \xi \, \delta r_m \quad \cdots\cdots\cdots (4.1.29)$$

力の釣り合いを考えると、片側のサイド部に負荷された密度 $q/2$ の横力を一周積分した値と、式(3.3.10)の膜力 N_ψ の一周積分値の増分が一致するので、

$$2\pi r_B \frac{q}{2} = \delta \{\pi P (r_D^2 - r_m^2)\} \quad \cdots\cdots\cdots (4.1.30)$$

を得る。$\delta r_D = 0$ を考慮すると、次式を得る。

$$q = -\frac{2P r_m}{r_B} \delta r_m \quad \cdots\cdots\cdots (4.1.31)$$

式(4.1.29)と式(4.1.31)からカーカスコード張力による横剛性$K_s(c)$は、

$$K_s(c) = \frac{q}{\lambda} = -\frac{2Pr_m}{\xi r_B} \quad \cdots\cdots\cdots\cdots\cdots\cdots\cdots\cdots (4.1.32)$$

上式は微小変形を考えて線形表現になっているが、実際は非線形な大変形をするので、逐次δr_mと$\delta \psi_D$を更新して解く必要がある。

サイド部ゴムによる寄与を4.1.2.と同様に考える。断面内の曲げ変形による歪エネルギーを求めるために、曲率変化$\delta \kappa$を求める。

$$\delta \kappa = \left(\frac{\partial \kappa}{\partial r_m} + \frac{\partial \kappa}{\partial \psi_D}U_0\right)\delta r_m \equiv \zeta_1 \delta r_m \quad \cdots\cdots\cdots\cdots (4.1.33)$$

この曲率変化による隣接するカーカスコード間のゴム部の歪エネルギーU_Bは式(4.1.15)、式(4.1.16)と同様になる。

図4-1-5にカーカスコード上の点Pの変位uを示す。B点からP点へのカーカスコード長さをlとすると、式(4.1.17)と同様になる。

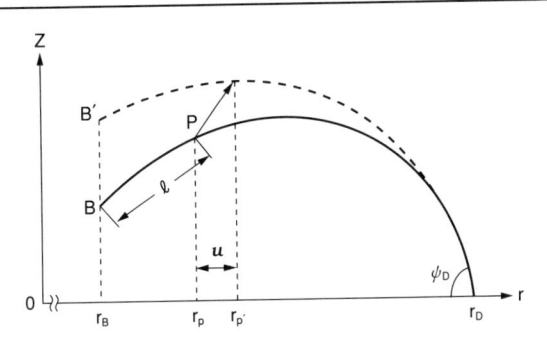

図4-1-5 横方向変位を与えた場合のカーカス上点Pの変位[4]

前提条件のカーカスコード不伸長$\delta l = 0$なので、

$$\delta l = \frac{\partial l}{\partial r_m}\delta r_m + \frac{\partial l}{\partial \psi_D}\delta \psi_D + \frac{\partial l}{\partial r_P}\delta r_P = 0 \quad \cdots\cdots\cdots (4.1.34)$$

図4-1-5を参照して$\delta r_P = u$を考慮して、

$$u = \delta r_P = -\left(\frac{\partial l}{\partial r_m} + \frac{\partial l}{\partial \psi_D}U_0\right)\delta r_m \Big/ \frac{\partial l}{\partial r_P} \equiv \zeta_2 \delta r_m \quad \cdots\cdots (4.1.35)$$

この変位による隣接するカーカスコード間のゴム部の歪エネルギーU_sは

式(4.1.20)と同様になる。

横力 q によるポテンシャル変化は、式(4.1.22)と同様に考えた上で、式(4.1.29)を使い、次式になる。

$$V_P = q\Delta\theta r_B \lambda = q\Delta\theta r_B \xi r_m \quad \cdots\cdots (4.1.36)$$

以上から、ポテンシャル $U_b + U_s - V_p$ へ仮想変位 δr_m を用いて最小ポテンシャルエネルギー原理を適用すると、

$$q = \frac{2\delta r_m}{r_B \xi}\int_{r_B}^{r_D}\left\{\frac{E_m h^3 r}{3(1-\nu_m^2)}\zeta_1^2 + \frac{E_m h}{V_m(1-\nu_m^2)}\frac{\zeta_2^2}{r}\right\}ds \quad \cdots\cdots (4.1.37)$$

以上から、サイド部ゴムによる横剛性 $K_s(r)$ は、

$$\dot{K}_s(r) = \frac{q}{\xi\delta r_m} \quad \cdots\cdots (4.1.38)$$

カーカスの寄与とあわせて、全体の横剛性は、

$$K_s = K_s(c) + K_s(r) \quad \cdots\cdots (4.1.39)$$

4.1.4 面内回転剛性 (Kt)[4]

面内回転剛性は、図4-1-6に示すように、ベルト、トレッド部を剛体に固

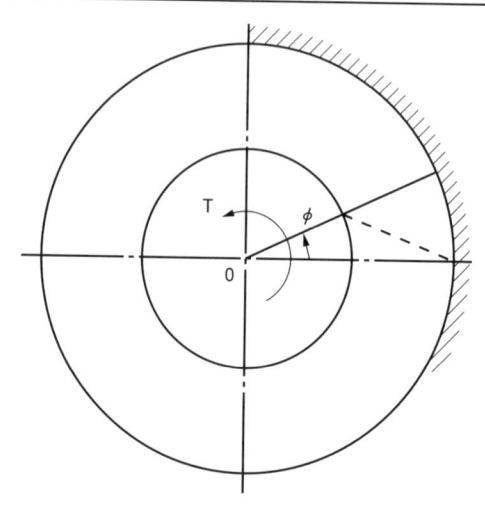

図4-1-6 面内回転剛性[4]

定し、剛体のホイールをトルク T で回転した場合の回転角 ϕ を求め、$K_t=dT/d\phi$ として求める。

カーカスコード張力による寄与 $K_t(c)$ を見るために、サイド部のカーカスコードは変形後の曲面上で測地線を取ると仮定する。従って、断面形状は式(4.1.2)、式(4.1.4)によって決定される。回転角 ϕ は、図4-1-7を参照して、周方向変位を dv とすると次式になる。

$$d\phi = \frac{\cos\alpha\, dL}{r} = \frac{dv}{r} \quad \cdots (4.1.40)$$

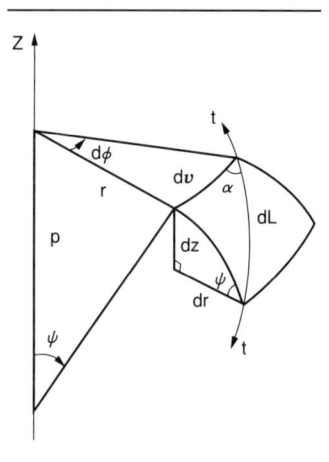

図4-1-7 カーカス上微小要素[4]

更に測地線の定義 $r\cos\alpha = C$ （定数）と、コード長さの定義から次式が得られる。

$$\cot\alpha = \frac{C}{\sqrt{r^2-C^2}} \quad \cdots\cdots (4.1.41)$$

$$dL = \frac{B}{\sqrt{B^2-A^2}}\,dr \quad \cdots\cdots (4.1.42)$$

これらを式(4.1.40)に代入して積分すると、

$$\phi = \int_{r_B}^{r_D} \frac{C\,(r_D^2-r_m^2)}{r\sqrt{(r_D^2-r_m^2)^2(r^2-C^2)-r^2(r^2-r_m^2)^2\sin^2\psi_D\sin^2\alpha_D}}\,dr$$
$$\cdots\cdots (4.1.43)$$

同様にして測地線のカーカスコード長さ L は次式になる。

$$L = \int_{r_B}^{r_D} \frac{r\,(r_D^2-r_m^2)}{\sqrt{(r_D^2-r_m^2)^2(r^2-C^2)-r^2(r^2-r_m^2)^2\sin^2\psi_D\sin^2\alpha_D}}\,dr \cdots (4.1.44)$$

内圧によるカーカスコード張力 t は一定で次式になる。

$$t = \frac{\pi P\,(r_D^2-r_m^2)}{N\sin\psi_D\sin\alpha_D} \equiv const. \quad \cdots\cdots (4.1.45)$$

コード張力によるトルク $T(c)$ は

$$T(c) = 2NtP = \frac{2\pi \mathrm{Pr}_D(r_D^2 - r_m^2)}{\sin \psi_D} \cot \alpha_D \quad \cdots\cdots\cdots\cdots (4.1.46)$$

パラメーター r_m、ψ_D と α_D が微小量変化した場合の z_B と L の変化は次式で表せる。

$$\delta z_b = \frac{\partial z_B}{\partial r_m} \delta r_m + \frac{\partial z_B}{\partial \psi_D} \delta \psi_D + \frac{\partial z_B}{\partial \alpha_D} \delta \alpha_D = 0$$

$$\delta L = \frac{\partial L}{\partial r_m} \delta r_m + \frac{\partial L}{\partial \psi_D} \delta \psi_D + \frac{\partial L}{\partial \alpha_D} \delta \alpha_D = 0$$

$$\cdots\cdots\cdots\cdots (4.1.47)$$

ここで、前提条件のカーカスコード不伸長 $\delta L = 0$ とビード部の固定境界条件 $\delta z_B = 0$ を考慮している。この式から3つのパラメーターの関係は次式になる。

$$\frac{\delta r_m}{\delta \alpha_D} = -\frac{\dfrac{\partial z_B}{\partial \alpha_D}\dfrac{\partial L}{\partial \psi_D} - \dfrac{\partial L}{\partial \alpha_D}\dfrac{\partial z_B}{\partial \psi_D}}{\dfrac{\partial z_B}{\partial r_m}\dfrac{\partial L}{\partial \psi_D} - \dfrac{\partial L}{\partial r_m}\dfrac{\partial z_B}{\partial \psi_D}} \equiv V_1$$

$$\frac{\delta \psi_D}{\delta \alpha_D} = -\frac{\dfrac{\partial z_B}{\partial \alpha_D}\dfrac{\partial L}{\partial r_m} - \dfrac{\partial L}{\partial \alpha_D}\dfrac{\partial z_B}{\partial r_m}}{\dfrac{\partial z_B}{\partial \psi_D}\dfrac{\partial L}{\partial r_m} - \dfrac{\partial L}{\partial \psi_D}\dfrac{\partial z_B}{\partial r_m}} \equiv V_2$$

$$\cdots\cdots\cdots\cdots (4.1.48)$$

ラジアルタイヤを考えているので $\alpha_D = \pi/2$ が初期値になる。ここから逐次解析を行い、式(4.1.48)から δr_m、$\delta \psi_D$ を求める。得られた結果を式(4.1.43)と式(4.1.46)に代入し、ϕ と $T(c)$ を求める。得られる面内回転剛性は非線形な関係になり、前提条件のカーカスコード不伸長から、回転角 ϕ が大きくなるとトルク $T(c)$ が大きくなる。微小変形を考えて線形表現としたカーカスコード張力による面内回転剛性 $K_t(c)$ は、

$$K_t(c) = \frac{dT}{d\phi} = \frac{\dfrac{\partial T}{\partial r_m} V_1 + \dfrac{\partial T}{\partial \psi_D} V_2 + \dfrac{\partial T}{\partial \alpha_D}}{\dfrac{\partial \phi}{\partial r_m} V_1 + \dfrac{\partial \phi}{\partial \psi_D} V_2 + \dfrac{\partial \phi}{\partial \alpha_D}} \quad \cdots\cdots\cdots\cdots (4.1.49)$$

サイド部ゴムによる寄与を考えるため、Z軸に直交する面で見た変形を **図4-1-8** に示す。

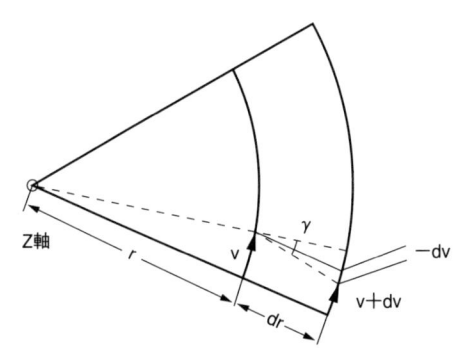

図4-1-8 Z軸方向から見たサイド部の変形[4)]

面内回転によりサイド部ゴムに生じるせん断歪 γ と膜力のせん断成分 $N_{\psi\theta}$ は、ゴムの横弾性係数を G_m として次式になる

$$\gamma = \left(\frac{v}{r} - \frac{dv}{dr}\right)\cos\psi 、 N_{\psi\theta} = \frac{V_m}{G_m}h\gamma \quad\cdots\cdots\cdots\cdots (4.1.50)$$

また**図4-1-7**から次式の関係がある。

$$\cos\psi = \frac{dr}{dL} = \frac{\sqrt{B^2-A^2}}{B}$$

$$= \frac{\sqrt{(r_D^2-r_m^2)^2 - \sin^2\psi_D(r^2-r_m^2)^2}}{r_D^2-r_m^2} \quad\cdots\cdots\cdots (4.1.51)$$

トルク $T(r)$ と膜力のせん断成分 $N_{\psi\theta}$ の関係は、

$$T(r) = 4\pi r^2 N_{\psi\theta} \quad\cdots\cdots\cdots\cdots\cdots\cdots\cdots\cdots\cdots\cdots (4.1.52)$$

なので、式(4.1.50)から、

$$\frac{dv}{dr} - \frac{v}{r} = -\frac{T(r)}{4\pi\cos\psi h r^2 G_m/V_m} \quad\cdots\cdots\cdots\cdots (4.1.53)$$

ビード部の点Bでは $v_B = r_B\phi$、ベルト部は固定しているので $v_D = 0$ になる。従って、サイド部ゴムによる面内剛性 $K_t(r)$ は

$$K_t(r) = \frac{T(r)}{\phi} = \frac{1}{\int_{r_B}^{r_D}\dfrac{1}{4\pi r^3 \cos\psi h G_m/V_m}dr} \quad\cdots (4.1.54)$$

カーカスの寄与と合わせて、全体の面内回転剛性は、

$$K_t = K_t(c) + K_t(r) \quad \cdots\cdots\cdots\cdots\cdots\cdots\cdots\cdots\cdots\cdots\cdots\cdots\cdots\cdots\cdots (4.1.55)$$

路面に接触している状態でのばね特性を解析的に求めるモデルは加々美らにより検討されている[6),7)]。非線形な現象を解析するために、複雑なモデルになっている。

4.1.5　3次元タイヤモデル

計算機能力の向上により、耐久、振動乗り心地、操縦安定性能で機構解析ソフトウエアを用いた車輛挙動解析が広く行われるようになってきた。一方タイヤの数値解析としては、その非線形性の強さから有限要素法を用いた解析が一般的である。機構解析ソフトウエアを用いた解析は有限要素法の解析から比べると自由度が少ないことから計算時間が非常に短い特徴がある。この特徴を活かせるタイヤモデルのニーズが自動車メーカーからはある。このニーズに応えるため、操縦安定性能で重要になるスリップ角やキャンバー角も考慮できるモデルや、振動乗り心地性能で重要になる減衰性も考慮できるようなモデルが提案されている[3),8)~11)]（4.3.3で更に説明を加えている）。この中でもMancosuらにより提案されているタイヤモデル[3)]は次の形である。

並進と回転で6自由度を持つ剛体で、ホイールに相当する円盤、ベルトに相当するリング、接地面に相当する平板をモデル化し、これらをばねとダンパーで接続する（図4-1-9）。円盤とリングを接続するばねとダンパーはサイド部を表現し、リングと平板を接続するばねとダンパーは接地面付近のベルト変形を表現する。平板の下には幅方向に並んだ複数の弾性ビームとそれぞれのビーム下のブラッシュモデルで路面との接触をモデル化する（図4-1-10）。弾性ビームはベルト部の横剛性を表現し、ブラッシュモデルのブラッシュ数を多くすれば接地面内でのすべりも表現できる。並進と回転の6成分で力、モーメントの釣り合いを考えて支配方程式を構築している。方程式中に多くの定数があり、これらの値を有限要素法の解析結果や実測から同定する。本モデルの自由度は有限要素モデルの数万自由度から比べると非常に少ない。このモデルでの解析結果は、キャンバー時の変形や幅方向の接地圧分布等も有限要素法の結果とよくあっており、物理的解釈が可能で車

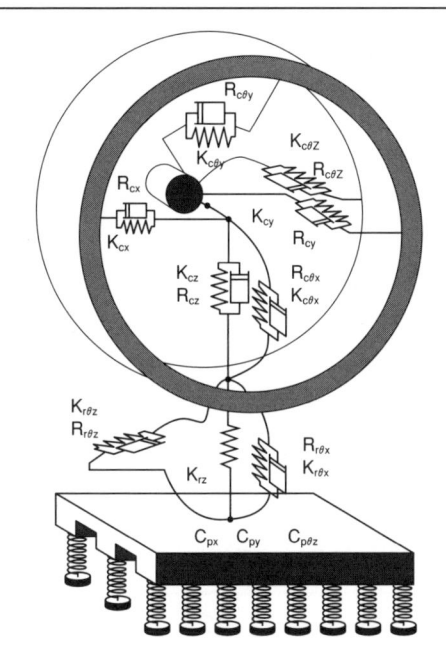

図 4-1-9　3次元タイヤモデル[3)]

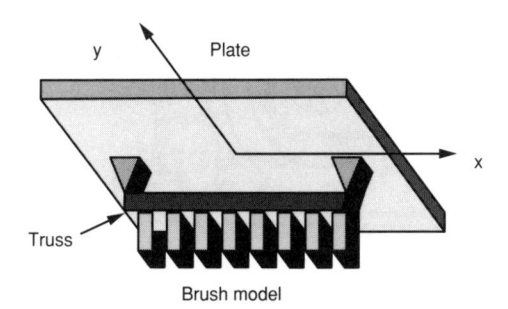

図 4-1-10　路面との接触モデル[3)]

輌挙動解析に実用できるモデルだと提案されている。一方２次元タイヤモデルと比較すると、必要な定数が大幅に増加していること、これらの同定に実験や有限要素解析が必要なこと、精度良い結果が得られるように全てのパラメーターを同定することが難しい問題がある。この問題点は最近提案されている他のタイヤモデルでも同じである。

4.1.6　ばね特性の計測方法

タイヤのばね特性計測としては大きく分けて次の2つがある。1つめは前節で述べた基本的な剛性（基本剛性）としてサイド部のばね特性（K_r、K_s、K_t）の計測。2つめは、実使用では路面上で負荷されるためベルトの変形も含まれることを考慮して、平板上で負荷された時の4方向（上下、左右、前後、捩り）の静的ばね特性（静ばね特性）の計測。

基本剛性の計測は図4-1-11のような試験機を用いる。タイヤトレッド部全周をクランプで固定し、クランプとタイヤ軸との相対位置を上下方向のみに変位させて（＝偏心させて）力と変位の関係から偏心剛性（B_z）を測定する。同様にして、横方向の相対変位と力とから横剛性（B_s）を測定する。またトルクと捩り角の関係から面内捩り剛性（B_t）、面外捩り剛性（B_{mx}）を測定する（図4-1-12）。得られた剛性から、タイヤ半径をrとして次式で

図4-1-11　基本剛性計測試験機

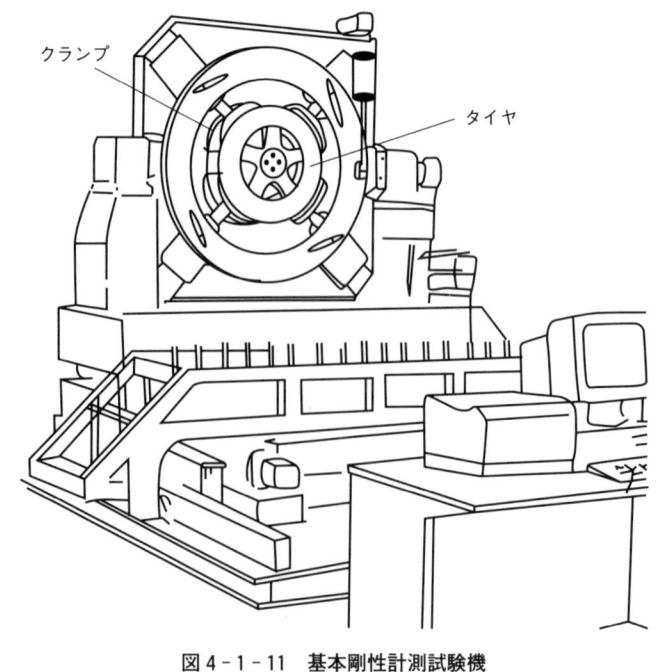

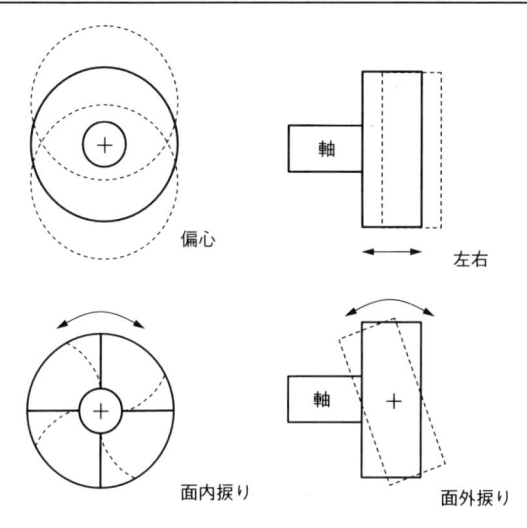

図4-1-12 四種類の基本剛性

ばね特性を求める。

$$B_z = \pi r (K_r + K_t) \qquad K_r = \frac{B_z}{\pi r} - \frac{B_t}{2\pi r^3}$$

$$B_s = 2\pi r K_s \qquad K_s = \frac{B_s}{2\pi r}$$

$$B_t = 2\pi r^3 K_t \qquad K_t = \frac{B_t}{2\pi r^3}$$

$$\cdots\cdots\cdots\cdots\cdots\cdots\cdots\cdots\cdots\cdots\cdots\cdots\cdots\cdots (4.1.56)$$

ベルト部が完全に剛体とはなっていないが、ベルト部の剛性はサイド部の剛性に比較して大きいことから、実用的には問題ない精度でばね特性を計測することができる。

別の方法として、トレッドゴム部を削り取りベルト部を剛体リングで補強して上記と同様に静的に計測する方法や、ベルト、トレッド部の質量と慣性モーメントを別途計測した後、タイヤ全体を上下、左右、前後に振動させて一次振動数を測定してばね定数を求める方法もある。

静ばね特性の計測は図4-1-13のような試験機を用いる。試験機は非常

図 4-1-13　静ばね計測試験機　　　図 4-1-14　縦ばね

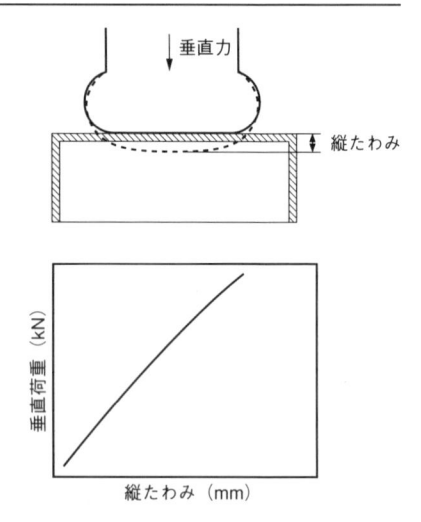

に剛性が大きいことは図からも理解できる。路面としては平滑な定盤を用いる。タイヤに垂直荷重をゆっくり負荷し、タイヤの変形量（縦たわみ）と垂直力の関係から縦ばねを測定する（**図 4-1-14**）。他の3方向ばねは垂直荷重を設定値まで負荷した後、それぞれ定盤を横、前後に変位させた量（横、前後変位）と力（横力、前後力）の関係から、または垂直軸周りに捩りを与えて捩り角とトルクの関係から、ばね定数を測定する（**図 4-1-15**）。

横、前後、捩りばね特性では、大変位（捩り角）時に接地面ですべりが発生するために力（トルク）が増加しなくなる領域があることに注意する。この領域はばね特性の定義からは逸脱しているので用いてはならない。

4.2　タイヤの耐久性

4.2.1　耐久性

タイヤを構造強度の観点から見た時に、他の工業製品と大きく異なる特徴のひとつは、タイヤの転動に伴い"大変形"を繰り返し受けながら、長期に

図 4-1-15　横、前後、捩りばね

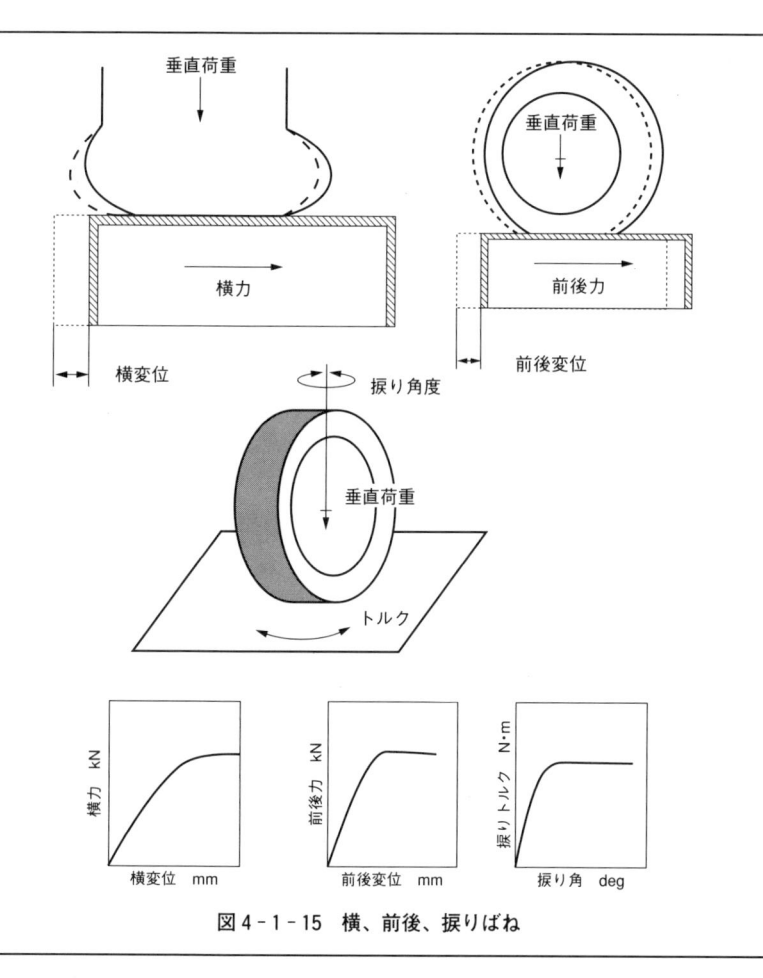

わたり、荷重を支え続ける圧力容器としての強度や形状を保持しなければならないことである。そのため、タイヤは大変形に長期間耐え得るゴムと、構造体として大変形を繰り返し受けながらも強度を保てるように配された、スチールや有機繊維のコードから成る補強材との複合構造体となっている。ゴムやコード、それぞれ単体での強度設計に関しては他節に譲り、本節では複合構造体としての強度設計について記す。

　ゴムとスチール、または有機繊維のコードが接着しているタイヤにおいては、材料のヤング率が 10^3〜10^5 倍程異なっており（金属のヤング率；約200

GPa、有機材のヤング率；約1GPa、ゴムのヤング率；約1MPa)、これらの異種材境界への応力集中は不可避となる。タイヤの構造強度設計は、装着される車輛からの入力、使用される市場環境に耐え得るために、ゴムと補強材をどう組み合わせて応力集中をコントロールするかに集約できると言える。

　タイヤの骨格は大きく分けるとゴムとコードの複合体より成り立っている。すなわち、路面との接地面であるトレッド部が平らになるように箍の役割をする、タイヤの周方向に対してコードを斜めに配した層を2層交錯して重ねた"ベルト"、及びタイヤのビード部からベルト部にかけてタイヤを適正な形状を保つために、タイヤの径方向にコードを配している"プライ"である。異種材境界の接着層を強化するため、スチール製コードの場合はブラスメッキ、有機繊維コードの場合は接着剤のディップ処理が製造時に施される。コードの切断端（以降"コード端"）は力学的には特異点と見なされ、内圧充填時、転動時の負荷による応力集中に対して、構造上の考慮が欠かせない。

　そのためFEM、実験を用いて構造解析を行ない、コード端への応力集中低減を目指し構造探索を行なっている。1987年にブリヂストンから発表されたTCOT理論（3.3節参照）は、内圧充填前の形状を利用することで、内圧充填時のベルト、プライの張力をコントロールして、内圧充填後、タイヤ転動時のコード端への応力集中を低減してタイヤの耐久性向上を成功させた（図4-2-1）。

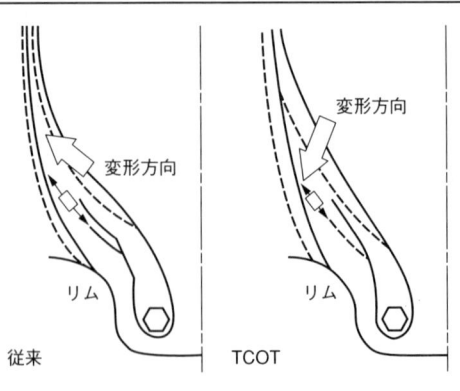

図4-2-1　TCOT理論

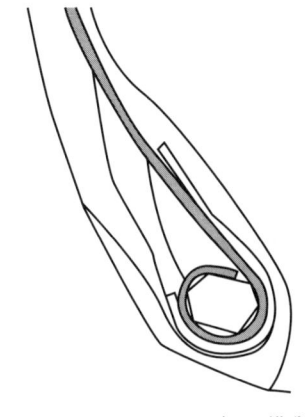

図4-2-2　ワインドビード構造 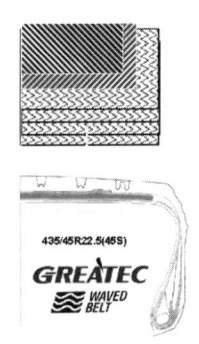　　　図4-2-3　ウェーブドベルト構造

　また、2001年に発表されたGREATEC（グレイテック）はワインドビード構造(図4-2-2)とウェーブドベルト構造（図4-2-3）から成っている。前者はビード部のプライ端を転動時に変形が少ない箇所に配置することにより転動による変動入力を避け、後者はベルトの箍(たが)としての剛性を周方向にコードを配して交錯層ベルトより強固なものにし、同時に切断端をなくすことで、耐久性の大幅な向上を実現できた。

　高分子材料であるゴムを複合体のマトリックスとして使用しているタイヤは、使用環境下で時間とともに化学的、物理的に変化していくことから逃れることはできない。先ず、応力や温度、時間の影響を受けるクリープが基で生じる形状変化に関しては、走行後タイヤのトレッド部形状やリムと接触するビード部の形状が変化することなどが挙げられる。これらに伴い、コード端への応力集中も経時変化する。これらを定量化、そのメカニズムを明確にすることが必要であり、耐久性の向上に繋がると考えられる。

　また船舶や航空機、原子炉などの構造疲労強度設計を基に発展してきた破壊力学のタイヤへの応用も有用である。破壊力学において亀裂進展は図4-2-4に示す3つのモードで生じるとされている。

　タイヤ内の亀裂進展に寄与する亀裂駆動力の算出に関しては、モードⅢのベルト端[1]やモードⅠとモードⅢの混合入力のプライ端[1]について有限要素

モードⅠ　　モードⅡ　　モードⅢ

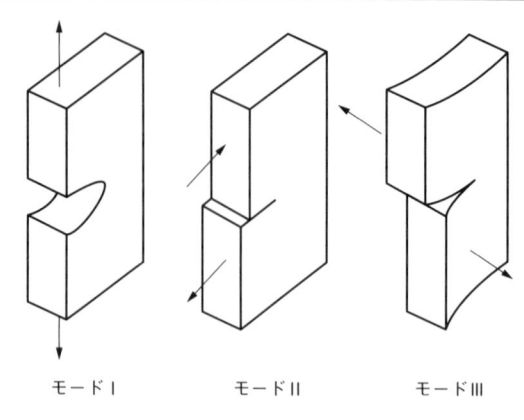

図4-2-4　亀裂進展モード

法を活用したものが報告されている。また、ゴムの試験片を利用した疲労試験によりタイヤのベルト部交錯層間の亀裂もモードⅢについて報告されている[1],[2]。一方、ゴムの疲労特性に関する研究も主にモードⅠの入力について行なわれていて、温度や水分、酸素などの環境要因によるゴムへの物理的、化学的な抗力の低下がタイヤの使用環境下で無視できないことが知られている。このことから、破壊力学をタイヤの疲労強度設計に活用するために、これらの要因を含めた亀裂則の確立が進められている。

4.2.2　ドラム耐久試験機（計測法）

　タイヤ転動時の入力が関与する破壊現象を室内で解明するため、実路面の代替として駆動モーターで回転する鋼製ドラムを使用したドラム耐久試験機が一般に用いられている。

　試験の効率も追求され、1台の駆動モーターで複数のドラムを回転させ、ドラムの両側に複数のタイヤを装着して連続走行できる試験機[3]（**図4-2-5**）や、1個の大きなドラムを水平に設置し、その周囲に多数のタイヤを並べる試験機もある。

　ドラム試験機にはドラムの外側表面にタイヤを圧着するアウトサイド方式（**図4-2-5**）とドラムの内側にタイヤを圧着するインサイド方式がある。

図4-2-5 タイヤドラム試験機の1例

　アウトサイド方式が小型で機構も単純だが、ドラム直径はある程度の大きさが必要で、日米では1.708 m（注1）が主流だが、欧州には2 mも多い。
　各国の安全規格で規定される高速性能や耐久性能は、速度や荷重を段階的に増加させるステップ入力試験が基本で、タイヤ周辺温度は一定に保って試験されている。日米では38±3℃（注2）が主流だが、欧州では25±5℃と設定される例も多い。
　大型建設機械用のタイヤの開発にあたっては、鉱山など実使用条件を踏まえて、耐久性や各種特性の評価に使用されており、建設機械の大型化に伴い負荷能力のより高い試験機の開発が継続的な課題となっている（図4-2-6）。
　航空機用タイヤの開発にあたっては飛行機の地上滑走、離陸、着陸、地上滑走のサイクルを模擬した試験規格が設定され、加速、減速も含む様々な走行模擬試験を実施することが要求され、試験速度は最高640 km/hにも達する[3]。最近の超大型ジェット機の開発に際しては、最大荷重80 tonの試験機

（注1）米国規格に由来しドラム300回転が1マイルに相当、国際標準では$\phi 1.7\pm2\%$もしくは$\phi 2 m\pm2\%$を標準化している[4]。
（注2）米国規格に由来し100±5°Fに相当、国際標準では25±5℃もしくはタイヤメーカーの同意で30℃より高温も許容とする例[4]もある。

図4-2-6 建設機械用タイヤ試験機の写真

図4-2-7 航空機用タイヤ試験機の写真

を開発、実機完成に先立ち航空機とタイヤの信頼性の向上を図っている（図4-2-7）。

4.3 操縦安定性能

タイヤと操縦安定性のかかわりを考えるに当たっては、はじめに、なぜ車は曲がることができるかを理解しておく必要がある。制動や加速の場合は、接地面でのゴムと路面の摩擦力で説明でき、感覚的には理解し易い。直進し

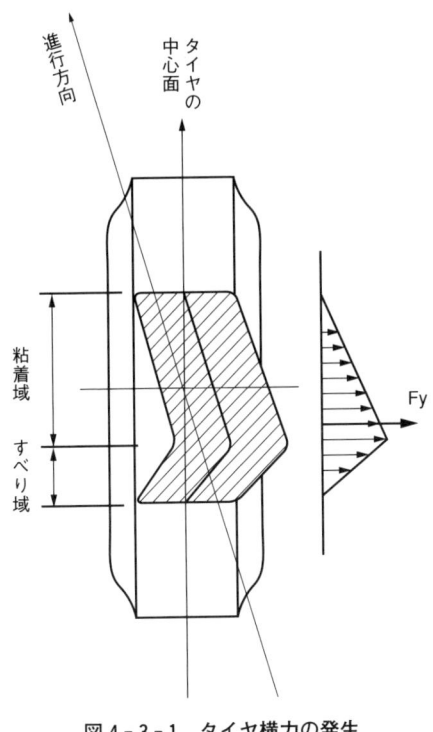

図4-3-1 タイヤ横力の発生

ている車が曲がる場合、微低速ならば、ハンドルを切ると、タイヤがそれぞれ向いている方向に転がるので、曲がることができるが、遠心力が発生するような速度では、遠心力に釣り合うだけの横方向の力が接地面に発生しないと曲がることができない。ハンドルを切った時に、どのようにして横力が生じるかを示したものが図4-3-1である。

　ハンドルを切ると、タイヤが進行方向に対し角度を持つことになる。接地面は進行方向に向こうとするので、タイヤの接地面は弾性変形し、横方向の力を発生する。横力が小さいと摩擦力のほうが大きいのですべらず（粘着域）、変形に比例した横力が発生するが、摩擦力を越えると、すべりが生じて（すべり域）、接地面では図4-3-1の右に示したような横力分布をもつ。また、横力の着力中心は、タイヤの中心よりも後方にあるので、垂直軸周り

のモーメントも発生し、この着力点の後方へのずれをニューマチックトレールと呼ぶ。進行方向とタイヤの向いている方向のなす角度をスリップ角 (SA)、タイヤの発生する横力をコーナリングフォース (CF)、垂直軸周りのモーメントをセルフアライニングトルク (SAT) という。

車が曲がるのは、ハンドルを切る～フロントタイヤに SA がついて横力が発生～車輌にモーメントが働き、向きが変わる～リヤタイヤに SA が付き、横力が発生～釣り合い状態になるという過程を踏んでいるのである。

4.3.1 タイヤのコーナリング特性と各要因の効果

車の操縦安定性にかかわるタイヤ特性をコーナリング特性と言い、タイヤの路面に対する姿勢角、荷重等に応じて発生する力／モーメントを意味する。

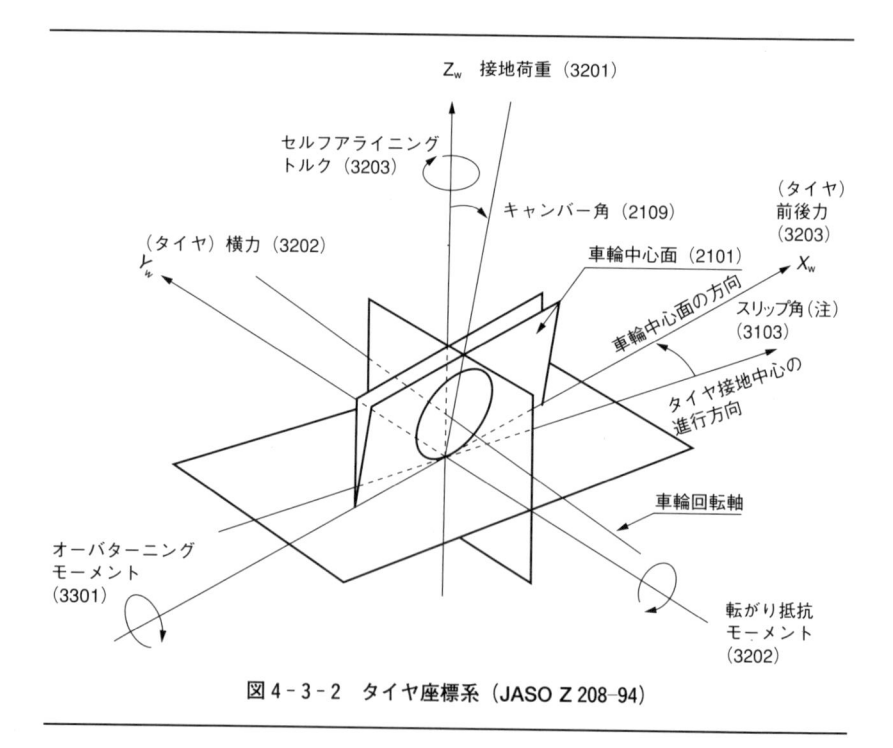

図 4-3-2 タイヤ座標系（JASO Z 208-94）

（注）本書では「横すべり角」を「スリップ角」と表現する

図4-3-3 タイヤのCFとSAT

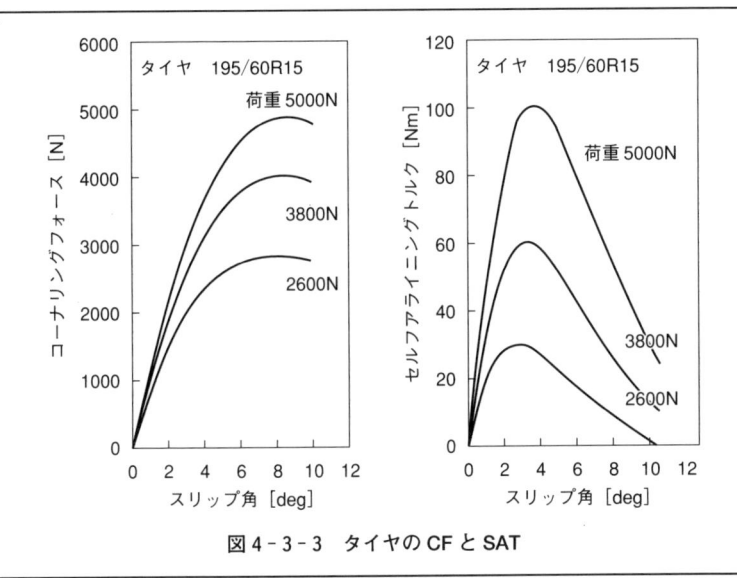

上記のCF、SATの他にも、車が旋回すると車輌が傾き、タイヤの回転面が路面に対して垂直でなくなり、ある角度を持つようになり、それによっても横力が発生する。タイヤの回転面と路面に垂直な面のなす角度をキャンバー角(CA)、そのとき発生する横力をキャンバースラストと言う。尚、これらの、タイヤの姿勢角、発生力／モーメントは、一般に、路面（接地面）に原点を持つ図4-3-2に示される座標系で定義される。

CF、SATはスリップ角に対して図4-3-3のような特性を示す。SAが小さい場合、発生する横力は最大摩擦力と比べて小さいので、図4-3-1の粘着域がほとんどを占め、従って、CFはスリップ角にほぼ比例した力を発生する。この部分のタイヤ特性を表すものとして、図4-3-3のCFがSAゼロ付近の勾配で表し、コーナリングパワー（CP）と呼ぶ。操縦安定性において、限界付近の走行を除けば、通常の走行ではSAは比較的小さく、このCPで車輌運動を議論することができる。

次に、タイヤのこれらの力学特性が、諸要因によってどのように変化するかを考える。

（1） CPの要因効果
(a) 設計要因

　図4-3-1から、ベルトのせん断剛性とトレッドゴムの摩擦係数が大きな要因となることは理解できるが、実際には、タイヤの形状、ベルトの張力分布、それらによる接地圧分布等複雑な要因によって発生する横力が決まってくる。ここでは、一例として、偏平比が変わると CP がどのように変化するかを図4-3-4に示す。タイヤ径が同じで偏平化するということは、ベルトの幅が広くなることを意味し、結果としてベルトの剛性が高くなるので、図のように、偏平タイヤほど CP が高くなる。また、荷重がある程度以上高くなると、CP は逆に減少するが、偏平タイヤでは、実用荷重域では、減少傾向は見られず、荷重に対する変化も線形に近くなる。

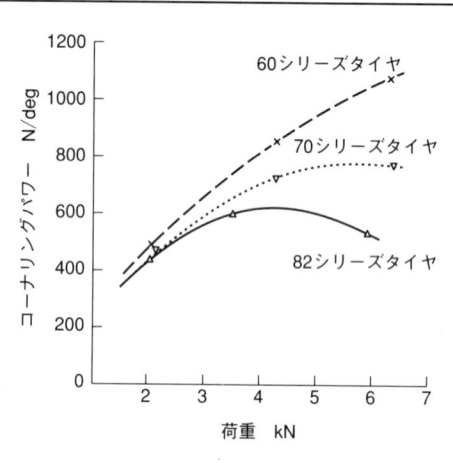

図4-3-4　各種タイヤのCP特性

(b) 内圧の影響

　内圧を高くするとタイヤの横剛性が大きくなり、CP は増加するが、内圧がある程度以上になると、図4-3-5に示すように、逆に減少する傾向を示す。これは、空気圧増加に伴う接地面積の減少や接地圧分布の不均衡によるためである。

図4-3-5 CPの内圧による変化

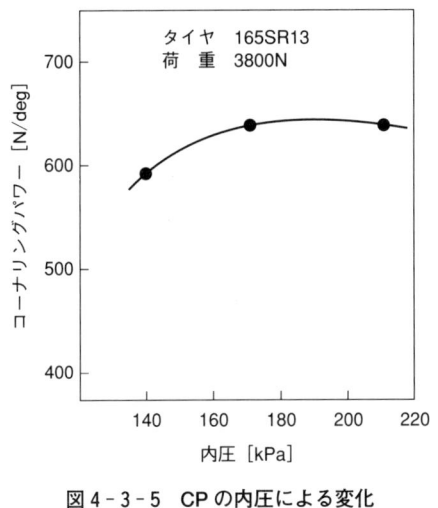

（2） 最大コーナリングフォース（CFmax）の要因効果
(a) 設計要因
ゴムは一般に接触圧依存性があり、接触圧が低い方が摩擦係数は高くなる、従って、接地面内の圧力分布を均一方向にすることにより、より高い摩擦係数が得られ、コーナリングフォースが大きくなる。

タイヤの断面形状を偏平化することにより、トレッド幅が広くなり接地面積が増加するため平均の接地圧が低下して、より高い横すべり摩擦係数が得られる。

また、乾燥路面では、トレッド剛性が高い方がトレッドブロック内の接地圧分布が均一方向になり、横すべり摩擦係数が大きくなる。

(b) 内圧の影響
内圧の増加に伴い最大コーナリングフォースは、増加の傾向を示すが、その変化は小さい。これは、内圧の増加に伴い、タイヤの横剛性が増すことで SA が大きくついた時の接地面内の圧力分布の変動が小さく、摩擦係数が高くなるという増加要因と接地面積が小さくなるという減少要因があるためである。

(c) 荷重の影響

　荷重増加すると、接地面積が増加するため、図4-3-6に示すようにコーナリングフォースは増加するが、接地面積の増加は荷重の増加程ではないため平均の接地圧は増加する。前述のようにゴムの摩擦係数は、接地圧が高くなると減少するので、横すべり摩擦係数は荷重が大きくなると図4-3-7のように減少する。すなわち、荷重が増加しても、最大横力はそれ程増加しないことを意味する。

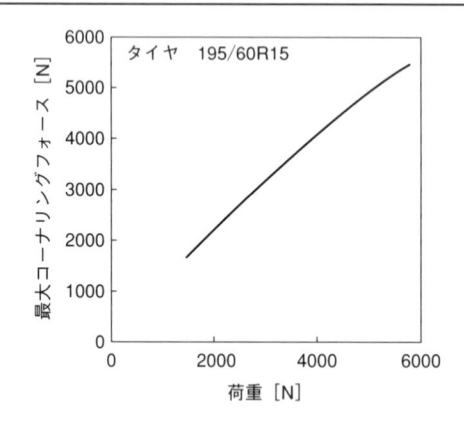

図4-3-6　最大CFの荷重依存性

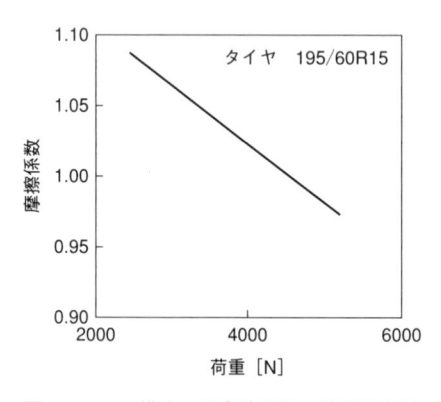

図4-3-7　横すべり摩擦係数の荷重依存性

(3) 残留CF・残留SAT

平らな路面を直進している時に、ハンドルから手を放すと必ずしもそのまま直進せずに、少しずつ曲がって行くことがある。逆に、直進を維持しようとすると、ハンドルをある程度の力でおさえておく必要がある。

この特性を理解するためには、直進状態付近、すなわち、SA が小さい範囲での、CF と SAT の関係を見る必要がある。図4-3-8にタイヤ特性の例を示す。セルフアライニングトルクが0となるスリップ角 β_1 でのコーナリングフォースを残留コーナリングフォース（Residual Cornering Force）、コーナリングフォースが0となるスリップ角 β_2 でのセルフアライニングトルクを残留アライニングトルク（Residual Aligning Torque）と呼ぶが、β_1 と β_2 の値は一般的には同じではない。

手放し走行の場合、前輪のキングピン周りモーメントは0となるため、タイヤはスリップ角 β_1 の状態で転動し、残留コーナリングフォースが発生する。日本の道路は左側通行であり、左下がりの路面カント（横断方向の勾配）がつけられており、それにあわせて国内向けのタイヤの場合、残留コーナリングフォースの向きは進行方向に対し右側に発生するようになっている

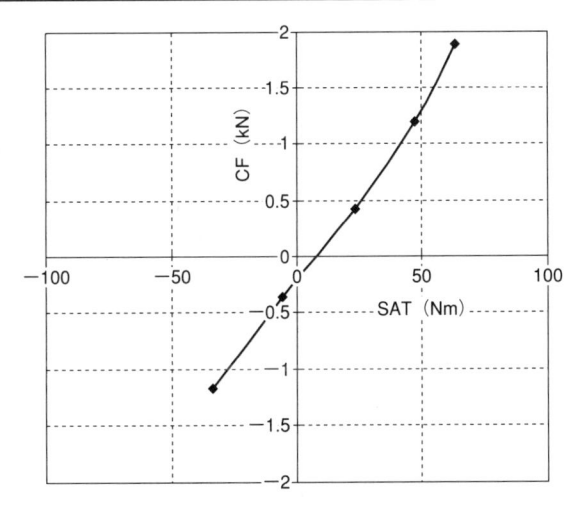

図4-3-8 微小スリップ角領域でのコーナリング特性

ので、路面カントの影響を打ち消しほぼ直進することができる。
　一方、ハンドルを固定して直進する場合、前輪の横力は0となるためタイヤにはスリップ角β_2が付く。この時、タイヤは残留アライニングトルクを発生し、これに釣り合うトルクをハンドルに与えておく必要がある。
　残留コーナリングフォースはプライステア、コニシティ等に起因して発生するが、車輌の左右輪にタイヤが装着された場合、同方向に力を発生する成分をプライステア残留コーナリングフォース（$PRCF$）、逆方向に発生する成分をコニシティ残留コーナリングフォース（$CRCF$）と定義され次式のように表される。

$$RCF = PRCF + CRCF \qquad\qquad\qquad\qquad\qquad (4.3.1)$$

　プライステア残留コーナリングフォースは主にトレッドパターンやベルト角度に影響される。特にベルト角度に関しては路面カントに応じて設計され、日本など左側通行の場合、最外層のベルト角度を右上がりとし、米国など右側通行では逆に左上がりとなっている。

（4）　制動・駆動時のコーナリング特性

　車が旋回中に、急な加速、あるいは制動を行うと、タイヤのコーナリングフォースはそれに伴って変化する。図4-3-9に、制動・駆動に伴うコーナ

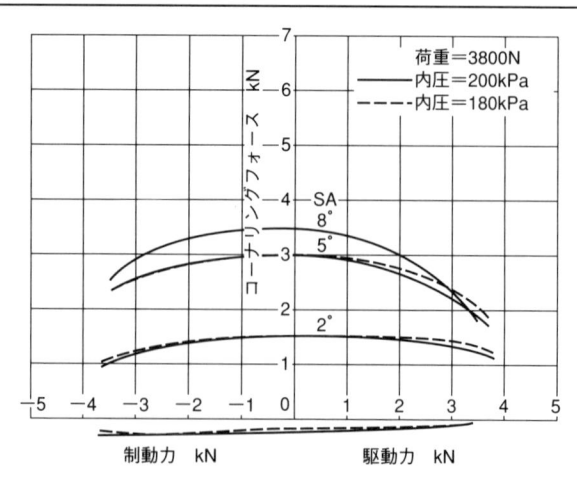

図4-3-9　制動・駆動力が作用したときのコーナリングフォース[2]

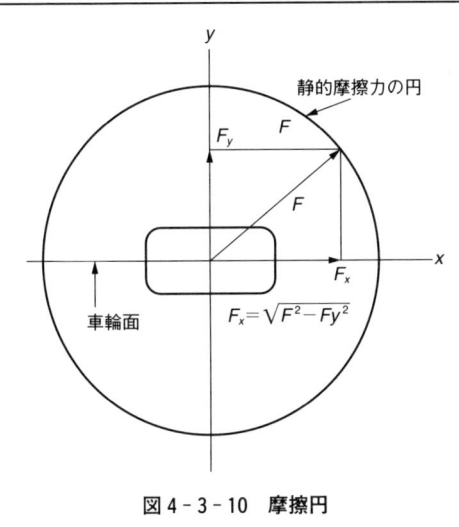

図4-3-10 摩擦円

リングフォースの変化の例を示す。

このコーナリングフォースの変化は、タイヤ接地面で発生する横方向力、前後方向力の合力は、クーロン摩擦の法則に従い、摩擦円（**図4-3-10**）を超えないという考え方で説明することができる。すなわち、

$$F_y^2 + F_x^2 \leq (\mu W)^2 \quad \cdots\cdots\cdots\cdots\cdots (4.3.2)$$

ここで、F_y は横力、F_x は前後力（制動または駆動力）、W は荷重、μ は摩擦係数である。実際のタイヤでは、横方向と前後方向の摩擦係数が異なるので、円ではなく楕円（摩擦楕円）になる。このことから**図4-3-9**に示すような、制動・駆動力が作用するとコーナリングフォースが減少することが説明できる。

制動・駆動時のコーナリングフォースに及ぼす要因効果は以下のようである。

(a) 内圧の影響

内圧を変えると、コーナリングフォースの値そのものは変わるが、制動・駆動力による変化は**図4-3-9**に示すように、ほとんど違いが見られない。

(b) 荷重の影響

荷重を増加させると、コーナリングフォースは増加するので、**図4-3-11**

図 4-3-11 荷重の影響

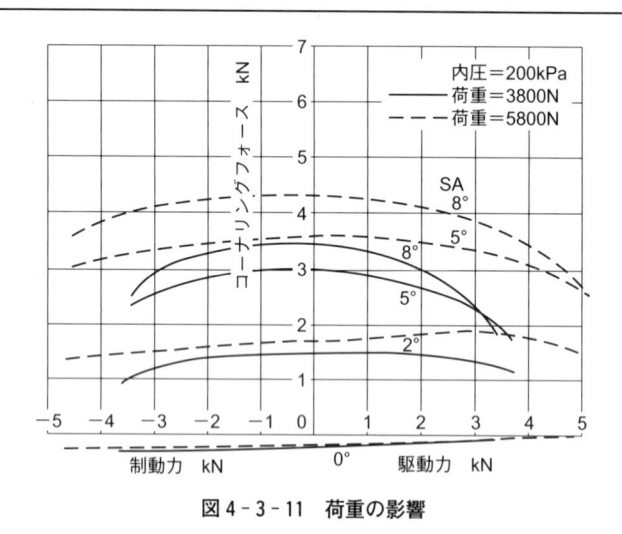

のように摩擦楕円は大きくなる。前後力と横力の荷重依存性が異なるため、摩擦楕円の縦横比も変化し、荷重が低い方が、制動・駆動力によるコーナリングフォースの変化は大きくなる傾向にある。

(c) 設計要因の影響

外形が同じでタイヤの偏平比を変えた場合、偏平比が同じでタイヤの幅を変えた場合等を比較しても、制動・駆動力によるコーナリングフォースの変化は、ほとんど変わらない。また、トレッドの剛性を高くすると、制動・駆動力によるコーナリングフォースの変化は大きくなる。

(5) コーナリングフォースの過渡特性

転動しているタイヤにスリップ角を付与する場合、スリップ角の変化が速くなると、コーナリングフォースに遅れが生じてくる。これは、図 4-3-12 に示すように、タイヤが変形するため、角度変化が速い場合には、変形速度の分だけホイールの横すべり速度と接地面の横すべり速度に差ができるためである。

このタイヤの変形によるコーナリングフォースの遅れを説明したものが図 4-3-13 のモデルである[1]。ホイール面のスリップ角を β とすると、接地面のスリップ角は、

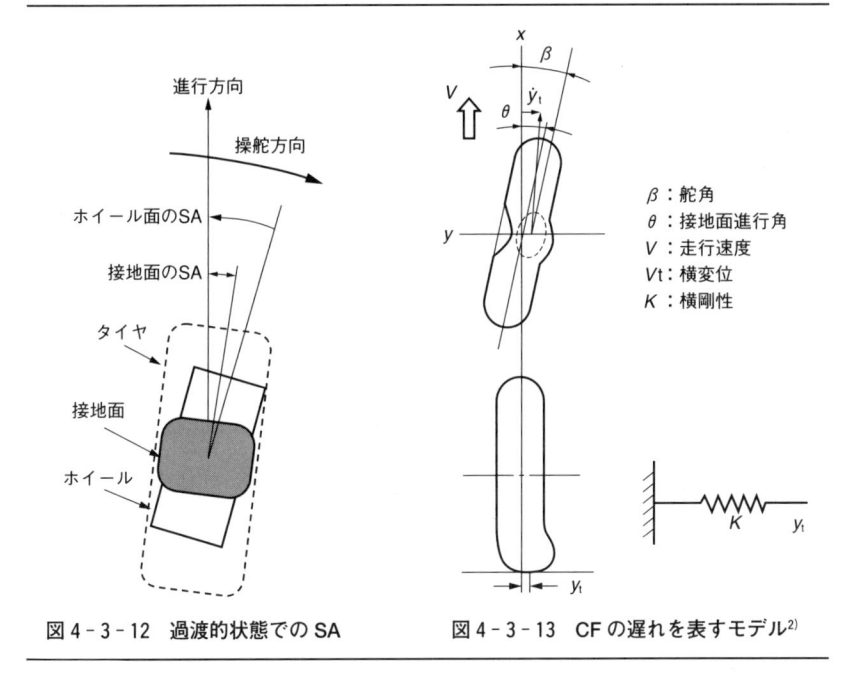

図 4-3-12 過渡的状態での SA　　図 4-3-13 CF の遅れを表すモデル[2)]

$$SA = \beta + \dot{y}/V \quad \cdots\cdots\cdots\cdots\cdots\cdots\cdots\cdots\cdots\cdots\cdots\cdots\cdots\cdots (4.3.3)$$

ここで、y はタイヤのホイール面に対する横変位で、タイヤの横剛性を用いると次式で表される。

$$y = \frac{F_y}{k} \quad \cdots\cdots\cdots\cdots\cdots\cdots\cdots\cdots\cdots\cdots\cdots\cdots\cdots\cdots\cdots\cdots (4.3.4)$$

スリップ角がゆっくりと変化する場合は、横変形速度が無視できるので、ホイール面でのスリップ角を用いてコーナリングフォースを求めることができる。コーナリングフォースの遅れを考慮する場合は、式(4.3.3)で表されるスリップ角を用いてコーナリングフォースを求めればよいが、式の右辺にコーナリングフォースがあるので、そのまま適用するのは難しい。

コーナリングフォースが SA に対し比例すると見なせる CP 領域では、

$$F_y = CP \times SA \quad \cdots\cdots\cdots\cdots\cdots\cdots\cdots\cdots\cdots\cdots\cdots\cdots\cdots (4.3.5)$$

であるので、式(4.3.3)〜式(4.3.5)より、

$$F_y = CP \times \left(\beta + \frac{\dot{y}}{V} \right) = k \times y \quad \cdots\cdots\cdots (4.3.6)$$

これより、伝達関数を求めると

$$G(s) = \frac{F_y(s)}{\beta(s)} = CP \frac{1}{1 + \frac{CP}{kV}s} \quad \cdots\cdots\cdots (4.3.7)$$

となり、コーナリングフォースはホイール面の SA に対して一次遅れ系となる。

時定数は、

$$T = \frac{CP}{kV} \quad \cdots\cdots\cdots (4.3.8)$$

となり、コーナリングフォースは、CP が大きい程、横剛性が小さい程、速度が低い程、遅れが大きくなることを示している。**図4-3-14** に、CP がほぼ同じで、横剛性が異なるタイヤのコーナリングフォースの位相遅れの違いを示している。

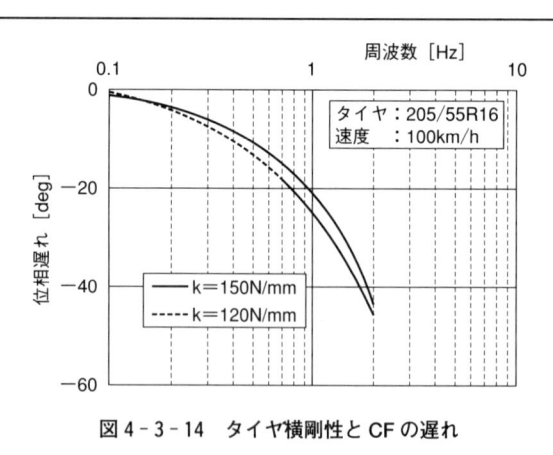

図4-3-14 タイヤ横剛性とCFの遅れ

尚、時定数を、$T = \sigma/V$ とした場合の $\sigma (= CP/k)$ をコーナリングフォースの緩和長と呼ぶことがある。

4.3.2 車輌運動とタイヤ特性

(1) 車の操縦安定性を示す基本特性

タイヤのコーナリング特性の変化がどのように操縦安定性に影響するかを考える。ここでは、車輌の操縦安定性の基本的な特性である、アンダーステア／オーバーステアの指標となる定常円旋回でのスタビリティファクターと車輌の過渡的な操縦性能を示す操舵周波数応答特性に及ぼすタイヤ特性の影響を考える。

はじめに、これらの操縦安定性の基本特性はどのようなものであり、一般の乗用車ではどのような特性になっているかを説明しておく。

図4-3-15に示すように、半径 R_0 の円周上をゆっくりと走行している車が、ハンドル角を固定したまま加速して行った場合、車輌の旋回半径が大きくなる場合をアンダーステア、逆に旋回半径が小さくなる場合をオーバーステア、同じ旋回半径のまま走行する場合をニュートラルステアと言う。

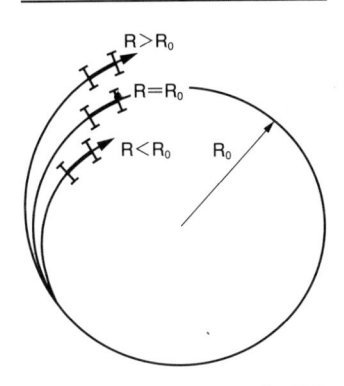

図4-3-15 定常円旋回（操舵角固定）

CF が SA に比例すると見なすことができる場合（CP 領域）では、旋回半径の変化は速度の2乗に比例し次式で表すことができる。

$$R/R_0 = 1 + K_s/V^2 \qquad (4.3.9)$$

ここで、K_s はスタビリティファクターと呼ばれ、アンダーステア／オーバーステアの指標となる。

次に、操舵周波数応答特性とは、一定の速度で走行中に操舵した場合の車輌の応答性を示すもので、スタビリティファクターが定常特性であるのに対し、過渡的な特性を表す。操舵角に対するヨーレイトの応答特性を示すこの特性は乗用車では図4-3-16に示すようなものになる。操舵周波数が高いということは、ハンドル角を素早く切ることであり、ヨーイング固有振動数

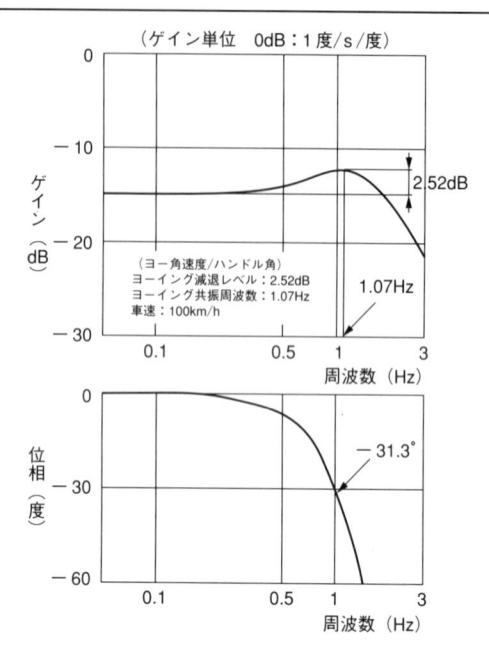

図4-3-16 操舵周波数応答特性

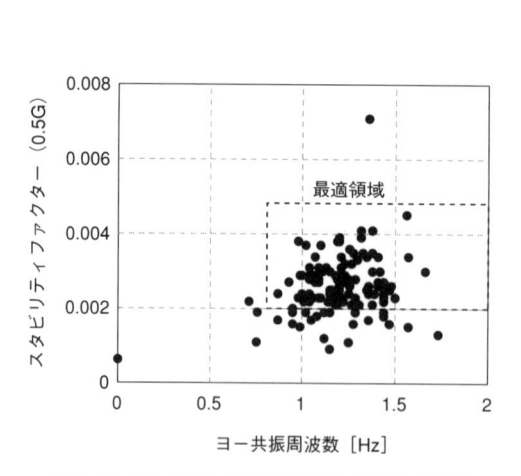

図4-3-17 市販乗用車の操縦安定性基本特性

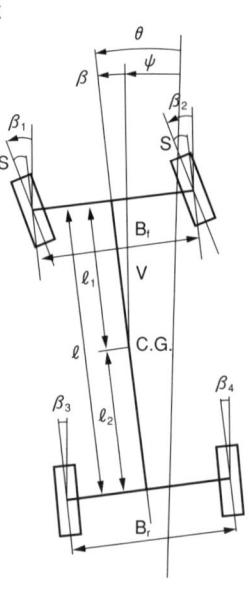

図4-3-18 車輌モデル

以下では、速く切れば切る程、ヨーレイトは大きく発生し、それ以上では、速く切ってもあまり応答しなくなる。スポーティな車程高い固有振動数が必要になる。

　かつて、MotorFan誌のロードテストで、市販の乗用車のこれらの基本特性がどのようになっているかという計測を行っていたことがあり、そこで得られた数十車種の特性は図4-3-17のようになっている。ドライバーの感覚、技量等を考えるとスタビリティファクターには好ましい範囲が考えられ、経験的には図中に示した破線で囲まれる領域が最適ゾーンと言われている。また、ファミリーカー的な車よりもスポーツカーの方が弱アンダーステアに(スタビリティファクターが小さく)設定される。

（2）　操縦安定性に及ぼすタイヤ特性の寄与

　これらの操縦安定性の基本特性に対して、タイヤ特性がどのようにかかわっているかを示すために、簡単な車輌モデルを用いた解析を示す。一般に、CP領域での車輌運動の記述には、車輌を簡素化した2輪モデルが用いられる。ただし、通常、2輪モデルは左右輪の荷重差は考えないが、ここでは、タイヤ特性の荷重依存性の効果も見たいので、ロールによる荷重移動まで含めた図4-3-18のようなモデルで考える。また、限界付近まで考えなければ、タイヤのCFは線形で扱うことができ、横力はCPを用いて表すことにする。

　横及びヨーイング方向の釣り合い式は次のようになる。

$$\frac{w}{g}V\frac{d\psi}{dt} = K_{f1}\beta_1 + K_{f2}\beta_2 + K_{r1}\beta_3 + K_{r2}\beta_4 \quad \cdots\cdots\cdots (4.3.10)$$

$$J_z\frac{d\theta^2}{dt^2} = K_{f1}\beta_1 l_1 + K_{f2}\beta_2 l_1 + K_{r1}\beta_3 l_2 + K_{r2}\beta_4 l_2 \quad \cdots\cdots (4.3.11)$$

　ここで、$K_{f1,2}$、$K_{r1,2}$はそれぞれタイヤのCPを、J_zは車輌のヨーイング慣性モーメントを示す。（その他の記号は図参照）

　タイヤのSAは、サスペンションにCF、SATが働くと、ゴムブッシュのたわみ等によりタイヤの切れ角が変化することを考慮すると

$$\beta_{1,2} = \beta + s - \frac{l_1}{V}\frac{d\theta}{dt} + \left(\frac{\partial\beta}{\partial S}\right)_f S_{f1,2} - \left(\frac{\partial\beta}{\partial T}\right)_f T_{f1,2} \quad \cdots\cdots (4.3.12)$$

$$\beta_{3,4} = \beta + \frac{l_2}{V}\frac{d\theta}{dt} + \left(\frac{\partial \beta}{\partial S}\right)_r S_{r1,2} + \left(\frac{\partial \beta}{\partial T}\right)_r T_{r1,2} \quad \cdots\cdots\cdots\cdots (4.3.13)$$

で表される。ここで、

$$\left(\frac{\partial \beta}{\partial S}\right)_{f,r}, \left(\frac{\partial \beta}{\partial T}\right)_{f,r}$$

は、サスペンションの横力、アライニングトルクによるコンプライアンスステア係数であり、$S_{f1,2,r1,2}$、$T_{f1,2,r1,2}$ はタイヤの横力、アライニングトルクである。

これらの関係式を、定常円旋回の条件で整理すると、前述のスタビリティファクター K_s は、

$$K_s = \frac{1}{gl}\left(\frac{w_f}{K_f^*} - \frac{w_r}{K_r^*}\right) \quad \cdots\cdots\cdots\cdots\cdots\cdots\cdots\cdots (4.3.14)$$

で表される。ここで、K_f^*、K_r^* は左右輪の平均の等価 CP で、各タイヤの等価 CP は、

$$K_{f1,2}^* = \frac{K_{f1,2}}{1 - K_{f1,2}\left\{\left(\frac{\partial \beta}{\partial S}\right)_f - \left(\frac{\partial \beta}{\partial T}\right)_f(n_0 + n_f)\right\}} \quad \cdots\cdots\cdots\cdots (4.3.15)$$

$$K_{r1,2}^* = \frac{K_{r1,2}}{1 - K_{r1,2}\left\{\left(\frac{\partial \beta}{\partial S}\right)_r - \left(\frac{\partial \beta}{\partial T}\right)_r n_r\right\}} \quad \cdots\cdots\cdots\cdots (4.3.16)$$

で表され、サスペンションのコンプライアンスを考慮した CP である。このように、等価 CP を用いると、サスペンションの剛性を考慮した車輌運動を簡単に扱うことができる。

操舵周波数応答のヨーイング固有振動数 f_y は、操舵角に対するヨーレイトの伝達関数を求めることにより、次のように表される。

$$f_y = \frac{l}{\pi}\sqrt{\frac{gK_f^*K_r^*}{J_zW}\left(\frac{l}{V^2} + K_s\right)} \quad \cdots\cdots\cdots\cdots\cdots (4.3.17)$$

また、これらの式で用いられている等価 CP は、左右のタイヤの平均の等価 CP を用いているが、それぞれのタイヤの CP は、以下に示すロールに伴う荷重移動を考慮した接地荷重を用いて計算されている。

$$w_{f1,2} = w_f/2 \pm \Delta W_f \quad \cdots\cdots\cdots\cdots\cdots\cdots\cdots\cdots\cdots\cdots\cdots\cdots\cdots\cdots (4.3.18)$$

$$w_{r1,2} = w_r/2 \pm \Delta W_r \quad \cdots\cdots\cdots\cdots\cdots\cdots\cdots\cdots\cdots\cdots\cdots\cdots\cdots\cdots (4.3.19)$$

$$\Delta w_f = \left(\frac{V^2}{gR}\frac{1}{B_f}\right)\left\{\frac{k_{af}w_0 h}{(k_{af}+k_{ar})} + w_f h_f\right\} \quad \cdots\cdots\cdots\cdots\cdots\cdots (4.3.20)$$

$$\Delta w_r = \left(\frac{V^2}{gR}\frac{1}{B_r}\right)\left\{\frac{k_{ar}w_0 h}{(k_{af}+k_{ar})} + w_r h_r\right\} \quad \cdots\cdots\cdots\cdots\cdots\cdots (4.3.21)$$

これらの式中で、n_0 はキャスタートレール、n_f、n_r はタイヤのニューマチックトレール、$k_{af,r}$ は前軸、後軸のロール剛性、h は重心とロール軸の距離、$h_{f,r}$ は前軸、後軸でのロール軸高さを、$w_{f,r}$ は軸重を示している。

次に、これら、車輌運動を記述する運動方程式と対応させながら、タイヤのコーナリング特性が操縦安定性に及ぼす効果を考えていく。

(a) セルフアライニングトルク

操安性に影響を与えるのは横力だけと考えがちだが、特にフロントタイヤの SAT はステア特性への影響が大きい。式(4.3.15)の等価 CP で、SAT が大きいと（SAT＝ニューマチックトレール×CP）、等価 CP が小さくなり、スタビリティファクターは大きく、すなわち、アンダーステアが強くなる。これは、ステアリング系を含めたサスペンションのコンプライアンスが大きいためで、等価 CP がタイヤ CP の 70～80％ になってしまう程である。

(b) ロールによる荷重の効果

サスペンションのスタビライザーの径を太くするとロール剛性が大きくなる。式(4.3.20)、式(4.3.21)から分かるように、フロントのロール剛性を上げると、旋回時のフロントの荷重移動量が大きくなる。リヤの剛性を上げると、リヤの荷重移動量が大きくなる。タイヤの CP は荷重によって変化するが、図 4-3-4 に示したように、荷重に対し、上に凸の特性を持っている。従って、ロールによって荷重移動が起こると、図 4-3-19 に示すように、

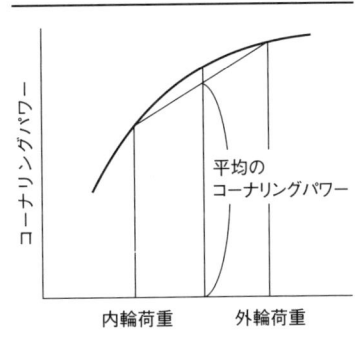

図 4-3-19 荷重移動と平均の CP

左右輪の平均 CP は荷重移動量が大きくなるに従って減少する。

フロントのロール剛性を上げると、フロントの荷重移動が大きくなって、タイヤ CP が減少し、式(4.3.14)のスタビリティファクターが大きくなって、アンダーステアが強くなる。リヤの剛性を高めると、逆のことになる。ただし、この効果は、図 4 - 3 - 4 に示すように偏平タイヤになるほど、荷重による CP の変化は線形に近くなるので、その効果は小さくなる。

このことは、$CFmax$ にも同様なことが言え、限界でのアンダーステアの特性を前後のロール剛性配分を変えることによって、変化させることができる。

(c) 内圧による変化

内圧を変えると、タイヤの CP は図 4 - 3 - 5 に示すようにある内圧までは増加するが、それ以上内圧を上げると逆に減少する。内圧の増加によって CP が増加した場合、その荷重依存性特性も同時に増加し、一般に、荷重の大きいところでは増加し、低荷重では逆に減少する傾向にあるので、内圧を変えた場合のステア特性の変化は、使用荷重域も同時に考える必要がある。

(d) CP の前後バランス

前後輪に異なるタイヤを装着した場合（前後のタイヤの内圧を変える場合も同様）、前輪、後輪の CP のバランスによって操縦安定性が変化する。前後の CP を個別に変化させた場合のスタビリティファクターとヨーイング固有振動数の関係を式(4.3.9)、式(4.3.17)から求めた例を図 4 - 3 - 20 に示す。一般に、リヤタイヤの CP を増加させると、ヨーイング固有振動数は大きく増加し、スタビリティファクターも増加する、フロントタイヤの CP を増加させると、スタビリティファクターは大きく減少するが、ヨーイング固有振動数は僅かに減少する程度である。

4.3.3 車輌開発の CAE 化とタイヤモデル

近年、自動車メーカーは車輌開発の CAE 化を積極的に進めており、車の安定性の評価もコンピューター上に CAD データに基づく車輌モデルを構築し、所定の走行モードでのシミュレーションを行って評価する。これにより、設計段階で、操縦安定性能を予測評価できるため、車輌の試作を大幅に削減

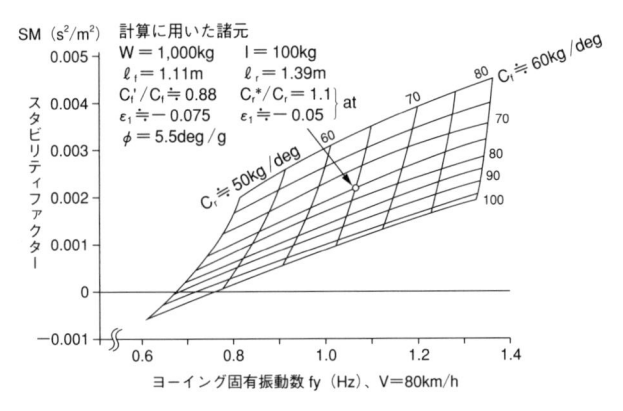

図4-3-20 タイヤのCPバランスと操縦安定性[1]

できる。

このような車輌挙動シミュレーションには、一般に、ADAMS、DADS やSIMPACK のような機構解析ソフトが用いられている。

車輌挙動のシミュレーションには、そこで使用するタイヤモデルが重要な要素となる。ここでは、平坦な路面だけでなく、多少のうねり（凹凸）のある路面を走行した場合の車輌の挙動、サスペンションへの路面からの入力を予測するシミュレーションに用いられるタイヤモデルを紹介する。

タイヤモデルは、大きく分けると、実験式モデルと物理モデル（解析モデル）に分けられる。前者には、タイヤの測定データをテーブルとして用意して必要な値をその都度求めるものや、何らかの数式に測定データをカーブフィットし、数式の係数を用いてタイヤの発生力及びモーメントを計算するようなものがある。後者には、タイヤを幾つかのばねと質量で表現するものから、有限要素法モデル（FEM）のような非常に複雑なものまであるが、FEM を操縦安定性のシミュレーションに適用するのは、計算時間が実用的でなくなるため、使用されるのはまれなので、ここでは、タイヤのトレッド及びベルト部を剛体リングや弾性リングとして扱い、それを支える車軸との間のばね及びダンパー、接地面の特性を表現するためのブラッシュモデルを組み合わせたタイヤモデルを紹介する。ここでは、多少の凹凸をもつ路面での操縦

表4-3-1 実験式モデルと物理モデル

	実験式モデル	物理モデル
長所	・測定範囲では精度が良い ・計算速度が速い	・設計要因と性能の関連づけが可能
短所	・タイヤ構造要因との関連がない	・計算速度が遅い

表4-3-2 タイヤモデルと使用目的

	実験式モデル	物理モデル
HIL	○	×／○
運動解析	○	×／○
性能の最適化	×	○

安定性を議論するためのモデルを考えているので、比較的簡単な物理モデルで充分実用的な解析が行える。振動現象まで解析する場合は、より複雑なタイヤのモデル化が必要となるのは言うまでもない。

実験式モデルと物理モデルの長所短所をまとめると**表4-3-1**のようになる。どちらが良いかは、車輌挙動解析の目的によっても変わってくる。同じタイヤを使用した解析を行って、車輌特性の改良を行う場合は実験式モデルの方が扱いやすいが、タイヤの改良を検討する場合は、物理モデルの方が、より直接的な改良方向の解析がし易くなる。

また、シミュレーションの目的によっても、それに適したタイヤモデルがある。**表4-3-2**にその例を示す。実際のシステムを一部組み込んで、制御系の開発をするためのHIL（Hardware–In–the–Loop）の場合には、リアルタイムでの計算が必須なので、実験式モデル、または、極端に簡素化した物理モデルでないと実用にならない。標準的な車輌運動解析には、どちらのモデルも利用可能であるが、車輌モデル、解析目的とタイヤモデルのバランスも考える必要がある。例えば、簡単な車輌モデルと複雑なタイヤモデルを組み合わせても、タイヤモデルの部分の計算時間が長く掛かる割に、全体の解析精度の向上には繋がり難い。シミュレーションによってタイヤの最適化を図る場合は、実験式モデルよりも、タイヤの力学的特性（剛性等）を変えながら計算できる物理モデルの方が適していると言えよう。

以下に、現在、日本や欧米で機構解析ソフトによる操縦安定性シミュレーションに用いられている代表的なタイヤモデルを説明する。

(1) 実験式モデル

この種のモデルの中で、操縦安定性解析用の標準タイヤモデルとも言えるのが Magic Formula タイヤモデルであるので、その概要を説明する。

(a) Magic Formula タイヤモデル

オランダ・デルフト工科大学の Pacejka 教授を中心として作成された実験式タイヤモデルで、1987 年に SAE Paper に発表されて以来、改良が加えられ、現在は、オランダ TNO（オランダ応用科学研究機構）が開発を続けている。ここでは、ほぼ現在の形になった 1996 年モデル（DelftTyre 96)[3]を用いて説明する。

Magic Formula の基本は、2 つの関数、すなわち次のような sin 関数と cos 関数である。

$$Y(x) = D\sin[C\arctan\{B_x - E(B_x - \arctan(B_x))\}] \quad \cdots\cdots\cdots (4.3.22)$$

$$Y(x) = D\cos[C\arctan\{B_x - E(B_x - \arctan(B_x))\}] \quad \cdots\cdots\cdots (4.3.23)$$

この関数型は、**図 4-3-21** に示す形を作っている。タイヤのコーナリング特性は、このどちらかの関数、あるいはその組み合わせによって表現することができる。

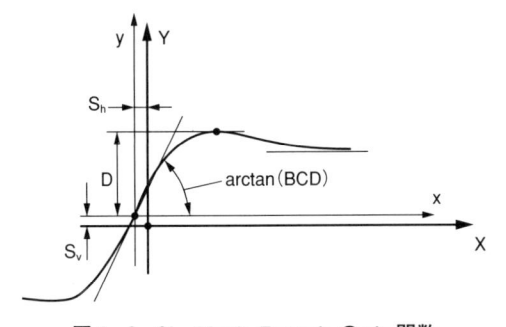

図 4-3-21　Magic Formula の sin 関数

ⅰ）Pure Slip 条件

制動・駆動力をゼロとして SA を付加した場合の F_y、SA をゼロとして、

制動・駆動力を加えた場合の F_x は上記の sin 関数で表される。sin 関数は図 4 - 3 - 21 に示すような曲線である。ここで、各係数は次のような意味を持つ。

- B：Stiffness Factor……BCD（$=K$）が原点での勾配、すなわち Stiffness を表す。
- C：Shape Factor……全体の形状を決める。F_x の場合は 1.65 程度、F_y の場合は 1.3 程度を用いるとそれぞれのタイヤ特性がほぼ近似できる。
- D：Peak Factor……最大値を表す。
- E：Curvature Factor……最大値に到る手前の曲線の曲率を表す。$0<E<1$ となっている。
- S_h：Horizontal Shift……曲線は点対称の形状と考え、その形状の原点の水平方向のシフト量を表す。
- S_v：Vertical Shift……同様に垂直方向のシフト量を表す。

これらの係数は、異なった荷重、キャンバー角の場合も表現できるように、C 以外は荷重、キャンバー角の関数として表されている。

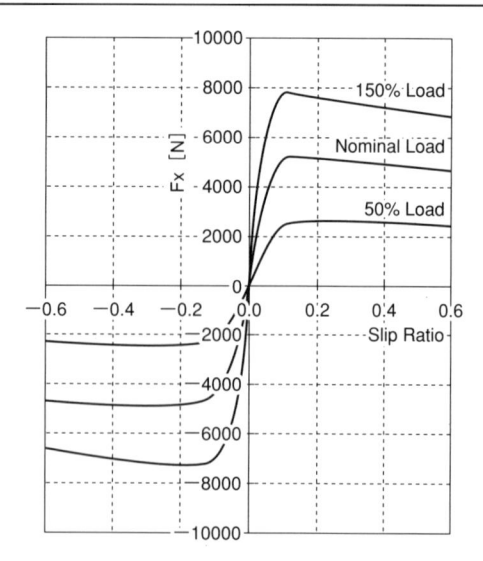

図 4 - 3 - 22　Pure Slip 条件での Fx 特性

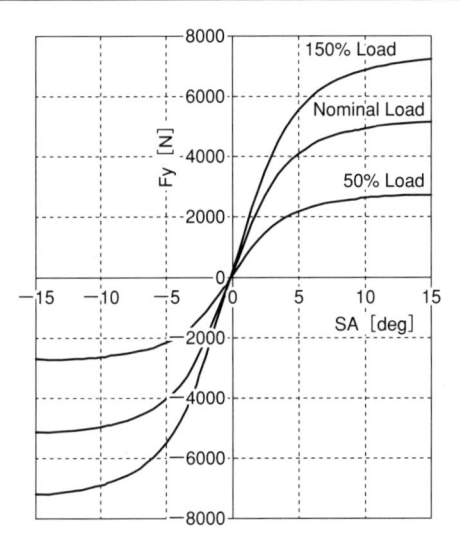

図 4-3-23 Pure Slip 条件での Fy 特性

F_x のタイヤ特性は図 4-3-22 のようになっており、次式で表現される。

$$F_{x0} = D_x \sin[C_x \arctan\{B_x \kappa_x - E_x(B_x \kappa_x - \arctan(B_x \kappa_x))\}] + S_{Vx}$$
...... (4.3.24)

F_y のタイヤ特性は図 4-3-23 のようになっているので、同様に、次式で表される。

$$F_{y0} = D_y \sin[C_y \arctan\{B_y \alpha_y - E_y(B_y \alpha_y - \arctan(B_y \alpha_y))\}] + S_{Vy}$$
...... (4.3.25)

セルフアライニングトルクは、図 4-3-24 に示すような特性なので、sin 関数で表すことも可能であるが、その場合、荷重やキャンバー角の条件によっては、充分な近似精度が得られないこともあり、DelftTyre 96 では、次のような式で表現される。

$$M_{z0} = -t \times F_{y0} + M_{zr}$$ ...... (4.3.26)

$$t(\alpha_t) = D_t \cos[C_t \arctan\{B_t \alpha_t - E_y(B_t \alpha_t - \arctan(B_t \alpha_t))\}]$$ ...... (4.3.27)

$$M_{zr} = D_r \cos[\arctan(B_r \alpha_r)]$$ ...... (4.3.28)

この考え方は、これらの数式と図 4-3-25 から理解できるが、セルフア

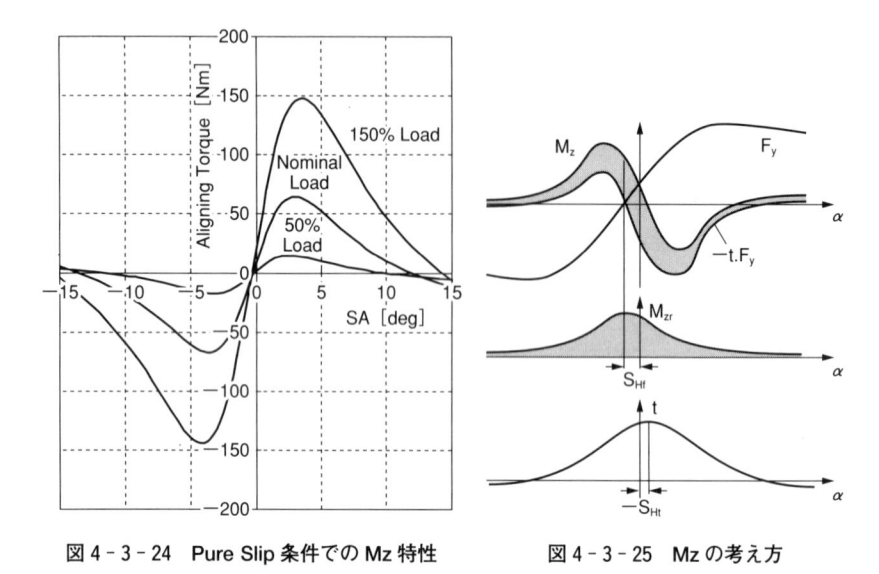

図 4‐3‐24　Pure Slip 条件での Mz 特性

図 4‐3‐25　Mz の考え方

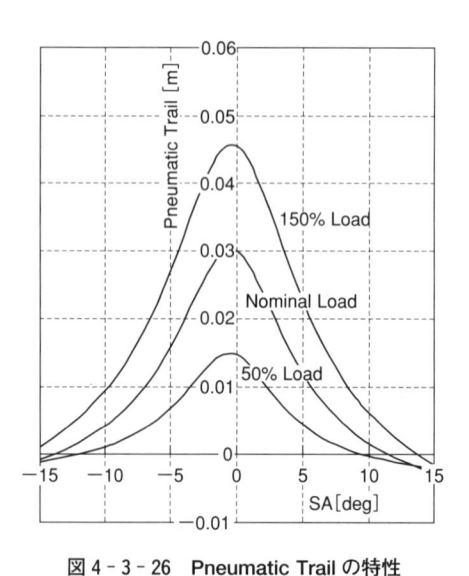

図 4‐3‐26　Pneumatic Trail の特性

4.3 操縦安定性能 **149**

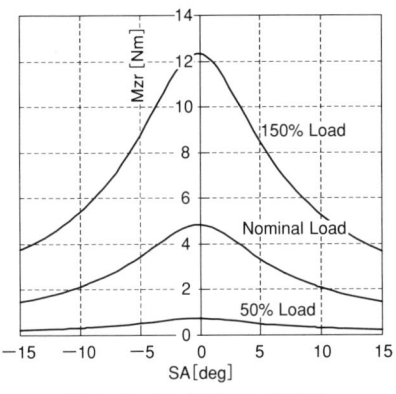

図 4-3-27 残留 Mz の特性

ライニングトルクは、F_y とニューマチックトレールの積と F_y がゼロの時の残留 M_z の和から構成されているというもの。測定したタイヤ特性のニューマチックトレールと残留 M_z の特性を**図 4-3-26**、**図 4-3-27** に示す。これらの特性は、その形状から分かるように、cos 関数を用いて表すことができる。

ⅱ) Combined Slip 条件

Combined Slip 条件での特性は、実験的な扱いになっている。すなわち、F_x、F_y に対する Combined Slip の影響を重み関数 G を導入することにより表現している。SA が F_x に与える影響及びスリップ率が F_y に与える影響は**図 4-3-28** 及び**図 4-3-29** に示すような特性になっている。そこで、**図 4-3-30** に示す cos 関数を用いてこの重み関数 G を表す。

$SA=0$ の時の F_x、スリップ率$=0$ の時の F_y は、Pure Slip 条件の値なので、そのときに重み関数が 1 になるような正規化を行った重み関数を用いれば良いことになる。

この考え方により、Combined Slip 条件での F_x、F_y を Pure Slip 条件での値 F_{x0}、F_{y0} を用いて、以下のように表す。

$$F_x = F_{x0} G_{xa} \quad \cdots\cdots\cdots\cdots\cdots\cdots\cdots\cdots\cdots\cdots\cdots\cdots (4.3.29)$$

$$G_{xa} = \frac{\cos[C_{xa}\arctan\{B_{xa}(\kappa+S_{Hyx})-E_{xa}(B_{xa}(\kappa+S_{Hxa})-\arctan(B_{xa}(\kappa+S_{Hxa})))\}]}{\cos[C_{xa}\arctan\{B_{xa}S_{Hxa}-E_{xa}(B_{xa}S_{Hxa}-\arctan(B_{xa}S_{Hxa}))\}]}$$

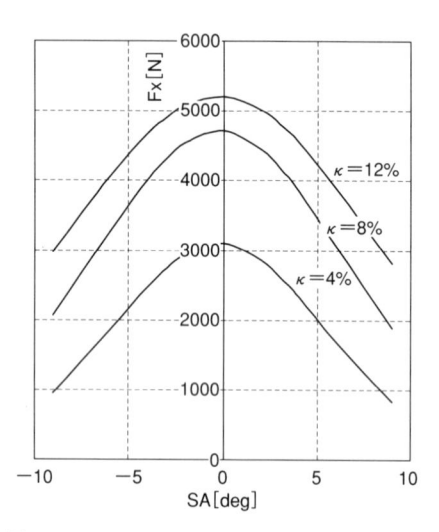

図 4-3-28　Combined Slip 条件での Fx 特性

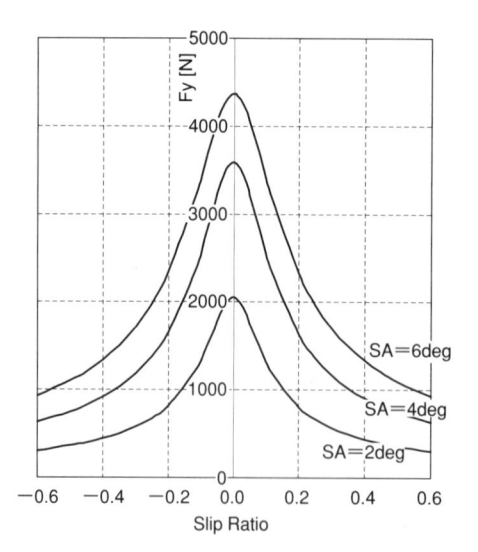

図 4-3-29　Combined Slip 条件での Fy 特性

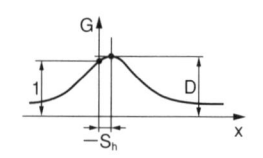

図 4-3-30　Magic Formula の cos 関数

·················· (4.3.30)

$$F_y = F_{y0} G_{y\kappa} + S_{Vy\kappa}$$ ·················· (4.3.31)

$$G_{ya} = \frac{\cos[C_{yk}\arctan\{B_{yk}(\kappa+S_{Hy\kappa})-E_{y\kappa}(B_{yk}(\kappa+S_{Hy\kappa})-\arctan(B_{yk}(\kappa+S_{Hy\kappa})))\}]}{\cos[C_{yk}\arctan\{B_{yk}S_{Hy\kappa}-E_{y\kappa}(B_{yk}S_{Hy\kappa}-\arctan(B_{yk}S_{Hy\kappa}))\}]}$$

·················· (4.3.32)

セルフアライニングトルクも同様に考えられ、Combined Slip 条件では、F_x によるアライニングトルク成分も追加され、以下の式で表す。

$$M_z = -t(F_y - S_{Vy\kappa}) + M_{zr} + sF_x$$ ·················· (4.3.33)

$$t = t(\alpha_{t,eq}) = D_t \cos[C_t \arctan\{B_t \alpha_{t,eq} - E_t(B_t \alpha_{t,eq} - \arctan(B_t \alpha_{t,eq}))\}]$$

·················· (4.3.34)

$$M_{zr} = M_{zr}(\alpha_{r,eq}) = D_r \cos[\arctan(B_r \alpha_{r,eq})]\cos\alpha$$ ·················· (4.3.35)

$$\alpha_{t,eq} = \arctan\sqrt{\tan^2\alpha_t + \left(\frac{K_x}{K_y}\right)^2 \kappa^2} \cdot \mathrm{sgn}(\alpha_t)$$ ·················· (4.3.36)

$$\alpha_{r,eq} = \arctan\sqrt{\tan^2\alpha_r + \left(\frac{K_x}{K_y}\right)^2 \kappa^2} \cdot \mathrm{sgn}(\alpha_r)$$ ·················· (4.3.37)

(2) 物理モデル

ここで紹介する物理モデルは、振動乗り心地解析や車輌の悪路耐久性評価のための入力解析を主な目的として開発されている。従って、下記の各モデルの紹介はそれらの目的に関する特徴を説明している。しかし、操縦安定性の分野でも、非平坦路面での運動解析、ABS 装着車の制動時の車輌挙動解析等では、上述の Magic Formula ではタイヤ特性を充分に表現できず、このような物理モデルが用いられることも多い。

(a) 代表的な物理モデル

ADAMS 等の機構解析シミュレーションソフトで使用可能であり、市販されている代表的な物理モデルを説明する。

ⅰ) SWIFT

オランダの TNO がデルフト工科大学の Pacejka 教授と開発した剛体リングモデル (**図4-3-31**) で、平滑路面 (長周期の凹凸路面も含む) では、接地面の力及びトルクの計算は、前述の Magic Formula が用いられる。波長の短い凹凸の路面では、逐次、凹凸路面を等価平面に置き換えながら計算を

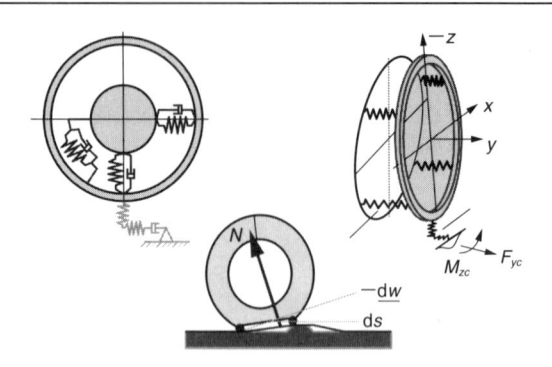

図4-3-31 SWIFTタイヤモデルの概念

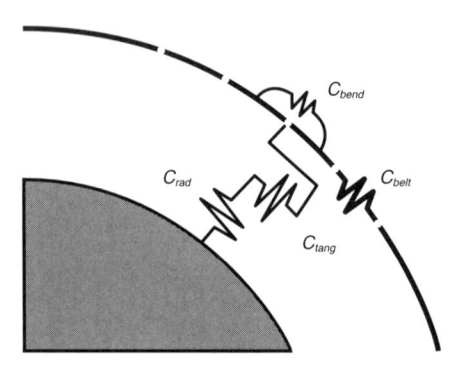

図4-3-32 FTireタイヤモデルの概念

行う[4]。当初の資料では、60 Hz 程度まで表現可能となっていたが、その後の改良により、もう少し高周波まで適用可能であり、また、剛体リングモデルでありながら、等価平面の設定の工夫により、3次元の凹凸路面への適用も可能となっている。

ⅱ) FTire

ドイツの Esslingen 大学の Gipser 教授によって開発された、弾性リングを持つタイヤモデル[5]。トレッドリングを図4-3-32に示すようにセグメントに分割し、隣り合うセグメント間を弾性結合した構造になっている。周波数的には 150 Hz 程度まで表現でき、その構造の割には計算速度が速いことを特徴としている。FTire をベースに、剛体リングモデルにリダクションし

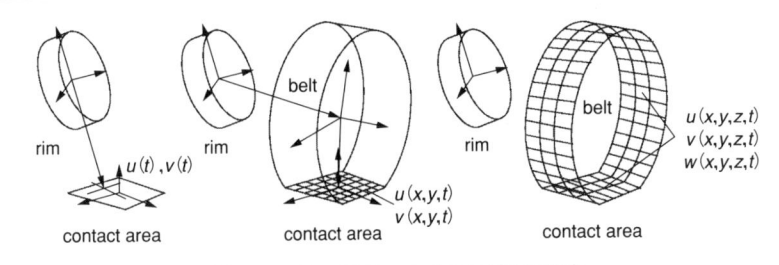

図 4-3-33 CDTire タイヤモデルの概念

たRTire、FEモデルとしたFETireも開発中である。

iii) RMOD-K、CDTire

RMOD-Kは、ドイツのAnhalt大学（開発当時）のOertel教授が開発したタイヤモデルで、剛体リングモデルと弾性リングモデルからなる（図4-3-33）[6]。実際の計算においては、平滑面を転動している場合は剛体リングモデルを、凹凸路面では弾性リングモデルを自動的に切り替えて計算する構成になっている。2002年に、当時の最新版であるRMOD-K Ver. 6 の販売権がそれまでのGEDAS社からLMS社に移り、CDTireとして販売され、改良も加えられている。その後、OertelはRMOD-Kを根本から見直した改良バージョンRMOD-K Ver. 7 を開発し、GEDAS社から剛体リングモデルと弾性リングモデルが販売されている。

(b) 物理モデルのパラメーター

このような物理モデルを使用する場合、物理モデルを構成するパラメーターをいかに作成するかが重要になる

タイヤモデルによって多少異なるが、いずれの場合も物理モデルということから、タイヤの次のようなデータを与えてモデルパラメーターを作成する。

・タイヤのディメンジョン（半径、トレッド幅、トレッド曲率等）
・重量、慣性モーメント（トレッド部、サイドウォール部等）
・ばね特性（上下、前後　等）
・固有振動数、減衰係数
・接地形状（接地長）
・トレッドゴムの硬さ、路面との摩擦係数

・ベルトの各方向の剛性（弾性リングの場合）

　しかし、モデルを構成している特性値、物性値を全て与えられるわけではなく、また、上記の特性値の中には、必ずしも正確な値を得ることができないものもある。例えば、固有振動数は、通常、非転動の状態で計測するが、転動すると固有値は変化することが知られている。

　そこで、通常、得られるタイヤの特性・物性値を与えた後、独立して得られない、あるいは、不確定なパラメーターをタイヤを転動させた状態でのタイヤ軸力特性、すなわち、

・操縦性テスト（コーナリング特性の計測）

・突起乗り越しテスト

等により測定値を求め、パラメーター同定によって最終的なタイヤモデルのパラメーターを決定するという手法がとられる。この種のパラメーター同定には固有の技術が必要となり、タイヤモデルの開発元は、タイヤパラメーターの同定ソフトも併せて提供することが多い。

4.3.4　タイヤ単体操縦性試験の種類

　自動車メーカーのCAE化に伴いタイヤ操縦特性への要求も高まり、微小舵域から限界操縦状態までのタイヤ特性や急激に操舵を与えたときの過渡応答特性が注目されている。これらの要求に対して現在用いられている、タイヤ単体操縦性試験法及びその試験装置を以下に説明する。

（1）　自由転動時操縦性試験

　タイヤに制駆動力が働かず、スリップ角やキャンバー角が付与されたときに発生する力及びモーメントを測定する試験である。試験装置として、従来はドラム方式のものを用いていたが、最近ではフラットベルト方式の試験機もある。

　図4-3-34にドラム方式の操縦性試験装置を示す。この試験機は直径3mのドラムを有し、ドラム全体がタイヤ軸を中心に最大±20°回転してタイヤにスリップ角を与える。またキャンバー角はタイヤが装着されているフレームが前後に傾斜して、最大±20°与えることができる。タイヤが装着されているスピンドル部分には歪ゲージタイプの分力センサーが内蔵されており、

図 4-3-34 ドラム操縦性試験機

図 4-3-35 フラットベルト操縦性試験機

コーナリングフォースやセルフアライニングトルクなどを検出する。また試験装置の路面は、一般的にスチール（平滑、ローレット加工）、木材やセーフティウォークが用いられている。

図 4-3-35、図 4-3-36 に大型フラットベルト方式の試験装置を示す[7]。この装置は①タイヤが装着され、姿勢角が与えられる A-Frame、②回転式ステンレス製ベルト、③ベルトに張力を与える 2 台のドラム、④ウォータベアリングと呼ばれる水圧を利用したタイヤ荷重支持部から構成される。

スリップ角は A-Frame の中心部に位置するシャフト部分が回転し、最大 $\pm 30°$ 与えられ、キャンバー角は A-Frame 全体が前後に傾斜して $-10°\sim+$

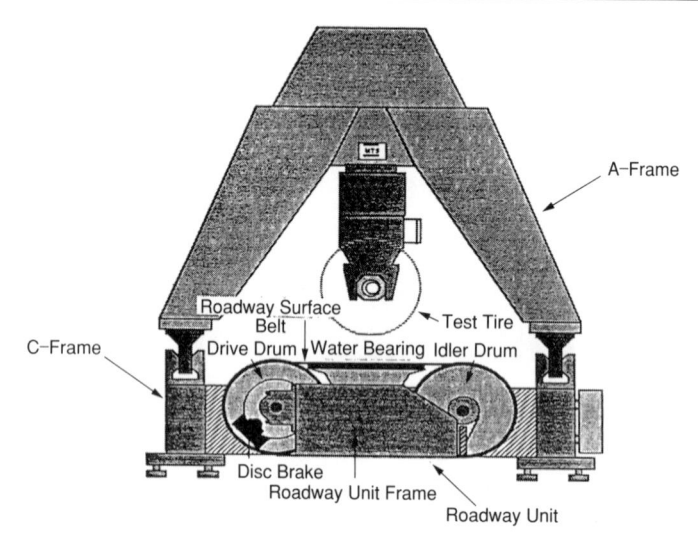

図4-3-36 フラットベルト試験機のシステム構成図

30°まで変化する。ドラムは Drive Drum と Idler Drum の2つがあり、前者はベルトを 320 km/h まで駆動し、後者はスリップ角と同方向に回転が可能でタイヤから受ける力でベルトが横方向にずれる動きを制御する役目を持つ。スピンドル部分にはドラム試験機と同様に歪ゲージタイプの分力センサーが内蔵されており、コーナリングフォースやセルフアライニングトルクなどを検出する。特に、レース用タイヤや限界操縦性のように入力条件が厳しい場合には、この大型フラットベルト試験装置が必要となってくる。

　この操縦性試験では対象となる領域により要求精度が異なり、車輌流れに大きく影響する残留コーナリング特性の測定には微小舵域のスリップ角やキャンバー角の精度が必要となり、フラットベルト試験機ではベルト蛇行の制御精度が問題となる場合もある。また限界領域の測定には発生する力・モーメントを充分検出可能な分力センサーの容量が必要となる。この場合、測定精度は分力センサーのフルスケールに影響されるため、前述の微小舵域の測定精度は犠牲となり、目的により試験機の使い分けが必要となる。

(2) 制駆動時操縦性試験

スリップ角やキャンバー角が付与された状態で、タイヤに制駆動力が加わるとサイドフォースやセルフアライニングトルクが変化する。一般的にはスリップ角を固定しスリップ率を変化させたときの横力と前後力を測定し、スリップ角の水準を変えることにより摩擦楕円と呼ばれる操縦特性を得る試験である。実際の走行状態に近いタイヤ操縦特性を再現でき、各種シミュレーション用タイヤモデルを作成する際のデータベースとして活用されている。

試験装置としてはフラットベルト試験機が多く用いられ、図4-3-35の大型フラットベルト試験機[7]ではタイヤ軸用の油圧モーターで制駆動トルクを最大±5000Nまで与えることができる。これによりトレッドゴムの摩擦係数が非常に高いF1などレース用タイヤが、実際に使用される条件で制駆動特性の測定が可能となる。

またスリップ率の算出には路面速度（V_r）とタイヤ速度（V_t）が必要であるが、通常はエンコーダーをドラム軸とタイヤ軸に装着して以下の式で求める。

$$V_r = 2\pi R_r \times (P_r/P_{0r}) \quad \cdots\cdots\cdots\cdots\cdots\cdots\cdots\cdots\cdots\cdots\cdots (4.3.38)$$
$$V_t = 2\pi R_t \times (P_t/P_{0t}) \quad \cdots\cdots\cdots\cdots\cdots\cdots\cdots\cdots\cdots\cdots\cdots (4.3.39)$$

ここで、
R_r；ドラム半径（実際にはベルトと路面材の厚みも加わる）
P_r；ドラムエンコーダーの回転数（パルス／sec）
P_{0r}；ドラムエンコーダーのパルス数（パルス）
R_t；タイヤ転がり半径
P_t；タイヤエンコーダーの回転数（パルス／sec）
P_{0t}；タイヤエンコーダーのパルス数（パルス）

ドラム半径（R_r）は実測可能だが、タイヤ転がり半径（R_t）は実測ができないため、自由転動時のスリップ率を0として（$V_r=V_t$）として各測定値から算出する。

(3) 過渡応答試験

上記試験法はタイヤにスリップ角、制駆動力を準定常的に与えたときの操縦特性を測定する方法であるが、それらのタイヤ入力変化が早くなると、タ

イヤ内部の粘弾性要素が無視できなくなる。実際にはスリップ角やスリップ率を周期的に与え、力・モーメントの応答特性（ゲイン、位相）を測定し、緩和長を算出する。ただし、過渡応答試験の場合、タイヤ軸の分力センサーの慣性力が無視できなくなり、慣性力補正の精度が応答特性に大きく影響する場合がある。

（4） 実路操縦性試験

以上の試験法は何れも実路面とは異なる路面上で測定されたものであり、車輌に装着された状態で発生する力・モーメントを精度良く再現しているかについては疑問が残る。実路操縦性試験として、大きくふたつの方法が挙げられる。

ひとつはタイヤにスリップ角やスリップ率を付与したときの力及びモーメントを測定可能な分力センサーを有するトレーラー方式で、より実車に近い状態での測定が可能となる。ふたつめは実車にホイール型分力センサーを装着し、旋回や制駆動時にタイヤへ働く力及びモーメントを直接測定する方法である。いずれの方法も実走行に近いという面ではメリットはあるが、路面摩擦係数のばらつきや環境条件に大きく影響を受けるなどの問題点がある。

4.4 タイヤの振動特性

4.4.1 はじめに

振動騒音問題に関してはタイヤもその他の工業製品と同様に周波数分析を用いて解析を行うことが一般的である。周波数分析の基本はフーリエ級数であり、これは周期性を有していればどのような複雑な波形でも、複数の単純な sin 波と cos 波で表現できるという理論である。またなぜ周波数分析を行うかと言えば、図 4-4-1 に示すように複雑な時間波形も、周波数分析を行う、すなわち周波数領域で観察することで単純化され現象が理解できるため、原因探索や対策を検討することが容易となるからである。このような周波数分析には FFT（Fast Fourier Transform）アナライザーを用いることが一般的である。

図 4-4-1　周波数分析の概念

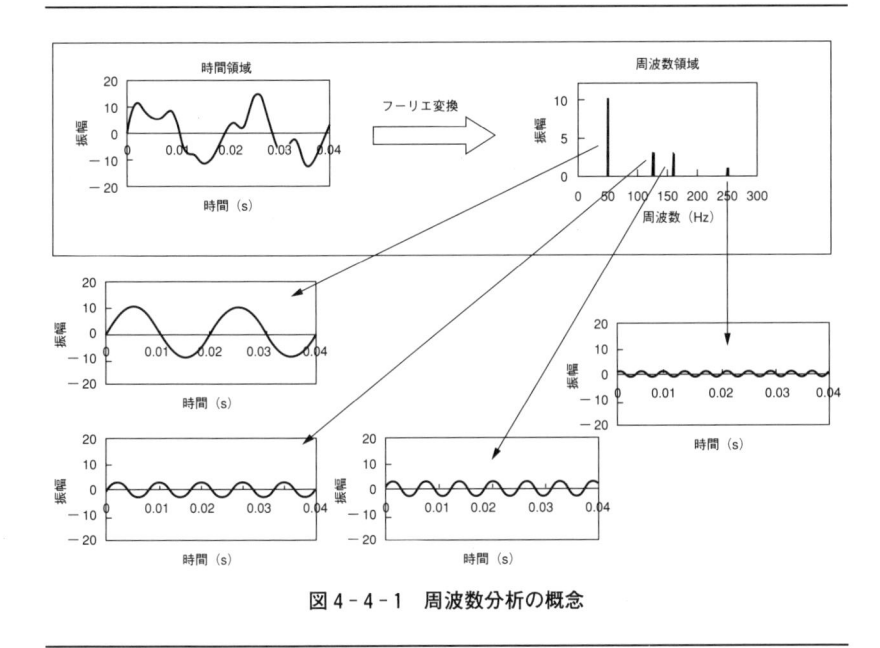

4.4.2　自動車における振動騒音現象の概要

次に一般的な自動車の振動騒音現象を図 4-4-2 に示す[1]。この図が示すように自動車室内では、50 Hz 程度までの比較的低周波の振動が乗員に直接影響する乗心地領域と 20 Hz 程度から数 kHz までの広い周波数帯域で振動が音になって影響する車内騒音がある。更に車内騒音はタイヤの振動がサスペンション、ボディと伝達して最終的に車室内のパネル振動が音になる固体伝播音（間接音）と、タイヤから放射される音が車室内で聞こえる空気伝播音（直接音）に区別することができる。自動車の車体構造に起因する特性から、固体伝播音と空気伝播音の境界は 400〜500 Hz 程度と一般的には言われている。

タイヤの現象面から整理すると[2],[3]（図 4-4-3）、タイヤ振動に起因しているのは乗心地領域に加えて固体伝播音（ハーシュネスやロードノイズ；後述）が含まれ、500 Hz 以下の周波数帯域である。またタイヤ放射音に起因

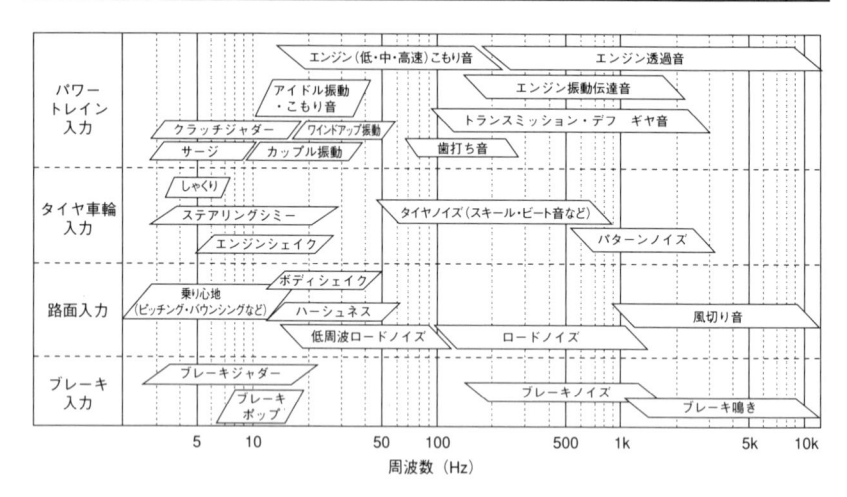

図4-4-2 自動車の振動騒音現象[1]

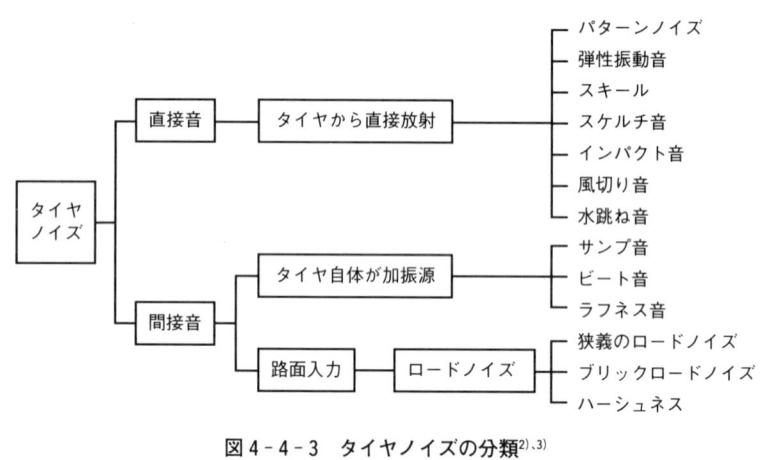

図4-4-3 タイヤノイズの分類[2),3)]

するのは、車内騒音の空気伝播音（パターンノイズや高周波ノイズ）に加えて車外騒音（通過騒音などのタイヤ騒音）が含まれ、500 Hz以上の周波数帯域が重要となる。

4.4節ではタイヤ振動に起因した乗心地や、ハーシュネス、ロードノイズ、

タイヤユニフォーミティといった現象を解説し、4.5節ではタイヤ放射音に起因した空気伝播音、タイヤ騒音を解説する。

4.4.3 タイヤ振動に対する基本的な考え方

タイヤ振動に起因した現象は、**図4-4-4**に示すように路面凹凸から車軸振動までの間を、路面入力からタイヤ振動に到る入力特性とタイヤ振動から車軸振動に到る伝達特性に分けて考えることができる。更に入力特性は準静的なタイヤ転動速度において路面凹凸により発生するタイヤ軸荷重変動を測定することで、路面凹凸によりタイヤが受ける力として得ることができる。また伝達特性は動的入力によりタイヤ軸荷重変動を測定したタイヤ伝達特性そのものである。

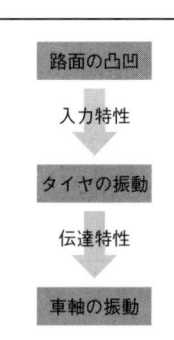

図4-4-4 タイヤ振動現象に関する基本的な考え方

4.4.4 動的ばね特性

自動車において比較的低周波帯域での振動は、長周期の上下方向の路面入力が主体となるため、上下方向のみを考慮した簡単な振動モデル[1]を用いて説明されることが多い（**図4-4-5**）。ここで一般的に車輌モデルはサスペンションのばねを基準として考えることが多いため、サスペンションより上部にあるボディ部（この場合はエンジン等を含む）をばね上、サスペンションより下部に位置する車軸部（ブレーキキャリパーやホイール等を含む）をばね下、と称する。特にばね下共振によるばね上振動のピークは、ばね下重量とタイヤのばねによる1自由度系で形成され、タイヤのばねが大きく寄与する。この周波数帯域ではタイヤは"ばね"として車輌モデルに作用しているため、タイヤのばね定数の低下が、長周期の路面入力における乗心地の改良には重要となる。

またタイヤは粘弾性体であるゴムを用いた構造体であるため動的な強制変位に対してタイヤ全体としてのヒステリシス損失が発生する。このためにタイヤの動的ばね特性には動ばね定数と減衰係数がある。更に、**図4-4-6**に

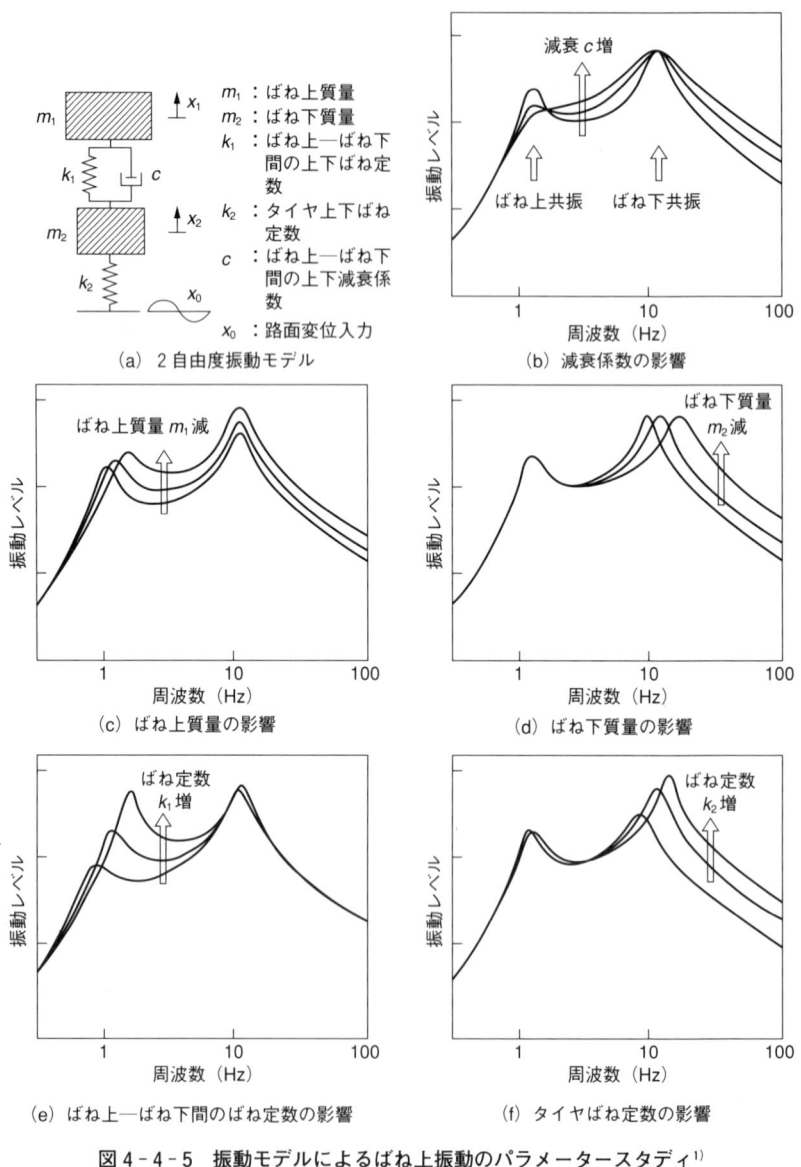

m_1 : ばね上質量
m_2 : ばね下質量
k_1 : ばね上—ばね下間の上下ばね定数
k_2 : タイヤ上下ばね定数
c : ばね上—ばね下間の上下減衰係数
x_0 : 路面変位入力

(a) 2自由度振動モデル
(b) 減衰係数の影響
(c) ばね上質量の影響
(d) ばね下質量の影響
(e) ばね上—ばね下間のばね定数の影響
(f) タイヤばね定数の影響

図4-4-5 振動モデルによるばね上振動のパラメータースタディ[1]

4.4 タイヤの振動特性　*163*

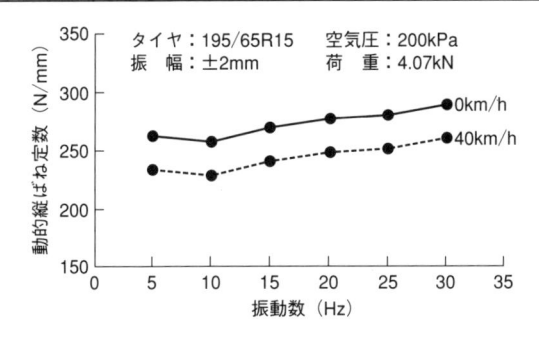

図 4-4-6 タイヤ動ばね定数の非転動時と転動時の比較[4]

示すように動ばね定数はタイヤが転動することによって低下し、加振周波数が大きくなることによって増加する傾向を示す[4]。このような特異な挙動を示す大きな要因はゴム物性の動的非線形性によるものと考えられる[5]。

このように複雑な特性を示すタイヤ動的ばね特性であるが、縦方向（上下方向）の動ばね定数と静ばね定数は相関が強く、動ばね定数が高くなると静ばね定数も高くなるためタイヤ間の相対的な比較は静ばね定数で可能である。

4.4.5　エンベロープ特性

タイヤが路面の小突起を乗り越す際、トレッド部が小突起を包み込む特性をエンベロープ特性と言い、準静的なタイヤ転動速度条件で測定することで得られる。**図 4-4-7**(a)にタイヤ軸固定でタイヤ幅方向に一様な形状の小突起を乗り越した時のタイヤ軸における上下方向の荷重変動の一例を示す。中央部の軸力減少はエンベロープ特性によって生じており、タイヤトレッド部の周方向曲げ剛性を低下させることでエンベロープ特性を良く（荷重変動を小さく）することができる。

このエンベロープ特性はタイヤの入力特性の一例として考えることができる。**図 4-4-7**(b)に示すように、エンベロープ特性を破線から実線に変化させることで一部の帯域は悪化するものの、広い周波数範囲でタイヤ入力を低減することが可能となる。

次にエンベロープ特性を表現するタイヤモデル化手法を説明する。簡易的

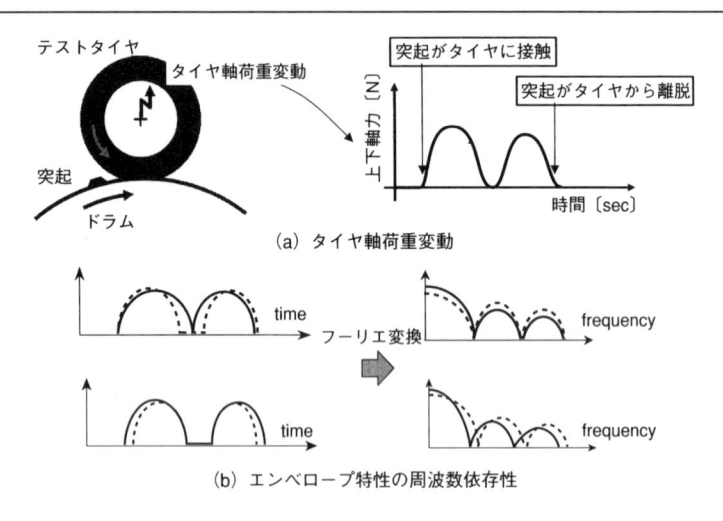

図4-4-7 微低速時突起乗り越し時のタイヤ軸荷重変動

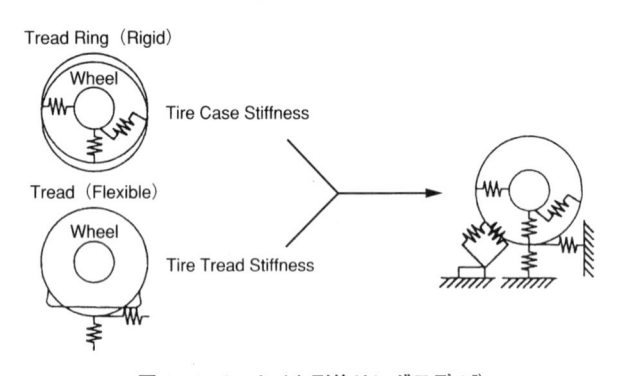

図4-4-8 タイヤ剛体リングモデル[7]

な手法としては図4-4-8に示すようにタイヤのトレッド部は剛体のリングと仮定する手法がある[6],[7]。これは突起接触部にタイヤとともに回転する線ばね（タイヤ幅方向に一様な形状の突起によってタイヤが線入力を受けた際にタイヤがたわむばね）とタイヤ軸直下に固定された面ばね（路面のような面入力によってタイヤがたわむばね）が定義されている。図4-4-9にこのようなモデルで求めた突起乗越し時の荷重変動の一例を示す。現象をよく再現しており、モデルを用いることで荷重変動を改良する際にどの部位のパラ

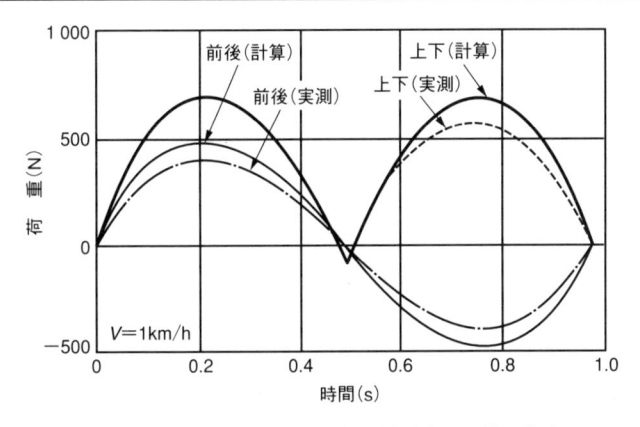

図 4-4-9 突起乗越し時の静的荷重変動、軸固定[17]

メーターを変更することが効果的かを机上計算から算出することができる。

4.4.6 タイヤ振動特性

(1) タイヤの固有振動数

タイヤは空気が充填された複雑な構造体であるため、各種の固有振動数、固有振動モードを有しており、タイヤトレッドに加振力を加えタイヤ表面加速度を測定して求める。タイヤトレッドに加振力を加える方法にはインパクトハンマーを用いる方法と加振器を用いる方法とがあり、加振器を用いる場合には、加振信号をホワイトノイズのようなランダム信号を使用する手法や正弦波を使用してスイープする手法などがあるが、特に定まった測定方法は無く対象周波数や境界条件によって使い分けられている。**図4-4-10**は打撃法（ハンマリング試験）を用いて接地状態のタイヤ振動特性を測定した例である。ハンマリング試験とは、上記のようにトレッド部に加振力を加え周波数分析する手法である。加振力と同時に加振点でのトレッドの加速度応答を測定し、加振力を Input、加速度応答を Output とした伝達関数を FFT アナライザーで求めている。得られた伝達関数のピーク周波数がタイヤの固有振動数に対応している。振動モードを**図4-4-11**にあわせて示す。この事例においては、モード形態は非接地状態のタイヤトレッドを加振器によりラ

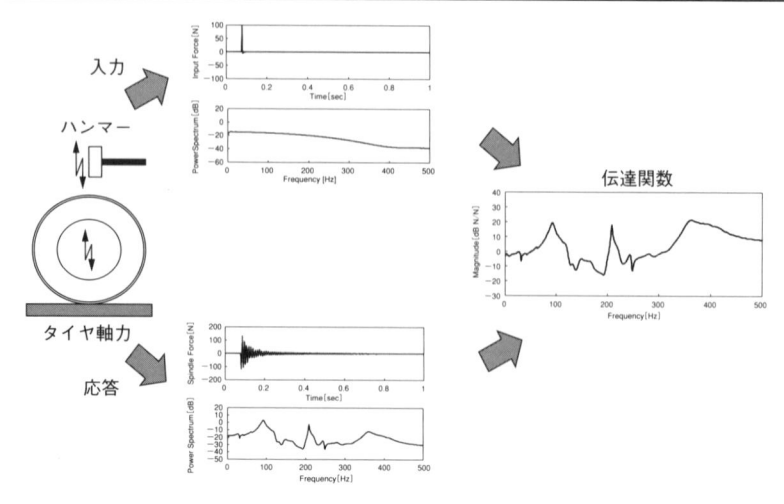

図4-4-10 ハンマリングによるタイヤ振動特性の測定

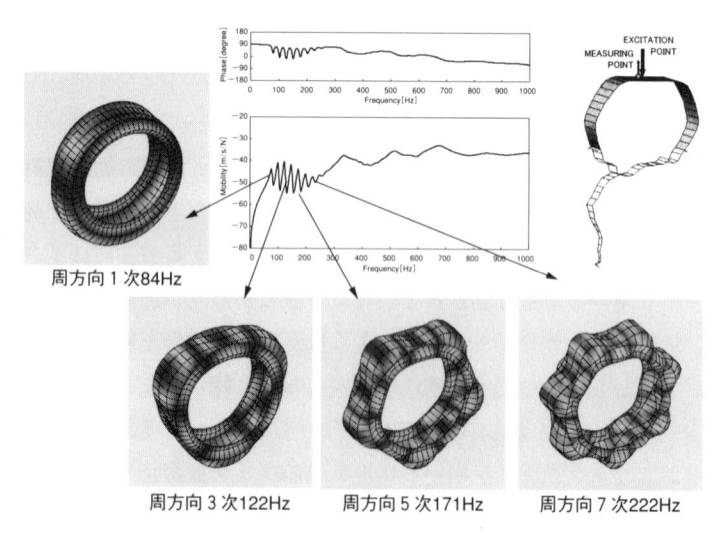

図4-4-11 タイヤ振動モードの解析例

ンダム加振を行い、タイヤ表面の複数点の加速度応答を計測し求めた伝達関数を用いてモード解析を行って求めた。図から分かるようにラジアルタイヤの振動モードの特徴のひとつはトレッドリングが周方向に変形するモード形

4.4 タイヤの振動特性

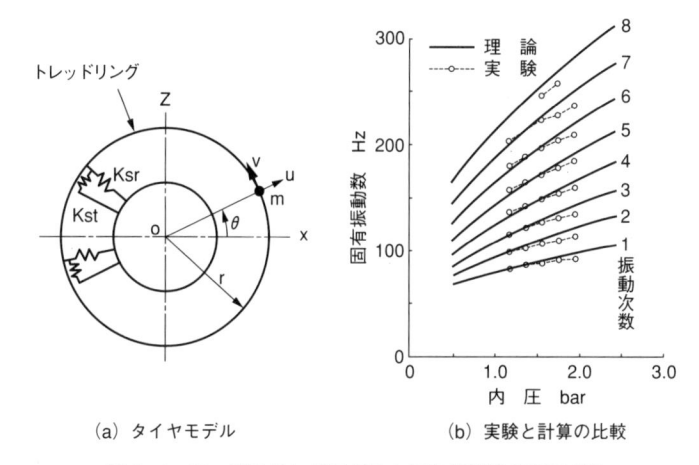

(a) タイヤモデル (b) 実験と計算の比較

図4-4-12 弾性リングモデルと固有振動数解析結果[6]

態を有することである。この理由は下記のモデル化で述べるように、トレッド部が周方向に高い剛性を有しているためである。当然タイヤ構造やサイズが異なれば固有振動数も変化する。一般的にはタイヤがピークを有する周波数帯域に車輌系のピークが存在すると車内騒音が悪化するため、改良のためには互いのピーク周波数がずれるようなタイヤ構造が選択される。

タイヤ固有振動数の理論計算は多く試みられ、ラジアルタイヤの構造的特徴を捉えてトレッド部を弾性リング、サイドウォール部をスプリングと見なすシンプルな力学モデル化手法やFEMモデルを用いる方法などがある。タイヤが非接地状態の場合の力学モデルの例[6]を図4-4-12(a)に示す。式(4.4.1)にこの力学モデルから導かれる i 次の振動モードの固有振動数 f_i を示す。

$$f_i = \frac{1}{2\pi} \left[\frac{EI}{mr^4} \left\{ \frac{i^2(i^2-1)^2}{(1+i^2)} + \frac{Tr^2}{EI} \frac{i^2(i^2-1)}{(1+i^2)} + \frac{K_r r^4}{EI} \frac{i^2}{(1+i^2)} \right. \right.$$
$$\left. \left. + \frac{K_t r^4}{EI} \frac{1}{(1+i^2)} \right\} \right]^{\frac{1}{2}} \quad \cdots\cdots\cdots\cdots\cdots\cdots (4.4.1)$$

ここで、r；トレッドリングの半径、EI；トレッドリングの曲げ剛性、m；トレッドリングの単位周長当たりの質量、T；トレッドリングの周方向

周方向1次（上下1次）78Hz　　　周方向2次（上下2次）101Hz

左右並進43Hz　　　左右ねじり54Hz

図4-4-13　FEMによるタイヤ振動解析

張力、K_r；サイドウォール部の単位周長当たりの半径方向ばね定数、K_t；サイドウォール部の単位周長当たりの周方向ばね定数

　図4-4-12(b)の理論と実験の比較[6]は200 Hz以下で良く一致しており、このような力学モデルを用いることで基本的なタイヤの振動挙動が理解できる。

　図4-4-13はタイヤの各部材を3次元ソリッド要素、2次元シェル要素、ホイールを剛体要素で表現したFEMモデルによる解析結果である。トレッドリングが周方向に変形するモード形態がラジアルタイヤの特徴であることは上記力学モデルで導かれたとおりである。それ以外の特徴として、トレッドリングが剛体的に振動するモードが存在していることが分かる。

(2) タイヤ空洞共鳴

　タイヤには上記の構造振動のほかに、内部に充填された空気による空洞共

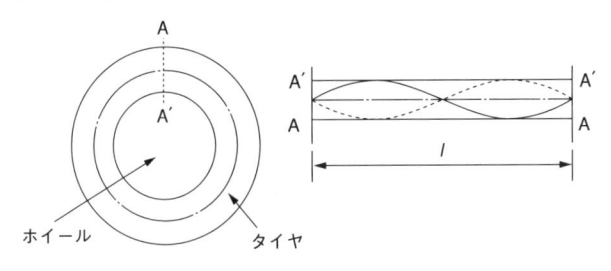

図 4-4-14　タイヤ空洞共鳴モデル

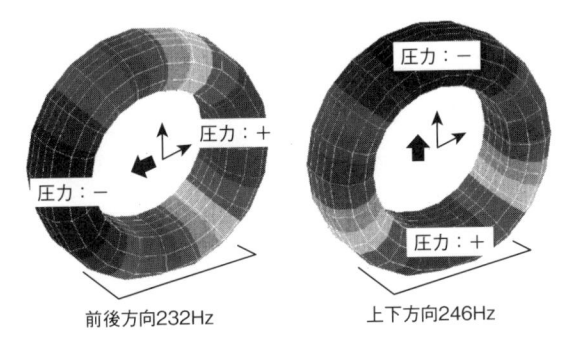

前後方向232Hz　　　　上下方向246Hz

図 4-4-15　FEM による接地時空洞共鳴モード

鳴が存在する。この概略の空洞共鳴周波数は図 4-4-14 に示すようにタイヤ内部空気を円環としてモデル化すると以下の式で表される。

$$f_i = iv/L \quad \cdots\cdots\cdots (4.4.2)$$

ここで、f_i；i 次共鳴周波数（Hz）、v；音速（m/s）、L；管長（m）通常の普通乗用車用タイヤは外径がほぼ500～800 mm、内部の円管長さは1.25～2.0 m 程度になるため、上記式から空洞共鳴の1次共鳴周波数は170～270 Hz に存在することが分かる。この1次共鳴モードは、内部音圧の＋／－がタイヤ周方向に1次で分布するためホイールに対して加振力として作用し、車内騒音として耳障りな音となる。また上式から分かるように基本的には空洞共鳴周波数は空気圧（内圧）や断面形状の影響を受け難いと言える。ただし温度は式(4.4.3)に示すように空気中の音速 v を変化させる要因として影響する。

$$v = 331.5(1+t/273)^{0.5} \quad \cdots\cdots\cdots\cdots\cdots\cdots\cdots\cdots\cdots\cdots\cdots\cdots\cdots\cdots \quad (4.4.3)$$

これより温度が10℃変化すると共鳴周波数は1%程度変化することが分かる。

タイヤが接地変形した場合は、内部空洞がタイヤの周方向に沿って均一でなくなるために空洞共鳴周波数が2つに分離する[8),9)]。図4-4-15に示すようにこの時の共鳴モードは接地面に平行に内部音圧のピークが存在するモードと接地面に垂直に内部音圧のピークが存在するモードとなる。

更にタイヤ転動時にはタイヤ内部空気が回転速度を有するため、空洞共鳴周波数はドップラー効果の影響でタイヤ転動速度に応じて変化し、実験的には10 km/hの速度変化で約1%変化する。

(3) トレッド部の振動

図4-4-16(a)のような軸フリー相当条件において加振で求めたタイヤ振

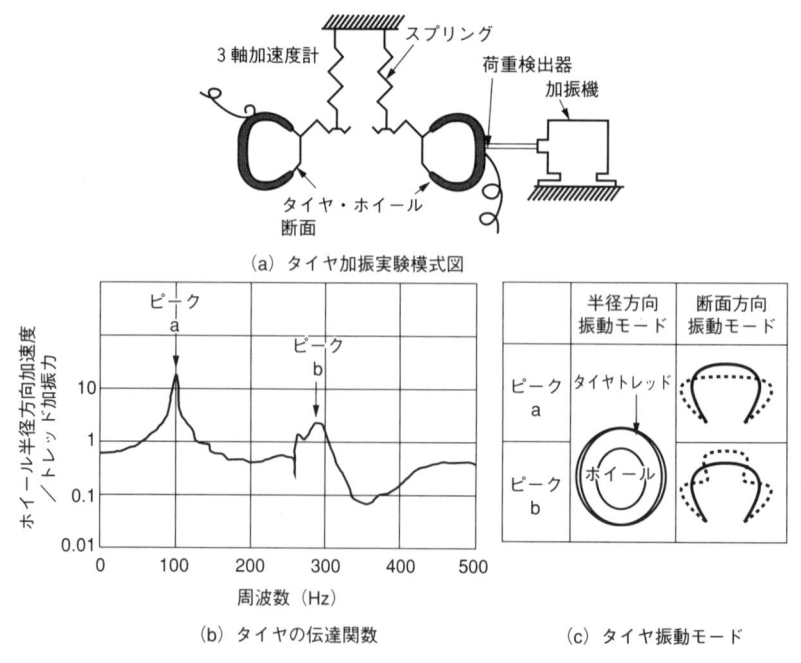

(a) タイヤ加振実験模式図

(b) タイヤの伝達関数

(c) タイヤ振動モード

図4-4-16 タイヤの伝達特性とモード（トレッド加振による実測値）[10),11)]

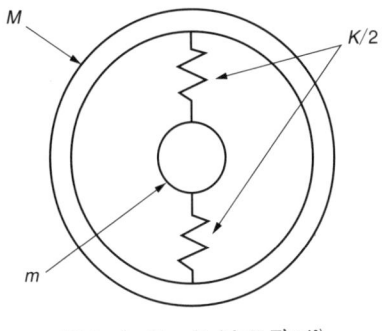

図 4 - 4 - 17　タイヤモデル[10]

動特性とピークでの振動モードを図 4 - 4 - 16 (b) (c) に示す[10],[11]。実際にタイヤがサスペンション支持された場合はタイヤ軸が可動状態となるため、このような軸フリー条件での振動特性も必要である。図中のピーク a は、タイヤトレッド部とホイールが逆位相で振動するモードであり、タイヤ断面内に2点の節をもつ弾性振動モードである。またピーク b は、ピーク a と同じようにタイヤのトレッドとホイールが逆位相で振動するが、タイヤ断面内に4つの節をもつ弾性振動モードである。ピーク a の振動はラジアルタイヤのトレッド部の剛性が高くサイドウォール部の剛性が低いという特徴から、トレッド部の変形がほとんど発生していないとして図 4 - 4 - 17 のようにモデル化できる[10]。このモデルでの共振周波数は次式となる。

$$f = (k(1+M/m)/M)^{1/2}/2\pi \quad \cdots\cdots\cdots\cdots (4.4.4)$$

ここで、M；タイヤトレッド部の等価質量、m；ホイール部とサスペンション部の等価質量（タイヤのビード部も含む）、k；タイヤのサイド部ばね定数である。

タイヤ構造、材料などを変更して k、M、m を変えれば固有振動数の変更は可能である。しかしピーク a はモード形態が単純であるために一般的には大きな変更は困難である。またピーク b の振動モードもタイヤトレッド部とホイール部の逆位相並進モードであるため同様に k、M、m を変えた固有振動数の変更が可能であり、ピーク a と比較してピーク b の振動モードは断面方向で観察されるモード形態においてトレッドショルダー部の変形量

172　第4章　タイヤの特性

が大きいために、ショルダー部の剛性、質量の影響が大きくなる。

(4) 振動伝達特性

上記(1)(2)(3)で述べた現象が組み合わされて、路面入力に対するタイヤの振動伝達特性が決まる。この特性にはタイヤをサスペンション支持した状態での伝達特性とその代用としてのタイヤを軸固定した状態での伝達特性とがある。図4-4-18に一例としてタイヤ軸固定時接地面加振でのタイヤ伝達特性[12]を示す。前述したような特徴的なタイヤモードの影響が85 Hz（上下方向1次）、100 Hz（前後方向1次）、245 Hz（前後方向空洞共鳴）、270 Hz（上下方向空洞共鳴）に見られる。特にタイヤ上下1次や前後1次のピークレベルは大きく、そのピークの裾野は広い周波数範囲にわたり振動伝達特性に影響しているため、タイヤ振動特性において主要かつ極めて重要な振動モードである。これらの主要なピーク周波数を低下させることで振動伝達特性を広い周波数範囲で低減することができる。

次にサスペンション支持による振動伝達の例[12]（ロードノイズ路実走行状態でのばね下加速度）を図4-4-19に示す。実走行状態でもタイヤ軸固定時の振動伝達特性同様にタイヤ共振周波数の影響が現れていることが分かる。このことから分かるようにタイヤ伝達特性改良のためには、タイヤモードに

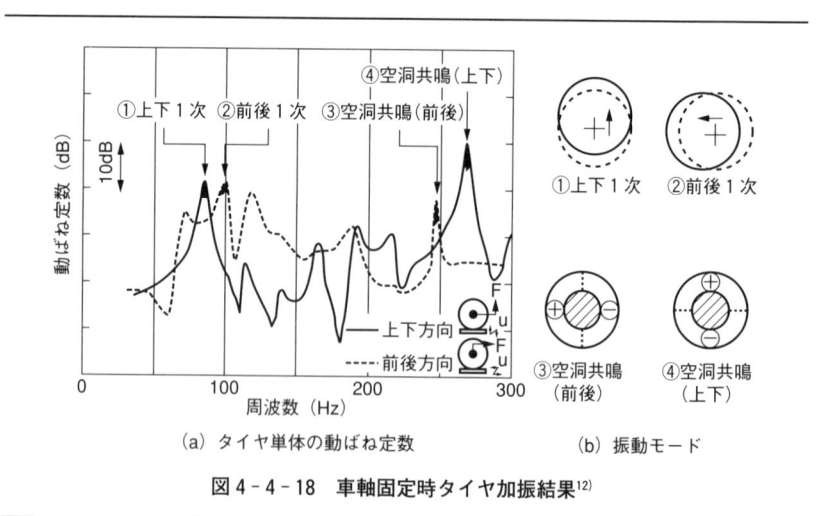

図4-4-18　車軸固定時タイヤ加振結果[12]

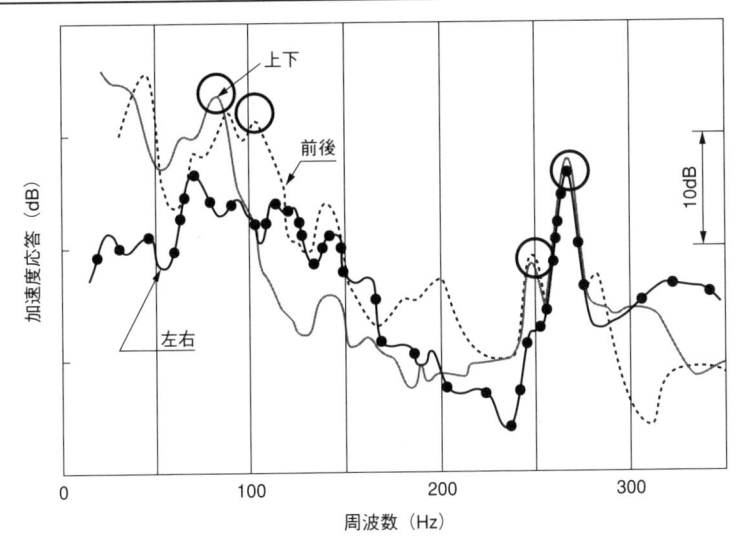

図4-4-19 実走時の振動伝達[12]

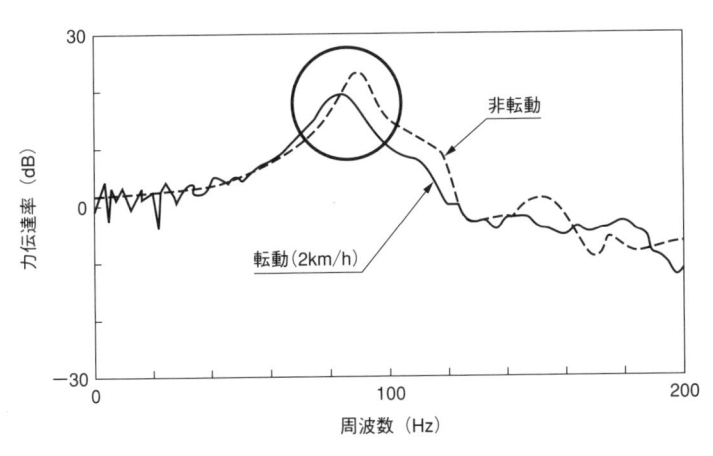

図4-4-20 転動によるタイヤ固有振動数の変化[5]

着目して対策することが重要である。またタイヤの振動モードが上下1次となる $80\sim100\,\mathrm{Hz}$ においては、前述の式(4.4.4)からすれば式中の $m=\infty$ とした場合が軸固定条件と等価になるため、タイヤ共振周波数はサスペンション支持条件の方が軸固定条件よりも高くなるはずである。しかし4.4.4項で

も述べたように、実走行時にはタイヤ転動の影響でタイヤ動ばね定数が低下するために共振周波数も低下し[5]（図4-4-20）、結果的に軸固定時のタイヤ加振結果とほぼ等しくなる傾向にある。

以上から分かるように、タイヤの振動伝達特性は境界条件や転動の影響で非常に複雑な挙動を示す。

（5） 動的突起乗り越し特性

通常速度でタイヤが路面上の突起を通過する時の振動特性で、タイヤのエンベロープ特性と伝達特性の組み合わせで決まり、特徴的な車速依存性を有するためにタイヤ振動特性の一種として用いられることがある。実車挙動としてはハーシュネスと関連が深い。後述するがハーシュネスとは舗装路の継ぎ目や亀裂など単発的な凹凸を30～50 km/h付近の中速、低速で通過する時に発生する衝撃的な音や振動のことである。

図4-4-21にタイヤ軸固定で突起を乗り越した時にタイヤ軸に発生する上下力と前後力の応答波形と周波数分析結果を一例[13]として示す。また図4-4-22は種々の車速で突起を乗り越した時の軸力変動のP-P（Peak-to-peak）値をまとめたものである[4]。エンベロープ特性で表される路面入力はタイヤに入力が作用する時間も重要な要因であり、車速が早い程またはタイヤと路面が接触する接地長が短い程入力周波数が高くなる。この入力の周

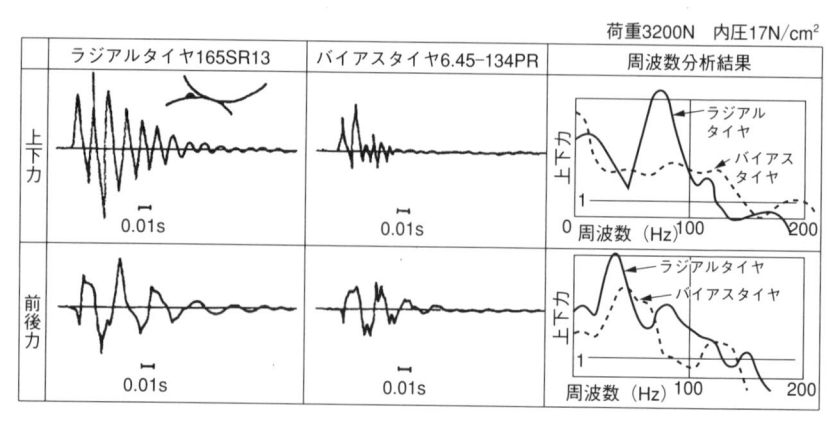

図4-4-21　突起乗り越し時のタイヤ軸力[13]

4.4 タイヤの振動特性

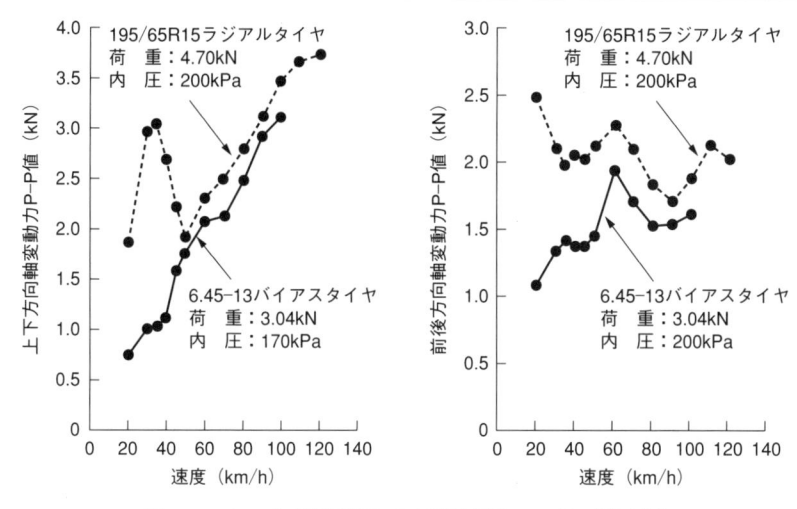

図 4-4-22 突起乗り越し時の荷重変動 P-P 値、軸固定[4]

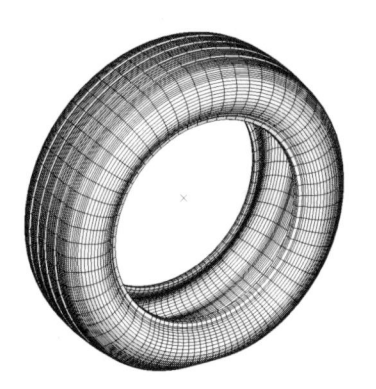

図 4-4-23 タイヤ FEM モデル

波数特性と前述のタイヤ振動特性が有するピークが組み合わせられる結果、P-P 値は速度に対する依存性を持ち極大値を有する。

次に最新の CAE 適用例として FEM を用いたモーダルモデルによる解析手法[14]を紹介する。この手法は図 4-4-23 に示すようにタイヤの各構成部材をそれぞれソリッド要素とシェル要素でモデル化した FEM モデルを使用し、モデルと路面が接触する節点と車軸と結合される節点を物理座標として

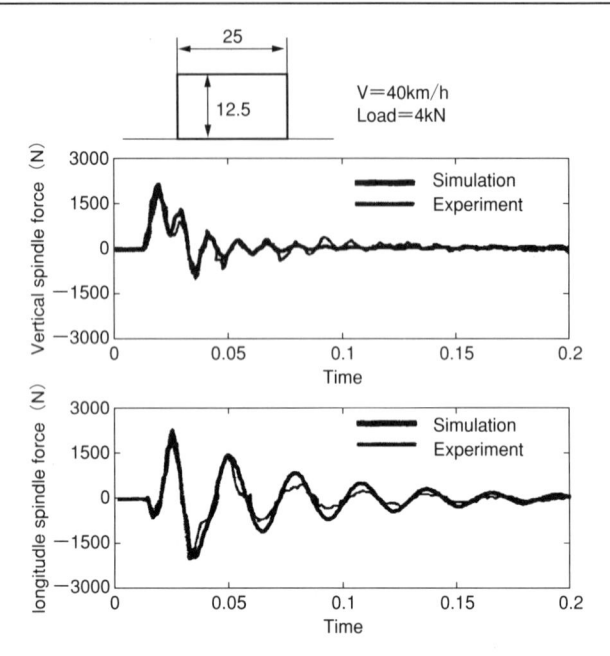

図 4-4-24 突起乗越し時の動的 (40 km/h) 荷重変動、軸固定[14]

残した形で拘束モード法によるモーダルモデルに変換する。これを更に機構解析ソフトの弾性体要素に再変換し機構解析ソフト上でFEMモデルの情報を持たせたタイヤ振動モデルによる突起乗り越し時の過渡応答計算を行っている。図4-4-24に計算結果を示す。このような手法により時間軸上の応答も予測可能である。

4.4.7 自動車における振動・騒音現象の詳細

(1) タイヤのユニフォーミティ

タイヤの重量、剛性、寸法的な不均一性をノンユニフォーミティと言い、これによって発生する荷重変動をフォースバリエーションと言う。このうち車輌の振動騒音現象に影響するものは、

　　RFV (Radial Force Variation)；上下力の変動
　　LFV (Lateral Force Variation)；横力の変動

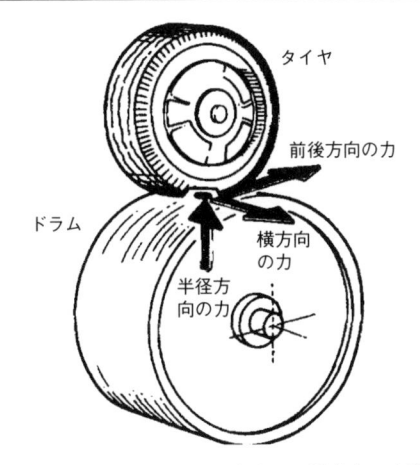

図 4-4-25 タイヤに発生する3軸方向の力[15]

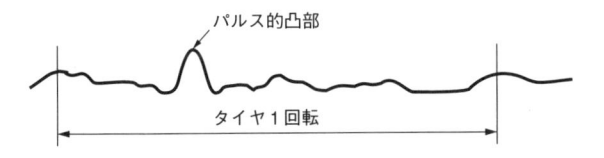

図 4-4-26 パルス的成分を有するタイヤ RFV 波形[15]

TFV（Tangential Force Variation）；前後力の変動
STV（Steer Torque Variation）；操舵トルクの変動
STD（Steer Torque Deviation）；操舵トルクの偏り平均

である。**図 4-4-25** に計測概念図を示す[15]。測定手法は低速で測定する手法（低速ユニフォーミティと呼ばれる）と高速で測定する手法（高速ユニフォーミティと呼ばれる[16]）の2種類がある。

タイヤのフォースバリエーションは1回転を基準にとり、その整数倍のフーリエ級数の和として、

$$F(t) = A_0 + \sum A_n \cdot \sin(2\pi nft + \phi n) \quad \cdots \cdots (4.4.5)$$

で表される。

(a) サンプ

タイヤのユニフォーミティ波形の局所的な凹凸[15]（**図 4-4-26**）や、ユ

ニフォーミティ高次成分の大きな変動が影響して車室内で断続的な音として聞こえる現象である。ユニフォーミティのパルス的な変動がタイヤ1回転につき1回の衝撃力となり自動車の車軸へ加振力として作用し、サスペンション、車体などの振動を引き起こす。高速時のRFV、及びTFVの高次成分が大きく振幅変調が激しい場合には、車軸への入力そのものが干渉ビート的なうなり音となったり、変調頻度が激しい場合は打音となったりする。サンプの発生しやすい速度は一般的に50 km/h前後で、打音の頻度は6〜8 Hz、搬送周波数は40〜60 Hz程度である。このような入力に対してサスペンションやボディでの対策は困難なため、タイヤのユニフォーミティの改善によって対策される。

(b) ビート音

タイヤのユニフォーミティ高次成分による騒音と自動車のエンジン駆動系の騒音との干渉により発生するうなり音のことをいう。高速道路などの平滑な路面を70〜110 km/hで走行中に後席で顕著に感じられることが多い。周波数は60〜120 Hzで、変動周期は2〜4 Hzである。

(c) ラフネス

タイヤのユニフォーミティ高次成分に起因した車内騒音で、タイヤ1回転に2〜3個のピークを有するタイヤなどが原因で、サンプよりも高い速度域(100 km/h以上)で発生する。この場合打音の周期が明確に聞き取れず、圧迫感の強い、荒れた連続音として感じられる。

(2) ハーシュネス

タイヤに起因する振動・騒音現象のうち、ハーシュネスやロードノイズは自動車が荒れた路面を走行するとき、路面からタイヤに加わる外乱による振動がサスペンションを経由して車体へ伝達され発生する振動及び騒音である[17],[18]。

そのうちハーシュネスは、舗装路の継ぎ目や亀裂など単発的な凹凸を通過するときに発生する衝撃的な音、振動である。タイヤの動的突起乗り越し挙動は4.4.6項の(5)で述べたように、入力の周波数依存性を有するため、自動車においてはこの入力周波数範囲内にあるタイヤ及びサスペンションとボディの固有振動が励起されるが、特に低次の固有振動が最も大きくハーシュ

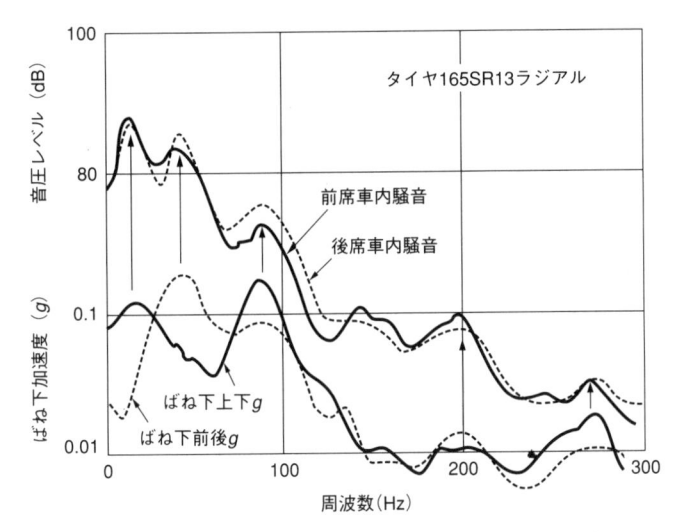

図 4-4-27 突起乗り越し時のばね下加速度、車内音[15]

ネスに影響する。図 4-4-27 にタイヤが突起を乗り越した時の自動車のばね下加速度と車内騒音を示す[15]。車内騒音の 10、90 Hz のピークは上下方向のばね下加速度におけるピークと、40 Hz のピークは前後方向におけるばね下加速度におけるピークとそれぞれ対応している。これらのピークはばね下共振（上下、前後）とタイヤ上下 1 次で説明される。

(a) ハーシュネスに関する CAE 適用例

ハーシュネスはタイヤ、サスペンションの弾性振動が関係するため、タイヤ、サスペンションを含めた機構解析用モデルや FEM モデルで予測計算が行われる。図 4-4-28 に機構解析ソフトでタイヤ、サスペンションを表現したモデル[7]を示す。タイヤは 4.4.5 項で示したエンベロープ特性を表現する簡易タイヤモデルを用いている。このモデルを用いた突起乗り越し時のばね下加速度計算結果[7]を図 4-4-29 に示す。実験の傾向をよく表現している。

(b) ハーシュネスの対応策

タイヤではタイヤのベルト剛性を低下させエンベロープ特性を改良するこ

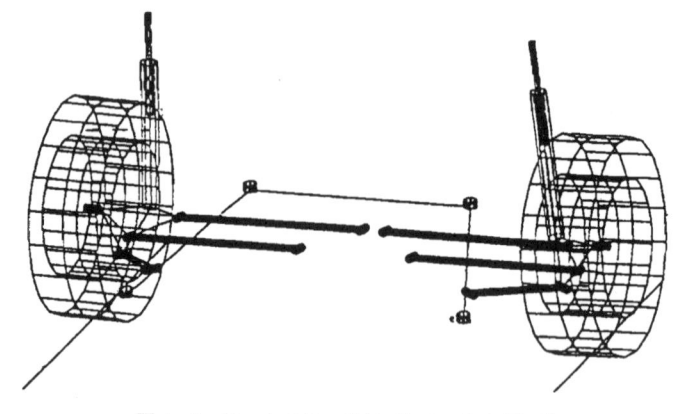

図 4-4-28 タイヤ・サスペンションモデル[7]

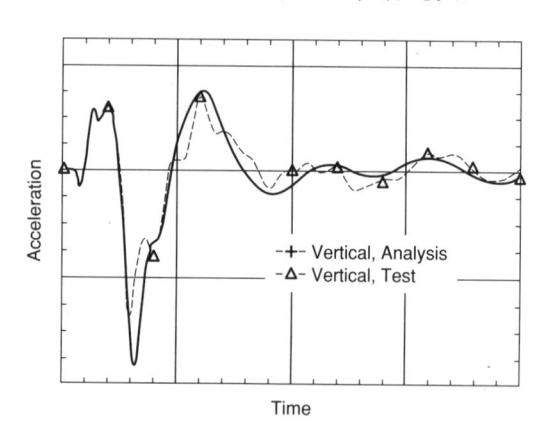

図 4-4-29 タイヤ・サスペンションモデルにおける突起乗り越し計算結果（Wheel Center Acceleration）[7]

とや，前後の 40 Hz（ばね下共振前後）と上下の 80 Hz（タイヤ上下 1 次）の振動伝達率を改善することが効果的である。

(3) ロードノイズ

ロードノイズは，①粗い表面の舗装路など不規則な凹凸を有する路面を走行するときに耳障りな音が発生する現象と，②敷石路，すべり止め路などのような一定間隔の凹凸のある路面を走行するときに連続的な音やこもり感を伴った音を発生する現象に分類される。①はランダムな周波数成分からなる

路面入力がタイヤに作用するため、タイヤを含むサスペンション系の振動特性とボディの振動音響特性がそのまま車騒音特性を決定する。②は主として周期的な周波数成分を有する路面入力によってタイヤ及びサスペンションとボディなどが共振して、特定の車速で顕著な車内騒音が発生する。

一般にロードノイズという場合は①が多いため、本節ではこれに絞って解説する。

(a) ロードノイズの特徴

ロードノイズの周波数範囲を広く捉えると車内騒音は4.4.2項で述べたように空気伝播音と固体伝播音で構成される。ただし通常の乗用車は400 Hz以下の周波数帯域では固体伝播音が主であり、固体伝播音にかかわる車輌特性には、タイヤ振動特性、サスペンション振動伝達特性、車体の音響放射伝達特性がある。

(b) 路面及び車速

図4-4-30に種々の路面を走行した場合の車内騒音[19]を、図4-4-31に粗いアスファルトを種々の車速で走行した時の車内騒音の例[19]を示す。車内騒音のレベルは変化するが、問題となる周波数成分は路面形状や車速に関係なくほぼ一定の周波数成分を有している。

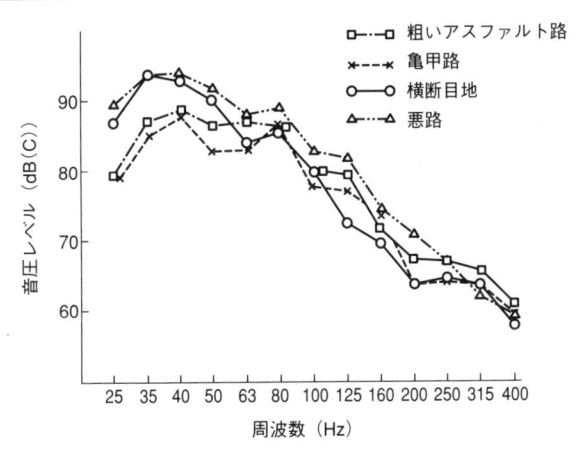

図4-4-30　各種路面走行時の車室内騒音（ラジアルタイヤ装着、後席）[19]

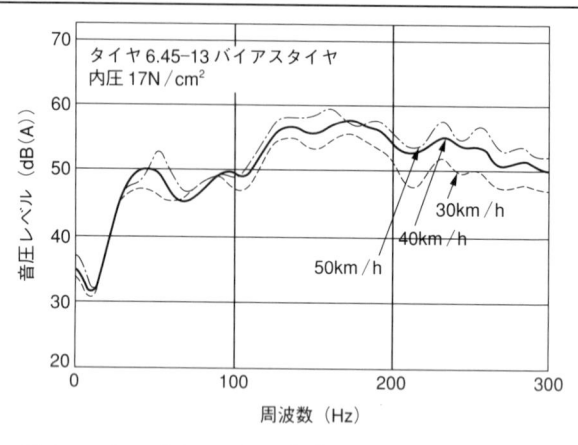

図 4-4-31 バイアスタイヤ装着時の車室内騒音（前席）[19]

不規則な路面凹凸をタイヤへの入力として考えることは非常に複雑である。そこでランダムな路面凹凸を簡易モデル化する手法も提案されている[20]。これは路面形状を平均した基準面を仮定し、その基準面から上側に存在する路面凸部をタイヤへ作用する突起と考えるものである。更にその突起形状を平均化して路面凹凸の平均凸形状を定義し、あわせて算出した単位長さ当たりの突起個数が路面にランダムに存在すると仮定して、タイヤが路面凹凸を乗り越す状態を、タイヤが平均凸形状を単一で乗り越した場合を重ね合わせることで表現するものである。この考え方のような路面モデル化手法を適用すれば、ランダムな路面凹凸をタイヤが乗り越していく複雑な現象を、単純化して考察することができる。また下記に示す CAE を適用する場合にも有用である。

(c) タイヤ振動特性

図 4-4-32 にタイヤが異なる場合の車内騒音を示す。タイヤ A とタイヤ B は固有振動数が異なり、振動伝達特性に差がある事例である。タイヤ B はタイヤ A と比較してタイヤ構造を変更しタイヤ上下 1 次モード周波数を低下させ、タイヤ振動特性のレベルを広い周波数帯域で低減したことが特徴である。このようにタイヤ振動特性を変更することで車室内騒音が改良される。

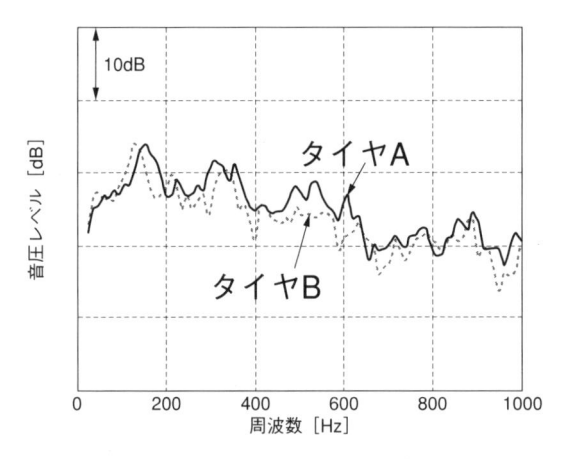

図4-4-32 タイヤ違いによる車室内騒音比較

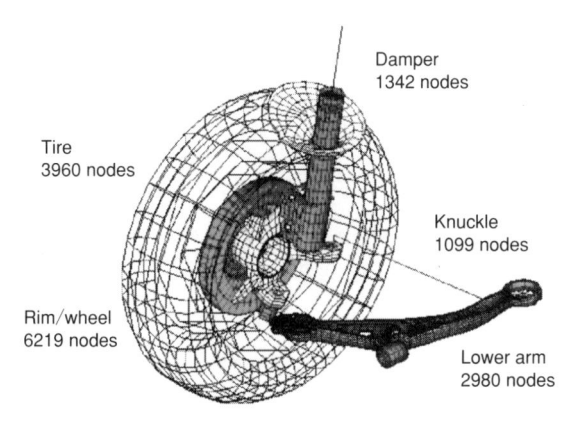

図4-4-33 タイヤ・サスペンションモデル[21]

(d) ロードノイズに関するCAE適用例

ロードノイズに対してはFEMを用いて、タイヤ、サスペンションの弾性振動に着目してボディ入力を予測する、もしくは車室内音場までモデル化して車室内騒音を直接予測するなどの手法が種々用いられる。またモデル規模の縮退のためにタイヤモデルをモーダルモデル化することも一般的である。

その一例としてタイヤ・サスペンションモデルとサスペンション加速度計

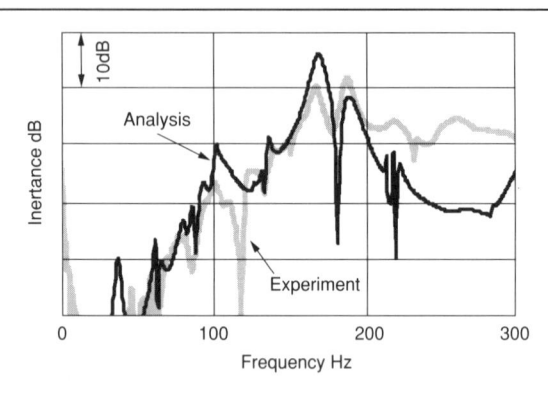

図4-4-34 サスペンション振動計算結果
(ホイール下端左右加振、ダンパー上端応答)[21]

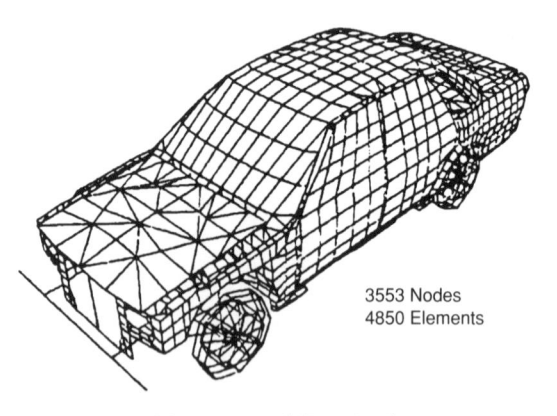

図4-4-35 車輌モデル[22]

　算結果を**図4-4-33**、**図4-4-34**に示す[21]。また車室内騒音予測の一例を**図4-4-35**、**図4-4-36**に示す[22]。このような形で車室内騒音を予測することも可能となっている。

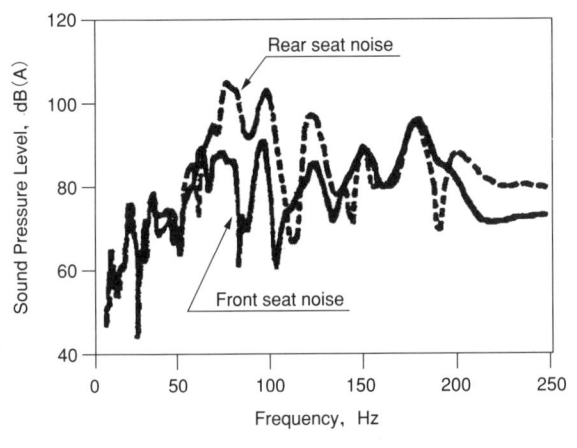

図 4-4-36　4輪同相加振時車内音予測結果[22]

4.5　タイヤ道路騒音

4.5.1　概要

　本節ではタイヤ放射音に起因した空気伝播音、タイヤ騒音を解説する。騒音は通常騒音計で計測し、騒音レベルは対数的な値である dB（デシベル）で表される。これは人間が対数的に騒音レベルを聞き分けていることから、可聴範囲を音圧で表現すると数十万倍で変化するためである。式(4.5.1)に騒音レベル L の算出式を示す。

$$L\,(\mathrm{dB}) = 10\log(P/P_0)^2 \quad\quad\quad\quad\quad\quad\quad\quad (4.5.1)$$

P；測定音圧（Pa）、P_0；最小可聴音圧（$20\,\mu$Pa）

　このように騒音レベルは対数表示であるため、通常の加算ができないことに留意する必要がある。例えば、60 dB の音源が2倍になると 63 dB である。

　タイヤ騒音とは自動車の車外での騒音を意味し、自動車にかかわる環境問題のひとつとして捉えることができる。自動車から発生する騒音に対してタイヤが騒音源として影響している寄与率は、現在自動車の低騒音化が進んで

きたことから、加速走行時には 4～33%、50 km/h での定常走行時には 50～85% となっている。そのためタイヤ騒音の低減はタイヤメーカーに課された社会的にも重要な技術課題である。

因みにタイヤ騒音は路面の凹凸や剛性、吸音効果の影響を大きく受けるため、自動車騒音においてはタイヤ道路騒音と称することが一般的である。本書でも以降タイヤ道路騒音と称する。騒音問題としての側面もあることから、タイヤ道路騒音の評価は各種規格により試験法が定められている。

現在タイヤ道路騒音を評価する主要な試験法としては、①EU（欧州連合）のタイヤ単体騒音規則 Directive 2001/43/EC に規定された実車惰行法、②ISO 13325：2003 に規定された実車惰行法及びトレーラー法、③日本国内では自動車規格 JASO C 606-86 に規定された実車惰行試験法と室内の単体台上試験法などがある。これらの実車試験法はいずれもタイヤ道路騒音のみを精度良く抽出するため、規定された試験法により規定された路面上をタイヤが惰行する時に発生する騒音を測定するものである。

一方自動車は一般路上においては加減速を含む様々な走行形態を取る。特に加速時にはタイヤに駆動トルクが作用することからタイヤと路面間の変形が増幅され、タイヤ道路騒音は惰行時よりも増加する。ただし加速時の騒音は惰行時の騒音に重畳されると考えると、タイヤ道路騒音の基本は惰行走行時の騒音レベルを下げることであり、加速時の騒音発生メカニズムも基本的には惰行時の騒音発生メカニズムの内に含まれていると考えられる。

タイヤ道路騒音対策の困難さのひとつには、一般の騒音対策の手法としてよく用いられ対策効果も大きい、音源を囲ってしまう遮音の手法を取ることが困難な点にある。そこで音源であるタイヤの騒音発生メカニズムを詳細に解明し、そこから対策手法を確立し騒音低減を図らなければならない。

4.5.2 室内試験法

タイヤ道路騒音の評価は実車による試験法が主体であるが、車輛及び気象環境条件等の影響を考慮すると、特に発生メカニズムの解明を行う場合には安定的に現象を再現することが容易な室内試験法のメリットが大きい。

現在室内でタイヤ道路騒音を評価する試験法としては、前記 JASO C 606-

86に規定されている。これは直径3.0m、表面が平坦で摩擦係数の高い粗粒面をもつ回転ドラムを用い、タイヤ真横1点に固定したマイクロホンで測定する方法である。ただしタイヤ道路騒音は4.5.1節でも述べたようにタイヤと路面の相互作用により発生する騒音であるため、評価時に使用する路面の影響は大きい。JASO C 606-86に規定されている代用路面として、例えばセーフティウォークを用いた場合には、実路面に比べて路面のマクロ粗さは不足しているがミクロ粗さは逆に過大に表現されているためタイヤ自身が有するトレッドパターンによる騒音（ピッチノイズ；後述）のみが強調される傾向がある。

そこで例えば1990年スウェーデンで、粗さ2種類の実際の道路を型取ったレプリカ路面を使用して、マイクロホンの設置位置を接地端から左45°後方とした室内試験法が検討されている[1]。このように実車試験法との相関を向上させるためには、室内ドラム上への実路面の再現とタイヤ騒音の指向性を考慮した試験法が必要となる[2]。そのためブリヂストンでは通常の路面舗

(a) 試験装置によるタイヤ騒音測定状況

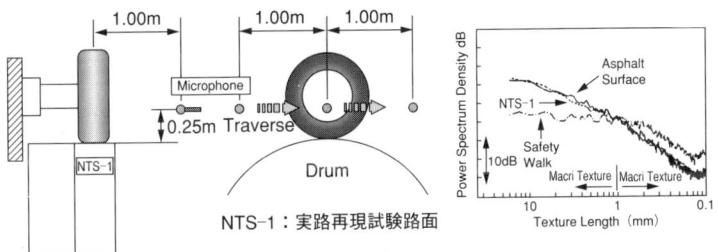

(b) 試験装置の概要及び試験路面の位置付け[2]

図4-5-1　実路面の再現とタイヤ騒音の指向性に着目した試験装置

装に近い形を採用している。またタイヤ種類によりその指向性が異なるタイヤ道路騒音を室内試験で精度良く比較可能とするために、タイヤに平行な面内でマイクロホンを左右方向へトラバースさせ、そのパワー平均値を求めることで騒音の指向性を考慮している。試験装置の概要を図4-5-1に示す。

JASO C 606-86 では実車試験用路面としてアスファルトコンクリート路面が規定されているが、Directive 2001/43/EC、ISO 13325：2003 等に規定され現在一般的にタイヤ道路騒音評価用に用いられる路面は ISO 10844：1994 路面である。そこで ISO 路面のレプリカをアルミ鋳物製路面パッドで製作し、必要な時にドラム面上に装着可能な方式とした「タイヤ路面騒音実車台上試験装置」が開発され、加速走行条件を含む実走行条件の再現が可能となっている[3]。

4.5.3 タイヤ道路騒音の音源探査

タイヤ道路騒音の発生メカニズムを詳細に解明するには、まずタイヤ騒音に対してタイヤのどの部分が音源であるかを明確にする必要がある。現在タイヤ騒音の音源探査に用いられている主な手法として、近接音響ホログラフィ法と音響インテンシティ法がある。

近接音響ホログラフィ法は、タイヤに近接する位置に、多数のマイクロホンで構成された格子状のマイクロホンアレイを設置して音圧を測定し、これらの測定値からタイヤ近傍の平面上の音圧分布や音響インテンシティを算出するものである。

音響インテンシティ法は2つのマイクロホンにより構成されたインテンシティマイクロホンを用い、スイープしてタイヤ周辺の音圧と粒子速度の分布を計測し、音響インテンシティを算出するものである。一般的には近接音響ホログラフィ法は多点で音圧を同時計測するため、過渡的な現象の計測に適し、インテンシティ法はマイクロホンを移動しながら計測する場合が多いために、定常的な現象の計測に適している。

近接音響ホログラフィの実験装置概要を図4-5-2へ示す。またドラムによる室内試験において、近接音響ホログラフィー法により転動中の乗用車用タイヤ側方近傍で計測を行い、タイヤ側方表面近傍における平面上の音圧分

図4-5-2　音響ホログラフィー実験装置

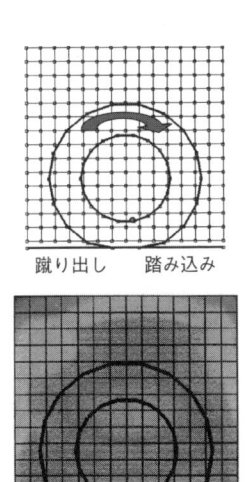

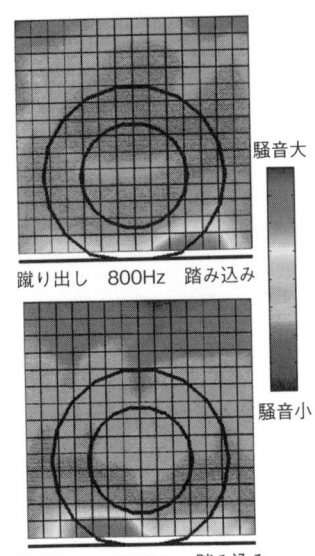

図4-5-3　近接音響ホログラフィーによるタイヤ騒音
※カラーの図は口絵参照

布を算出した例を**図4-5-3**へ示す。630 Hzではタイヤ接地面全体から音が放射され車軸直下部のタイヤサイドウォール部で音圧が少し大きくなっていることから、タイヤサイドウォール部からの放射音が支配的と言える。また800 Hzではタイヤ接地面の踏込部からの放射音が大きいことから、主溝による気柱管共鳴音の寄与が高いことが分かる。更に1600 Hzではタイヤ接地面蹴出部からの放射音が最も大きいことから、これはトレッドが路面から

離脱する際のすべりに起因していると推定される。

このようにタイヤ騒音は周波数ごとに発生メカニズムが異なるため、周波数ごとに主要な音の発生位置が異なるという特徴を有している。上記の例を含め、現在様々なタイヤ騒音の音源探査の取り組みが進められており[4),5)]、より詳細なタイヤ騒音の音源探査が可能になると期待される。

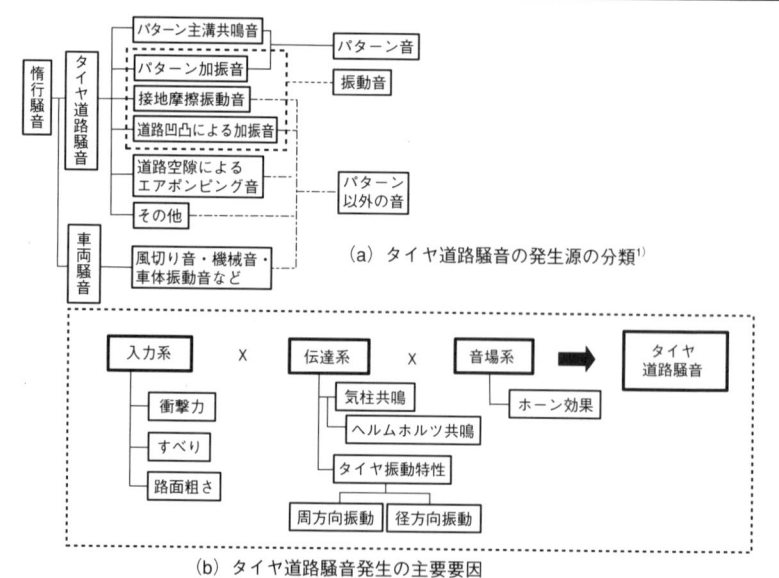

4.5.4 タイヤ道路騒音の発生メカニズム

タイヤ道路騒音は、サイズ、トレッドパターンなどのタイヤの種類、走行条件、路面種などによりその発生源の寄与率は異なるが、図4-5-4に示すようにおおむね次の3つの構成要素（1）（2）（3）からなると考えられる[1)]。

(a) タイヤ道路騒音の発生源の分類[1)]

(b) タイヤ道路騒音発生の主要要因

図4-5-4　タイヤ道路騒音の発生

（1）パターン主溝共鳴音

タイヤが接地した際にトレッド部分の主溝と路面が形成する気柱管から発生する気柱管共鳴音である。そのため気柱管の開口部が位置するタイヤ接地部の踏込部、蹴出部が音源位置となる。その1次共鳴周波数f_1は接地部分

の主溝長さを L とすると

$$f_1 = v/α2L \quad \cdots\cdots\cdots\cdots\cdots\cdots\cdots (4.5.2)$$

　v；音速、$α$；開口端補正

で表される。式(4.5.2)が示すようにタイヤ転動速度によらず共鳴周波数はほぼ一定であり、通常 800〜1000 Hz に存在する。

（2）パターン加振音

　トレッドパターンが有する横溝が路面と接地する際に衝撃を受け、その衝撃による音、及びその衝撃入力によりタイヤが振動して放射される音でピッチノイズとも呼ばれる。ピッチとはパターンの横溝の周方向間隔のことであり、パターン加振音はタイヤ1周でのピッチ個数により決まる基本周波数（ピッチ1次周波数とも称する）とその高調波成分で構成される。ピッチを一定にすると特定周波数の音が発生するので耳障りな音になることが知られている（図 4-5-5）。

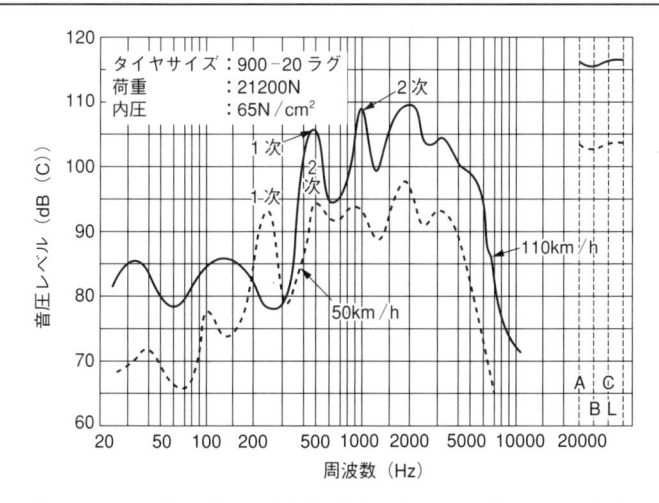

図 4-5-5　周上一定ピッチで配列されたタイヤのパターンノイズの台上試験結果 4.4 節の引用文献[4]

　この場合のピッチ1次周波数 f_1 は以下の式で概算される。

$$f_1 = Vn/L \quad \cdots\cdots\cdots\cdots\cdots\cdots\cdots (4.5.3)$$

　V；速度、L；タイヤ周長、n；ピッチ個数

そこで通常、数種類のピッチをランダムにタイヤ1周上に配列することで発生する騒音の周波数を分散させて騒音レベルを低減する工夫がなされている。トレッドパターンのピッチがタイヤ周方向に一様でないのはそのためである。この周波数はタイヤ転動速度に比例して変化する。

(3) その他の音

タイヤが路面と接触する際、路面凹凸が入力となりタイヤを振動させ音を発生させるタイヤ加振音、あるいはトレッドパターンが路面から離脱する時に発生する路面とトレッドとの間のすべりを入力として発生する接地摩擦振動音などがある。

これらの騒音を発生させる主要な要因としては、入力と音響特性を含んだ伝達と分けることができる。タイヤへの入力としては、トレッド接触時の衝撃力、トレッド離脱時のすべり、路面側の入力要因として路面凹凸を考える必要があり、タイヤの伝達特性としてはタイヤの振動特性、音響特性としてパターン主溝部の気柱管共鳴、ホーン効果と呼ばれるタイヤトレッド全体と路面の間で形成される空間特性を考える必要がある。

以下それぞれを詳細に説明する。

4.5.5 タイヤへの入力

(1) パターンによる入力

タイヤ加振音の入力となるトレッドパターンの横溝による接地時の衝撃力を、タイヤ溝内に装着した小型加速度計により加速度として測定する試みは1980年代から行われている[6]。加速度計の装着例を**図4-5-6**に示す。

トレッドパターンのピッチ（横溝の周方向間隔）がタイヤ周上に等間隔で配置されると、単一周波数の非常に耳障りな音が発生する。そのためにピッチ配列をタイヤ1周にわたってすべて異なるピッチで構成すれば、ノイズのピークを大幅に低減することができる。しかし実際の設計では、通常は数種類のピッチを定める。それらをタイヤ周上にランダムに配列することで、平均ピッチ長で決まる基本周波数の周りに騒音エネルギーを分散させ、音圧のピークを低減し耳障りな感じを和らげる、ピッチバリエーションと呼ばれる手法が用いられる。この配列の決定に関しては、複数のピッチをいかに配列

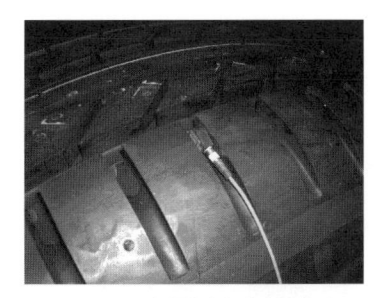

| トレッド部周方向加速度測定 | トレッド溝底上下方向加速度測定 |

図4-5-6　タイヤトレッド部加速度測定

しノイズのピークを低減するかという最適化問題と考えることができる。ブリヂストンでは遺伝的アルゴリズムを用いた最適化手法を適用し、変動感などの音質評価パラメーターも考慮して最適化を行うことにより官能評価と両立する低騒音化を図っている。

　更にタイヤの接地形状を考慮することで、パターンが路面と接触して受ける入力をタイヤ周方向だけでなく幅方向にも最適化することにより、発生する騒音を低減することが可能である。タイヤ幅方向に隣合うブロック同士を周方向にずらして配置することで、入力のタイミングの同時性がくずれ、基本周波数の高調波成分へ騒音エネルギーを分散させることができるため、発生騒音の低減を図ることができる。

　またトレッドパターンが路面と接触することにより生じるパターン（ブロック）の変形を制御し、パターンから発生する騒音を低減する手法も活用されている。ブリヂストンでは音と物理的に対応する体積速度に着目して、ブロックが路面と接触（もしくは離脱）することによって徐々に変形していく過程を考慮し、最大変形量が変わらなくてもその微分値である変形速度を小さくするため、ブロックと路面が接するブロック表面をサイレントACブロックと呼ばれる形状で3次元化している（図4-5-7）。

（2）路面凹凸による入力

　上記のトレッドパターンによる入力の考慮に加えて、路面粗さの要因を入力として考慮してやることにより、タイヤが実路面上を走行中に発生するタ

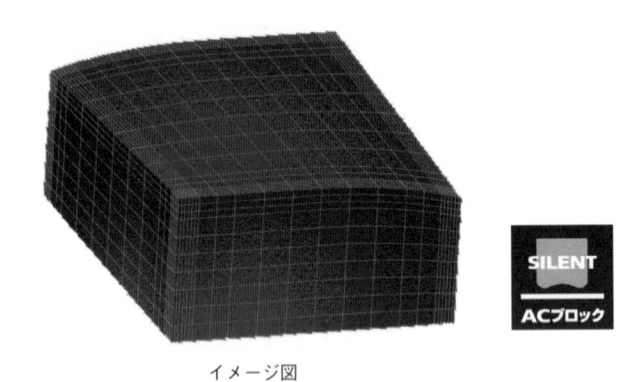

図4-5-7　サイレントACブロック

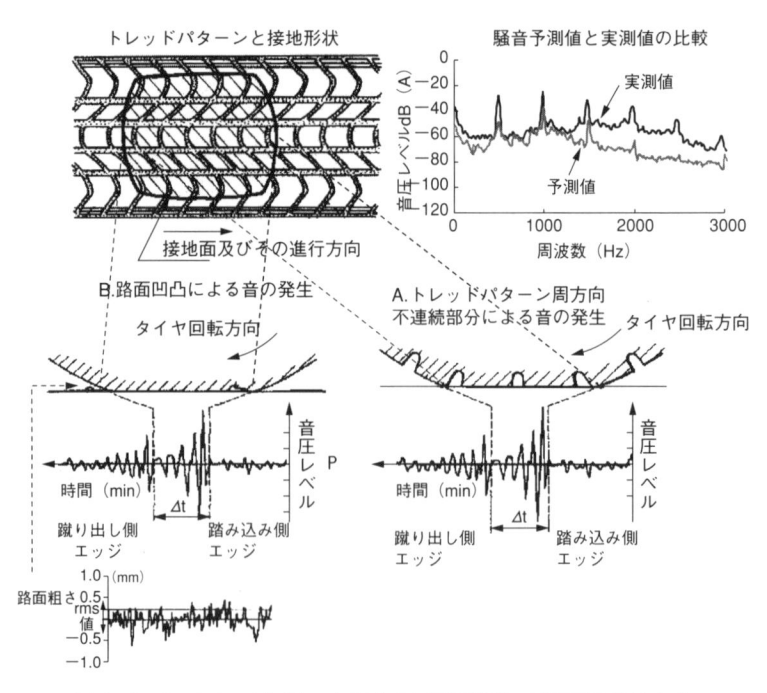

図4-5-8　トレッドパターン周方向不連続部分、路面凹凸の入力を考慮した騒音の予測[7]

イヤ道路騒音に近い現象を再現することができる。トレッドパターンのピッチ及び路面凹凸が路面もしくはタイヤに接触、離脱する際に発生する騒音をモデル化し、トレッド全周にわたってタイヤの接地形状を考慮しながら時間軸上で合成することにより、発生するタイヤ騒音を予測しかつ可聴可能とすることができる[7]（図4-5-8）。

また路面凹凸を測定しタイヤへの入力としての路面凹凸パラメーターを定義し、タイヤと路面の接触モデルにより加振入力を算出すれば、それに別途加振器により測定したトレッドの振動伝達関数を積算することで、路面入力によるトレッド振動が推定できる[8]。この推定されたトレッド振動からトレッド振動に起因するタイヤ放射音も推定可能である。

(3) タイヤと路面間のすべり

もうひとつの入力として、トレッドが路面を離脱する時のすべりがある。図4-5-9に示すように、自由転動時（惰行転動時）のタイヤトレッド表面とトレッド内部のベルト部に相対変位が発生することにより、タイヤ接地面の蹴出側ではトレッドはすべりを伴って離脱する。この時のすべりが入力となり、接地摩擦振動音を発生させる。特に加速時に駆動トルクが大きくなると、トレッドの変形も大きくなりそれに伴ってすべりも大きくなるために、接地摩擦振動音も大きくなる。タイヤ駆動力とスリップ比の関係及び加速時駆動力とタイヤ道路騒音のレベル上昇の関係に着目すると、駆動トルクによるタイヤ道路騒音のレベル上昇はスリップ比と良い相関が見られた[9]。このことから、加速時のタイヤ騒音悪化の要因はトレッドのすべりに起因すると

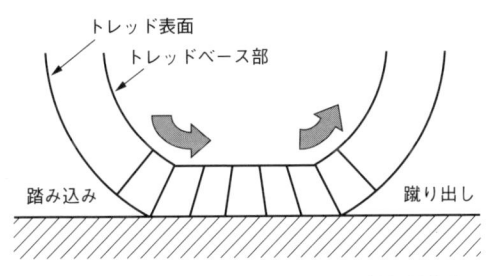

図4-5-9 接地面におけるトレッド部相対変位

考えられる。タイヤ道路騒音とすべりの関係については、タイヤ全体として見たマクロなすべりのみでなく、パターン表面でのミクロなすべり挙動の解析も重要である。

4.5.6 タイヤ伝達特性

（1）気柱管共鳴

タイヤ道路騒音における気柱管共鳴の発生は、図4-5-10のように、周方向単一溝を有するタイヤを接地させ、片側からホワイトノイズを発生させた音源により音響加振し、もう片側から接地中心に挿入したプローブマイクロホンを用いた発生音圧測定により、容易に確認することができる。走行中実際にタイヤ溝内に発生する気柱管共鳴は、転動による入力を受け発生する。ベルト部に加速度計、縦溝内に圧力計を装着したリブタイヤとスリックタイヤを用いて発生騒音の速度依存性から、接地時加振入力によるリブタイヤ縦溝内気柱管共鳴の発生が確認された[10]。トレッド面の溝を埋めてしまえば気柱管共鳴の発生は無くなるが、濡れた路面上での性能が悪化する。入力の低減、特殊な仕切りを溝内に設ける等の工夫により気柱管共鳴への対策が施さ

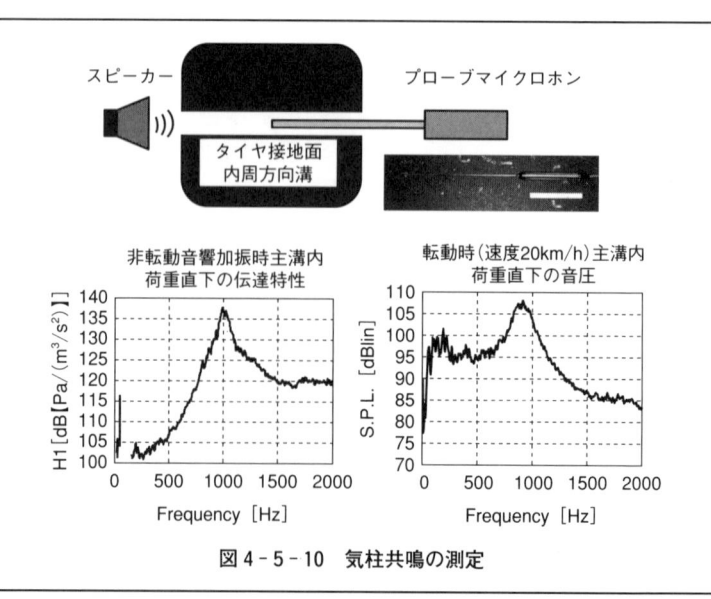

図4-5-10 気柱共鳴の測定

TBR 435/45R22.5

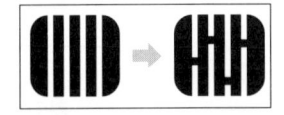

図 4-5-11　グルーブフェンスの適用例

れる。図 4-5-11 に、ブリヂストンが大型タイヤの主溝内に用いているグルーブフェンスと呼ばれる仕切りを示す。排水性を勘案して中央部にスリットを設ける工夫がされている。このグルーブフェンスは、タイヤ接地面内に一つ程度存在する個数をタイヤ周方向に配してあり、これによってタイヤの主溝と路面で形成される気柱管（片側閉口）の長さがタイヤ転動によって時々刻々と変化し、一定長の気柱管（両端開口）が形成されなくなることを利用して気柱管共鳴音を低減している。

（2）その他の音響特性

タイヤの前後方向へ放射される音は、接地面近傍のトレッド表面と路面により形成される空間が有するホーン効果と呼ばれる騒音増幅効果についても留意が必要である。ホーン効果は、タイヤの幾何学的形状によって変化する。トレッド幅の広いタイヤは効果的なホーンを路面と形成するため、タイヤから発生する騒音をより増幅し易い。タイヤ騒音としては不利な方向である。

（3）タイヤ振動特性

気柱管共鳴の解析とあわせて、タイヤ道路騒音低減のためにはタイヤ振動特性の解析が欠かせない。タイヤの振動特性は 4.4 節で述べたとおり、複雑な挙動を示す。問題となる騒音がサイドウォールの振動による場合は、タイ

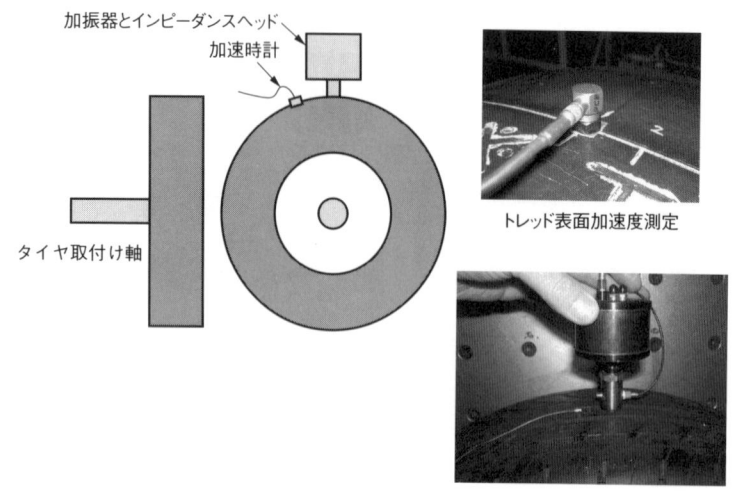

図4-5-12 タイヤ振動特性解析

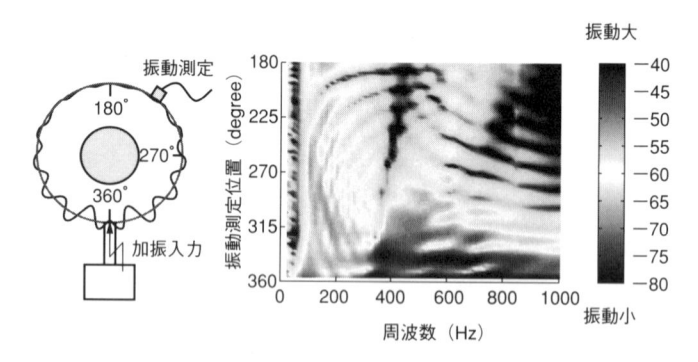

図4-5-13 加振に対するトレッドの振動伝達

ヤ断面方向の振動特性が重要となり、トレッド部の振動による場合には、トレッド部の周方向の振動伝達特性が重要となる。**図4-5-12**に加振器を用いたトレッド加振試験の様子を、**図4-5-13**に測定したトレッド周方向への振動伝達を示す。横軸を周波数、縦軸を周方向位置に取り、振動レベルを濃淡で表したグラフである。タイヤ道路騒音で問題となり易い1kHz付近においても、振動レベルはタイヤ半周近くで大きいことが分かる。対策として

加振点近傍で振動を減衰させるタイヤ構造が重要となる。

4.6 タイヤの摩耗特性

4.6.1 偏摩耗発生メカニズム

　タイヤの摩耗及び偏摩耗現象は、トレッドゴムの耐摩耗性だけでなく、タイヤの形状・構造・パターンの影響を強く受ける。特に偏摩耗という現象は、タイヤが何百万回も回転することによって初めて認知される場合が多いが、そのメカニズムを理解するには、タイヤを1回転させた際の変形や力の僅かな違いを見逃してはならない。本項ではこのような観点から、トレッドゴムの耐摩耗性以外の摩耗力学に基き、摩耗及び偏摩耗の発生メカニズムの基本的な考え方と、性能向上技術の例[1]を紹介する。

（1）主な偏摩耗の種類と発生メカニズム
(a) ヒール＆トー（H&T）摩耗
　ブロック内の摩耗量が"踏み込み端＜蹴り出し端"となる周方向の不均一摩耗形態のことを示す。段差自体もさることながら、この段差が騒音や振動に影響する。基本的には、ブレーキング力（進行方向と逆向きに作用する力）が大きいショルダー部の蹴り出し端でせん断力が増大し、逆に踏み込み端では減少することに起因する。これは蹴り出し端において、ゴムの非圧縮性に起因する力（後述）の向きとブレーキング力とが一致し足し合わされ増大する一方で、踏み込み端では互いに打ち消し合い減少するからである。サイドフォースによるブロックの幅方向変形が"踏み込み端＜蹴り出し端"となり発生することもある。

(b) センター摩耗、両減り摩耗、片減り摩耗、肩落ち摩耗
　いわゆる幅方向不均一摩耗のことである。周方向の力起因の場合、径の小さいショルダー部が径の大きいセンター部に引きずられて（径差）、進行方向と逆向きの力（ブレーキングフォース）を受けてショルダー部で摩耗が生じ、両減り摩耗となる。この反作用として、センター部では進行方向の力（ドライビングフォース）を受け摩耗する。これらの摩耗量バランスが崩れ

ると幅方向不均一摩耗に到る。特に駆動輪においては、ドライビングフォースが作用する頻度が高いので、径差によるドライビングと足し合わされてセンター摩耗が生じ易い。通常は接地形状が丸い場合に踏面内の径差が大きくなる。

　一方、片減り摩耗（テーパーウェア）は、主に幅方向の力起因で発生する。サイドフォースが大きい条件下や、アライメントが狂ってトー角が過大についた条件下で、ショルダー部の接地長や接地圧が周囲に対して相対的に大きい場合に生じ易い。（後述）

　また、周方向の力と幅方向の力とが複合的に作用した結果の摩耗形態として肩落ち摩耗がある。

(c)　リバーウエア（幅方向の段差摩耗）

　河岸段丘のように幅方向に段差を有する摩耗形態。通常、ブロックやリブエッヂからの幅方向のテーパー摩耗が進展して発生する。ブロックやリブ内のローカルな径差により、径が小さい領域と大きい領域との間で不連続に摩耗エネルギー（後述）が変化するのが原因である。タイヤへの入力が比較的マイルドで、耐摩耗性の高いゴムを用いた場合に発生し易く、トラック・バス用タイヤで見られることがある。

(d)　多角形摩耗

　周上に凹凸が複数発生する摩耗形態。摩耗核が発生する原因には、例えばタイヤ溝部に石を噛んで走行した結果その周囲が窪んだり、急ブレーキをかけた際にスポット的な摩耗が発生する場合等がある。あるいは、タイヤ-サスペンション系のばね及びマス特性と走行条件（速度等）によって、多角形摩耗が励起される場合もある[2]。

（2）　強制摩耗と自励摩耗

　タイヤに発生する偏摩耗は、タイヤに作用する外力（サイドフォース、ブレーキングフォース、ドライビングフォース）に起因する"強制摩耗"と、発生した摩耗核が進展することに起因する"自励摩耗"とに大別できる。両者の特徴をトレッド表面に刻まれた摩耗の痕跡（アブレージョンパターン）で比較する。マイルドな入力下で目立った偏摩耗が発生しない場合には、明確なアブレージョンパターンは形成されない（目視では判別できない）場合

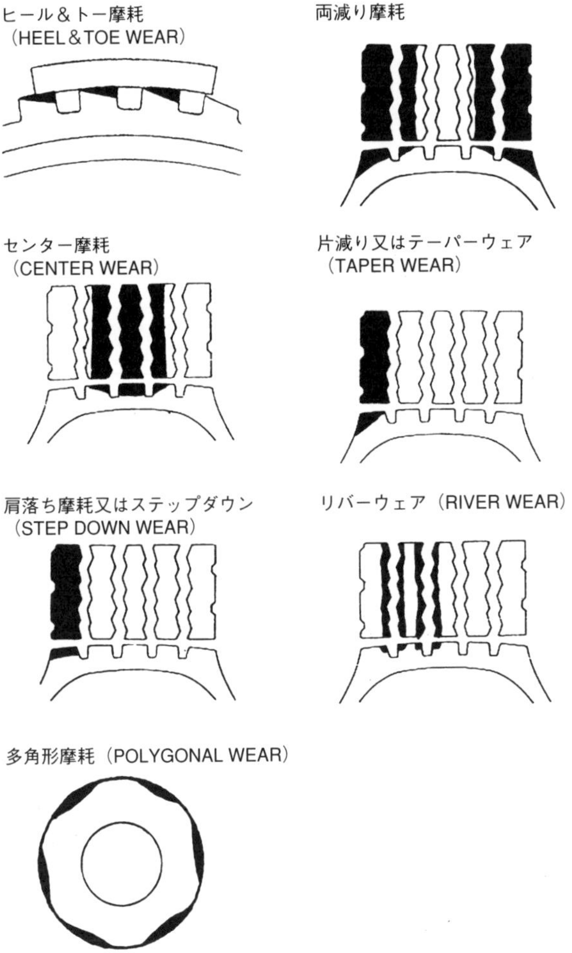

4.6 タイヤの摩耗特性

ヒール＆トー摩耗
(HEEL & TOE WEAR)

両減り摩耗

センター摩耗
(CENTER WEAR)

片減り又はテーパーウェア
(TAPER WEAR)

肩落ち摩耗又はステップダウン
(STEP DOWN WEAR)

リバーウェア (RIVER WEAR)

多角形摩耗 (POLYGONAL WEAR)

図 4-6-1 偏摩耗形態の分類

も多い。

　通常、アブレージョンパターンはトレッド表面が摩耗する際に受けた力（もしくはすべり）と垂直な方向へ形成される[3]。強制摩耗したトレッド表面ではアブレージョンパターンの間隔が広く明瞭であることが多く、大きなせん断力主体で摩耗する現象である。典型的な例としてF1用タイヤの摩耗

図4-6-2 ばね・マスモデル

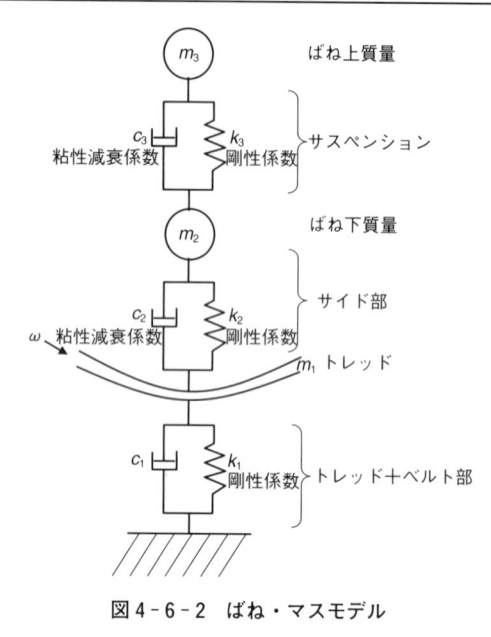

面とその拡大図を示す。(図4-6-3(1))周方向に延びる明瞭な(広い間隔で深い)アブレージョンパターンが特徴である。

　自励摩耗は、摩耗初期ではなく摩耗中期以降の摩耗進展時に生じることが多い。アブレージョンパターンが細かい(狭い間隔で浅い)ことが多く、摩耗核の発生により周囲に対して凹になった領域が、周方向にすべって発生することが多い。典型的な例としてトラック用タイヤの摩耗面とその拡大図を示す。(図4-6-3(2))

　路面を構成する骨材が動く場合(未舗装路)等では、引っ掻きによるパターンがすべりと同じ向きへ形成される。典型的な例として大型の建設車輛用オフロードタイヤの摩耗面を示す。(図4-6-3(3))

(3) 摩耗エネルギーの概念

　摩耗のし易さの程度を、トレッド表面が路面と接触した際の摩擦によるエネルギーを用いて表現する。この摩擦によるエネルギー(以下摩耗エネルギー)は、どんなに大きな力を受けていても、その時にすべっていなければゼロ

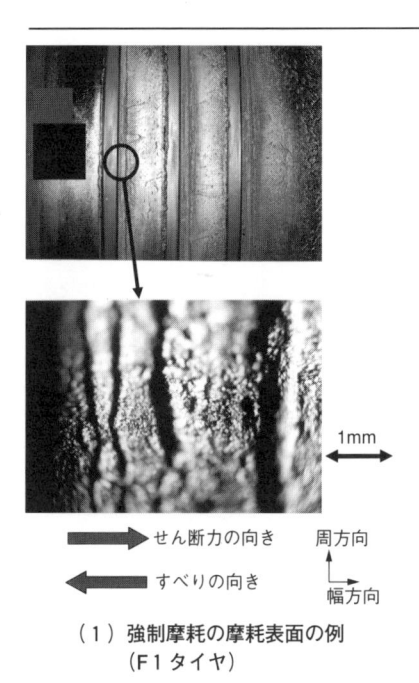

4.6 タイヤの摩耗特性 203

(1) 強制摩耗の摩耗表面の例
　　（F1タイヤ）

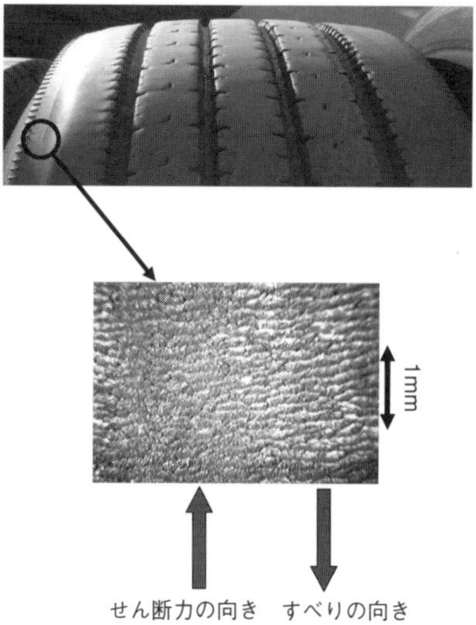

せん断力の向き
すべりの向き
周方向
幅方向

(2) 自励摩耗の摩耗表面の例
　　（トラック用タイヤ）

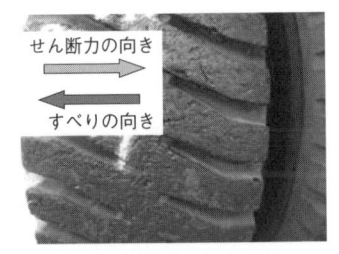

せん断力の向き
すべりの向き

〈A-A′方向断面から見た図〉
タイヤ表面のすべりの方向
タイヤ表面が受ける力（入力）の方向

A　　L　　　　　　　　　　　　A′
H

(3) 引っ掻き摩耗の摩耗表面の例
　　（大型建設車輌用タイヤ）

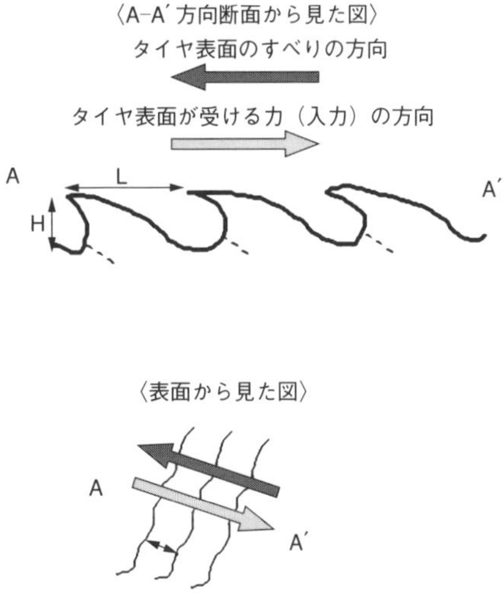

せん断力の向き
すべりの向き

〈表面から見た図〉

A
A′

(4) 強制、自励摩耗の場合の
　　アブレージョンパターンの模式図

図4-6-3

である。例えば、消しゴムを路面に斜めに強く押し付けても、横に動かさなければ"かす"が出ないのと同じことである。以下に摩耗エネルギーの構成因子であるせん断力、すべり量との関係を示す。

接地面内のトレッド表面上任意の点が、接地している間(踏み込みから蹴り出しまで)に路面から受ける摩耗エネルギーは、

$$E = \int (\tau_x dS_x + \tau_y dS_y) \quad \cdots\cdots\cdots\cdots (4.6.1)$$

で表される。ここで τ_x、τ_y はそれぞれタイヤの周方向、幅方向のせん断力で、S_x、S_y は周方向、幅方向のすべりである。摩耗エネルギーは、トレッド表面上のある点が接地している間に路面から受ける仕事量である。

ここで同じ摩耗エネルギーでも、トレッドゴムのミクロな破壊抵抗〜摩耗し易さが異なれば、摩耗量が異なる。従って、トレッドゴムの摩耗し易さを表す比例定数 A とすると、トレッドゴムの摩耗速度 W は、

$$W = A \cdot E \quad \cdots\cdots\cdots\cdots (4.6.2)$$

で表せる。横力が作用している場合の単位長さ転がる間にトレッドゴム単位面積当たりに発生する摩耗エネルギー E_{SF} は、

$$E_{SF} = \frac{F_y^2}{k_y S} \quad \cdots\cdots\cdots\cdots (4.6.3)$$

ここで F_y は横力、k_y はコーナーリングスティフネス、S は接地面積である。同様に、前後力が作用している場合の摩耗エネルギー $E_{DF\&BF}$ は、

$$E_{DF\&BF} = \frac{F_x^2}{k_x S} \quad \cdots\cdots\cdots\cdots (4.6.4)$$

ここで F_x は前後力、k_x はドライビングスティフネスである。式(4.6.3)、式(4.6.4)から、摩耗エネルギーは入力の2乗に比例することが分かる。市場での様々な入力条件下での摩耗速度に、それぞれが作用する頻度をかけて、それらを足し合わせると、4.6.4項(3)で述べるように市場での摩耗速度を予測することができる[4]。

(4) 放物線接地圧モデル

耐摩耗に関しては、タイヤ全体にかかるグローバルな力の大小でもある程度論ずることができるが、偏摩耗に関しては、例えタイヤ全体に作用する力

図4-6-4 放物線接地圧モデル

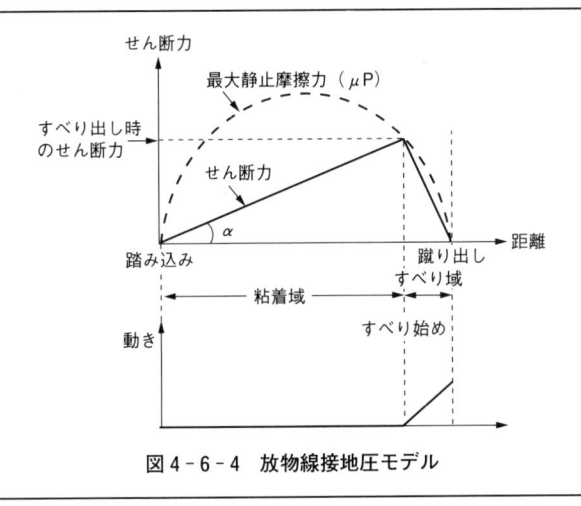

が小さくても、局所的に一部分が大きな力を受けていれば発生する。従って接地面内のローカルな解析が不可欠である。放物線の接地圧モデル[5),6)]を用いて、トレッド表面上のある点におけるせん断力の、踏み込み〜蹴り出しまでの変化を考えてみる。

ここでは横力が作用している場合を想定し、幅方向せん断力の踏み込み〜蹴り出しにかけての時系列変化を考える。踏み込むと同時に幅方向のせん断力が発生し始める。せん断力の傾き α は、タイヤのスリップ角やパターン及びベルト層の剛性に依存する係数（コーナーリングスティフネス）であり、せん断力は蹴り出しにかけて増大していく。この間トレッドは路面に対して動いていないので粘着域と呼ばれ、路面から力は受けているが摩耗は発生しない。やがてせん断力が接地圧 P と最大静止摩擦係数 μ とを乗じた最大静止摩擦力 μP に達するとトレッドはすべり始め、路面から離れるまでの間に摩耗する。この領域をすべり域と呼び、摩耗エネルギーはここで発生する。この考え方は、周方向せん断力の場合も基本的に同様であり、スリップ角をスリップ率に置き換えればよい。

このモデルから、接地圧が高く接地長が長いと、すべり出す際のせん断力が大きくなることが分かる。この場合せん断力主体の強制摩耗が生じ易い。逆に、接地圧が低いと、すべり出す際のせん断力は小さいがすべり出しが早

い（すべり域が長い）ためにすべり主体の自励摩耗が生じ易い。偏摩耗した領域はその周囲に対して相対的に凹部となるので、接地圧が低下してすべり量が増大する。接地長が短くなり接地圧がある程度低下するまでこの現象が継続し、あたかも自身の摩耗が摩耗を促進するかのように見えるので、これが"自励摩耗"と呼ばれる所以である。

(5) タイヤに働くローカルな力

タイヤのトレッド表面にローカルに作用する力は、"ゴムの非圧縮性に起因する力"と"ベルト（トレッドベース）との相対変位に起因する力"とに大別できる。以下、それぞれの発生原因を説明する。

(a) ゴムの非圧縮性に起因する力

ゴムブロックに垂直荷重を負荷すると、上下表面は摩擦力で拘束される一方で、ゴムの非圧縮性によって側面は膨出する。その結果、トレッド表面にはせん断歪が発生する。（図4-6-5(1)）ゴムブロックが与えられた荷重

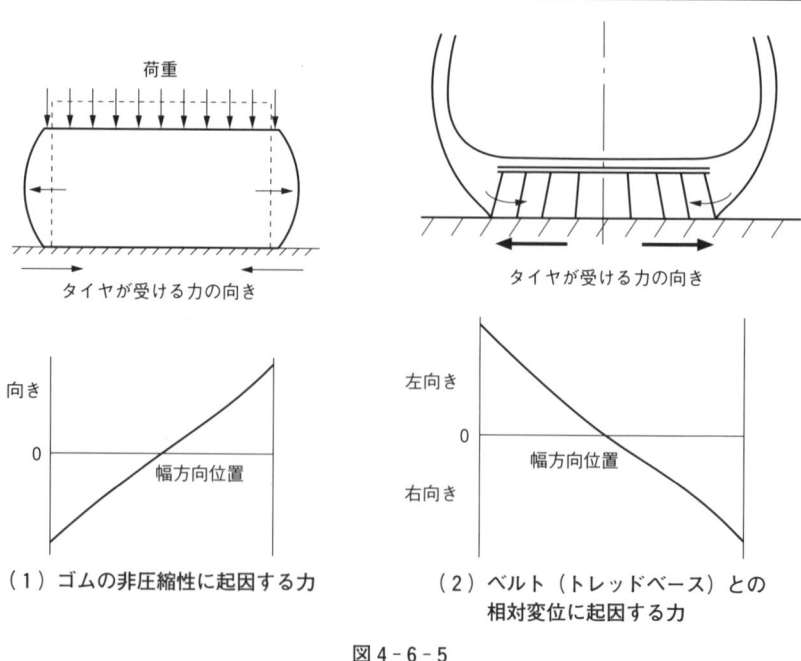

図4-6-5

に対してどれだけ圧縮変形するかについては、防振ゴムの基本的考え方である服部・武井の式で、整理されており、基本的には「拘束表面積÷自由表面積」が小さい程圧縮剛性は小さくなる。一方、トレッド表面に作用する力は、ゴムの非圧縮性を考慮した線形フック則に基くエネルギー法で解析されている[7]。膨出部分の形状を三角関数で近似することで、トレッド表面のローカルな接地圧やせん断力分布、挙動が説明できる。2次元の断面で見た場合、基本的にはブロックエッヂに近い領域ほどブロック中心向きのせん断力が大きくなる。

(b) ベルト（トレッドベース）との相対変位に起因する力

タイヤを周方向断面内、または幅方向断面内で見ると、ベルト（トレッドベース）に対してトレッド表面は径が大きい。そのため、ベルトの伸び縮みやトレッド深さ方向の変形を無視すると、ベルトとトレッドとの間にはせん断歪が発生する。いずれも、丸いものを平らにすることにより発生すると考える（図4-6-5(2)）。

周方向せん断力においては踏み込み側でドライビングのピークをとり、その後蹴り出しへかけてブレーキングへと移行する挙動を示す。

幅方向せん断力においては、ショルダー部に近い領域ほど外向きの力を示す。

(6) 径差の概念

(5)で示した基本的な力に加算される成分を説明する。トレッド部の曲率やトレッドデザイン等により、タイヤが転動時に接地面を進む速度は周上の場所毎で微妙に異なる。この差の原因を"径差"と呼ぶ。タイヤ内で転がり半径が異なる $(r、r')$ 2つの領域の転動を考える。各々が独立に動けると仮定し、タイヤが1回転する間に進んだ距離を比較すると、両者の進んだ距離の違いは

$$\Delta l = 2 \cdot \pi \cdot (r - r') \quad \cdots\cdots\cdots\cdots\cdots\cdots\cdots\cdots\cdots\cdots (4.6.5)$$

で表せる。実際には各々が独立には動けないので、周方向にすべることでつじつまを合わせている。タイヤの回転の角速度はどちらの領域でも等しいので、半径が小さい領域は接線速度が遅いことになる。接地面内ではタイヤ全体が等しい接線速度で動こうとするため、接線速度が遅い領域はより速い領

図4-6-6 径差の概念

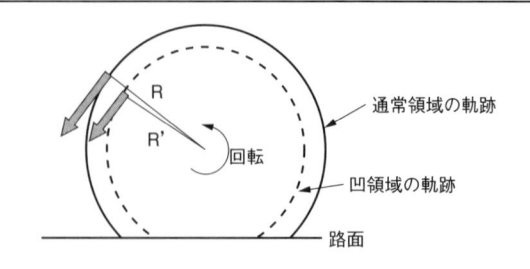

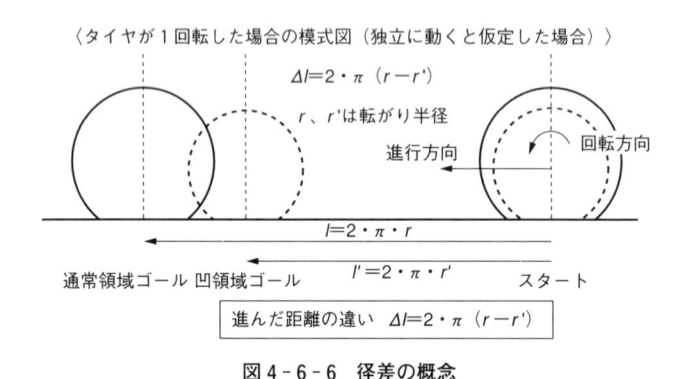

域に進行方向に引きずられるようにして進むことになる。そのため半径が小さい領域は、進行方向へのすべりと進行方向とは逆向きの周方向せん断力（ブレーキング力）とを受け、摩耗エネルギーが増大する。通常は、接地形状が丸い場合、センター部とショルダー部の径差は大きくなる。

（7） 接地圧分布と偏摩耗性

接地圧分布には、トレッドのパターンやタイヤの形状、構造によって様々なタイプがある。全体的にセンターが低くショルダーが高いもの、ショルダー部内でも分布があるもの等様々であり、こうした分布は使用条件（内圧、荷重）によっても変化する。

この分布は(4)で述べたように偏摩耗性能に大きな影響を与える。一般論としては、①ショルダーの接地圧が高いと横力による強制摩耗がショルダーに発生し易く、②接地圧均一だと偏摩耗が発生し難く、③ショルダーの接地圧が低いと直進主体の入力条件下でセンター摩耗やショルダー摩耗が発生し

易い。

（8） 偏摩耗性向上技術

幅方向の不均一摩耗（ショルダー摩耗、センター摩耗等）や周方向不均一摩耗（H&T摩耗など）に対して、接地圧分布、接地形状、ブロック剛性分布、ケース剛性の適正化、細溝（サイプ）の深さや方向の適正化等の多岐にわたる性能向上のポイントがある。以下、タイヤに用いられている偏摩耗向上技術の中から数例紹介する。

(a) 偏摩耗吸収リブ

特に直進走行主体のトラック・バス用タイヤにおいては、旋回時等にリブエッヂに強制摩耗によって発生した摩耗核が、直進時に自励摩耗によって進展し、リバーウエアやリブパンチウエア（リブ全体がステップダウンする偏摩耗）が発生し易い。このような自励摩耗による進展を抑制するために、問

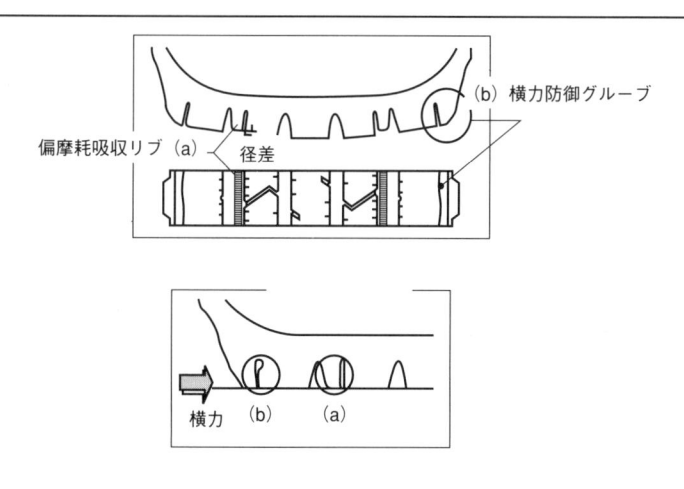

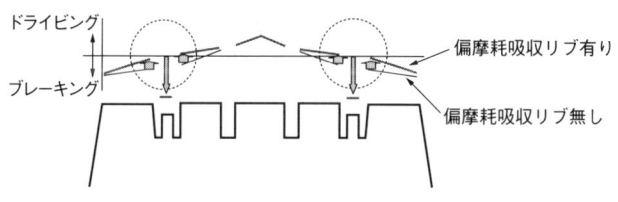

図4-6-7 偏摩耗吸収リブと横力防御グルーブ

題となる自励摩耗を逆に活用した技術を紹介する。

　周方向主溝内に、リブ本体に対して低くなるように段差をつけた幅狭リブ(a)を配置すると、幅狭リブ表面はその周囲よりも転がり半径が小さくなるのでブレーキング方向の力を受ける。その影響を受け、幅狭リブ直下のベルト（トレッドベース）も進行方向と逆向きに変形し、その変形は隣接する領域（リブ本体）にも達する。すると、リブ本体におけるトレッドとベルト（トレッドベース）との間の相対変位が減少するので、その領域でのブレーキング力は減少する。このようにしてリブ本体での自励摩耗が抑制されるのである。踏面内の周方向せん断力分布で見ると、周方向溝内に新たに追加したこの幅狭リブがブレーキングを吸収し、その分周囲のブレーキングを緩和している。

　因みにこの細リブは、それ自身が自励摩耗していくため基本的にはリブ本体よりも摩耗速度が速いが、リブ本体に対して段差が深くなり過ぎると次第に摩耗速度が遅くなるので再び段差が浅くなり適性段差へと近づくため、常に一定範囲の段差量を維持でき効果を持続できる。主として自励摩耗が発生し易い、直進入力主体のトラック・バス用タイヤに有効である。

(b)　横力防御グルーブ

　ショルダー端付近に周方向の細溝(b)を配置するものである。ショルダー端からの偏摩耗を抑制するのに有効である。横力が作用した際に、この細溝の外側の狭い幅のリブが変形してショルダーリブ本体に接触し、ショルダーリブ本体に摩耗核が発生するのを抑制する効果がある。同時に径差凹部であるショルダー端近傍に配置するので、このグルーブ内外の径差を緩和する効果もある。従って、ある程度の幅方向入力にも、直進主体の入力にも効果がある。そして偏摩耗核の発生は勿論、結果的に自励摩耗も抑制することができる。ただし、大きな横力が作用するようなタイヤでは、溝位置や溝深さ等の設定に注意が必要である。主としてトラック・バス・商用車用タイヤに用いられている。

(c)　ドーム型3次元ブロック形状

　通常、ショルダー部のブロックにおいては、ブレーキング方向の力がブロック全体に作用する。これに伴いブロック蹴り出し端の摩耗が促進され、H

&T 摩耗が発生し易い。また、一旦 H&T 摩耗が発生すると、次第に踏み込み端対比蹴り出し端のすべり量が多くなり、自励摩耗により摩耗進展していく傾向にある。

ブロックパターンにおいて、幅方向溝に面するエッジ部がブロック中央部よりも低くなるように、トレッド表面を周方向にドーム型に設定すると、ブロック踏み込み端はブロック内で相対的に大きく幅方向変位してセンター側に接地する。これが路面から離れる際に開放されるので、外側へ向けて余計にすべるようになり、摩耗が促進される。一方蹴り出し端ではブロックセンター部のトレッドゴムが蹴り出し側へと押し出されて、これが蹴り出し端に作用するブレーキング方向の周方向せん断力を打ち消す作用をするため、通常のブロック形状と比較して摩耗量が抑制される。

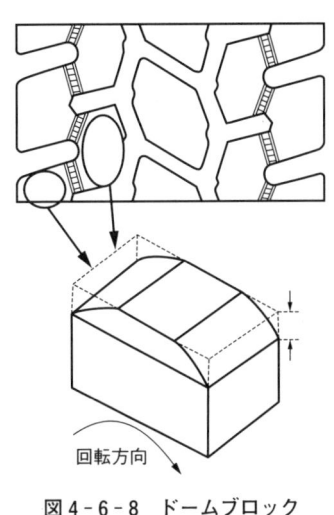

図4-6-8 ドームブロック

このようにドーム型3次元ブロックを用いると踏み込み端〜蹴り出し端まで均一に摩耗するので、初期のブロック形態が長い間維持され効果を持続できる。しかしブロックエッジの落ち量が小さ過ぎると効果が小さく、また大き過ぎると接地面積が減少して接地圧の上昇を招くので、適切な落ち高に設定することが重要である。

(d) 接地圧均一最適クラウン形状

FEM による予測計算でクラウン形状を最適化することで、接地圧が均一且つ標準的な接地形状のタイヤを設計した例を紹介する。

目的関数を接地圧偏差最小、設計変数をタイヤが路面に接地する部分のクラウン形状に設定して最適形状を求めている（**図4-6-9**）。設計変数は5個で、そのうちの2個は2つの円弧の接続点の位置で、残りの3個が円弧の半径である。目的関数は、

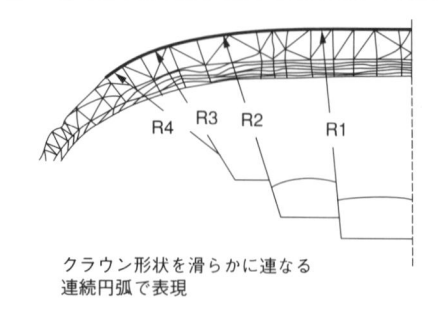

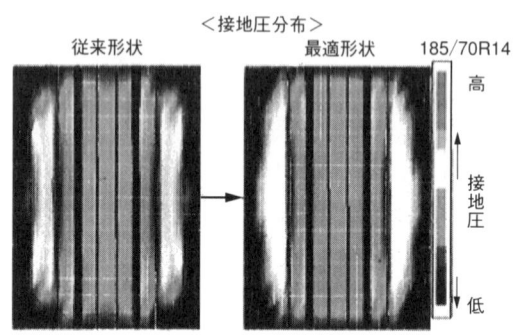

クラウン形状を滑らかに連なる
連続円弧で表現

＜接地圧分布＞
従来形状　　　最適形状　　185/70R14

図4-6-9　接地圧均一最適クラウン形状による接地圧分布の変化
※カラーの図は口絵参照

$$f(X) = \sqrt{\sum_{i=1}^{n}(s_i p_i - \bar{p})^2} \quad \cdots\cdots\cdots\cdots\cdots\cdots\cdots\cdots\cdots (4.6.6)$$

で定義した。ここで n は接地面内の接触要素の数、s_i は i 番目の要素の接地面積、$\bar{p}$ は接地面内の要素の接地圧 p_i の平均値である。ニューラルネットワークを活用し、少ない解析回数で効率良く最適解を求める工夫も取り入れている[8]。

求めたクラウン形状の乗用車用タイヤを実車で摩耗させ、従来品と比較した結果を**図4-6-10**に示す。2万km走行時の摩耗量分布をマップ化したもので、濃い色の領域は摩耗量が多いことを示す。従来形状ではショルダー部の摩耗量が多かったが、クラウン最適形状ではショルダー端部での接地圧の集中を緩和できたので均一な摩耗形態が実現できている。

この手法に関しては、例えば、より大きな横力が作用する頻度が高い高性

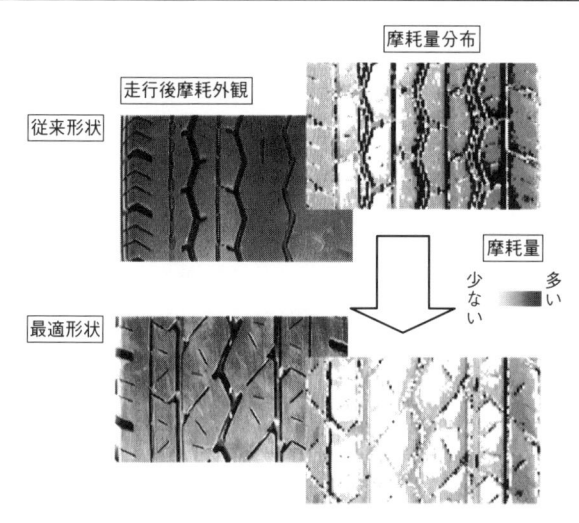

図4-6-10 最適形状による摩耗量分布の変化
※カラーの図は口絵参照

能タイヤの場合には直進時と旋回時の2条件での接地圧分布を考慮し、2つの目的関数を扱うといった多目的最適化も行っている。

4.6.2 摩耗試験

前項で述べたような偏摩耗を発生することなくタイヤとしての寿命を全うでき、かつ充分に長持ちさせる設計を施すことは、タイヤという製品を開発する上では耐久性の維持と並ぶ、最も基本的な課題である。従って製品開発段階での摩耗性能の評価は、様々な試験方法を用いて行われ、狙い通りの性能が発揮されているか確認されることになる。試験方法の中で最も一般的なものは、実路を用いた走行試験である。

4.6.3 室内での摩耗試験

上記のような実路での摩耗試験は、実際の市場での摩耗状態を評価できるという点で非常に有用である反面、その摩耗形態は、路面の状態や走行の仕方・車輌のアライメント、あるいは気象条件等に左右される[9]ため、こうし

た実際の車輌に装着して実路を走行する方法のみでは、タイヤ構造やゴム種の違い等を正しく評価することが非常に難しい。そこで、新しいタイヤの開発や摩耗性能の研究に際しては、路面やタイヤに加わる入力・雰囲気温度等を正確に制御可能な、室内試験での摩耗評価法がきわめて重要であり、過去から種々の研究が行われている[10],[11]。

室内試験で摩耗性能を評価するための代表的な試験機としては、摩耗ドラム[12]が挙げられる。摩耗ドラムは、ドラム試験機上で実際にタイヤが摩耗するまで走行させ、摩耗したゴム量の測定から耐摩耗性を予測したり、種々の入力を与えて偏摩耗性を評価したりするのに使用される。以下、その詳細について述べる。

(1) 摩耗ドラムの構成

図4-6-11には実物の写真を示す。

供試タイヤは、定められた条件に基づくスリップ角やキャンバー角・垂直荷重を付加されてドラム面に押し付けられる。ドラム表面は、摩耗を促すための被覆材で覆われており、一般的には3M社製のセーフティウォークを使用することが多いが、耐久性等の点から例えば硅砂とエポキシの混合物等により形成した被覆材（図4-6-12）を用いることもある。この試験機を用いて、主に耐摩耗試験及び偏摩耗試験が行われる。

図4-6-11 摩耗ドラム

図4-6-12 表面被覆材の例

（2） 耐摩耗試験

　耐摩耗試験は、タイヤが完摩する（溝の深さが1.6 mm以下になる）までにどの程度の距離を走行できるかを評価する試験である。しかし、実際に完摩するまで走行させるには膨大な時間が掛かることから、通常は一定の距離を走行させた後のタイヤ重量の変化から推定する方法をとっている。すなわち、新品時のタイヤ重量を先ず測定しておき、一定距離（数千km程度）走行させた後に再び重量を測定して、その差から単位走行距離あたりの重量減少量を求める（図4-6-13）。

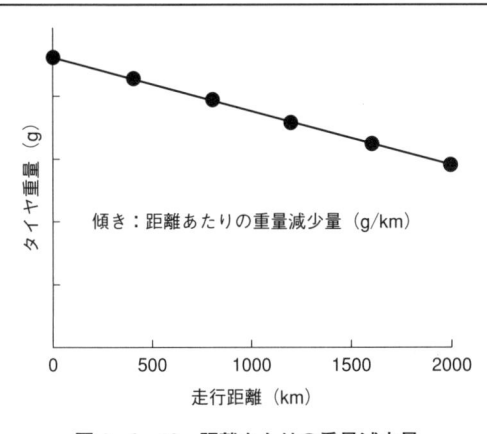

図4-6-13　距離あたりの重量減少量

　トレッド面が均一に摩耗すると仮定すれば、トレッドの表面積とゴムの比重を用いて、この重量減少量が溝深さ何mmに相当するかが換算できるので、単位走行距離当たりの摩耗量、いわゆる摩耗速度が得られることになる。この試験を、数種の試験条件（自由転動、一定スリップ角付、一定制動力付など）の下で実施し、各条件における摩耗速度を求め、実際の市場における入力頻度情報に基づいて演算することで、市場での走行可能距離が推定できる。

（3） 偏摩耗試験

　耐摩耗試験がタイヤ全体としての摩耗寿命を評価するのに対し、偏摩耗試験は主としてトレッドパターンの形状やタイヤへの入力に起因する、トレッ

市場での入力(加速度)実測データ

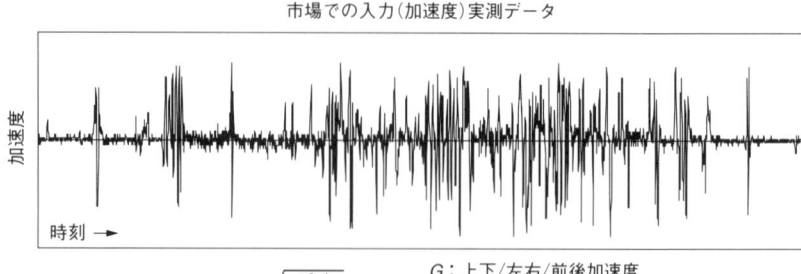

$$RMS = \sqrt{\sum_n G_n^2 / N}$$

G：上下/左右/前後加速度
N：サンプリング回数

図4-6-14　市場入力の数値化

ドパターン内の不均一摩耗の評価に用いられる。偏摩耗は、タイヤへの入力に大きく依存するため、例え同一のタイヤであっても装着車輛や走り方、走るコース等が違えば、偏摩耗の形態は大きく異なることがある。そこで、偏摩耗試験の入力条件を設定するにあたっては、例えば実際に様々なコースを走行した際の横方向や前後方向の加速度を測定し、その RMS 値等を用いて市場入力の数値化を行う（図 4-6-14）。

そしてこの値と車輛のアライメント値を用いて、試験のための条件（荷重・スリップ角・キャンバー角等）を設定する、といった方法がとられる。また、更に実走行の状態に近づけるため、新たな条件設定の方法も開発されている。以下にその詳細を述べる。

（4）　実走行状態を模擬した条件設定法

実走行状態を模擬した試験条件の決定には、大別して実測データを用いる方法[13]と、コンピューターモデリングによる方法[14]の2通りがある。実測データによる方法は、ホイール分力計と呼ばれる測定器及びその姿勢角変化を測定できる機器を車のホイール部に取り付け（図 4-6-15）、実路を走行することにより、タイヤに加わる荷重や横力及び前後力、キャンバー角変化等を直接測り、これを試験条件に加工するものである。

一方、コンピューターモデリングによる方法とは、ADAMS や CarSim に代表される車輛挙動シミュレーションソフトを使って、想定した走行モードにおけるタイヤへの入力等を計算で求め、これを用いる方法である。しかし

図 4-6-15　ホイール分力計　　　　図 4-6-16　加速度測定装置

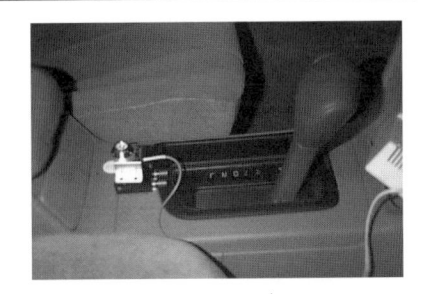

ながら、これらの方法には各々問題がある。先ず前者の方法は、測定機器の装着に手間が掛かる上、これを装着したまま様々なコースを走行すること自体が難しい。また、コンピューターモデリングによる方法は、対象となる車輛モデルを都度作成する必要性に加え、試験条件の決定に足ると考えられる種々の走行モード下での計算が、現在の計算機能力では困難である。そこで、より実用的な手法として、走行路を特徴付ける部分と車輛特性を特徴付ける部分を分けた、次のような方法が考案開発された[15]。

先ず走行路に関しては、簡便な加速度測定装置（**図 4-6-16**）と速度センサーを車輛に取り付け、加速度（A_x、A_y、A_z）及び車輛速度V_xを測定する。

すなわち、走行路の特徴はこれらの物理量からなる車輛の運動履歴によって表わされるものとする。この場合装置自体が簡便であるため、走行ルートや距離を選ぶことなく測定が可能である。一方、摩耗ドラムに付与する試験条件としては、具体的には三方向の力とタイヤの姿勢角（F_x、F_y、F_z、IA）の履歴を決定すればよいが、これらが以下のように車輛の運動履歴の関数として表現できると考える。

$$F_x、F_y、F_z、IA = f(A_x、A_y、A_z、V_x) \quad \cdots\cdots (4.6.7)$$

ここで、両者を結びつける関数は、より詳細には式(4.6.8)に示すような車輛応答係数マトリックスとして表現できる。

$$\left\{\begin{array}{c} F_x \\ F_y \\ F_z \\ IA \end{array}\right\} = \left\{\begin{array}{cccccccc} K_{11} & K_{12} & K_{13} & K_{14} & K_{15} & K_{16} & K_{17} & K_{18} \\ K_{21} & K_{22} & K_{23} & K_{24} & K_{25} & K_{26} & K_{27} & K_{28} \\ K_{31} & K_{32} & K_{33} & K_{34} & K_{35} & K_{36} & K_{37} & K_{38} \\ K_{41} & K_{42} & K_{43} & K_{44} & K_{45} & K_{46} & K_{47} & K_{48} \end{array}\right\} \left\{\begin{array}{c} 1 \\ A_y \\ A_y^2 \\ A_x \\ A_x^2 \\ C \\ C^2 \\ V_x^2 \end{array}\right\} \quad \cdots\cdots (4.6.8)$$

ここで C はステアリング機構の影響を表わす変数である。そして、このマトリックスは実験的な方法（加速度計及びホイール分力計を取り付けた車輌で単純なコースを走行して求める）か、あるいはコンピューターモデリングによる方法で決定すればよい。つまり、この手法では先に述べた2つの方法をあくまでも車輌応答係数マトリックスを求めるためだけに用いればよく、走行路自体の特徴付けは車輌加速度及び速度といった簡単に測定できる物理量を使うので、より実際の走行路に即した試験条件を効率的に決定することが可能である。

（5） 偏摩耗の可視化と定量化

先の項で述べたように、耐摩耗試験の場合は摩耗速度のみを求めればよいので結果処理も簡単であるが、偏摩耗試験ではトレッド面の摩耗形態自体を何らかの形で定量化し、結果を評価する必要がある。そこで通常、偏摩耗試

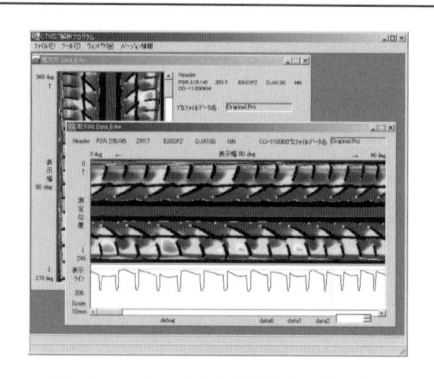

図4-6-17　偏摩耗状態の可視化例
※カラーの図は口絵参照

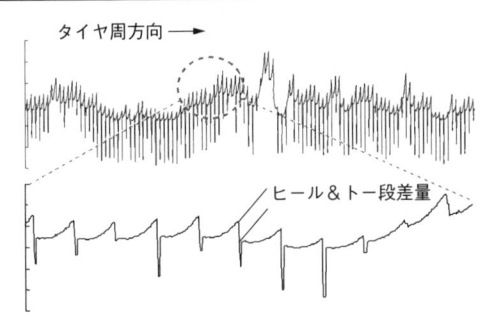

図4-6-18　偏摩耗量の定量化例

験の結果処理には、摩耗形状測定装置[16]が用いられる。

　これは、レーザーをタイヤ軸方向にスキャンして表面形状を測定、これをタイヤを少しずつ回転させながら繰り返すことで、タイヤ表面形状の3次元データを得るものである。結果を専用ソフトで解析することで、例えば**図4-6-17**のように偏摩耗の状態を色分布で可視化したり、あるいは**図4-6-18**に示すようにグラフ化して特定位置での偏摩耗量を定量化したりできる。この装置は、室内試験を実施したタイヤだけでなく、実際に市場を走行したタイヤの解析にも用いられており、両者の比較等に活用されている。

4.6.4　摩耗エネルギーの測定

　摩耗ドラムを用いた室内試験は、一定の条件下での耐摩耗や偏摩耗を直接評価できるという点で非常に有効であるが、評価にはある程度の時間を要する。そこで、摩耗ドラムの代わりに接地面内の摩耗エネルギーの分布状態を計測し、タイヤパターンのどの部分が摩耗し易いかを予測するといった方法がよく用いられている。この摩耗エネルギーの計測に使われる踏面観察機について、以下に紹介する。

（1）　踏面観察機の構成

　供試タイヤは、定められた条件に基づく垂直荷重やスリップ角及びキャンバー角を付与されて路面に押し付けられ、微低速で転動しながら前進する。

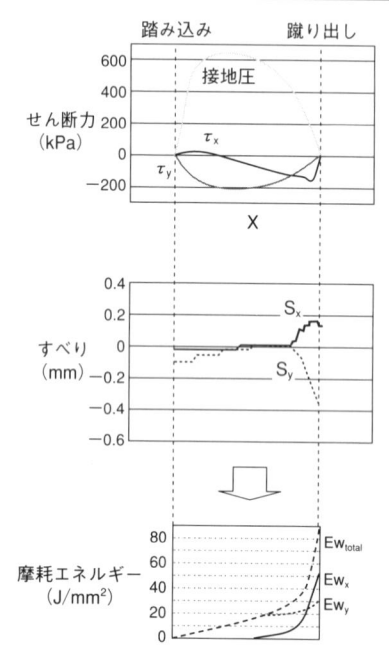

図4-6-19 摩耗エネルギーの計算

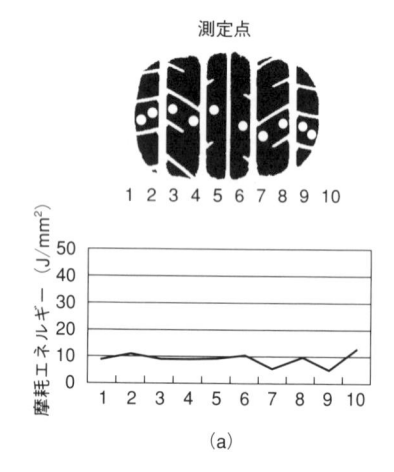

図4-6-20 自由転動時の摩耗エネルギー分布(a)

前進した先には三分力計とCCDカメラを備えた測定部があり、あらかじめ定めた評価点がこの測定部を通過する際、三分力計によって接地圧及び前後左右のせん断力を、またCCDカメラによって評価点の変位を測定する。測定した変位から、接地面内における評価点のすべり量が得られるので、せん断力とすべり量より摩耗エネルギーを計算することができる。図4-6-19に、これらのデータの例を示す。

（2） 摩耗エネルギーの測定例

代表的なタイヤ入力の下で測定した摩耗エネルギーを、タイヤの幅方向に対する分布としてグラフに表わしたものを図4-6-20～23に示す。図4-6-20は自由転動時の摩耗エネルギー分布であり、この例では幅方向にほぼ均一な分布をしている。すなわち、このタイヤは自由転動時には概ね均一な摩耗をすることが分かる。一方、駆動力・制動力が加わった場合には、

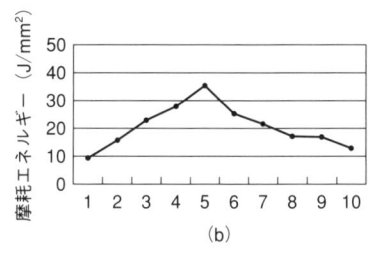

図4-6-21 駆動時の摩耗
　　　　エネルギー分布(b)

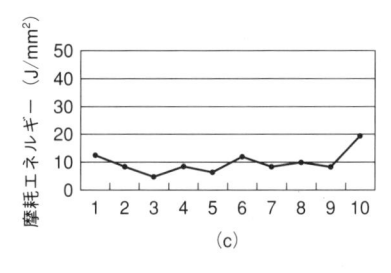

図4-6-22 制動時の摩耗
　　　　エネルギー分布(c)

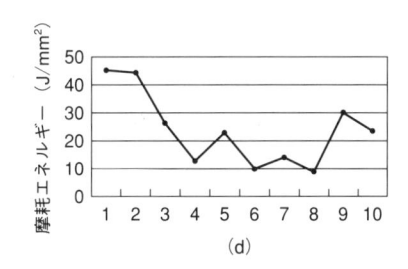

図4-6-23 横力時の摩耗エネルギー分布(d)

図4-6-21、図4-6-22のように駆動時は山型、制動時は谷型の分布に変化する。これは、タイヤの径差の影響によって一般にセンター部では駆動方向、ショルダー部では制動方向のせん断力が自由転動の状態から発生しているが、ここに駆動・制動の力が加わると各々が強調される（例えば駆動時にはセンター部の駆動方向せん断力が増加する）ためである。また、横方向の入力が加わった場合は、図4-6-23のように入力が加わる側のせん断力及びすべり量が増大するため、片側が持ち上がったような分布となる。

（3） 踏面観察機による摩耗予測[17]

上記に示したように、摩耗エネルギーを測定することでそのタイヤが概ねどのような摩耗形態をとるか、その傾向を知ることができる。しかし、摩耗エネルギーのみではそのタイヤが完摩するまでの走行距離（摩耗ライフ）を推定することはできず、また実際の走行では種々の入力が加わるため、上記のように限られた入力条件での摩耗エネルギー結果のみでは、市場走行の結

果としてどのような摩耗形態となるのかを予測することは難しい。

そこで、この踏面観察機による摩耗エネルギー測定結果を活用して、実走行における摩耗ライフや摩耗形態を簡便に予測するために、以下のような手法が用いられている。

先ず、タイヤの摩耗はトレッド部に用いられているゴム自体の材質 G と、トレッドパターンや構造の寄与 E の2つに大別できると考える。そして、G についてはランボーン摩耗試験と呼ばれるゴムサンプルを用いた室内試験により得た摩耗抵抗指数[18] $G1$ で表わし、E については摩耗エネルギー Ew で表わせるものとする。ここで Ew は市場での入力条件や車輌アライメント等を考慮して、次の式で求める。

$$Ew = Ew_f + Ew_t + Ew_s + Ew_d + Ew_b \quad \cdots\cdots\cdots\cdots\cdots (4.6.9)$$

ここで、$Ew_f \cdot Ew_t \cdot Ew_s \cdot Ew_d \cdot Ew_b$ はそれぞれ、自由転動時・トー角付与時・横力付与時・駆動力付与時・制動力付与時、の摩耗エネルギーを表わす。タイヤの摩耗寿命は上記 $G1$ が大きい程長く、また Ew が大きい程短いと考えられるので、タイヤ摩耗寿命期待値 $T1$ を次式で定義する。

$$T1 = G1 \times (H - 1.6) / Ew \quad \cdots\cdots\cdots\cdots\cdots (4.6.10)$$

ここで、H；タイヤの溝深さ（mm）であり、1.6はタイヤの棄却限界とされている残溝1.6mmに相当する。

式(4.6.10)に従って計算された摩耗寿命期待値 $T1$ と、そのタイヤを実際に市場で走行させた時の摩耗寿命値を、何種かのタイヤについてあらかじめ得ておけば、新規ゴムや新規構造のタイヤについては、$G1$ と Ew を測定するだけで市場での摩耗寿命や摩耗形態が予測できる。予測の精度を上げるために、例えば $G1$ を測定する際、市場での入力の大きさを考慮したり、また実走行時の加速度データから横力や前後力の RMS 値を求めて、その値相当での Ew_s や Ew_d、Ew_b を測定する等の工夫がなされている。

4.7 タイヤの摩擦特性

はじめに

　路面とタイヤとの間に摩擦力が無ければ、どんなに高出力のエンジンを搭載している車も走行することはできない。"走る、曲がる、止まる"という車の基本挙動は、全て路面との摩擦力があってはじめて成立するのである。タイヤにおける摩擦力は、"グリップ"や"トラクション"、"ブレーキング"等の状況に応じて様々な呼び方があるが、いずれもタイヤ（ケースやトレッド）の変形と相手側である路面の性状（粗さ）や状態（水膜、温度等）を基本にその特性が決まるものである。

　本節ではまずドライ状態の路面での摩擦について述べ、次にその上に水が存在する場合、雪が存在する場合、氷が存在する場合について述べる。

4.7.1 タイヤの摩擦特性の考え方

　本項ではトラクション、ブレーキング（前後）方向の特性を中心に述べる。

（1） ブラッシュモデルと s-μ 特性

　タイヤの摩擦特性を考える場合、スリップ率（s）と摩擦係数（以下μ）との関係を示した曲線（s-μ特性）で表現することが多い。ゴムの節（5.1）で述べているように、ゴムの摩擦は粘着摩擦とすべり摩擦とに分類できる。両者を考慮したブラッシュモデルを用いて s-μ 特性を求めることができる[1),2)]。

　あるスリップ率におけるタイヤの状態に着目し、その状態で路面から受ける力を求める。

　まず接地圧波形 $P(x)$ を n 次曲線で近似する。

$$P(x) = \frac{n+1}{n} \cdot \frac{2^n F_z}{l^{n+1} w} \left[\left(\frac{l}{2}\right)^n - \left(l_h - \frac{l}{2}\right)^n \right] \quad \cdots\cdots\cdots (4.7.1)$$

　これに最大静止摩擦係数 μ_s をかけて最大静止摩擦力とする。ここで l は接地長、w は接地幅、F_z は垂直荷重、l_h は粘着域の長さである。接地して

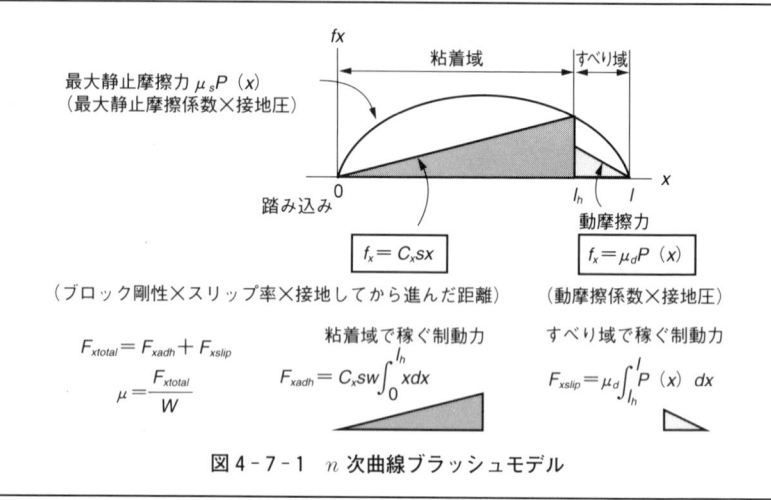

図4-7-1 n 次曲線ブラッシュモデル

図中:
- 最大静止摩擦力 $\mu_s P(x)$（最大静止摩擦係数×接地圧）
- 粘着域 / すべり域
- 踏み込み
- 動摩擦力 $f_x = \mu_d P(x)$（動摩擦係数×接地圧）
- $f_x = C_x s x$（ブロック剛性×スリップ率×接地してから進んだ距離）
- $F_{xtotal} = F_{xadh} + F_{xslip}$
- $\mu = \dfrac{F_{xtotal}}{W}$
- 粘着域で稼ぐ制動力 $F_{xadh} = C_x s w \displaystyle\int_0^{l_h} x\,dx$
- すべり域で稼ぐ制動力 $F_{xslip} = \mu_d \displaystyle\int_{l_h}^{l} P(x)\,dx$

から進んだ距離 x においてタイヤが発生する力 $f(x)$ は、

$$f(x) = C_x s x \quad\cdots\cdots (4.7.2)$$

ここで C_x はドライビングスティフネス、s はスリップ率である。接地して次第に力が増大し、最大静止摩擦力に達するとすべり始める。ここで、すべり摩擦へ移行（すべり摩擦係数 μ_d）する。あるスリップ率においてタイヤが発生する力 F_x は、粘着摩擦力 F_{xadh} とすべり摩擦力 F_{xslip} とを足して求めることができる。各々の摩擦力は、踏面内で踏み込みから蹴り出しまでに発生する量を積分して求めることができる。

$$F_x = F_{xadh} + F_{xslip} = C_x s w \int_0^{l_h} x\,dx + \mu_d \int_{l_h}^{l} P(x)\,dx \quad\cdots\cdots (4.7.3)$$

スリップ率を変えてこれを計算し、横軸スリップ率、縦軸 F_x またはこれを荷重 F_z で割った値（制動力係数；以下 μ）をとって整理すると s-μ 曲線を得る。**図4-7-2**に計算例を示す。スリップ率10%近傍にピークを有し、それより低いスリップ率では粘着摩擦主体、高いスリップ率ではすべり摩擦主体である。

通常、タイヤのショルダー部とセンター部とでは、接地長や接地圧は勿論、ブロック剛性も異なるので、これらを考慮して各リブ毎に s-μ 特性を計算

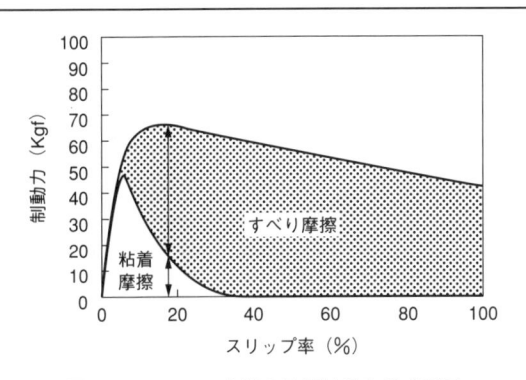

図4-7-2　s-μ曲線の予測結果と構成要因

し足し合わせることでより実際に近くなる。また、すべり摩擦係数は速度に依存するので、それも考慮した方が良い。

（2）　トレッドブロックの変形

　前項ではあくまでマクロな観点でのブロック剛性を用いてμを論じた。しかし制駆動力を発揮している際のブロックは（図4-7-3）の様に特徴的な変形を示す。大きく2つの変形の特徴が見られる。1つは力の出側のエッヂ近傍の浮き上がりであり、もう1つは力の入り側エッヂ近傍の巻き込みである。いずれも接地面積を減少させたり、接地圧分布を不均一にするので、μを低下させる要因となる。

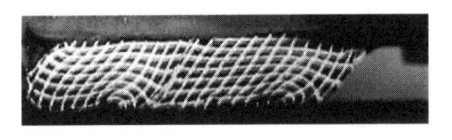

図4-7-3　すべっているブロックの変形状態

　浮き上がり変形については、摩耗の項でも述べたように、エネルギー法によるブロックの曲げ変形で説明できる。断面内のモーメントにより、エッヂ近傍が浮き上がるもので、基本的にはブロックのせん断＋曲げ剛性が小さいもの程浮き上がりは大きくなる。サイプが刻まれたオールシーズンタイヤ等

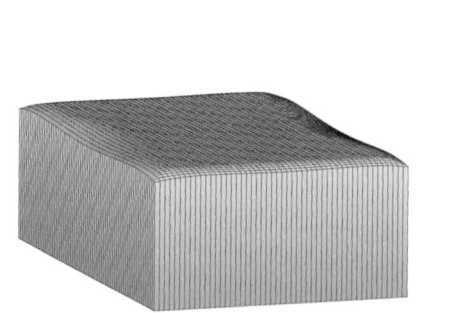

図 4-7-4　ACブロックの例

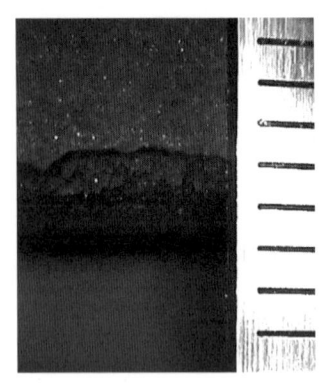

図 4-7-5　ブロックエッヂの摩耗外観

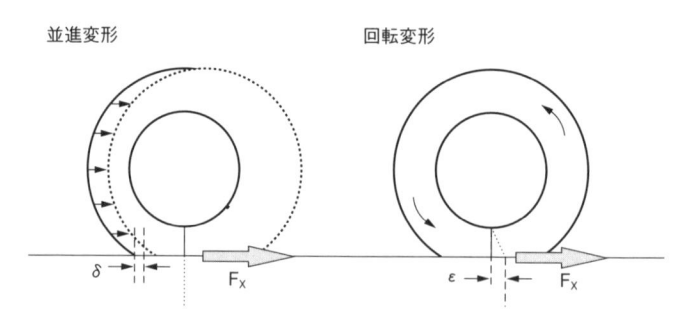

並進変形　　　　　　回転変形

図 4-7-6　並進変形と回転変形

ではブロック全体の倒れ込み量が増大し、浮き上がり量が更に大きくなる。これを抑制するため、エッヂ成分は確保しつつサイプ前後でブロックが支え合ってブロックの倒れ込みを抑制する"倒れ込み抑制サイプ"等、各社から様々なコンセプトの3次元サイプが提案され、実際の商品に活用されている。

巻き込み変形については、トレッド表面付近のブロック側壁が踏面へ接地するために局所的に曲げられるために発生する。これを抑制するため、"ACブロック（4.5.5でも説明）"のようにエッヂ部をラウンド状にしたり（図 4-7-4）、テーパー状にすることで、ここを側壁のように作用させ接地時の曲げ変形を抑制する方法が有効である。巻き込み変形が大きいと、ブロック側面が図 4-7-5のように中途半端に摩耗し、ブロック表面の接地を著

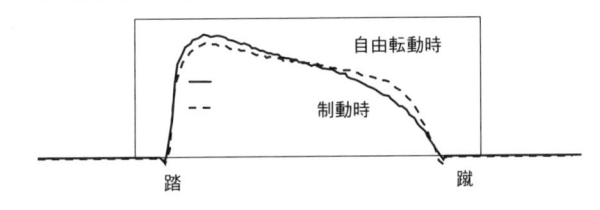

図4-7-7 制動時の接地圧波形の変化

しく阻害する。

(3) ケースの変形

(2)ではブロック単体に着目して述べた。しかし実際にはトレッドブロックはタイヤケースの上に配置されているので、ケースのグローバルな変形の影響も受ける。タイヤに制動力が作用すると、グローバルには"並進"変形と"回転"変形とが足し合わされた変形をする[3]。

タイヤに前後力 F_x を作用させた際の踏面の移動量 x は、並進移動量を x_a、回転移動量を x_b とすると、

$$x = x_a + x_b = \frac{F_x}{\pi r(k_x + k_r)} + \frac{F_x}{2\pi r k_x} \quad \cdots\cdots\cdots (4.7.4)$$

で表される。ここで、r は負荷半径、k_x はケースの周方向基本剛性、k_z はケースの半径方向の基本剛性である。この移動により、グローバルな接地圧分布が踏み込みで上昇し蹴り出し側では逆に減少する。接地域が後方へずれると同時に、接地中心が荷重中心より相対的に後方へずれるため、接地前半部で接地圧が上がり後半部では低下する。接地後半部すなわち蹴り出し側で接地圧が低下すると、ブラッシュモデルで明らかなように、粘着域が短くすべり域が長くなり、ピーク μ が低下する[4]。

(4) 路面性状の影響

これまでは理想的に平滑な路面を前提に話を進めてきた。しかし実際の市場における路面は、ミクロ及びマクロな粗さを有するのが普通である。ゴムの摩擦力と路面性状や荷重との関係を表す考え方は以下のように説明されている[5]。

平滑な路面での粘着摩擦やミクロヒステリシス摩擦力 f_A は、

$$f_A = K_A \phi \frac{G''}{P^r} \quad \cdots\cdots\cdots (4.7.5)$$

で表される。ここで、K_A は比例係数、G'' はロスファクター、P は接地圧、であり、ϕ は、

$$\phi = \left(\frac{n}{n_0}\right)\left(\frac{a_m}{b_m}\right)^s \quad \cdots\cdots\cdots (4.7.6)$$

で表され、n_0 はトレッド表面の接触可能な点の数で、そのうち実際に路面と接触している数を n で表している。すなわち ϕ は実接触面積に比例する量である。従って f_A は、接触面積が多く、接地圧は低い程大きくなる。

マクロに粗い路面でのマクロヒステリシス摩擦力 f_H は、

$$f_H = K_H P \eta \frac{G''}{G'} \quad \cdots\cdots\cdots (4.7.7)$$

で表される。ここで K_H は比例係数、G' は弾性率であり、η は、

$$\eta = \left(\frac{N}{N_0}\right)\left(\frac{a}{b}\right)^u \quad \cdots\cdots\cdots (4.7.8)$$

で表され、N_0 はトレッド表面の接触可能な点の数で、そのうち実際に路面と接触している数を N で表している。また a は路面のマクロ粗さの振幅、b は波長を表している。すなわち η は、路面との接触で変形させられる程度を示す量である。従って、f_H は、接触点が多く、振幅が大きく、波長が短い路面で大きくなり、柔らかくロスの大きいゴムで、f_A とは逆に高い接地圧で大きくなる。また、一般にすべり速度が高いと f_A は小さくなり、逆に f_H は大きくなる。

路面違いでの s-μ 曲線違いの例を示す (**図 4-7-9**)。

マクロに粗い路面の方が高スリップ率域の μ が高い傾向にあり、マクロに粗い路面においては f_H の成分が大きいことを示唆している。

ここではゴム単体の考え方について述べたが、パターン込みで考える場合はより複雑になる。

(1)　　　　　　　　　　　　(2)

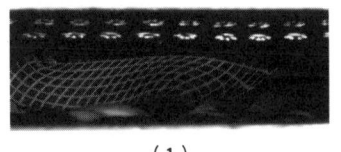

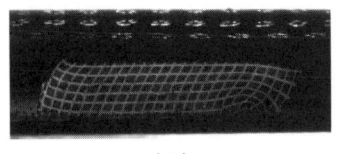

図4-7-8　ミクロ粗さでの変形状態とマクロ粗さでの変形状態

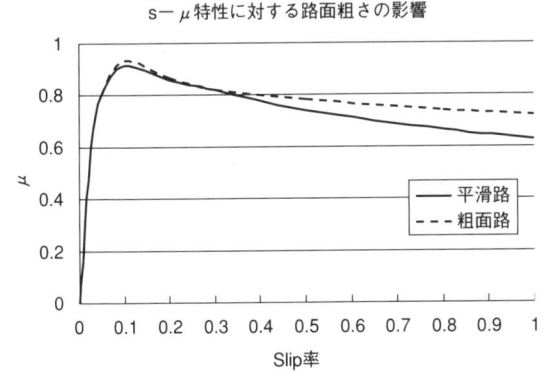

s-μ特性に対する路面粗さの影響

凡例：平滑路（実線）、粗面路（破線）

図4-7-9　路面によるs-μ曲線の違いの例

4.7.2 ハイドロプレーニング現象

（1）ハイドロプレーニングの考え方

　タイヤのハイドロプレーニング現象とは、雨の日など路面が水膜で覆われている上をタイヤが高速走行した場合に、タイヤが水の流体力学的な圧力によって浮き上がる現象である。一旦ハイドロプレーニングが発生すると、タ

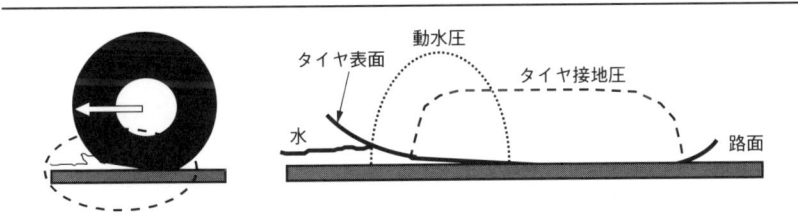

図4-7-10　ハイドロプレーニングの発生メカニズム

イヤの浮き上がりによりタイヤトレッドと路面の間に水膜が介在することになり、タイヤは路面に対するグリップを失い、非常にすべり易くなる。従って、ハイドロプレーニングはドライバーの安全にかかわる重要な問題であるため、雨の日でもすべり難いように、タイヤ開発ではタイヤ接地面に侵入した水を溝部で効率良く接地面外に排出させるようなトレッドパターン設計を心掛ける必要がある。また、一般にトレッドの溝ボリュームが大きい程排水に有利であるため、ユーザーは溝ボリュームが少ない状態でタイヤを使用しないようにタイヤの摩耗に注意を払うことが必要であり、スリップサインが出たタイヤの使用は法律で規制されている。

水溜まりなどへタイヤが高速で進入した場合には、タイヤが水に高速で衝突するので水の慣性により動水圧が発生する。この動水圧がタイヤと路面間の接地圧よりも高くなるとタイヤは浮き上がった状態になり、これはダイナミック・ハイドロプレーニングと呼ばれている。

一方、薄い水膜を介してタイヤと路面が接触した時には、流体の粘性効果（流体潤滑効果）によってグリップ力の低下が生じることがあり、これはビスカス・ハイドロプレーニングと呼ばれている。水膜が厚く、タイヤの進行速度が充分に高い場合には慣性効果が支配的となるため、ダイナミック・ハイドロプレーニングを抑制することがタイヤ設計においては特に重要となる。

ハイドロプレーニングによりタイヤの接地部分が部分的に浮き上がった状態は、図4-7-11のように3つの領域に分けて考えられている[6]。A領域ではタイヤは完全に浮き上がっており、比較的厚い水膜上に乗っている。B領域では浮き上がりから接地の遷移状態である不完全な接触状態となっており、タイヤは薄い水膜上に乗っているが、路面粗さにより部分的に水膜が破られることもある。C領域はタイヤが完全に接地した状態で、水膜を介さないた

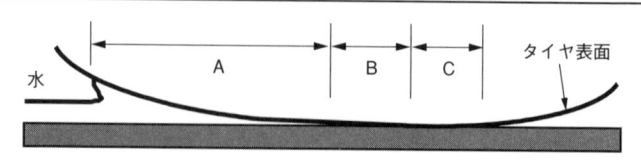

図4-7-11　ハイドロプレーニングにより接地面が浮き上がった状態

めグリップ力を確保できる。ダイナミック・ハイドロプレーニングは主にA領域で発生し、A領域の浮き上がり量が大きくなるとグリップを確保するC領域が小さくなり、これが進行すると最後には完全に接地面が浮き上がり、グリップ力が失われる。従ってA領域のダイナミック・ハイドロプレーニングを抑制することが重要になる。

（2） 予測手法

ハイドロプレーニングの数値解析では、タイヤが水に進入する過程で流体-構造間の境界条件が時々刻々変化することを考慮しなければならない。トレッドパターンの複雑な形状も境界条件の扱いを難しくしている。そのため、構造解析に有限要素法（FEM）、流体解析に有限体積法（FVM）を用い、両者の要素をオーバーラップさせてカップリング計算を行なう手法が開発されている[7]。図4-7-12に水の流れの予測結果と実験による観察結果の比較を示す。実験では走行するタイヤを路面に取り付けたガラス板を通して下から写真撮影し、水の流れを観察している。予測した水の流れは実験で観察された流れをよく表していることが分かる。

ハイドロプレーニング解析技術により、トレッドパターンで接地面内の水が排出される様子が分かるようになった。また求めた水圧、流体反力からハ

(1) 予測結果　　　　　　(2) 実験観察結果

図4-7-12　タイヤ接地面での水の流れ比較
※カラーの図は口絵参照

(1) 予測結果（流線）　　(2) 実際のＦ１タイヤ

図4-7-13　Ｆ1用ウェットタイヤ

イドロプレーニング性能を数値的に評価できるようになっており、例えば、Ｆ１レース用のウェットパターンは机上の数値解析によって全て設計され、実戦にて使用されている（図4-7-13）。

4.7.3　雪上性能

（1）雪上性能の考え方

タイヤが雪の上を走る時に働く力は、図4-7-14に示すように、前方からタイヤを押し戻す前面抵抗、雪とタイヤ間の表面摩擦力、溝に入った雪に働く雪柱せん断力、サイプやパターンエッジに働くエッジ効果（掘り起こし摩擦力）の4つに大別できる[8]。

この中で、前面抵抗はタイヤのマクロ的な接地面積・荷重・雪質によって決定され、パターンによっては大きく変化しない。また、表面摩擦力はゴムの材料物性によって主に決定される。従って、パターンの幾何形状を設計する際には、幅広の周方向溝（主溝）と、サイプと呼ばれる細溝をいかに配置するかが重要となる。図4-7-15に示すように、溝面積比率（ネガティブ比率）の設定に関して雪上トラクションと氷上トラクションは背反関係にあり、雪上性能を確保するためにはネガティブ比率以外の設計要因、特にトレッドパターンの設計を工夫することが必須となる。

4.7 タイヤの摩擦特性　233

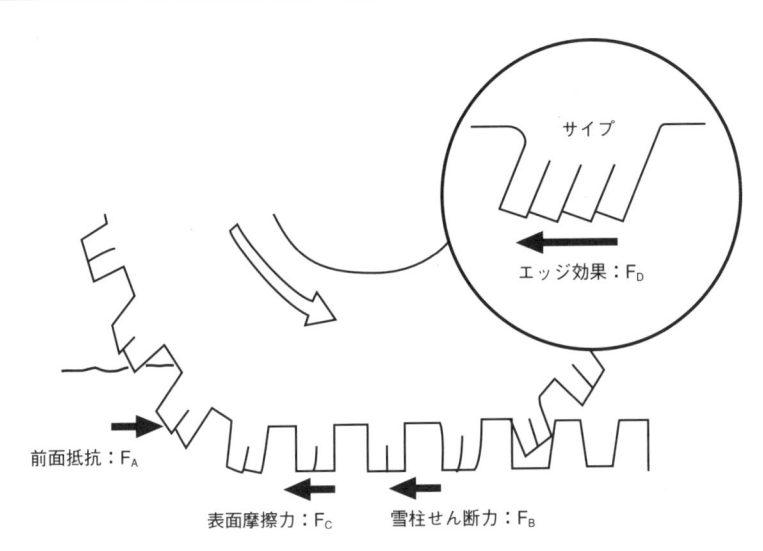

前面抵抗：F_A
表面摩擦力：F_C
雪柱せん断力：F_B
エッジ効果：F_D
サイプ

図 4-7-14　雪上トラクションの発生メカニズム

氷上トラクション
雪上トラクション

トラクション（指数）
ネガティブ比率　%

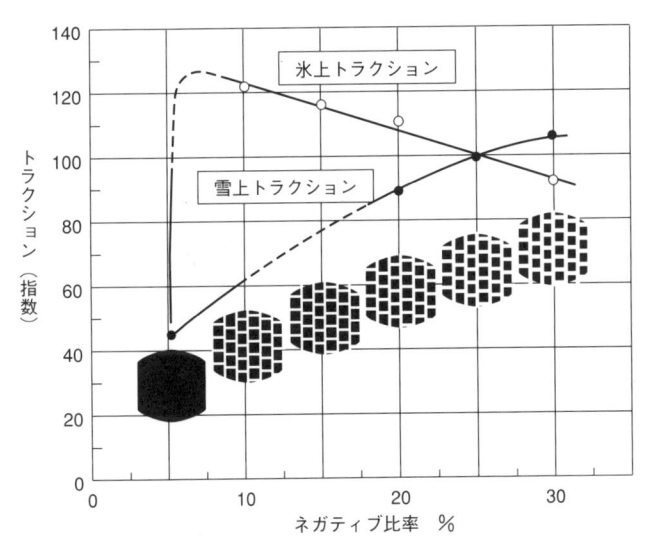

図 4-7-15　雪上トラクションと氷上トラクションの背反関係

（2） 予測手法

雪上性能テストは評価期間・地域が冬季の降雪地帯に限られており、テスト回数に制限がある。そのため予測技術を活用した開発期間短縮が特に望まれている。また雪とトレッドパターンの詳細な解析に関する研究例はまだ少なく、現象解析面でも未知の部分が多い。けれども、前述のハイドロプレーニング解析を発展させ、雪を弾塑性材料としてモデル化し、タイヤの雪上トラクション解析を行なった例が報告されている[9]。雪は粘性を無視した均質な弾塑性体としてモデル化し、塑性モデルには降伏応力が雪の圧力（垂直応力）に比例することを仮定したMohr-Coulomb塑性モデルを用いられている。このモデルの特徴は塑性モデルが単純であり、パラメーターが決定し易い点にある。また塑性応力を決定する要因が雪の圧力であり、接地面内のタイヤ接地圧と関連付けて考え易いため、タイヤ解析向きであると言える。

予測結果とタイヤ走行後の雪面写真を比較した結果、予測結果にはトレッドパターンの跡が永久変形として観察され、雪面写真と一致していることが確認されている（図4-7-16）。

また雪に生じるせん断応力分布を表示することもできる。この雪柱せん断力を実験的に測定することは極めて困難であり、予測技術の進歩によって初めて可視化が実現した。図4-7-17のようにパターンによる雪柱せん断力の違いを調べることで、トラクションが発生する場所や発生要因を特定することができるようになり、パターン設計の発展に大いに貢献している。

4.7.4 氷上性能

（1） 氷上性能の考え方

1963年に初めて販売されたスパイクタイヤは、氷雪路での安全性に優れていたが、騒音・粉塵公害が社会的な問題となり、日本では1991年に使用禁止となった。そのスパイクタイヤに代わるものとして、スタッドレスタイヤの開発が1980年代後半から本格化し、特に氷上での制動性能の向上が図られてきた。このスタッドレスタイヤが最もすべり易い路面は、ウエットオンアイスと呼ばれ、磨いたように平滑な氷（ミラーバーン）の上に水膜が発生している路面である。このようなミラーバーンは、市街地の特に交差点付

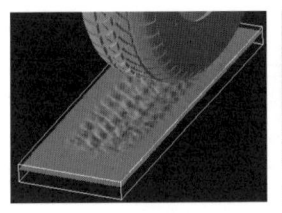

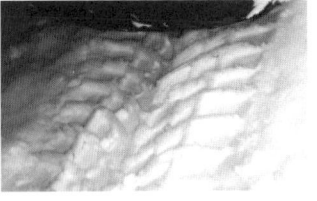

(1) 予測結果　　　　　　(2) 雪面写真

図 4-7-16　雪面の比較

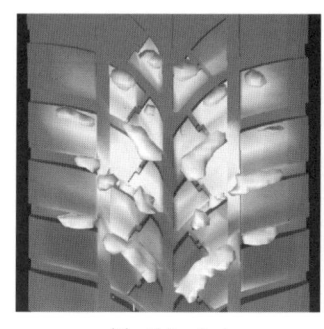

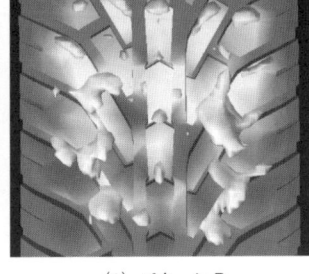

(1) パターン A　　　　　　(2) パターン B

図 4-7-17　パターンによる雪のせん断応力分布の違い
※カラーの図は口絵参照

図 4-7-18　スタッドレスタイヤ

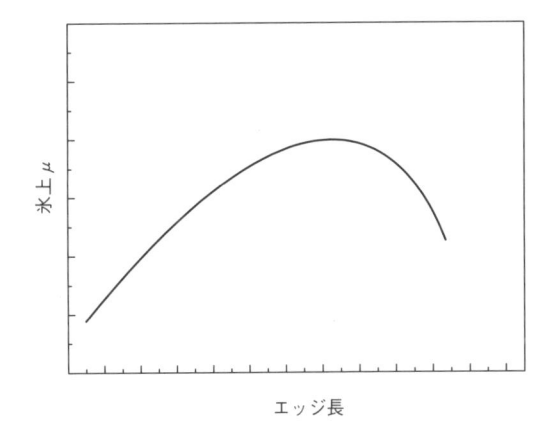

図 4-7-19　エッジ長さと氷上μの関係

近で発進と停止が繰り返されることで発生し易い。

氷上での制動性能の考え方は、雪上トラクション性能の考え方に類似しているが、雪柱せん断力の代わりに、氷の上に発生する水膜を除去する除水効果を考える必要が生じる。そこで、トレッドゴムの材料としては、微細な気泡によって水膜を除去する発泡ゴムが実用化されている。また、タイヤのブロック表面から水を除去するため、スタッドレスタイヤにはサイプと呼ばれる細溝がタイヤ1本あたり数千本刻まれている。

サイプを増やすことによって、水膜を除去する除水性能が向上するとともに、エッジ部による引っ掻き効果も増すことが期待できるが、ブロックの剛性が低下するため倒れ込みが増し、接地面積が減少する。このように、エッジ長さと氷上μは上に凸な関係があると考えられるが、ゴムの硬さやサイプの形状によって最適点が変化するため、これをいかにコントロールするかがタイヤ設計上の鍵となる。

(2) 予測手法

氷上摩擦係数低下の原因であるせん断入力時の接地面積の減少を防ぐため、**図4-7-20**に示すように、細溝を深さ方向に屈曲させた3次元サイプが実用化されている。

この3次元サイプでは、サイプ壁面間の接触力を利用することで、ゴムブロックの倒れ込み変形を抑制するメカニズムとなっている。ところが、このような3次元サイプを試作によって開発すると、ブロック作成に要する期間が長くなる上、サイプ壁面間がどのように接触しているか、可視化することに困難が伴う。そこで、有限要素法に代表される予測設計ツールを活用し、効率的に有効な技術を開発していくことが求められている。具体的には、ブロック単体の有限要素モデルを作成し、剛体路面(氷)と接触させ、せん断解析する手法が開発されている。ただし、この解析では氷上μを直接求めることはできないため、氷とブロック表面の摩擦係数を仮定し、接地面積の大小で表面摩擦力を見積もることになる。また、実際のブロックのせん断解析では、ゴムが大変形しサイプ壁面間が接触するため、解析が不安定になり易い。従って、大変形の解析に適した陽解法に基づく有限要素法を用いて、適切な計算条件を探索することが重要となる[10]。

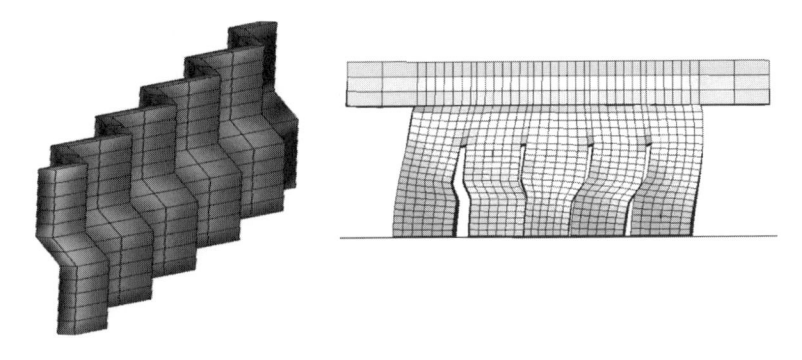

図 4-7-20　3次元サイプ

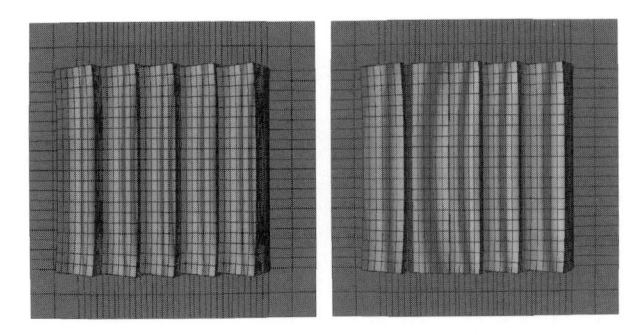

図 4-7-21　せん断入力時のブロックの接地面積比較
※カラーの図は口絵参照

4.8　タイヤの転がり抵抗

4.8.1　考え方

　地球温暖化防止に向けた CO_2 の排出低減への取り組みにおいて、2005年2月に京都議定書が発効され、自動車業界では燃費の低減に対する取り組みが強化されている。車輌の燃費にはエンジンや駆動及び伝達系の効率の寄与が大きいが、タイヤの転がり抵抗にも、一般市街地走行の場合に約1割、定常走行の場合1/4程度の寄与があると言われている[1]。

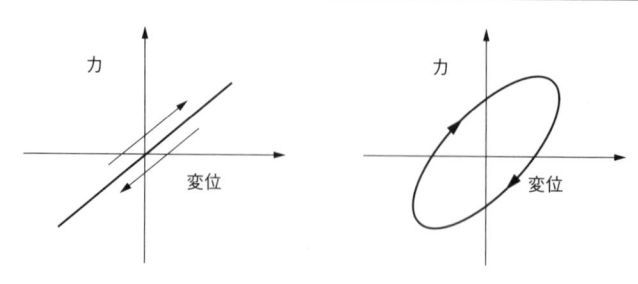

図 4-8-1 弾性体と粘弾性体

　タイヤの転がり抵抗は、一般に次の3つの要因から構成されると考えられている。
　（1）タイヤ転動中に繰り返し変形が発生することに起因する、ゴムや有機繊維のエネルギー損失
　（2）タイヤが路面と接する時に発生する、摩擦による損失
　（3）タイヤが空気中を移動することで発生する、空気抵抗
　これら3成分のうち、タイヤの転がり抵抗の90％以上は（1）の成分によるものであり、繰り返し変形の伴う損失を減らすことが、省エネルギーの観点から最も重要と考えられている[2]。
　繰り返し変形に伴う損失は、ゴムや有機繊維が純粋な弾性体ではなく、粘弾性体であることに起因する。純粋な弾性体の場合、加重時と除荷時に同じ経路を通るが、粘弾性体の場合は別の経路を通る。この時の経路の違いは、変形によってエネルギーが損失するために生じる。
　例えば、ゴムボールを自由落下させた時、地面から跳ね返ったボールは、元々の落とした高さまで厳密に戻ることはない。これは、位置エネルギーの一部が、ゴム内部で失われ熱エネルギーに変換されたためであり、この損失はヒステリシスロスと呼ばれる。
　本来のゴムの粘弾性特性は非常に複雑であり、使用される温度や動的な周波数や入力の振幅など多くの要因によって特性が変化するため、ここでの詳述は避け、基本的な考え方のみを示すこととする。まず、ゴムに動的な入力として、歪 ε が正弦波で与えられた場合、粘弾性体では歪より位相が進んだ

応力波形 σ が観測される。

$$\varepsilon = \varepsilon_0 \sin \omega t \quad \cdots\cdots\cdots\cdots\cdots\cdots\cdots\cdots\cdots\cdots\cdots\cdots\cdots\cdots (4.8.1)$$

$$\sigma = \sigma_0 \sin(\omega t + \delta) \quad \cdots\cdots\cdots\cdots\cdots\cdots\cdots\cdots\cdots\cdots\cdots (4.8.2)$$

ここで、δ が位相の進み量である。

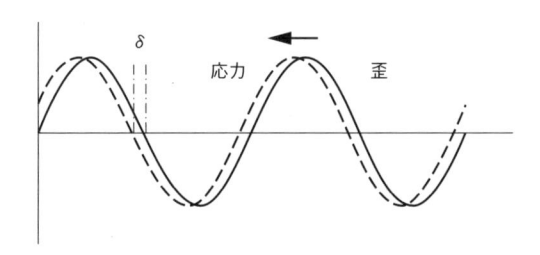

図 4-8-2 歪と応力の位相

ここで、動的弾性率

$$E' = \frac{\sigma_0}{\varepsilon_0} \cos \delta \quad \cdots\cdots\cdots\cdots\cdots\cdots\cdots\cdots\cdots\cdots\cdots\cdots\cdots (4.8.3)$$

$$E'' = \frac{\sigma_0}{\varepsilon_0} \sin \delta \quad \cdots\cdots\cdots\cdots\cdots\cdots\cdots\cdots\cdots\cdots\cdots\cdots\cdots (4.8.4)$$

を定義しておくと、応力は、

$$\sigma = E' \varepsilon_0 \sin \omega t + E'' \varepsilon_0 \cos \omega t = E' \varepsilon + E'' \varepsilon_0 \sin\left(\omega t + \frac{\pi}{2}\right) \quad \cdots\cdots (4.8.5)$$

と変形できる。従って、E' は弾性変形に対応する項と考えられるため貯蔵弾性率と呼ばれ、E'' は $\pi/2$ の位相差を有する粘性項であるため損失弾性率と呼ばれる。また、これらの比は損失正接 $\tan \delta$ と定義され、弾性項を基準とした粘性項の割合を意味するため、ゴムの粘性挙動を示す指標として利用されている。

$$\tan \delta = \frac{\sin \delta}{\cos \delta} = \frac{E''}{E'} \quad \cdots\cdots\cdots\cdots\cdots\cdots\cdots\cdots\cdots\cdots\cdots\cdots (4.8.6)$$

実験にて $\tan \delta$、E'、E'' のどれか二つを計測することで、ある周波数、振幅、温度での粘弾性特性を特定することができる。尚、このとき1周期で

の単位体積あたりの歪エネルギーロスは、

$$W = \int_0^{2\pi/\omega} \sigma \dot{\varepsilon} dt = \pi \varepsilon_0^2 E'' \quad \cdots\cdots\cdots\cdots (4.8.7)$$

となり、これは応力 - 歪曲線が形作る楕円の面積に等しくなる[3],[4]。

以上のように、タイヤはゴム（及び有機繊維）から成る複合材料であるため、その粘弾性特性と繰り返し入力によりエネルギーの損失が生じることが、タイヤの転がり抵抗発生の主要因と考えられている。

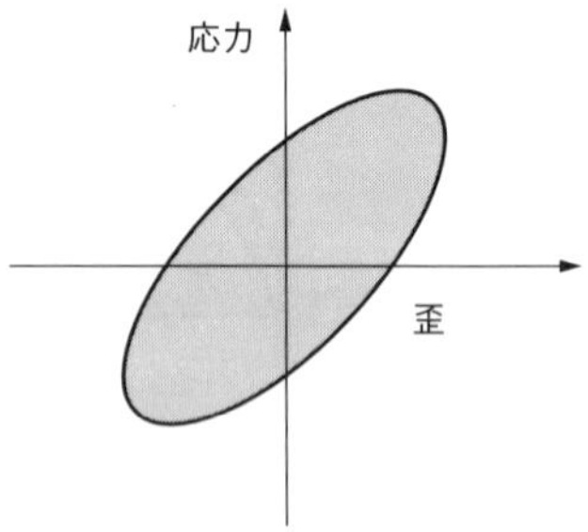

考え方の最後として、タイヤの転がり抵抗に対する主な知見をまとめておく[1],[5]。

図4-8-3　歪エネルギーロス

(1) 歪エネルギーロスは主にトレッドゴムで発生する
(2) 内圧を上げることで転がり抵抗は減少するが、次第に一定値に漸近していく
(3) 荷重を増加すると転がり抵抗はほぼ比例して増加する
(4) 転がり抵抗は速度の影響をあまり受けないが、スタンディングウェーブ現象が発生すると急激に増加する

4.8.2　転がり抵抗の計測

タイヤの転がり抵抗を精度良く測定するには、環境要因を一定に保てるドラム試験機を用いて計測する必要があり、試験環境（ドラム曲率、室温）の違いに対する補正式も定められている[6],[7]。

タイヤの転がり抵抗は、タイヤが単位走行距離を、直進で自由転動する際のエネルギー損失（$Nm/m = J/m$）、もしくは接地面に作用する直進方向への抵抗力（N）として、スカラー量で定義されている[7],[8]。

転がり抵抗の計測装置（計測法）にはフォース式、トルク式、パワー式、惰行式の4種の方式があり[7]、以下各々の計測の基本概念を解説する。

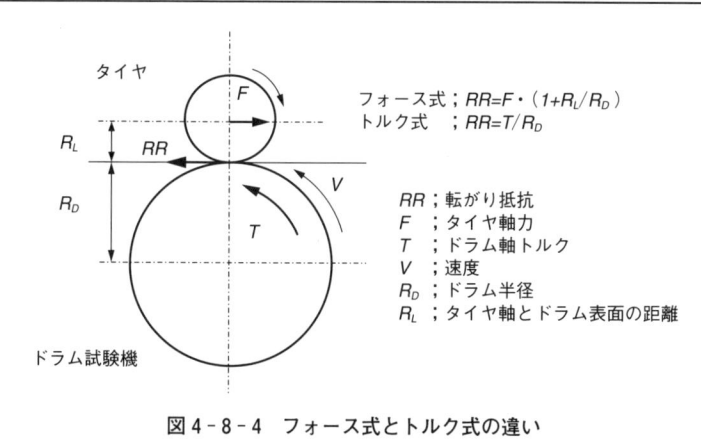

図4-8-4 フォース式とトルク式の違い

（1） フォース式

タイヤ軸に取り付けられた分力計でタイヤ軸への反力を計測する方法で、所定の荷重、空気圧、速度条件で軸力 F、タイヤ軸とドラム表面の距離 R_L を計測して接地面に作用する転がり抵抗 RR は、$RR = F(1+R_L/R_D)$ と換算される（図4-8-4）。

（2） トルク式

ドラム軸に取り付けられたトルク計で、ドラムを駆動するトルクを測定する方法である。

所定の荷重、空気圧、速度条件でドラム軸トルク T を計測して接地面に作用する転がり抵抗 RR は、$RR = T/R_D$ と換算される（図4-8-4）。

（3） パワー式

自動車のシャシダイナモメーターと原理は同じで[9]、ドラム駆動モーターで消費されるパワーから転がり抵抗として消費されるエネルギーを求める。消費電力 $W(J/s=Nm/s)$、速度 $V(m/s)$ から、$RR(N)=W/V$ と計算される。

（4） 惰行式[9],[10]

ドラム及びタイヤの減速度を計測、転がり抵抗として消費されるエネルギーを求める測定法である。所定の荷重、空気圧、速度条件（120 km/h 以

上）でドラム駆動モーターのクラッチを切るなどして惰行時の減速度 dV/dt を計測していく。タイヤとドラムの慣性モーメント I_T, I_D, タイヤとドラムの半径 R_T, R_D から回転エネルギーの減少から転がり抵抗は、$RR = (I_T/R_T^2 + I_D/R_D^2)dV/dt$ と計算される。慣性モーメントはあらかじめ計測しておく。

転がり抵抗の計測値には、タイヤのエネルギー損失以外にも試験装置やタイヤに固有の寄生損失（回転による空気抵抗、軸のベアリング抵抗、ドラムの速度制御など）、タイヤのアライメントなどによる誤差が含まれており、スキム条件、ドラム空転条件、逆回転条件などが所定の測定条件に追加され精度の向上が図られている[7]。

4.8.3　予測

本項では、タイヤの転がり抵抗の予測手段について、特に重要なヒステリシスロスに限定して述べる。タイヤの内部状態を予測する手法としては、有限要素法（FEM）が広く用いられており、この結果を用いて転がり抵抗を予測することが一般的である。ゴムや有機繊維のヒステリシス特性を数値モデル化し、有限要素解析に取り込むことで直接的に転がり抵抗を見積ることが可能となる。けれども、ゴムの粘弾性特性は複雑で、数値モデル化も困難であるため、以下に示すように、準静的な FEM 解析を実施し、後処理として転がり抵抗を求める計算手法が、最も一般的となっている。以下、具体的に計算法を記述する。

1. 周方向に均一なタイヤの有限要素モデルを準備する（図4-8-5）。
2. この有限要素モデルに内圧を充填し、車両の軸荷重に相当する力で路面に押し付け、定常回転状態の解析を実施する。
3. 得られた計算結果から、応力 σ と歪 ε を取り出し、断面内の要素ごとに、周方向角度 θ で円筒座標系を用いて整理する。
4. 応力と歪をフーリエ級数近似によって、周方向に級数展開する[11]。

図4-8-5　タイヤの有限要素解析（定常回転解析）

$$\varepsilon = \sum_n (e_s \sin n\theta + e_c \cos n\theta) \quad \cdots\cdots\cdots (4.8.8)$$

$$\sigma = \sum_n (s_s \sin n\theta + s_c \cos n\theta) \quad \cdots\cdots\cdots (4.8.9)$$

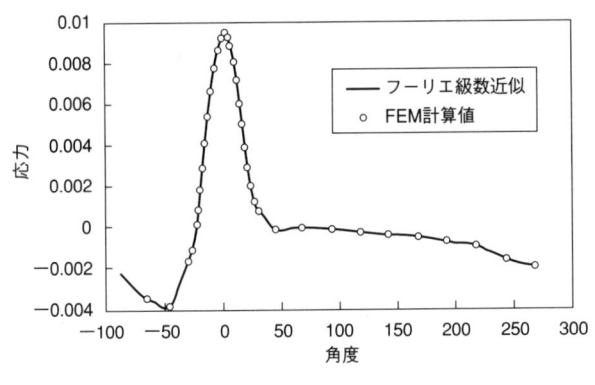

図 4-8-6 フーリエ級数近似

5. ここでヒステリシスロスを考え、応力の位相進み量を δ とすれば、

$$\sigma = \sum_n \{s_s \sin n(\theta + \delta) + s_c \cos n(\theta + \delta)\} \quad \cdots\cdots (4.8.10)$$

6. 以上より、単位体積当たりの歪エネルギーロス W を一周積分により計算すると、

$$W = \int_0^\pi \sigma \dot{\varepsilon}\, dt$$

$$= \int_0^{2\pi} \left[\sum_n \{s_s \sin n(\theta + \delta) + s_c \cos n(\theta + \delta)\} \right]$$

$$\times \left[\sum_n n(e_s \cos n\theta - e_c \sin n\theta) \right] d\theta$$

$$= \sum_n n\pi (s_s e_s + s_c e_c) \sin n\delta$$

$$\cdots\cdots\cdots\cdots\cdots\cdots (4.8.11)$$

7. 各々の有限要素の体積 V_N を歪エネルギーロス W_N に乗じ、タイヤ全体での総和を取り、転がり周長で除することで、単位走行距離当たりのタイヤの転がり抵抗 RR が、

$$RR = \sum_N W_N V_N / 2\pi R_C \quad\cdots\cdots\cdots\cdots\cdots\cdots\cdots\cdots\cdots\cdots (4.8.12)$$

と得られる。ここで、断面内要素数を N、転がり半径を R_C とした。尚、本手法では、歪エネルギーロス W の計算式に $\sin n\delta$ が現れている。このため、$n\delta$ が $\pi/2$ を越えると $\sin n\delta$ が減少し始め、π を越えると負になる。これは、$\tan\delta$ が非常に大きい場合、歪エネルギーロスが減少する可能性を示唆している。ところが、実際のタイヤにおいてはそのような現象は確認されていないため、**図 4-8-7** の線形粘弾性体を仮定することで、

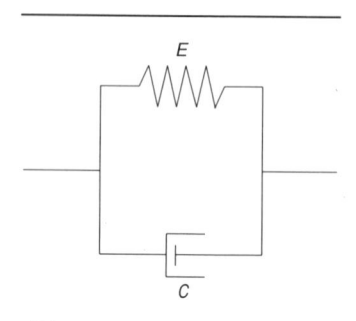

図 4-8-7 Kelvin–Voigt モデル

$$W = \sum_n n^2 \pi \, (s_s e_s + s_c e_c) \tan\delta \quad\cdots\cdots\cdots\cdots\cdots (4.8.13)$$

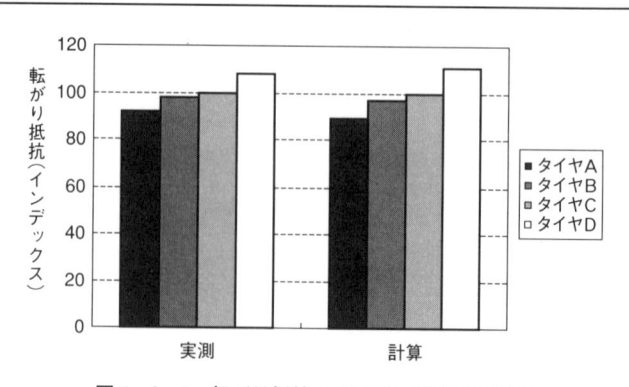

とする手法も提案されている[12]。

図 4-8-8 転がり抵抗の実測値と計算値の比較

実測と式(4.8.13)に基く予測計算の比較を図4-8-8に示す。タイヤ間差を充分な精度で予測できていることが分かる。

このように有限要素法を用いた予測計算により、タイヤを作ることなく転がり抵抗を算出することができるため、現在では最適化計算と組み合わせた最適タイヤ設計が机上で行われている。具体的な省エネルギータイヤの設計例は第7.4節を参照されたい。

参 考 文 献

4.1

1) Fiala, E. : "Seitenkrafte am Rollenden, Luftreifen", Z. VDI, 96, 29 (1954)
2) Böhm F. : "Zur Statik und Dynamik des Gurtelreifens", ATZ, 69, 8 (1967)
3) Mancosu, F., Sangalli, R., Cheli, F., Cairlariello, G., and Braghin, F. : "Comparison of a New Mathematical-Physical 2D Tyre Model for Handling Optimization on a Vehicle with Experimental Results", Tire Sci. Tech., 28, 4 (2000)
4) 赤坂隆, 山崎俊一: "ラジアルタイヤサイドウォールの基本的ばね定数の評価", 自動車研究, 8, 10, (1986)
5) 赤坂隆, 山崎俊一: "ラジアルタイヤサイドウォールの半径方向剛性", 日本ゴム協会誌, 59, 7, (1986)
6) Kagami, S., Akasaka, T., Shiobara, H., and Hasegawa A. : "Analysis of the Contact Deformation of a Radial Tire with Camber Angle", Tire Sci. Tech., 23, 1 (1995)
7) 加々美茂: "ラジアルタイヤの接地変形に関する構造力学的研究", 中央大学 学位論文, 平成5年
8) Gipser, M. : "Ftire, a New Fast Tire Model for Ride Comfort Simulatios", International ADAMS Users' Conference, (1999)
9) Oertel, Ch., and Fandre, A. : "Ride Conform Simulations and Steps Towards Life Time Calculations : RMOD-K and ADAMS"., International ADAMS Users' Conference, (1999)
10) Jan J. M. van Oosten, Hans B. Pacejka : "SWIFT-Tyre : An accurate tyre model for ride and handling studies also at higher frequencies and short road wavelengths", North American ADAMS User Conference, (2000)
11) 山田英史, 生井沢淳治, 中島幸雄: "乗り心地解析用タイヤモデルの紹介", 自動車技術会学術講演会, (2002)

4.2

1) D. K. De, A. N. Gent : "Crack growth in twisted tuber disks. Part II : experimental results",

Rubber Chemical Technology, 71, 84, 1998
2) H. Aboutorabi, T. Ebbott, A. N. Gent, O. H. Yeoh : "Crack growth in twisted rubber disks. Part I : fracture energy calculations," Rubber Chemical Technology, 71, 76, 1998
3) 服部六郎：タイヤの話，大成社
4) Passenger car tyres–Verifying tyre capabilities–laboratory methods, ISO 10191 : 1993-06-01

4.3
1) 原田：ステアリング・サスペンション系の剛性と操縦安定性，自動車技術会シンポジウム，1980
2) 飯田 他：タイヤ動特性が車両の運動性能へ及ぼす影響，自動車技術，Vol. 38, No. 3, 1984
3) H. S. Pacejka et al. : The Tyre as a Vehicle Component, XXVI FISITA Congress, 1996
4) J. J. M. van Oosten et. al. : DELFT-TYRE : High Frequency Tyre Modelling Using SWIFT-Tyre, international ADAMS User's Conference, 1999
5) M. Gipser : FTire, a New Fast Tire Model for Ride Comfort Simulations international ADAMS User's Conference, 1999
6) Ch. Oertel et. al. : Ride Comfort Simulations and Steps Toward Life Time Calculations RMODK Tyre Model and ADAMS, international ADAMS User's Conference, 1999
7) 村松：世界一のタイヤ性能試験機，自動車技術，Vol. 57, No. 9, 2003

4.4
1) 自動車技術会編：自動車技術ハンドブック 基礎・理論編, p. 325, 349
2) 迎恒夫ほか：タイヤノイズについて（1），自動車技術，Vol. 28, No. 1, p. 61-66,（1974）
3) 迎恒夫ほか：タイヤノイズについて（3），自動車技術，Vol. 28, No. 2, p. 161-166,（1974）
4) 渡邉徹朗：タイヤのおはなし，日本規格協会，p. 134, 135,（1994）
5) 佐口隆成：タイヤ固有振動数に与える転動の影響について，自動車技術会シンポジウム No. 9808, p. 25-28（1998）
6) 上玉利恒夫：ラジアルタイヤの振動特性（第1報），自動車技術会学術講演会前刷集，851, p. 155-160,（1985）
7) 佐藤潤一ほか：タイヤ＋サスペンション系の過渡応答シミュレーション事例，自動車技術会学術講演会前刷集，954, p. 117-119,（1995）
8) 坂田哲心ほか：ロードノイズに及ぼすタイヤ空洞共鳴の影響について，自動車技術会学術講演会前刷集，881012, p. 45-48,（1988）
9) 山内裕司ほか：走行時におけるタイヤ空洞共鳴音の改良，自動車技術会学術講演会前刷集，No. 110-00, p. 7-12,（2000）
10) 石川浩二郎ほか：タイヤのロードノイズ特性について，シンポジウム 'ロードノイズと大型車の振動騒音', p. 8-14,（1988）
11) 兎沢幸雄ほか：ロードノイズとタイヤ特性，自動車技術，Vol. 40, No. 12, p. 1624-1629,（1986）

12) 中野真一ほか：シャシー系のロードノイズに及ぼす影響，自動車技術，Vol. 46, No. 6, p. 63-69, (1992)
13) 自動車技術会編：新編自動車工学便覧，第5編
14) 山田英史一ほか：乗り心地解析用タイヤモデルの紹介，自動車技術会学術講演会前刷集，No. 41-02, p. 9-12, (2002)
15) 景山克三：自動車工学全書12 タイヤ，ブレーキ，山海堂，(1980)
16) 迎恒夫ほか：タイヤノイズについて (3)，自動車技術，Vol. 28, No. 3, p. 234-241, (1974)
17) 武林文明：小型乗用車のハーシュネスについて，自動車技術会学術講演会前刷集，772, p. 463-470, (1977)
18) 高田直人ほか：ハーシュネス及びシミーの解析，マツダ技報，No. 2, p. 22-31, (1984)
19) 自動車技術会編：新編自動車工学便覧，第2編
20) 山田ほか：ロードノイズ予測手法の開発，自動車技術会学術講演会前刷集，No. 65-00, 20005007808, p 1-4 (2000)
21) Ichiro Kido, Sagiri Ueyama : Coupled Vibration Analysis of Tire and Wheel for Road Noise Improvement, SAE International, 2005-01-2525
22) 高城龍吾ほか：高精度タイヤモデル及び車両モデルを用いたロードノイズ解析，自動車技術会学術講演会前刷集，921, 921124, p. 65-68, (1992)

4.5
1) (社) 日本自動車タイヤ協会：タイヤ道路騒音について　第7版, p. 11-15, p 30 (2004)
2) 小西哲ほか：タイヤ道路騒音のドラム試験法，自動車技術会学術講演会前刷集，966 (1996.10)
3) 田中丈晴：ISO路面模擬パッドを用いたタイヤ路面騒音実車台上試験装置の紹介，自動車技術，Vol 54, No. 6, p. 54-57, (2000)
4) 田中丈晴ほか：音響ホログラフィ法を用いた加速時タイヤ騒音の解析，自動車技術会学術講演会前刷集，No. 23-01 (2001)
5) 坂本一郎ほか：音響インテンシティによる実路面上とローラー上のタイヤ騒音放射特性の比較，自動車技術会学術講演会前刷集，No. 3-03, (2003)
6) M. Jennewein, et al. : Investigations concerning tyre/road noise sources and possibilities of noise reduction, Proc Instn Mech Engrs Vol 199 No D 3, p. 199-205 (1985)
7) 山田英史：騒音シミュレート方法及びシミュレータ，公開特許公報　特開平9-288002
8) T. Fujikawa et al. : Relation between Road Roughness Parameters and Tyre Vibration Noise–Examination Using a Simple Tyre Model–, Proceedings of Inter-Noise 2003, 862-865 (2003)
9) 三上哲夫ほか：タイヤ／路面騒音における駆動トルクの影響に関する検討，自動車技術会学術講演会前刷集，953 (1995.5)
10) 小池博ほか：トレッドの振動及び気柱共鳴と発生騒音の関係，自動車研究，Vol. 22, No. 12, p. 594-597, (2000)

4.6

1) 冨田 新:日本ゴム協会誌, 76, 52 (2003)
2) Shallamach, A.: *Rubber Chem. &Technol.*, 41, 209 (1968)
3) 富樫実, 毛利浩:日本ゴム協会誌, 69, 739 (1996)
4) Fiala E., Seitenkrafte am rollenden Luftreufen, V. D. I., Bd. 96, Nr. 29, 11, Okt., 1954
5) 酒井秀男:タイヤ工学 (改訂版), グランプリ出版, P.185〜
6) 赤坂隆, 加々美茂, 長谷川淳, 塩原仁:日本ゴム協会誌, 66, 259 (1993)
7) 末岡淳男 他4名:日本機会学会論文集 (C編), 62-600, 3145 (1996)
8) 中島幸雄, 門脇弘:日本ゴム協会誌, 73, 18 (2000)
9) Le Maitre, O., Sussner, M.: "Evaluation of Tyre Wear Performance", TYRETECH '95, 1995.
10) McIntosh, K. W.: "Laboratory Tire Treadwear Testing", Tire Science and Technology, TSTCA, Vol. 1, No. 1, pp. 32-38, 1978.
11) Ambelang, J. C.: "Testing of Tire Treadwear under Laboratory and under Service Conditions", Tire Science and Technology, TSTCA, Vol. 1, No. 1, pp. 39-46, 1978.
12) Walraven, P.: "Laboratory Tread Wear Simulation", Rubber Division, American Chemical Society Meeting, 1995.
13) Stalnaker, D., Turner, J., Parekh, D., Whittle, B., and Norton, R.: "Indoor Simulation of Tire Wear: Some Case Studies", Tire Science and Technology, TSTCA, Vol. 24, No. 2, pp. 94-118, 1995.
14) Wright, C., Pritchett, G. L., Kuster, R. J., and Avouris, J. D.: "Laboratory Tire Wear Simulation Derived from Computer Modeling of Suspension Dynamics", Tire Science and Technology, TSTCA, Vol. 19, No. 3, pp. 122-141, 1991.
15) Stalnaker, D. O., and Turner, J. L.: "Vehicle and Course Characterization Process for Indoor Tire Wear Simulation," Tire Science and Technology, TSTCA, Vol. 30, No. 2, pp. 100-121, 2002.
16) Sube, H. J., Fritschel, L. E., Siegfried, J. F., Dory, A. J., Turner, J. L.: "Method and Apparatus for Measuring Tire Parameters", U. S. Patent 5245867, 1993.
17) 清水明禎, 山岸直人, 毛利浩, 佐坂尚博, 小林弘, 原口哲之理, 加藤康之:"タイヤ摩耗寿命予測方法", 日本国特許第3277155号, 2002
18) Yoshii, H., and Takeshita, M.: "A New Method for Evaluation of Tire Tread Wear", Rubber Division, American Chemical Society Meeting, 1987.

4.7

1) Fiala E., Seitenkrafte am rollenden Luftreufen, V. D. I., Bd. 96, Nr. 29, 11, Okt., 1954
2) 酒井秀男:タイヤ工学 (改訂版), グランプリ出版, P.185〜
3) 酒井秀男:タイヤ工学 (改訂版), グランプリ出版, P.108〜
4) 山崎他:(社) 自動車技術会 学術講演前刷集911, P.275-278, 1991-5
5) DF. Moore:Wear 13, P.381-412 (1969)

6) B. J. Allbert, "Tires and Hydroplaning", SAE paper No. 680140
7) Seta, E., Nakajima, Y., Kamegawa, T., and Ogawa, H.: Hydroplaning Analysis by FEM and FVM: Effect of Tire Rolling and Tire Pattern on Hydroplaning, *Tire Science and Technology*, TSTCA, Vol. 28, No. 3 (2000), 140-156.
8) Browne, A. L.,: "Tire Traction on Snow-Covered Pavements", The Physics of Tire Traction, Plenum Press (1974).
9) Seta, E., Kamegawa, T., and Nakajima, Y.: Prediction of Snow/Tire Interaction Using Explicit FEM and FVM, *Tire Science and Technology*, TSTCA, Vol. 31, No. 3 (2003), 173-188.
10) 片山昌宏, 平郡久司, 亀川龍彦, 中島幸雄:「PAM-CRASH を用いたスタッドレスタイヤのパターン開発」, PUCA Proceedings, 日本 ESI, 2000, 367

4.8

1) 横浜ゴム株式会社:「自動車用タイヤの研究」, 山海堂, 1995
2) 服部六郎:「タイヤの話」, 大成社, 1981
3) 岡小天:「レオロジー」, 裳華房, 1974
4) 深堀美英:「設計のための高分子の力学」, 技報堂出版, 2000
5) 酒井秀男:「タイヤ工学」, グランプリ出版, 2001
6) D. J. Schuring: The rolling loss of pneumatic tires. Rubber chemistry and technology. vol. 53, Ⅰ, 1980.
7) Passenger car, truck, bus and motorcycle tyres – Methods of measuring rolling resistance, ISO 18164: 2005.
8) Rolling resistance measurement procedure for passenger car, light truck and highway truck and bus tires–SAE J 1269 MAR 87.
9) 五嶋教夫:「タイヤと燃費について」, 自動車技術 vol. 32, No. 5, 1978
10) Stepwise coastdown methodology for measuring tire rolling resistance, SAE J 2452 1999. 06
11) 加部和幸, 信田全一郎:「転がり抵抗低減のための構造技術」, 日本ゴム協会誌, Vol. 73, pp 90-96, 2000
12) Warholic, T. C.: *Tire Rolling Loss Prediction from the Finite Element Analysis of a Statically Loaded Tire*, Master Thesis, University of Akron, 1987

第5章 タイヤの構成材料

　タイヤは外見上ただの黒色ゴムの塊に見えるが、実は部材毎に異なった要求特性を満たす各種配合ゴム、ベルト、プライコード及びビード等からなる

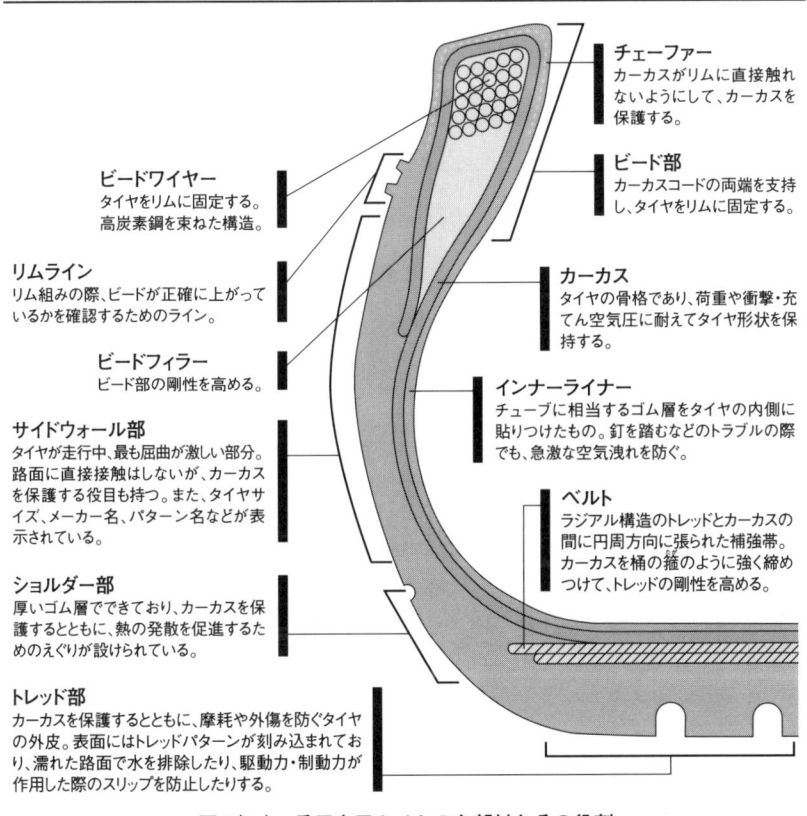

チェーファー
カーカスがリムに直接触れないようにして、カーカスを保護する。

ビードワイヤー
タイヤをリムに固定する。高炭素鋼を束ねた構造。

ビード部
カーカスコードの両端を支持し、タイヤをリムに固定する。

リムライン
リム組みの際、ビードが正確に上がっているかを確認するためのライン。

カーカス
タイヤの骨格であり、荷重や衝撃・充てん空気圧に耐えてタイヤ形状を保持する。

ビードフィラー
ビード部の剛性を高める。

インナーライナー
チューブに相当するゴム層をタイヤの内側に貼りつけたもの。釘を踏むなどのトラブルの際でも、急激な空気洩れを防ぐ。

サイドウォール部
タイヤが走行中、最も屈曲が激しい部分。路面に直接接触はしないが、カーカスを保護する役目も持つ。また、タイヤサイズ、メーカー名、パターン名などが表示されている。

ベルト
ラジアル構造のトレッドとカーカスの間に円周方向に張られた補強帯。カーカスを桶の箍のように強く締めつけて、トレッドの剛性を高める。

ショルダー部
厚いゴム層でできており、カーカスを保護するとともに、熱の発散を促進するためのえぐりが設けられている。

トレッド部
カーカスを保護するとともに、摩耗や外傷を防ぐタイヤの外皮。表面にはトレッドパターンが刻み込まれており、濡れた路面で水を排除したり、駆動力・制動力が作用した際のスリップを防止したりする。

図5(1)　乗用車用タイヤの各部材とその役割

252　第5章　タイヤの構成材料

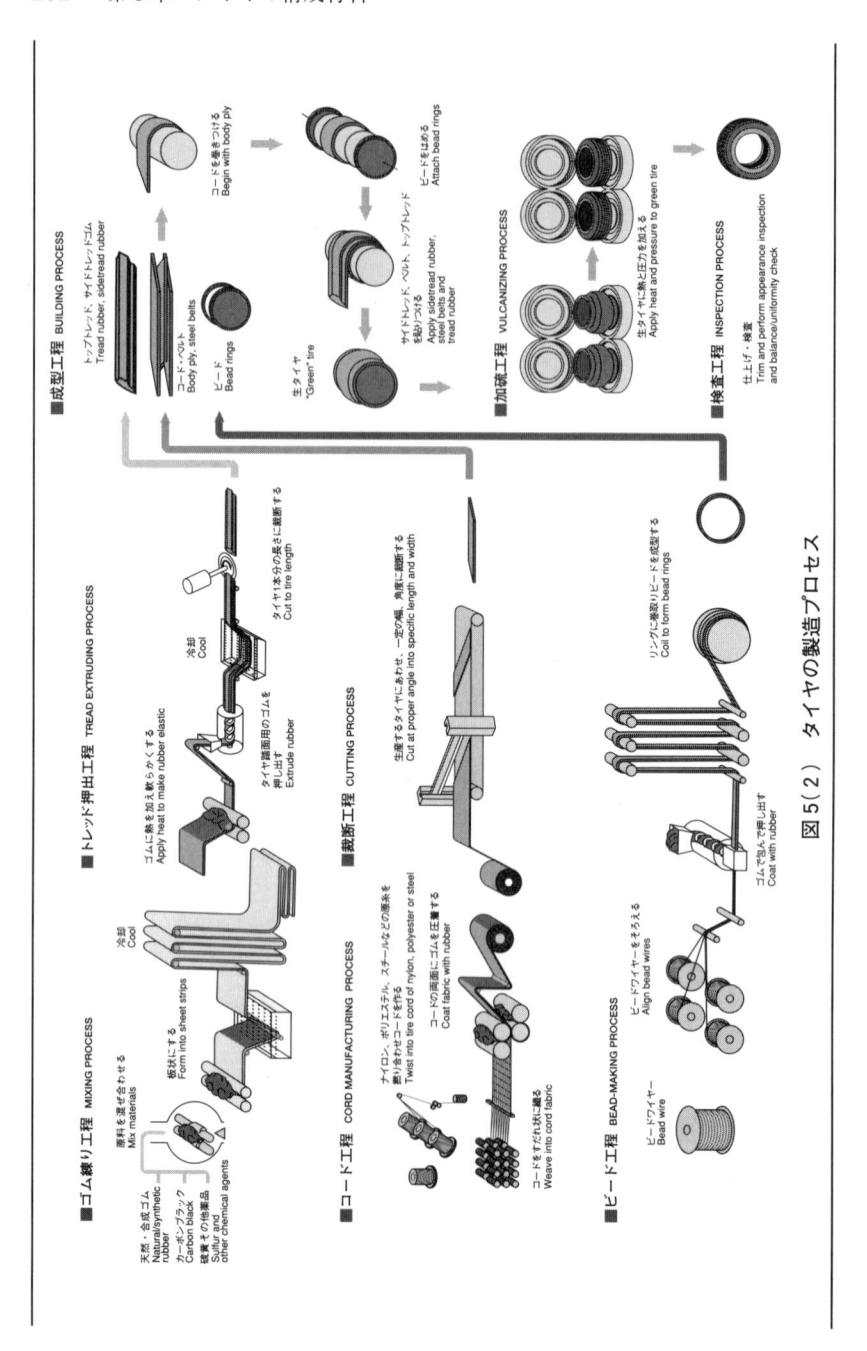

図5(2)　タイヤの製造プロセス

複雑で高度な複合体である（図5(1)）。

　その製造工程は、ゴム練り工程～ゴム部材押出工程、コードカレンダー～裁断工程、ビードワイヤー製造工程等がそれぞれ平行に行われ、成型機といわれるマシン上で各部材をセッティングする成型工程を経て、加硫前の生タイヤが製造される。その後生タイヤは加硫機と呼ばれる金型（モールド）に入れられ、タイヤの種類により条件は異なるが一般的には140℃以上の温度で加熱される。この加熱工程（加硫工程）で未加硫配合ゴムは架橋され強固なゴムとなり、最後的に検査工程を経て製品となる（図5(2)）。

　各部材の配合ゴムにはそれぞれの要求特性を満たすよう、ポリマー、カーボンブラックやシリカ等の充填剤、老化防止剤、軟化材、加硫促進剤、硫黄等の材料が用いられ、それぞれ材料の種類や量が最適に設計されている。同様にベルト、プライコード及びビード等の材質や構造も各要求特性を満たすよう最適に設計されている。ここではタイヤに用いられる各構成材料の基本的な特徴について説明する。

5.1　ゴム材料

5.1.1　タイヤに用いられる代表的なポリマー

（1）天然ゴム（NR；Natural Rubber）

　天然ゴムはヘベアブラジリアン（いわゆるゴムの木）から得られるゴム状高分子である。天然ゴムは非常に規則正しい立体規則性を有しており、シス構造略100％からなるイソプレンポリマーである[1]（図5-1-1）。

　通常状態では無定形ポリマーであるが、高い構造規則性のため数百％の高伸張下で、シス構造に由来する伸張結晶を生成する。そのために他の合成ゴムと比べ、破壊時強力が非常に高い特徴を有する。その破壊強力の高さからタイヤに使用される総ゴム

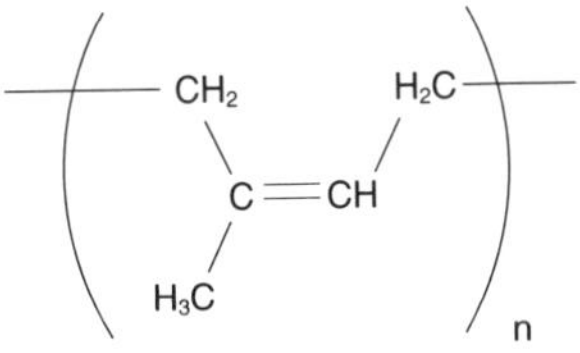

図5-1-1　天然ゴムのポリマー構造

表5-1-1 天然ゴムに含まれる非ゴム成分[2]

組成	重量%
ゴム炭化水素	93.7
中性脂肪	2.4
糖脂肪、リン脂質	1.0
タンパク質	2.2
炭水化物	0.4
無機物	0.2
その他	0.1

図5-1-2 タッピングによる天然ゴムラテックスの採取
※カラーの図は口絵参照

凝固 ⇨ シート化 ⇨ 乾燥 ⇨ 薫煙乾燥 ⇨ 選別 ⇨ ベールパッキング
蟻酸添加　　しぼりロール　数日間　50〜70℃ 数日間
RSS（Ribbed Smoked Sheets）

凝固 ⇨ 水洗 ⇨ 細粒化 ⇨ 水洗 ⇨ 熱風乾燥 ⇨ ベールプレス
（カップランプ）（異物除去）　　　　　　120〜140℃ 数時間
TSR（Technical Specified Rubber）

図5-1-3 NRラテックスからNR製品化までの工程

の内、約50%は天然ゴムが使用されている。また天然ゴムには数%の非ゴム成分も含まれる[2]（**表5-1-1**）。

統計によれば、2008年度には988万tonの天然ゴムが世界で生産され、その大半がタイ、インドネシア、マレーシア等の東南アジアで生産されている[3]。天然ゴムの生産は、タッピング（樹皮の切りつけ）によりゴムの木の樹液（ラテックス）を採取することから始まる（**図5-1-2**）。

採取後の天然ゴムラテックスの処理工程違いにより、RSSとTSRのグレ

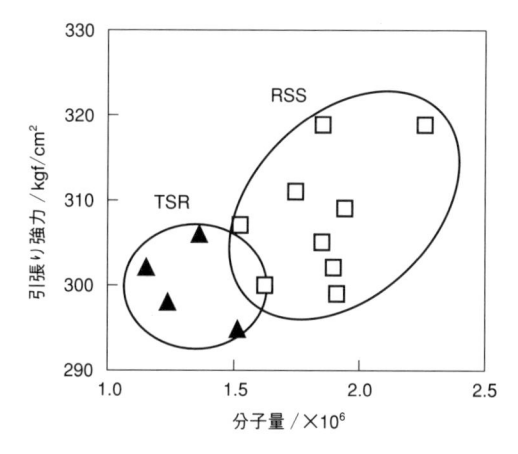

図 5-1-4 TSR と RSS の引張り強力と分子量の関係

ードに分けられる（図 5-1-3）。

RSS とは Ribbed Smoked Sheets（燻煙シートゴム）の略であり、TSR は Technical Specified Rubber（技術的格付けゴム）の略である。TSR 工程中のカップランプとは、タッピングによるラテックス採取過程で採取カップの中で自然に凝固したゴムのことである。RSS の方が一般的にポリマーの分子量が高く配合ゴムの破壊時強度に優れる特徴を有する。

（2）合成ゴム

工業的に作られるゴムを、天然ゴムに対して合成ゴムと言う。第 1 次世界大戦当時天然ゴムを代替する目的で、1933 年にブナ S（ブタジエンとスチレンの共重合体）、そして翌年にブナ N（ブタジエンとアクリロニトリルの共重合体）がドイツで開発された。アメリカでも第 2 次世界大戦下、政府主導でブナ系ゴムの生産を開始した。現在タイヤ産業で使われている合成ゴムの大部分は SBR（Styrene Butadiene Rubber）と BR（Butadiene Rubber）のジエン系ゴムである。主にトレッドゴムやサイドゴムに使われ、一部プライコーティングゴムなどのケース部材にも使用されている。

重合方法や触媒によって様々な種類の合成ゴムが製造されている。

(a) 合成ポリイソプレンゴム (Isoprene Rubber；IR)

天然ゴムを置換する目的で開発され、高シス-1,4含量のIRがTi触媒による配位重合で生産されている。またリチウム触媒によるアニオン重合でも合成可能であるが、シス-1,4含量が配位重合品対比低く、工業的にはチーグラー系のTi触媒による配位重合品が主に生産されている（図5-1-5、表5-1-2）。

シス-1、4-イソプレン ユニット　　トランス-1、4-イソプレン ユニット　　3、4-イソプレン ユニット

図5-1-5　合成ポリイソプレンゴムのミクロ構造

表5-1-2　合成ポリイソプレンゴムのミクロ構造分析値

	シス-1,4	トランス-1,4	3,4-
NR (RSS)	100	0	0
IR (Ti触媒)	98.6	1.1	0.3
IR (Li触媒)	91.7	5.8	2.5

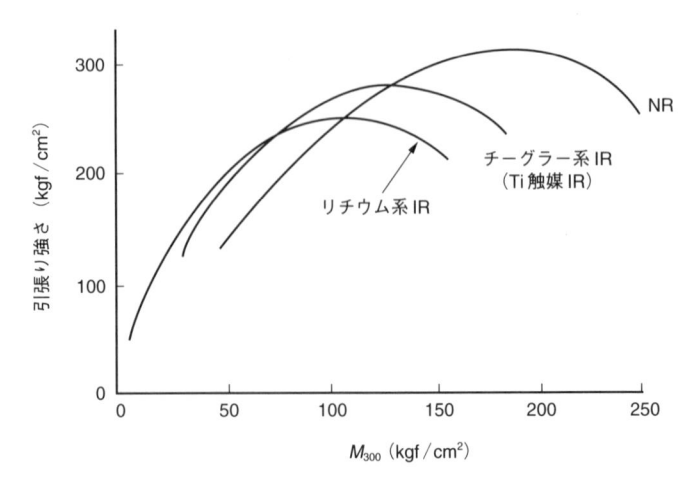

図5-1-6　合成ポリイソプレンゴムとNRの引張り強さ

しかしTi触媒によるIRでも、シス-1,4含量が天然ゴムより低いため伸張結晶性に劣り破壊時強力などで配合ゴム物性が追いつかず、性能的に天然ゴムを凌駕するには到っていない（図5-1-6）。

一方で、天然ゴム程の高分子量成分やゲル成分を含まないため、配合ゴムの未加硫粘度を低くコントロールできること、工業製品ならではの品質安定性、また非ゴム成分が少なく臭気等の問題がほとんどないメリットを有する。天然ゴムだけでは練りゴム粘度が高いなど、加工性が取れない場合に一部置換して用いられることが多い。

(b) スチレンブタジエンゴム（Styrene Butadiene Rubber；SBR）

SBRの合成は工業的に2種類の方法が存在し、それぞれのポリマーには構造及び物性上の特徴があるので用途により使い分けされている。

● 乳化重合SBR（Emulsion SBR；E-SBR）

乳化重合SBRはタイヤ用途で最も多く使用される合成ゴムである。原料であるブタジエンモノマー、スチレンモノマーを乳化剤で水溶液中に乳化分散させ、レドックス系のラジカル重合開始剤とメルカプト化合物等の連鎖移動剤を加えモノマー油滴中で重合を行い、その後硫酸等の酸で凝固、乾燥して得られる。

図5-1-7 モノマー油滴中でのポリマー成長（乳化重合）

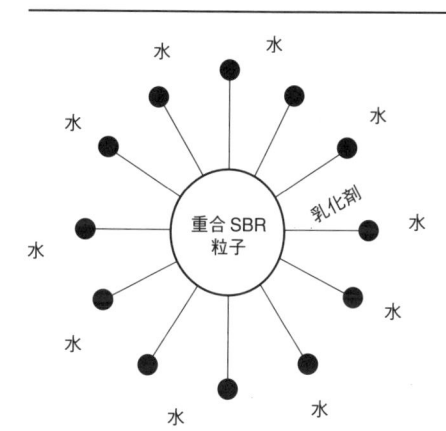

表5-1-3 乳化重合SBRの重合温度とミクロ構造[4),5)]

重合温度 (℃)	シス- 1,4	トランス- 1,4	1,2構造
5	12.3	71.8	15.8
50	18.3	65.3	16.3
70	20.0	63.0	17.3
100	22.5	60.1	17.3

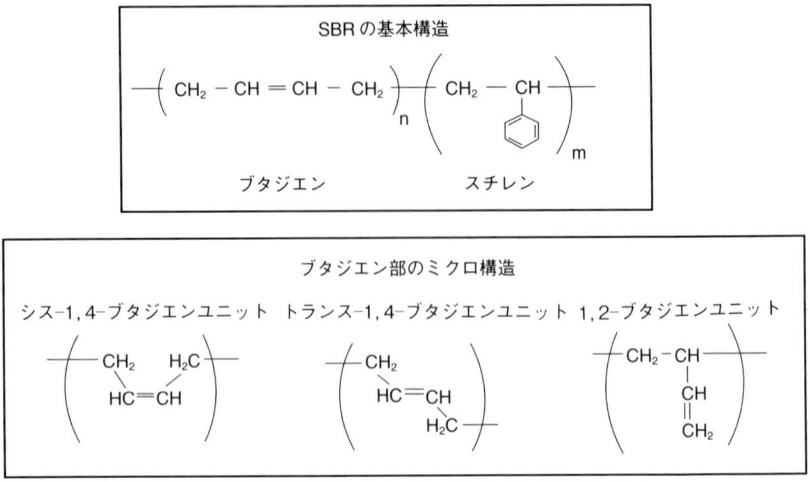

```
┌─────────────────────────────────────────┐
│           SBRの基本構造                  │
│                                         │
│  ─(CH₂─CH═CH─CH₂)ₙ─(CH₂─CH)ₘ─          │
│                          │              │
│                         [C₆H₅]          │
│         ブタジエン        スチレン       │
└─────────────────────────────────────────┘

┌─────────────────────────────────────────────────┐
│           ブタジエン部のミクロ構造               │
│                                                 │
│  シス-1,4-ブタジエンユニット  トランス-1,4-ブタジエンユニット  1,2-ブタジエンユニット │
│                                                 │
│   ─(CH₂  H₂C)─    ─(CH₂       )─   ─(CH₂─CH)─   │
│       HC═CH            HC═CH             │      │
│                              H₂C─        CH     │
│                                         ║       │
│                                         CH₂     │
└─────────────────────────────────────────────────┘
```

図5-1-8　SBRのミクロ構造

　スチレンモノマーとブタジエンモノマーの仕込み量の比でスチレン含量を50％程度までコントロールできるが、ポリブタジエン部のビニル、トランス及びシス構造の各含量は重合温度により決定され自由にコントロールできない（**図5-1-7、表5-1-3**）。

　約50℃で重合するホットE-SBRと約5℃で重合するコールドE-SBRの2種類に分けられるが、コールドE-SBRがタイヤ用途に使用されている。これはコールドE-SBRの方が、ポリマーの分岐構造やゲルが少ないため配合ゴムのシュリンクが小さく、破壊強力及び耐摩耗性に優れる特徴を有するためである。前述したように、乳化重合SBRではブタジエン部のミクロ構造の制御が困難でこの点は後述するアニオン重合の方が、ミクロ構造変更の自由度が大きく物性コントロール上有利である。

　乳化重合SBRのメリットは、分子量分布が広く高分子量成分が多く存在するため耐摩耗性に優れ、またスチレン含量のコントロールによりガラス転移点（T_g）の高いグリップ特性に優れた高性能用ポリマーが安価にできる点にある。従ってE-SBRは主にタイヤのトレッドゴム配合に使用される。タイヤ用途以外にホース、防振及び免振ゴム、履物等の一般工業用品にも使

表5-1-4 乳化重合SBRの分類

シリーズ	備考
1000	ホット E-SBR
1500	非油展コールド E-SBR
1600	カーボンブラックマスターバッチ非油展コールド E-SBR
1700	油展コールド E-SBR
1800	カーボンブラックマスターバッチ油展コールド E-SBR
1900	その他ハイスチレン樹脂マスターバッチ E-SBR

用され、最も多く消費されている合成ゴムである。E-SBRのグレードは国際合成ゴム製造協会（International Institute of Synthetic Rubber Producers）により次表のように分類されている（**表5-1-4**）。

タイヤ用途には一般に、1500番台のスチレン含量23.5%の非油展グレードと1700番台のスチレン含量23.5%あるいは40.0%の油展グレードが使われる。

● 溶液重合SBR（Solution SBR；S-SBR）

溶液重合SBRは有機リチウム化合物を重合開始剤としてアニオン重合機構により有機溶媒中で製造される。

スチレン及びビニル含量のコントロールに加え、重合中のポリマー主鎖末端がリビング性を有し、ポリマー末端変性が可能な点でE-SBRとは大きく

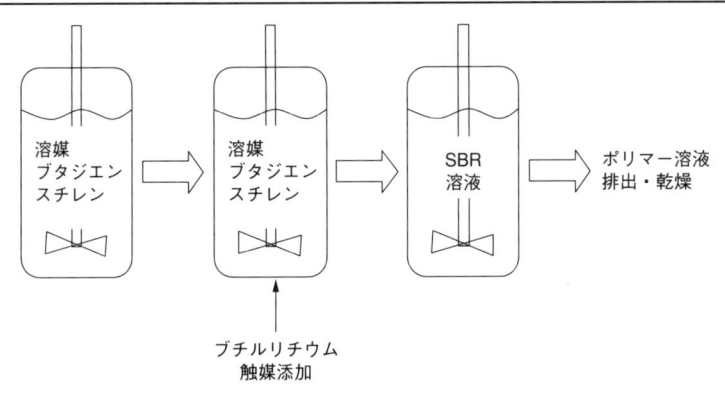

図5-1-9 溶液重合のバッチプロセス

異なる。特にバッチ重合でのポリマー末端構造設計の自由度が大きい。バッチ重合は、リアクター内に溶媒、モノマー類をあらかじめ仕込んでおき、そこへ有機リチウム化合物を添加、重合開始するプロセスで重合中はモノマーの添加は行わない（**図5-1-9**）。

　バッチ重合の場合、有機リチウム化合物による重合開始が均一に起こり、分子量がそろった分子量分布の狭いポリマーが得られる。ポリマー分子量はモノマーと重合開始剤の仕込み比で調整する。モノマー量に対して少量の重合開始剤を添加すれば高分子量ポリマーが得られ、その逆の条件下では低分子量のポリマーが得られる。

　重合で得られたリビングポリマー末端は温度の影響などで失活してしまうが、バッチ重合は温度コントロールが比較的容易なプロセスなので失活を抑制する事が容易であり、末端変性に適する。末端変性の例を**図5-1-10**に示したが、末端変性剤にカーボンブラックやシリカなどの充填剤と化学的に相互作用する化合物を選べば、この末端変性SBRを用いてゴム中で充填剤の分散を改良した低発熱性配合ゴムを得ることが可能となる。

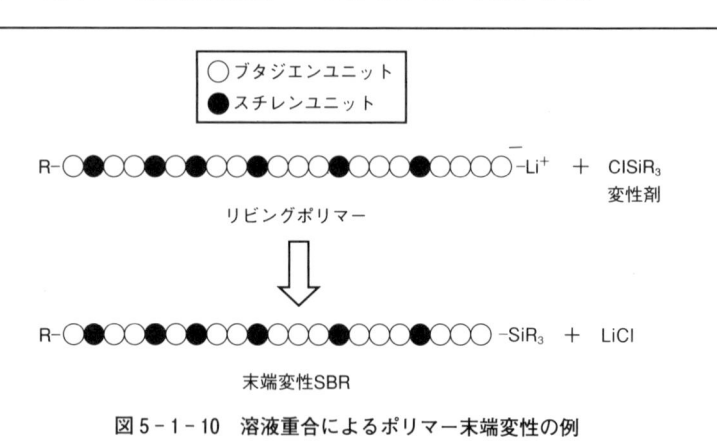

図5-1-10　溶液重合によるポリマー末端変性の例

　一方連続重合は、有機溶媒、ブタジエンモノマー、スチレンモノマー及び有機リチウム化合物を連続的にリアクター内に供給しながら重合するプロセスで、時間当たりの生産性が高い。**図5-1-11**に連続重合法の代表例を示す。

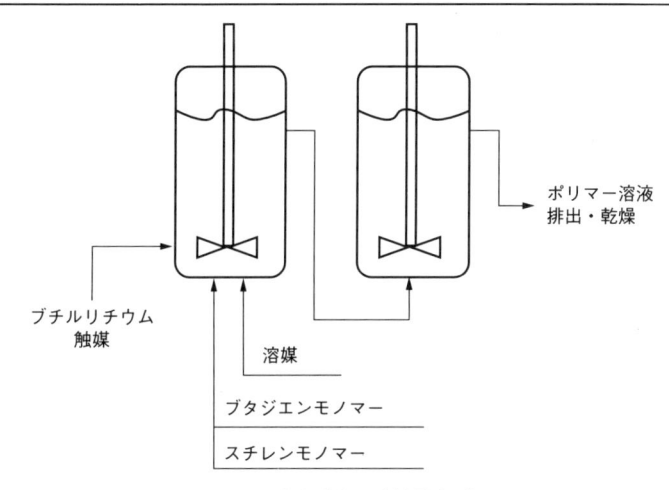

図 5-1-11 溶液重合の連続重合プロセス

　バッチ重合に比べ触媒のリアクター内での撹拌効率や滞留時間の影響で、重合開始にバラツキが生じ分子量分布は広がる傾向にある。バッチ重合に比べ時間当たりの生産性は高いが、末端変性を行うことは困難であり一般的には連続重合での末端変性は行われない。

　バッチ重合、連続重合にかかわらずアニオン重合では、ビニル化剤（あるいはスチレンランダマイザー）と言われるエーテル化合物やアミン化合物でビニル含量やスチレンブロック連鎖のコントロールが可能である。ビニル含量は 8% から 60% 程度の範囲でコントロールできる。またスチレンモノマーとブタジエンモノマーの仕込み比により、ポリマー中のスチレン含量をコントロールできる。従ってポリマーのミクロ構造制御の自由度が大きい。ただし分子量分布が E-SBR 対比では狭く、高分子量成分を含まないため耐摩耗性に劣る欠点を有する。

(c)　ブタジエンゴム（Butadiene Rubber；BR）

　タイヤに用途に使用される BR は、ミクロ構造により高シス BR と低シス BR に分類される。

● 高シスポリブタジエン

　チーグラー系触媒で配位重合されるシス-1,4 含量が 90% 以上のポリブタ

表5-1-5　各種触媒による高シスBRの
ミクロ構造

触媒種	シス-1,4(%)	1,2構造(%)
Nd	>98	<1
Co	97	<2
Ni	96	<2
Ti	92	<6
Li（アニオン重合）	<52	8-60

ジエンを通常高シスBRと呼んでいる。配位重合は、立体規則性が高いポリマーの合成が可能であり、ポリエチレン、ポリプロピレン、ポリイソプレン等の合成に用いられる。高シスポリブタジエンに関しては、現在までTi、Ni、Co、Nd、U等の遷移金属化合物を触媒とした配位重合法が発明されているが、現在商業生産されているグレードは、Ni、Co、Nd系触媒によるハイシスポリブタジエンである。

　表5-1-5に各チーグラー系触媒を用いて重合した高シスポリブタジエンの代表的ミクロ構造を示した。表中にアニオン重合で合成したポリブタジエン（低シスBRとも呼ばれる）を参考までに示した。

　いずれの高シスポリブタジエンも、ガラス転移点（Tg）が$-100℃$以下であるため低温特性に優れる。また高いシス含量を有するポリブタジエン程、耐摩耗性及び耐屈曲性に優れる。しかし配合ゴムの混練りではゴムのまとまりが悪く、ロール作業性に劣るため一般的にNRやSBRとのブレンドで使用される。耐摩耗性及び耐屈曲性のメリットを活かし、トレッドゴムやサイドゴム、チェーファーゴムが主な使用用途となっている。

● 低シスポリブタジエン

　低シスポリブタジエンとは、有機リチウム化合物を重合開始剤として有機溶媒中で重合されるアニオン重合BRを指す。溶液重合SBRと同じ重合方法で、ブタジエンモノマーのみ使用すれば低シスポリブタジエンが得られる。最大の特徴は、末端特性が可能な点でこれを用いると非常に低発熱な配合ゴムが得られることである。しかし高シスポリブタジエンに比べ低シスポリブタジエンは破壊時強力が低く、耐候性に劣りまた耐摩耗性にも劣るため、タ

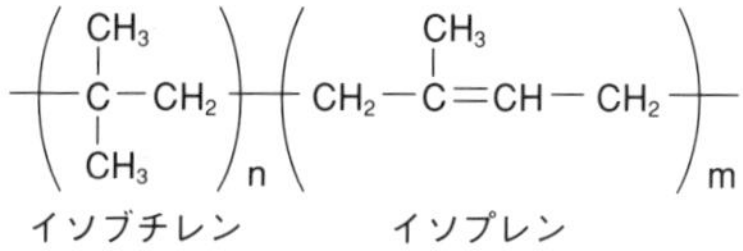

図 5-1-12 ブチルゴムの構造

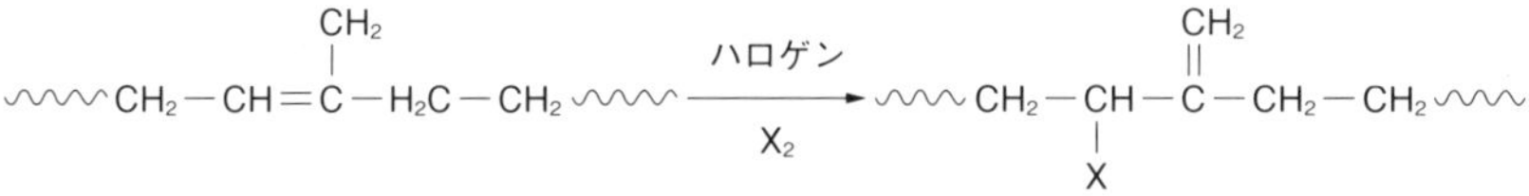

図 5-1-13 ハロゲン化ブチルゴムの合成反応

イヤ用途としての使用は高シスポリブタジエンが主流となっている。

(d) ブチルゴム (Isobutylene Isoprene Rubber; IIR)

ブチルゴムはイソブチレンと少量のイソプレンを、$AlCl_3$ などのルイス酸化合物触媒として約 $-100℃$ の条件下でカチオン共重合した合成ゴムで、不飽和度が低いため（C-C 二重結合が非常に少ない）耐老化性、耐化学薬品性、耐オゾン性に優れる。イソブチレン骨格そのものは飽和性のため架橋反応を示さない。そのため通常のブチルゴムはイソプレンを 0.5～3 weight％ 程度共重合している。

イソプレンモノマー存在下では高分子量ポリマーが得られないため、3％程度のイソプレン共重合が限界となっている。しかしこの程度のイソプレン共重合では加硫反応が充分に起こらないため、ハロゲン化ブチルゴムが開発され塩素化ブチルゴム、臭素化ブチルゴムが上市されている。ハロゲン化反応を図 5-1-13 に示す。

主要骨格であるイソブチレンは、1 モノマーユニット当たり 2 つのメチル基を有するためその立体障害によりポリマー鎖の分子運動性が抑制され、他のジエン系ポリマーと比較すると気体透過性が非常に小さい（表 5-1-6）。この特性よりブチルゴムは、インナーライナーゴム、チューブ用ゴムに使用される。また耐オゾン性に優れ白サイドウォールゴムにも使われる。白サイドウォールタイヤは日本ではほとんど見かけないが、タイヤサイド部に白文字などを入れたタイヤで北米では一般的である。白の色調を維持するため耐

オゾン用老化防止剤など色調に変化を及ぼすゴム用添加剤が使えないので、ゴム自体が耐オゾン性に優れるブチルゴムが使用される。

表5-1-6 ブチルゴムの酸素透過性[6]

Polymer	P (注1)	E_p (注2)
Silicone rubber	5000	—
Ethyl cellulose	265	16
Methyl cellulose	5	—
Polyisoprene (natural rubber)	230	30
Polybutadiene	191	30
Poly (butadiene (80%)-acrylonitrile)	82	36
Poly (butadiene (73%)-acrylonitrile)	39	40
Poly (butadiene (68%)-acrylonitrile)	24	44
Poly (butadiene (61%)-acrylonitrile)	9.6	50
Polystyrene	15-250	—
Poly (styrene-butadiene)	172	30
Cellulose acetate-butyrate	60	—
Teflon (FEP)	59	24
Polyethylene (density 0.922)	55	43
Polyethylene (density 0.922), radiated	35	40
Polyethylene (density 0.938)	21	39
Polyethylene (density 0.954)	11	13
Polyethylene (density 0.965)	0.5	13
Polychloroprene (neoprene)	40	41
Poly (vinyl chloride-vinyl acetate)	24	41
Poly (vinyl chloride), 30 parts dioctylphthalate/100 parts PVC	6	—
Poly (vinyl chloride)	1.2	—
Polypropylene (density 0.907)	21	47
Polydimethylbutadiene	21	47
Butyl rubber	13	45
Cellulose acetate	7.8	21
Polychlorotrifluoroethylene	5.6	46
Rubber hydrochloride, plasticised	5.4	35
Rubber hydrochloride, unplasticised	0.25	—
Polyacetal	3.8	—
Polysulphide rubber	2.9	56
Polyamide (nylon 6)	0.38	43
Poly (ethylene-terephthalate) (Mylar)	0.30	27
Poly (vinyl fluoride) (Tedlar)	0.2	—
Poly (vinylidene chloride) (Saran)	0.05	67

(注1) **P** is in the following units:
$$\frac{(cm^3 \text{ at STP})(mm \text{ thickness}) \times 10^{10}}{(cm^2 \text{ area})(s)(cm \text{ Hg})}$$

(注2) $E_p : P = P_0 \exp(-E_p/RT)$ in units of kJ mol^{-1}.

表5-1-7 汎用ジエンゴム一覧

	基本構造	重合法	一般名称	備考
NR	$-(CH_2-\underset{CH_3}{\underset{|}{C}}=CH-CH_2)_n-$ イソプレン		天然ゴム	特徴；100%のシス-1,4-ポリイソプレン構造からなる。高い立体規則性のため高伸張下で伸張結腸生成し、高い破壊強力示す。タイヤに使用される総ゴムの内、約50%占める。用途；ベルト、プライコーティングゴム、ベースゴム等のケース部材及びサイドゴム、TBトレッドゴムに使用される。
IR	$-(CH_2-\underset{CH_3}{\underset{|}{C}}=CH-CH_2)_n-$ イソプレン	配置重合（チーグラー触媒）溶液重合（リチウム触媒）	ポリイソプレン	特徴；Ti触媒使用した配位重合品は高いシス-1,4構造（約98%）を有し作業性改良のため一部NRと置換して用いられる。用途；主にベルトコーティングゴムのカレンダー性改良のためにNRの一部置換で使用される。
E-SBR	$-(CH_2-CH=CH-CH_2)_n-(CH_2-\underset{\text{スチレン}}{\underset{|}{CH}})_m-$ ブタジエン	乳化重合（＝ラジカル重合）（有機過酸化物触媒）	乳化重合 SBR Emulsion SBR E-SBR	特徴；スチレン含量は40%程度までコントロールでき、高Tg品の合成可能。しかし、ブタジエン部のミクロ構造はほとんど変えられず。広い分子量分布を持ち、S-SBR対比耐摩耗に優れる。用途；PC、TB、OR等のトレッドゴム。特にPCには汎用から高性能用途まで幅広く用いられる。
S-SBR	$-(CH_2-CH=CH-CH_2)_n-(CH_2-\underset{\text{スチレン}}{\underset{|}{CH}})_m-$ ブタジエン	溶液重合（リチウム触媒）	溶液重合 SBR Solution SBR S-SBR	特徴；スチレン（0～40%）、ビニル（10～60%）含量は比較的自由に変えられる。バッチ重合では末端変性が可能で低ロス用ポリマーとして用いられる。用途；PC用トレッド。末端変性品は低燃費用として、高Tg品は高性能用として用いられる。
高シスBR	$-(CH_2-CH=CH-CH_2)_n-$ ブタジエン	配置重合（チーグラー触媒）Ni触媒 Co触媒 Nd触媒	高シスBR	特徴；Ni、Nd、Coの各触媒でシス-1,4含量96%以上のものが得られる。Tgが約-105℃と低く耐寒性に優れる。また耐屈曲性、耐摩耗性に優れる特徴有する。用途；PC、TB等のトレッド及びサイドゴム
IIR	$-(\underset{CH_3}{\underset{|}{\underset{|}{C}}_{CH_3}}-CH_2)_n-(CH_2-\underset{CH_3}{\underset{|}{C}}=CH-CH_2)_m-$ イソブチレン　イソプレン	カチオン重合	ブチルゴム	特徴；他の汎用ゴムと比べ、ガス透過性が非常に小さい。ただし二重結合分が少ないために加硫速度が遅く、他のジエン系ゴムとの共加硫性に劣る。用途；インナーライナー、チューブ、ブラダー等ガス非透過性が求められる部材。

5.1.2 充填剤

充填剤とは、ゴムに混合して破壊強力等の補強、高弾性率、耐摩耗性等を付与する目的で用いられる配合剤を言う。タイヤ用充填剤には大きく分類してカーボンブラック（以下 CB）とシリカがある。

CB は、ゴム分子との親和性が高いため非常に高い補強性を示すが、シリカはポリマーとの親和性が低いため、補強性を向上させるためにカップリング剤を使用する必要がある。

また広義に、炭カル（炭酸カルシウム）等、補強の役割はしないが増量剤として使われる無機材料も充填剤に含まれる。

（1） カーボンブラック

最も身近な CB は「すす」であるが、タイヤで使用する CB はファーネス炉と言われる炉で合成した、いわゆるファーネスブラックですすとは全く別物である（ファーネスとは英語の furnace であり、それ自体が炉を意味する）。

ファーネス法の概要を図 5-1-14 に示す。

約 2000℃ に耐え得る煉瓦で内張りされた特殊な反応炉に、燃料油と空気

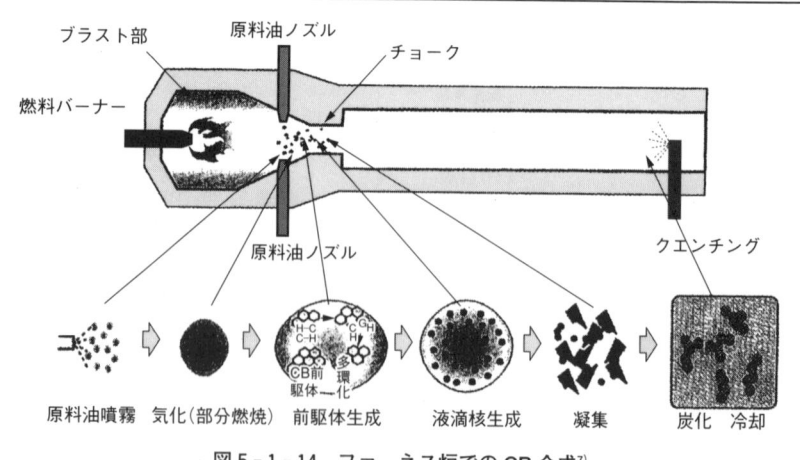

図 5-1-14　ファーネス炉での CB 合成[7]

を導入し完全燃焼させ1400℃以上の高温雰囲気を形成した上で、液状の原料油を連続的に噴霧し原料油を熱分解させる。噴霧された原料油は炉内で気化し、幾つかの芳香族環が集合したCB前駆体を生成する。この前駆体が成長しながらCBの一次粒子を形成するとともに、一次粒子同士が凝集・結合しCBのアグリゲート（一次粒子の凝集体）を生成する。最終的には霧状の水噴霧により反応を停止させ（クエンチング）、CB粉末を得る。この後CB粉末を造粒するために水と混合しスラリー状態にした後、乾燥を行い造粒CBを得る。炉内温度の調整、炉形状の変更、原料油の種類及びその噴霧量、クエンチング位置変更等でCBの形態及び表面化学特性を変えることが可能である。

(a) カーボンブラックの形態

ゴムの補強性に対して重要なCB特性として、以下の3つが挙げられる。
① 粒子径
② ストラクチャー
③ CB表面の化学特性

これら3大特性の組み合わせにより、配合ゴムの要求特性を満たすCB構造の最適設計が行なわれる。

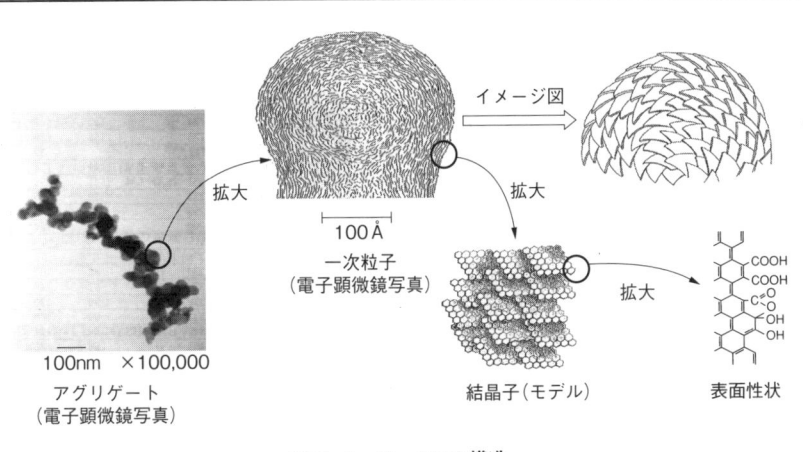

図 5-1-15 CBの構造

① 粒子径

　アグリゲート（一次凝集体）を構成している連鎖微粒子の一つの粒子を一次粒子と定義し、その直径を一次粒子径と言う。粒子径測定の代用メジャーとしてCB単位重量当たりの沃素分子や窒素分子、CTAB(Cetyl trimethyl ammonium bromide)の吸着量から求めた比表面積が用いられる。一次粒子径が小さくなるにつれ、CB単位重量当たりの表面積が大きくなる。従って微粒径化するに伴い、ポリマーとの接触面積が大きくなり補強性が向上するが一方では発熱性が悪化する。一般に、タイヤトレッド部材には耐摩耗性の良い微粒子径CBが、ケース部材には低発熱性を与える大粒子径CBが用いられる。

② ストラクチャー

　CBのアグリゲート構造の発達度合をストラクチャーと呼び、その程度によって高、中、低ストラクチャーに便宜上分類する。ストラクチャーを表すメジャーとしてDBP（Dibutyl phthalate）吸油量あるいは圧縮DBP吸油量の測定値が使われる。ストラクチャーが発達する程DBPの吸油量が多くなる。圧縮DBP吸油量はCBへ一定条件下で圧力を加えた後のDBP吸油量で、弱い結合のストラクチャーを破壊した後のストラクチャーを表している。練りゴム物性を解釈あるいは予測する場合、圧縮DBP吸油量を用いた方が正確である。

　ストラクチャーは、充填剤配合ゴムの引張り応力に大きな影響を及ぼす。これは、ポリマーがCBストラクチャーの枝分かれの部分に吸蔵され、高ストラクチャーなCBほど物理的に吸蔵するポリマー（オクルードラバー）量が多くなるためである（図5-1-16）。

　CBストラクチャーにオクルードされたポリマーは、外部からの変形に対して追随できなくなり見かけ上CBとして働く。結果、高ストラクチャーCB配合ゴムはCBを多量充填した時の物性に近くなり、引張り応力が高く、耐摩耗性も向上する。中ストラクチャーCBを多量充填した時も同様な物性が得られるが、高ストラクチャーCB配合ゴムでは、発熱性の悪化が最小限に抑えられる。このように、CBのストラクチャーは配合ゴム物性に大きく影響与えるが、ストラクチャーの発達度合いだけではなく、その分布をコント

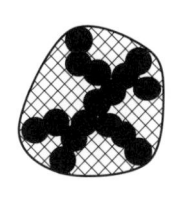

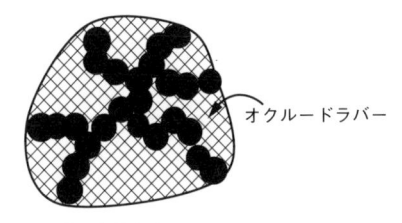

中ストラクチャー　　高ストラクチャー

図 5-1-16　CB ストラクチャーに取り込まれたオクルードラバー

ロールすることも CB 開発を行う上で重要な要素となる。

③ 粒子表面の化学的性質

CB 表面には含酸素官能基が多数存在する。図 5-1-15 で示したように、カルボン酸やフェノール、キノン基が CB 表面官能基の代表である。

カルボン酸は強酸性を示し、配合ゴムの加硫時間を遅らせることがある。そのため、CB スラリーの pH 測定が品質保証のために行われている。またキノン基はある種の末端変性ポリマーと反応し、配合ゴムの発熱性を低下させるとの報告がある[8]。これら表面官能基量は、製造時のクエンチング条件や、造粒工程である CB スラリーの乾燥条件である程度コントロールできる。ファーネス CB を高温処理することにより表面官能基を持たないグラファイト化 CB が得られるが、この配合ゴムは破壊時強力が大幅に低下することから、これら CB 表面官能基がポリマーとの補強に関与していることは明らかである。また CB 表面結晶子のエッジ部には活性水素が存在しており[9]、この活性水素を多く有する CB は配合ゴムの補強性を向上させると報告されている。この場合、ポリマーと CB は活性水素の存在によりラジカル的に反応すると考えられる[10]。このように CB の表面化学特性は、CB を設計する上で重要な要素となっている。

表 5-1-8 にタイヤ用途に使われる代表的な CB グレードを示す[11]。

この分類は ASTM（American Society for Testing and Materials）により決められているものである。ASTM ではよう素吸着量と DBP 吸油量の目標値を決めているのみで、同じ ASTM グレードでも製造メーカーや製造工場により、CB のコロイダル特性や表面化学特性が違うことがあり、この場合配

表5-1-8 ファーネスCBのASTMによる分類[11]

		目標値		代表値			一次粒子径(電顕)(nm)
		よう素吸着量 g/kg	DBP吸油量 $10^{-5}m^3/kg$	圧縮DBP吸油量 $10^{-5}m^3/kg$	CTAB表面積 $10^3m^2/kg$	窒素吸着比表面積 $10^3m^2/kg$	
SAF (Super Abrasion Furnace)	N 110	145	113	98	126	143	11〜19
	N 134	142	127	102	134	146	
ISAF (Intermidiates Super Abrasion)	N 220	121	114	100	111	119	20〜25
	N 234	120	125	100	119	126	
HAF (High Abrasion Furnace)	N 326	82	72	69	83	84	26〜30
	N 330	82	102	88	82	83	
	N 339	90	120	101	93	96	
	N 343	92	130	104	95	97	
	N 351	68	120	97	73	73	
FEF (Fast Extruding Furnace)	N 550	43	121	88	42	42	40〜48
	N 582	100	180	114	76	80	
GPF (General Purpose Furnace)	N 630	36	78	62	35	38	49〜60
	N 650	36	122	87	38	38	
	N 660	36	90	75	36	35	
SRF (Semi Reinforce Furnace)	N 762	27	65	57	29	28	61〜100
	N 772	30	65	58	33	32	
	N 774	29	72	62	29	29	

合ゴム特性が変化するので注意が必要である。

(2) シリカ

シリカはSiO_2の組成からなり、合成方法によって湿式と乾式の2種類がある。タイヤ用途には、コスト及び性能の面から湿式シリカが用いられている。湿式シリカは、水ガラスに硫酸を加えシリカを沈降させて合成する方法から、沈降法シリカとも呼ばれる。シリカはCBに次ぐ補強性を有するため、ホワイトカーボンとも呼ばれる。湿式シリカは基本的に以下の式で、ケイ酸ナトリウム（水ガラス）と硫酸を反応させることにより得られる。

$$Na_2O \cdot xSiO_2(Aqua) + H_2SO_4(Aqua) \rightarrow xSiO_2 + Na_2SO_4 + H_2O$$

この時反応系のpH調整により、一次粒子の成長や一次粒子同士のゲル化を調整し、特定構造の沈降法シリカを合成する。

上記反応で得られたシリカスラリーは、濾過及び水洗されスプレードライ

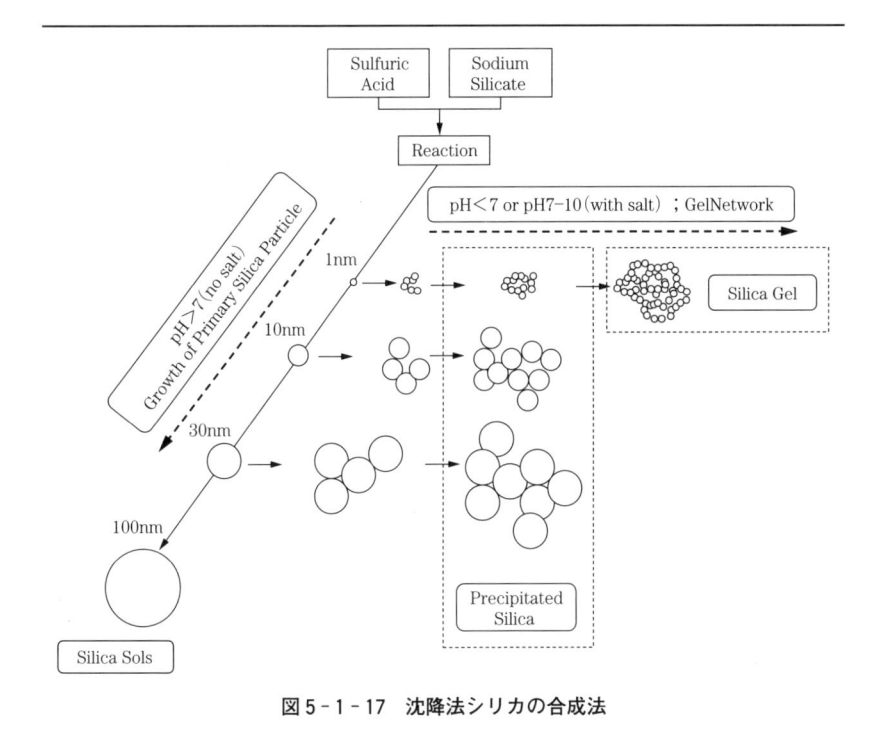

```
                          Sulfuric    Sodium
                           Acid       Silicate
                              ↓        ↓
                            Reaction
                               ↓
              pH<7 or pH7-10(with salt) ; GelNetwork
     1nm
     10nm
     30nm
     100nm
     Silica Sols
     Growth of Primary Silica Particle
     pH>7 (no salt)
     Silica Gel
     Precipitated Silica
```

図 5 - 1 - 17　沈降法シリカの合成法

ヤー法や圧縮脱水後の加熱により乾燥する。シリカ表面には多数のシラノール基が存在し、水分子が水素結合を通してそれらシラノール基と結合している（**図 5 - 1 - 18**）。

　シリカと CB の大きな違いは、カーボンは芳香族環でできておりポリマーとの親和性が高いが、シリカ表面は親水性でポリマーとの親和性が極めて悪い点である。従ってシリカとポリマーを混練りすると、化学的な反応や物理的吸着が起こらず補強性に極めて乏しい配合ゴムとなる。更に、ゴム中でシリカ同士がシラノール基を通して水素結合を生成し、シリカのゴム中への分散は非常に悪い。これらの欠点を改善するため通常シリカ配合ゴムにはシランカップリング剤が使われる。

　シランカップリング剤は、シリカ表面のシラノール基と反応するアルコキシシリル基と、ポリマーと反応するイオウ連鎖からなるビス（トリエトキシ

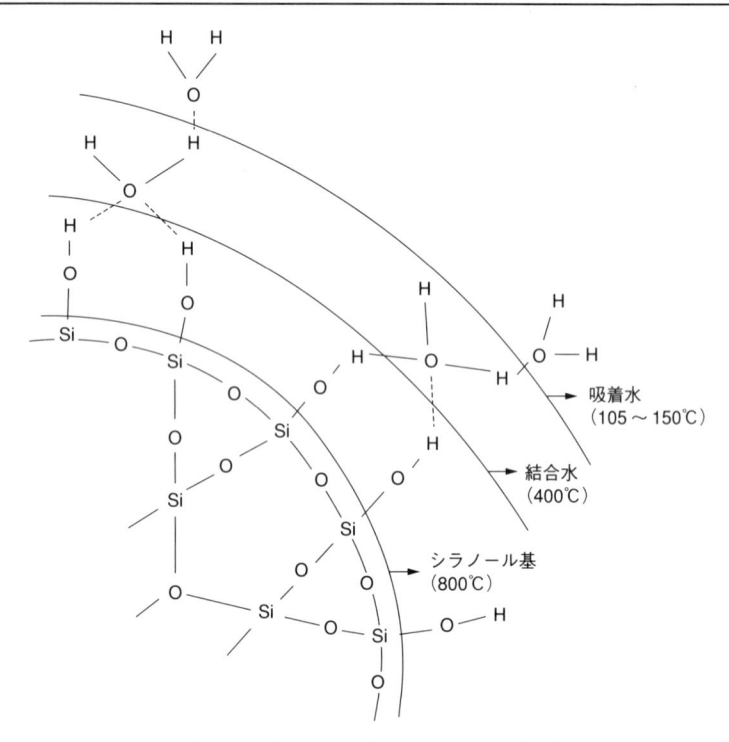

図 5-1-18 シリカ表面での水分子吸着[12]

吸着水（105～150℃）
結合水（400℃）
シラノール基（800℃）

―シリルプロピル）テトラサルファイドが通常使われる。カップリング剤はシリカ表面のシラノール基と反応して、シリカの凝集を防ぎ、且つシリカとポリマーを化学的に結合させることにより補強性を発現する。

　乗用車用トレッド配合にシリカを充填剤として用いることにより、耐摩耗性を犠牲にすることなく低転がり抵抗とウェット路面でのタイヤ性能を高度に両立できることが明らかになり[13]、1990年代以降シリカ使用が拡大している。シリカ配合ゴムは、ポリマーとシリカ間をシランカップリング剤で化学的に結合させるため、その界面近傍ではポリマーの緩和によるロス発生が少なく、低発熱になると考えられる。またシリカ配合ゴムは、ウェット路面でのタイヤグリップがCB配合ゴム対比高い。その理由として、

① 粘弾性測定におけるウェット性能予測領域（0℃）のロス（$\tan\delta$）が

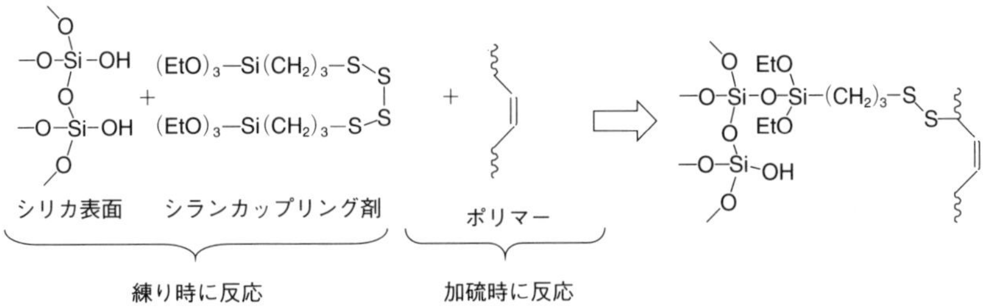

図5-1-19 シランカップリング剤の反応

高い
② シリカ表面の親水性が化学的に影響している
などのメカニズムが推定されているが、いまだにそのメカニズムは検証されていない。

またシリカ配合ゴムは、未加硫ゴムの粘度が高く、練りステージ数（練り回数）を増やさなければならず生産性上の問題を有する。これは、以下2つの理由が考えられる。
① シリカ自体がCBと比較して微粒径である。
② ビス（トリエトキシ―シリルプロピル）テトラサルファイドが、混練り中に硫黄供与体として働き、発生した硫黄ラジカルがポリマーのジエン成分と反応、ポリマーのゲル化を引き起こす。

後者に関しては、硫黄ラジカルの発生を抑えるために、練り温度の上限を約150℃に規定しなければならない。

更に練りゴムの押出し作業時にブリスター（気泡発生によるふくれ）が発生するため、押出しスピードを上げられない問題も有する。これは、ゴム練り中にシリカ表面のシラノール基とシランカップリング剤が反応して発生したエタノールが練りゴム中に残存し、練り後の押出し工程で気化するために起こる現象である。このため最近ではより高温練りでゲル化を抑制しつつ、発生するエタノールを練り工程で可能な限り揮発させることができる、硫黄連鎖が2～3個のシランカップリング剤の使用が主流となっている[14),15)]。更にアミン化合物の添加により、シリカ表面のシラノール基とアミン化合物を

水素結合させてシリカ分散を改良し、且つそのアミン化合物がシリカ表面のシラノール基とシランカップリング剤の反応触媒として働く技術も開発されている[16]。

5.1.3 加硫剤及び加硫促進剤

原料ゴムに充填剤を加え混練りしただけでは、ゴム分子鎖同士は化学的に結合しておらず、塑性変形を伴う不完全なゴム弾性体となる。1839年にC.グッドイヤーにより、硫黄による未加硫天然ゴムの加硫が発見されて以来、硫黄による橋掛け（架橋）反応が、未加硫配合ゴムにゴム状弾性を与える手法として用いられてきている（図5-1-20）。

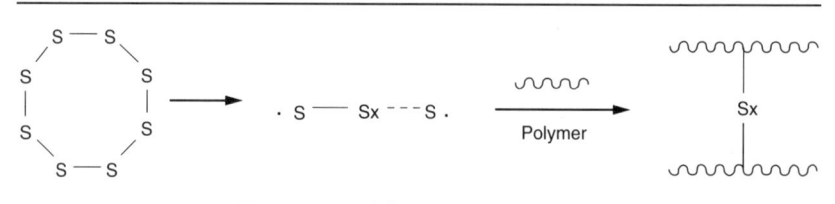

図5-1-20　硫黄によるゴムの架橋反応

（1）加硫剤

普通硫黄はS_8の環状構造をとっており、159℃に加熱すると開環して両末端ラジカルの硫黄分子となり、ポリマーの不飽和結合部分と反応する。ポリマーと結合する硫黄は、ジスルフィド以上のポリスルフィド結合（Sx）が主体となる。硫黄には可溶性硫黄と不溶性硫黄の2種類があり、必要に応じて使い分けしている。

普通硫黄は可溶性硫黄とも呼ばれ、硫黄の結晶構造はリング状に配列した8個の硫黄原子で形成される。室温では天然ゴムや合成ゴムに僅かしか溶解しない。従って溶解度以上の硫黄を添加すると、ゴム練り後の放置冷却で、溶解しきれない硫黄がゴム表面に移行してくる。この現象をブルームと言い、練りゴム部材同士のタッキネスを低下させ接着不良を起こし、また加硫速度遅延などの問題を引き起こす。普通硫黄を融点以上、例えば400℃に加熱すると、分子量10,000以上の結晶性の無い無定型、直鎖状の硫黄となる。こ

れを急冷して固定化したのが不溶性硫黄である。不溶性硫黄は天然ゴム、合成ゴムに不溶であるが、一旦ゴム練りで混合すれば分子サイズが大きいためゴム中での移行が抑えられ、ブルームが起こらない。従って、多量に硫黄を練り込む必要がある部材や、可溶性硫黄ではブルームが生じ問題となる配合では不溶性硫黄が使用される。ただし、不溶性硫黄は100℃以上の熱履歴を受けることにより、徐々に可溶性硫黄に転移するので、完全にブルームを抑制することは困難である。

（2） 加硫促進剤

上述したように、硫黄と不飽和ポリマーは架橋反応により未加硫ゴムにゴム弾性を与えるが、その反応の活性化エネルギーは高くそのままでは工業的に利用できない。そこで、ゴムと硫黄との反応を促進する多数の加硫促進剤が開発されてきた。現在までに様々なタイプの加硫促進剤が開発されているが、主なものを分類すると、チアゾール系、スルフェンアミド系、グアニジン系、チウラム系、ジチオカルバミン系、キサントゲン系に分けられる。

加硫促進剤の促進機構については幾つかの説があり、詳細は各文献を参考して頂きたい[17]、[18]、[19]、[20]、[21]。加硫促進剤 MBTS（DM）を例にとり、その構造を MSSM とし各種の機構を大まかにまとめた反応図を下に示した[22]。

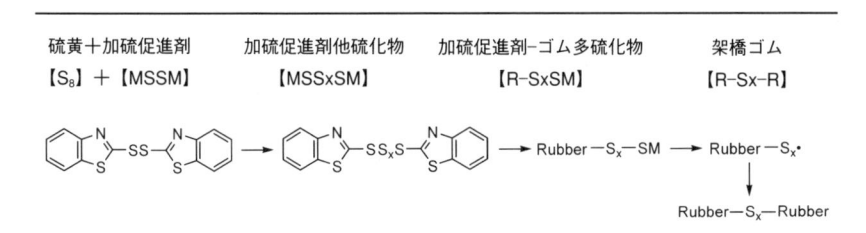

硫黄＋加硫促進剤	加硫促進剤他硫化物	加硫促進剤-ゴム多硫化物	架橋ゴム
【S_8】＋【MSSM】	【MSS_xSM】	【$R-S_xSM$】	【$R-S_x-R$】

$$\text{MS-SS-SM} \longrightarrow \text{MS-SS}_x\text{S-SM} \longrightarrow \text{Rubber}-S_x-\text{SM} \longrightarrow \text{Rubber}-S_x\cdot$$
$$\downarrow$$
$$\text{Rubber}-S_x-\text{Rubber}$$

図 5-1-21 加硫促進剤 MBTS の加硫促進反応[22]

硫黄が加熱されると加硫促進剤の多硫化物（ポリスルフィド）が生成、次いでこれがゴムと反応して加硫促進剤-ゴム多硫化物が中間体となって生成し、更に、これとゴムが反応してゴムの架橋が生成すると考えられる。

加硫促進剤は化学構造により特徴的な加硫挙動を示す。代表的な加硫促進剤の分類を**表5-1-9**に示す。

表 5-1-9 加硫促進剤の分類

括弧内表記は JIS あるいは SRIS 略号

分　類	構　造	特　徴	代　表　例
チアゾール系	(ベンゾチアゾール)C-SX	酸性促進剤。準超促進剤。平坦加硫で優れた加硫物性が得られる。	M(MBT) DM(MBTS) MZ(ZnMBT)
スルフェンアミド系	(ベンゾチアゾール)C-SN(R)(R)	中性促進剤。準超促進剤。チアゾール系よりスコーチが遅く立ち上がりが速い上、平坦性を有し優れた加硫物性が得られる。	CZ(CBS) DZ(DCBS) NC(BBS)
グアニジン系	HN=C(NH-R)(NH-R)	塩基性促進剤。中庸進剤。チアゾール、スルフェンアミド系の二次促進剤。	D(DPG) DT(DOTG) BG(OTBG)
チウラム系	R₂N-C(S)-S-M-S-C(S)-NR₂	酸性促進剤。超促進剤。スコーチ短く加硫速度速い。ジエン系ゴムの無硫黄加硫剤。低飽和性ゴムの二次促進剤。	TT(TMTD) TS(TMTM) TET(TETD) TBT(TBTD)
ジチオカルバミン酸塩系	R₂N-C(S)-S-Sn-C(S)-NR₂	酸性促進剤。超促進剤。加硫促進力が強い。主として低飽和性ゴムやラテックス用促進剤。	ZTC TP(NaBDC)
キサントゲン酸塩系	RO-C(S)-S-M-S-C(S)-OR		ZBX(ZnBX)

　加硫促進剤はグループごとに特有の加硫促進挙動を示し、モデル的に描くと、**図 5-1-22** のようになる。チウラム系は加硫の立ち上がりが速く短時間で加硫が進行するが、スコーチが短い欠点を有する。グアニジン系はだらだら型の加硫曲線から分かるように加硫速度が遅い。チアゾール系はキュラストでのトルク値が比較的高く、平坦性を示す。スルフェンアミド系はチアゾール系より更にスコーチタイムが長く、加硫の立ち上がりも速く且つ平坦性を有する上トルク値も高いので、現在最も多く使用されている加硫促進剤である[23]。

　加硫促進剤はその種類が多く使用目的により使い分けられているが、加硫促進能力はその構造でグループ分けすることができその加硫促進能力は、

　ジチオカルバミン酸塩系＞チウラム系＞チアゾール系＞スルフェンアミド系＞グアニジン系

となっており、この促進能力が選択のひとつの目安となる。通常のジエン系

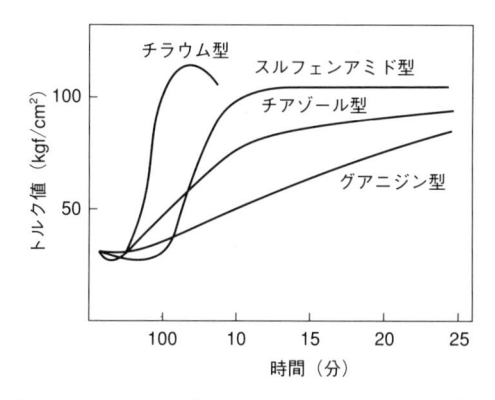

図5-1-22 タイプ別促進剤のキュラストカーブ[23]

高不飽和ゴムにはチアゾール系かスルフェンアミド系のものが使用され、超促進剤のジチオカルバミン酸塩系やキサントゲン酸塩系を使用することはない。一方ブチルゴム（IIR）のような低不飽和ゴムでは、超加硫促進剤であるチウラム系やジチオカルバミン酸塩系が主に用いられる。

5.1.4 老化防止剤

ポリマーの不飽和結合部分は、酸素やオゾンの攻撃を受け主鎖切断反応を起こす。酸素とオゾンによるポリマー鎖の劣化機構は異なり、酸化劣化を防止する薬品を老化防止剤（老防）、オゾン劣化を防止する薬品をオゾン劣化防止剤と言うが、それら劣化を防止する薬品は1つの薬品で両方の機能を示すものがあり、総称して老化防止剤と呼んでいる。

図5-1-23に酸化劣化反応の機構を示す。

先ず炭化水素RHから炭化水素ラジカルR・が発生し、この炭化水素ラジカルが空気中の酸素と反応してパーオキシラジカルROO・を生成、更に炭化水素からプロトンを引き抜いて炭化水素ラジカルR・を生成するとともに自身はヒドロオキシドROOHとなる。一方ROOHは分解して各種のラジカルを生成し、連鎖反応機構により酸化を促進する。この酸化劣化メカニズムをポリイソプレンで考えると図5-1-24の反応が起こっていると考えられる。

278　第5章　タイヤの構成材料

$$
\begin{aligned}
&\text{開始反応} && RH \longrightarrow R\cdot + \cdot H \quad (1) \\
&\text{開始反応} && \begin{cases} R\cdot + O_2 \longrightarrow ROO\cdot & (2) \\ ROO\cdot + RH \longrightarrow ROOH + R\cdot & (3) \end{cases} \\
&\text{(ペルオキシドの生成)} && \\
&\text{ペルオキシドの分解} && \begin{cases} ROOH \longrightarrow RO\cdot + \cdot OH \\ 2ROOH \longrightarrow RO\cdot + ROO\cdot + H_2O \end{cases} \quad (4) \\
&\text{停止反応} && \begin{cases} R\cdot + R\cdot \longrightarrow R\text{-}R \\ R\cdot + ROO\cdot \longrightarrow ROOR \\ 2ROO\cdot \longrightarrow \text{各種生成物} \end{cases} \text{ラジカルの不活性化}
\end{aligned}
$$

図 5-1-23　ゴムの酸化劣化反応

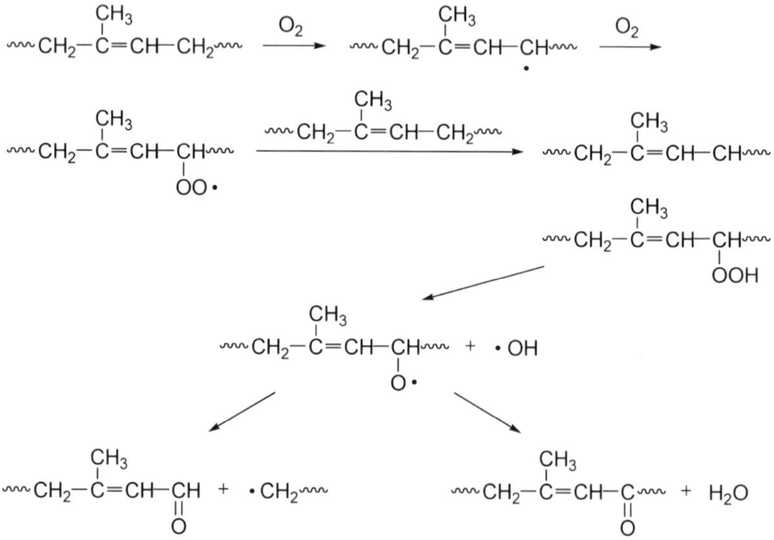

図 5-1-24　ポリイソプレンの酸化劣化反応

　酸化劣化によるポリマーの主鎖切断を抑制する方法は2通りあり、その抑制メカニズムにより老化防止剤は大きく2つに分類される（**表 5-1-10**）。

（1）Chain Breaking Antioxidants（ラジカル連鎖禁止剤）

　ラジカル連鎖反応の連鎖を止めることによって劣化を防止する方法である。連鎖反応は何十回もまわるので、一つのラジカルを不活性化するだけで何十もの分子鎖を保護することが可能である。水素引き抜きで生成したアルキル

表 5-1-10 代表的な老化防止剤

		基本骨格	作用機構	代表例 (括弧内JIS/SRIS記号)
ラジカル連鎖禁止剤	アミン系	$R_1\text{-}\!\!\bigcirc\!\!\text{-}NH\text{-}R_2$	$R_1\text{-}\!\!\bigcirc\!\!\text{-}NH\text{-}R_2 + ROO\cdot$ $\longrightarrow R_1\text{-}\!\!\bigcirc\!\!\text{-}\dot{N}\text{-}R_2 + ROOH$	$\bigcirc\!\!\text{-}NH\text{-}\!\!\bigcirc\!\!\text{-}NH\text{-}CH\text{-}CH_2\text{-}CH\text{-}CH_3$ (CH_3, CH_3) 6C RD (TMDQ)
	フェノール系	$\bigcirc\!\!\text{-}OH$ (R_1, R_2, R_3)	$R_1\!\!\bigcirc\!\!R_2\text{-}OH + ROO\cdot$ $\longrightarrow R_1\!\!\bigcirc\!\!R_2\text{-}O\cdot + ROOH$	t-Bu–⌬–CH$_2$–⌬–t-Bu (CH$_3$, CH$_3$) NS-6 (MBMBP) t-Bu–⌬–t-Bu (OH, CH$_3$) BHT (DTBMP)
過酸化物分解剤	硫黄系	$R_1\text{-}S\text{-}CH_2CH_2COOR_2$	$R_1\text{-}S\text{-}CH_2CH_2COOR_2 + ROOH$ $\longrightarrow R_1\text{-}\overset{O}{\underset{\|}{S}}\text{-}CH_2CH_2COOR_2 + ROH$	$(C_{12}H_{25}SCH_2CH_2COOCH_2)_4$ TP-D
	リン系	$R_1\text{-}S\text{-}P\begin{smallmatrix}O\text{-}R_2\\O\text{-}R_2\end{smallmatrix}$	$R_1\text{-}O\text{-}P\begin{smallmatrix}O\text{-}R_2\\O\text{-}R_2\end{smallmatrix} + ROOH$ $\longrightarrow R_1\text{-}O\text{-}\overset{O}{\underset{\|}{P}}\begin{smallmatrix}O\text{-}R_2\\O\text{-}R_2\end{smallmatrix} + ROH$	$\left[C_9H_{19}\text{-}\!\!\bigcirc\!\!\text{-}O\right]_3 P$ TNP (TNPP)

ラジカル（R・）は酸素と反応し、パーオキシラジカル（ROO・）となる。この反応は非常に速いので、R・を不活性化するより ROO・を不活性化する方が効率的である。ほとんどの場合、ROO・に H を与えて ROOH とすることによって連鎖反応を停止させる。このタイプの老化防止剤としては Hindered Phenols と Arylamines が広く知られている。

（2） Peroxide Decomposers（過酸化物分解剤）

Chain Breaking Antioxidants で不活性化された結果生成する ROOH は、そのままにしておくと熱、光、金属イオン等によって再び分解して新たなラジカルを生成する。その前に ROOH を ROH に変えてラジカルを生成しないようにする老化防止剤である。このタイプとしては Thiopropionates、Phosphites が知られている。

タイヤ用ゴムは多様な環境下で使用され、その用途に応じて老化防止剤も選択される。タイヤ用の老化防止剤としてはラジカル連鎖禁止剤が最も一般的に用いられるが、前述したように ROO・の補足剤が効率的なため、その機能を持つ老化防止剤が使用される。従ってアミン系老化防止剤の方がより

多く使われている。アミン系老化防止剤は着色汚染性を有するため、汚染性老防とも呼ばれる。一方、フェノール系は着色汚染性が無いので非汚染性老防とも呼ばれ、着色性が問題となるようなタイヤ部材や化工品で多く使用されている。長期にわたってゴムの酸化劣化を維持するためには、老化防止剤の減損は大きな問題である。化学反応で消費される他、揮発、ブルーム、移行、抽出、カーボンへの吸着等により老化防止剤は減損する。老化防止剤にポリマーと結合する官能基を導入したり、あるいは分子量を大きくするなどしてブルームの対応を図る工夫もなされている。

老化防止剤は単独で用いるよりも、2種以上の老化防止剤を併用する方が著しく効果を増すことが多い。それゆえ、タイヤ用のゴムでも幾つかの老化防止剤を組み合わせて使われる。組み合わせ方としては、ラジカル連鎖禁止剤同士の組み合わせとラジカル連鎖禁止剤と過酸化物分解剤とを組み合わせる方法があるが、タイヤ用途では前者の方が一般的である。

反応性が異なるラジカル連鎖禁止剤を複数添加した場合、先に消費される反応性の高い老化防止剤がもうひとつの老化防止剤の働きで再生されることによって相乗効果を生み出すと言われている。

タイヤのサイドゴムでは、しばしばオゾンに起因する亀裂が発生する。前述の劣化の種類の中ではオゾン劣化は主鎖切断の範疇に入るが、通常の酸化劣化とは少し異なる。

オゾンは二重結合と容易に反応し、オゾナイド［Ⅰ］を生成する。この化合物は不安定なため、開裂、再結合を繰り返し、ラジカルイニシエーターで

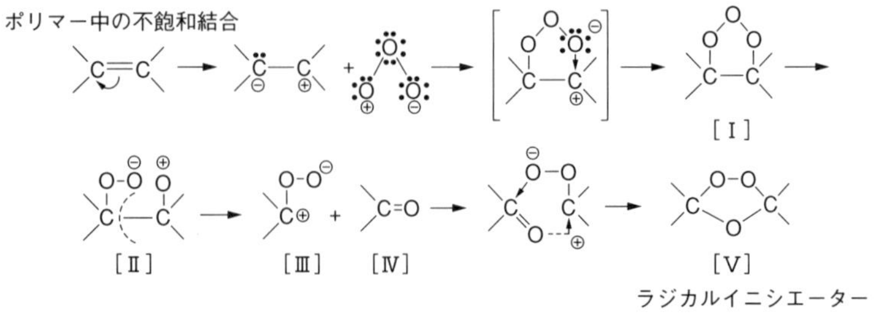

図5-1-25 オゾン劣化によるゴムの主鎖切断反応

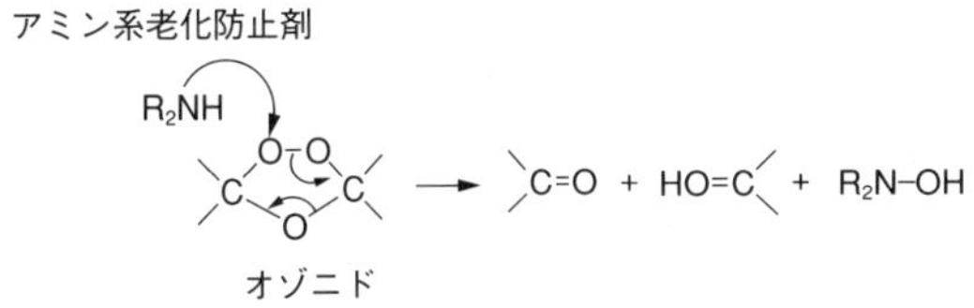

図 5-1-26 アミン系オゾン老防の反応

あるオゾニド [V] を生成する（図 5-1-25）。これは後の工程で分解してラジカルを発生し、周辺のポリマーから水素を引き抜いてラジカル連鎖反応による主鎖切断反応を引き起こす[24],[25]。このオゾン劣化の防止には大別して2つの手法がある。1つはオゾニドがラジカルになる前に安定な形に分解する化学的な方法であり、もう1つはゴムの表面にオゾンに不活性の薄い膜を構成してゴムとオゾンの接触を妨げる物理的な方法である。化学的方法にはアミン系の老化防止剤が一般的に用いられる（図 5-1-26）。

オゾンによる劣化反応はゴムのごく表面で起こるので、これらの化合物がブルームしゴム表面に出易いことが重要である。

物理的方法の場合はワックスが用いられるが、ブルームによりゴム表面をワックスで長期間覆うために、練り込むワックスの分子量分布や分岐構造の構造最適化がなされている。

5.1.5 タイヤ用材料の配合設計

タイヤ用材料の配合設計を説明する前に、ゴムの特性を知る上で最も重要な粘弾性特性について説明する。ゴムの物理特性で特徴的なことは、ゴムは固体と液体の中間の性質を示すことである。例えば棒状の金属の一端に歪入力を与えれば、全ての入力エネルギーは時間遅れなしに反対の端に伝わる。ところがゴムの場合、歪入力の伝達には時間遅れが生じ、また入力されたエネルギーは途中で損失し、全てのエネルギーは反対の端に伝わらない。これはゴムが液体の性質も持ちあわせているために起こる現象である。

例えば図 5-1-27 に示したように、ゴムサンプルをセルに接着させ、決まった一定周期で引っ張り方向の入力を与える。

図 5-1-27　ゴムの粘弾性測定

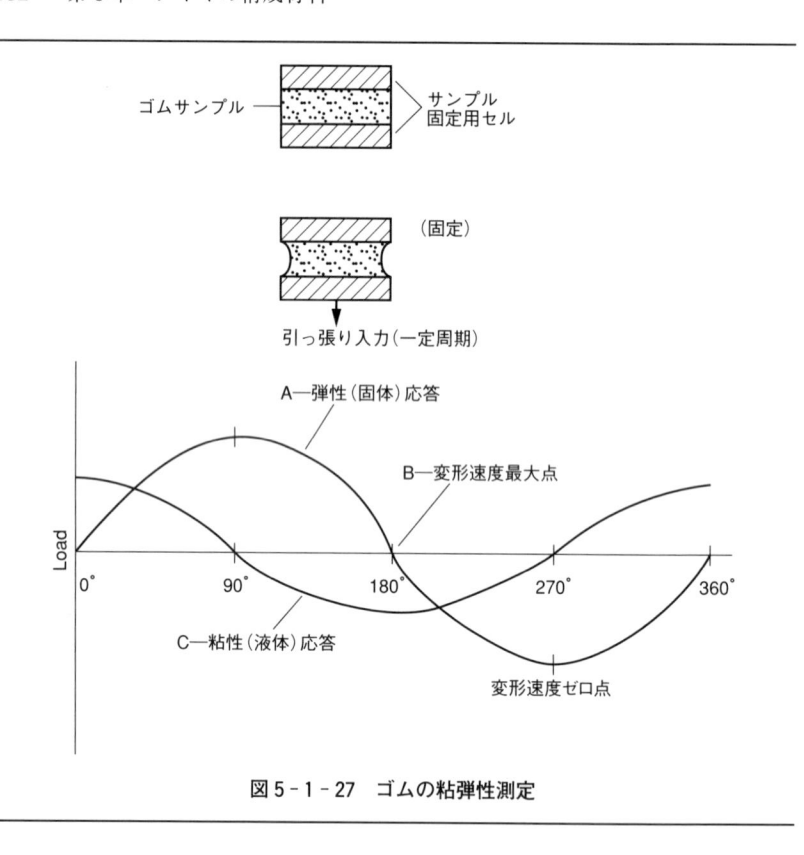

　片方のセルを検出器に繋ぎ出力を検出すると、時間遅れの無い個体成分の出力とある時間遅れで伝達される液体成分（あるいは粘性成分）の2つの出力が観察される。決まった一定周期でゴムサンプルへ入力を与えているので、この2つの出力はある一定の位相差 δ で検出される。時間遅れのない出力成分を貯蔵弾性率（E'）と定義し、一定時間遅れで検出される出力成分を損失弾性率（E''）と定義する。つまり E' はゴムの個体成分の、E'' は液体（あるいは粘性）成分の弾性率（粘性率）を表している。従って位相差 δ が大きい程、そのゴムは液体（あるいは粘性）の性質をより多く有しており、エネルギー損失が大きいことを表している。このエネルギー損失の大小をある一定条件下で比較するため、一定貯蔵弾性率（E'）当たりの損失弾性率（E''）を、エネルギー損失のメジャーとして用いる。このメジャーは、位相

遅れδの正接、つまりtanδと計算上同一となる。

tanδ＝損失弾性率（E″）/貯蔵弾性率（E′）

tanδの値が大きい程そのゴムはエネルギー損失が大きく、逆にtanδの値が小さい程そのゴムはエネルギー損失が小さい。

（1）低転がりタイヤの開発

タイヤ走行時、トレッド部が受けるタイヤの転がりによる振動数はせいぜい数十Hz程度の低周波数の振動であり、ウェット路面でのブレーキ時の振動数は接地路面のマクロな凹凸により1万～100万Hzに達する高周波数の振動となる。従ってタイヤトレッドにおいて転がり抵抗を小さくし、ウェット路面でのブレーキ性能を向上させるためには、低周波数でのtanδを小さくし、高周波数でのtanδを大きくすれば良い。ゴムの粘弾性測定では温度―周波数換算が成り立ち、実際のタイヤ入力周波数からラボ条件下での粘弾性測定温度領域が決定されている（粘弾性測定において数万Hzの条件下での測定は不可能なため、ラボでは数Hzの条件下で測定し高周波数粘弾性を低温条件粘弾性で評価する）。結果として転がり抵抗改良には50℃近辺のtanδを小さく、ウェット路面でのブレーキ性能を向上には0℃のtanδを大きくすれば良いことが判明している[26]（**図5-1-28**）。

このメジャーを用いることにより低転がり抵抗とウェット路面でのブレー

損失正接(tan δ)と温度と周波数の関係

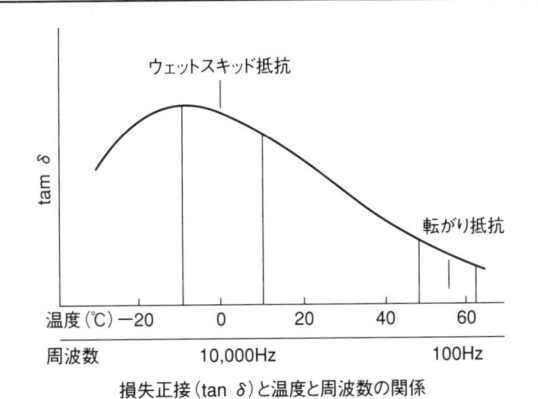

図5-1-28　ゴム粘弾性の温度―周波数換算によるタイヤ性能予測[26]

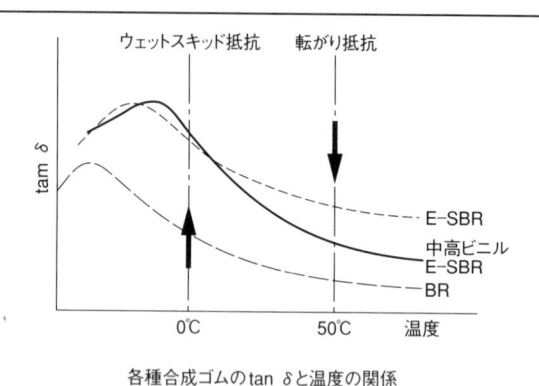

図5-1-29 各種合成ゴムのtan δと温度依存性[27]

性能を両立できるS-SBRの新たなミクロ構造の最適化に成功した（第1世代の低転がり抵抗タイヤ）。

また1980年代後半には、末端変性S-SBRとシリカ充填剤の組み合せで、転がり抵抗とウェット性能を更に高次元で両立する技術が開発され[14]、第2世代の低転がり抵抗タイヤの商業化が1990年代から開始された。このように、第2次オイルショックから始まり、最近の環境低負荷指向を受けた低転がり抵抗タイヤの開発は、最重要課題のひとつとして現在も続けられている。

（2） タイヤ用各部材の配合設計

表5-1-11にタイヤ用各部材の典型的な配合概要を示した。

タイヤ性能を大きく支配する部材はトレッドであり、用途にあわせた多数のトレッド配合を各タイヤメーカーは保有している。

乗用車用タイヤの場合、低燃費系タイヤトレッドゴムには変性S-SBRが使われ、この時充填剤は主にISAFのCBとシリカの併用系が用いられる。高性能タイヤの場合、高いグリップ特性を確保するためハイスチレンタイプのE-SBRあるいはS-SBRが主に用いられ、充填剤はISAFかSAFのCB単独あるいはシリカとの併用系が用いられる。このゾーンでシリカを併用する理由は、充分なウェット性能を得るためである。オールシーズンタイヤトレッドの配合では、低温での柔軟性を得るため、Tgが低いハイシスBRが使用される。ハイシスBRは耐摩耗性に優れるメリットを有するが、低Tgのため

5.1 ゴム材料

表5-1-11 タイヤ各部材の典型的な配合例

部材		要求特性		配合
トレッド	乗用車用タイヤ	低ロス性 ウェット性能 ドライグリップ Ice/Snow性能 ブレーキ性能 耐摩耗性	ポリマー 充填剤	NR/S-SBR（低燃費系）SBR（高性能系）SBR/ハイシスBR（高性能系、オールシーズン系）NR/SBR/ハイシスBR（オールシーズン系） カーボンブラック：HAF（低燃費用）〜SAF（高性能用） シリカ：低燃費〜高性能
	トラック・バス用タイヤ	耐摩耗性 耐偏摩耗性 低ロス性 耐カット性	ポリマー 充填剤	NR（悪路市場）、NR/SBR（耐偏摩耗市場）、NR/BR（耐摩耗市場）、NR/ハイシスBR/SBR（耐偏摩耗〜耐摩耗市場） カーボンブラック：ISAF〜SAF
	オフザロード用タイヤ	耐カット性 低ロス性 耐摩耗性	ポリマー 充填剤	NR（低発熱要求市場）、SBR（耐カット要求市場） ISAF
ベースゴム	共通	低ロス性	ポリマー 充填剤	NR NR/ハイシスBRブレンド HAF〜ISAF
サイドゴム	共通	耐亀裂成長性 耐オゾン性 外観性	ポリマー 充填剤 その他	NR/ハイシスBR FEF or HAF 老化防止剤、ワックス
ゴムチェーファー	共通	耐摩耗性 低ロス性	ポリマー 充填剤	NR/ハイシスBR HAF
ビードフィラー	共通	高弾性率	ポリマー 充填剤 その他	NR HAF 熱硬化性樹脂
インナーライナー	共通	低気体透過性 耐低温脆化性	ポリマー 充填剤	IIR、ハロゲン化IIR SRF〜GPF
ベルトコーティング	共通	耐亀裂成長性 低ロス性	ポリマー 充填剤 その他	NR/IR HAF 不溶性硫黄
プライコーティング	共通	高破壊時強力 低ロス性	ポリマー 充填剤	NR/SBR HAF

0℃のtan δ が低くウェット性能に劣るためシリカと併用するケースが多い。

トラック・バス用タイヤの場合、悪路を走行するタイヤトレッドにNRを使用するケースが多い。NRは破壊強力が高く、かつ破壊時の伸びが出ることから耐チッピング性に優れることが主な理由である。また良路で走行距離当たりの摩耗量が多いシビアな市場では、耐摩耗性に優れるハイシスBRがNRとのブレンドで使用される。良路で走行距離当たりの摩耗量が比較的少ない市場では、偏摩耗を改良する目的でE-SBRとNRのブレンドが用いら

れる。トラックバス用トレッドの全般的な特徴は、耐摩耗を改良するために ISAF～SAF の微粒径 CB を使用していることと、同じ目的でオイル等の軟化剤の使用が少ない点である。

　オフ・ザ・ロード用タイヤのトレッドは、鉱山での露天掘りなど極悪路用には耐カット性を重視して E-SBR が使用される。SBR は他のジエン系ポリマーに比べ E′ が高く、耐カット性に優れる特徴を利用したものである。大型タイヤでありトレッドゲージも厚いので、低発熱のニーズが高く、耐カット性をそれほど重視しない市場では、耐チッピング性と低発熱性のバランスから NR が使用される。充填剤は耐カット性と発熱性のバランスから ISAF の CB が使用される場合が多い。

　トレッド以外の部材は、各部材ともタイヤのカテゴリーに関係なく要求特性はほぼ同じである。また路面と直接接触しないので耐摩耗性のニーズは少なく、GPF から HAF の比較的大粒径 CB が使用される。

　サイドゴムの場合、耐亀裂成長性と耐オゾン性が要求特性であり、耐亀裂成長性に優れるハイシス BR が NR とのブレンドで使われ、かつ老化防止剤が多目に使われる。

　ベルトコーティングゴムではスチールコードとの接着のために、多量の硫黄が使われるが、硫黄を多量使用するとブルームの問題が発生し、他部材との未加硫シートの接着がとれなくなるため不溶性硫黄が使われる。

　インナーライナーには気体保持性を持たせるため、通常ハロゲン化 IIR が用いられる。また耐屈曲性や低温脆化性を改良するため大粒径 CB である SRF～GPF クラスの CB が使用される。大粒径 CB は多量充填してもこれらの特性を大きく変えずに、相対的にゴムの体積分率を小さくし気体保持率を改良できるメリットを有する。低不飽和ゴムなので、超加硫促進剤であるチウラム系やヂチオカルバミン酸塩系の加硫促進剤を使う特徴もある。

　このように各材料の特性を理解しておけば、配合内容からトレッドの場合はタイヤのカテゴリーや目標性能、他の部材の場合はどの部材の配合か容易に理解できる。タイヤメーカー各社は基本的に同じ配合思想を持っているように思われるが、特殊なポリマーや薬品、充填剤あるいは加工方法を研究・開発し、性能的格差付けを行っている。

5.2 有機繊維補強材料

5.2.1 有機繊維補強材料概論

タイヤが充分な耐久性と性能を発揮するためには様々な有機繊維やスチールコードによって的確な強さと方向で強度や剛性を補強することが必要不可欠である。本節と次節ではこれらのタイヤ補強用繊維材料について述べる。先ず本節では現在、主に小型タイヤの補強に広く適用されている有機繊維材料について説明する。

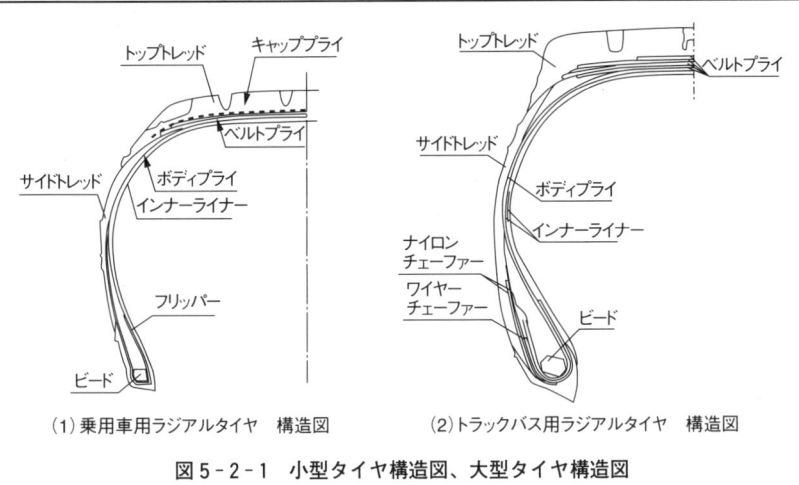

図5-2-1 小型タイヤ構造図、大型タイヤ構造図

5.2.2 代表的なタイヤの有機繊維補強材料

図5-2-1(1)に一般的な乗用車用ラジアルタイヤの断面図を示す。代表的な有機繊維補強材料としてはボディプライ材(カーカスプライ)が挙げられる。また近年の高性能化や偏平化に伴いベルトプライの外側にキャッププライ材、ビードワイヤーの周りにフリッパー材(インサート)などの有機繊維補強材料を配置したタイヤが増加してきた。尚、ベルトプライとビードワ

イヤーには従来スチールを使用したものがほとんどであったが近年では大幅な軽量化のためにアラミド繊維などの超高強度有機繊維材料を使用したものも開発されてきている。

図 5-2-1(2) にトラック・バス用ラジアルタイヤの断面図を示す。代表的な有機繊維補強部材としてはビードワイヤー周りを補強するチェーファー材のみが見られる。尚、ベルトやボディプライは小型タイヤのベルトプライと同じ抗張力の高い高炭素鋼のスチールコードが用いられている。この理由としてはトラック・バス用ラジアルタイヤの内圧や負荷荷重が乗用車用に比べ遥かに高いため、一般に有機繊維よりも単位面積当たりの引張り強度と剛性が高く、クリープの少ないスチール材が好適なためである。尚、まだ多くはないが大幅軽量化のためアラミド繊維をボディプライに使用している大型タイヤも開発されてきており、この用途での有機繊維の使用量は今後ますます増加するものと予測される。

5.2.3 有機繊維材料の構造と物理特性

図 5-2-2 にタイヤ補強コードの基本構造を示す。先ず原糸と呼ばれるフィラメント束を必要本数撚り合わせてタイヤコードを形成する。この撚り構造はタイヤコードの剛性、強度、疲労性などの重要な設計要素であり補強する目的によって最適な構造を選択する必要がある。コードの太さは一般にデニールあるいはテックスという単位で表現される。デニールは 9000 m あたりの質量、テックスは 1000 m あたりの質量で定義される（6.1.2 でその実際を示す）。コードの基本物理特性としては引張り強力及び破断伸度、引張り剛性及び熱収縮などがある。引張り特性は SS カーブと呼ばれる応力歪曲線で表現することができる。コードの剛性はこの SS カーブの傾きで表されるが、簡略のため、中間伸度といったある一定荷重時の伸びで表現することも多い。熱を受けた有機繊維は一般に収縮変化を起こすがこの特性は一定荷重時状態で熱をかけた時の長さ変化、すなわち熱収縮率で表現される。

5.2.4 有機繊維の用途と種類

ボディプライ用繊維に求められる基本特性としては圧力容器として内圧を

原糸 撚糸 撚りコード

コード引っ張り特性

引張り強力(破断強力)

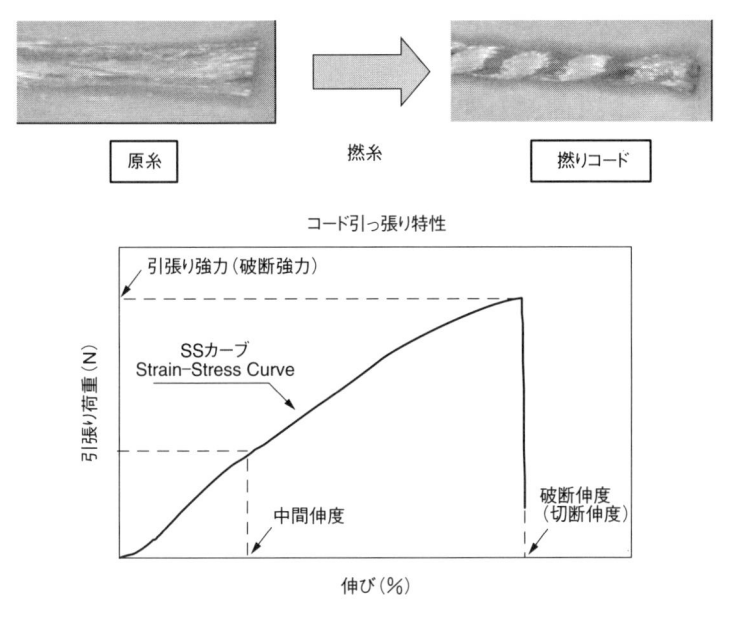

SSカーブ
Strain-Stress Curve

中間伸度

破断伸度
(切断伸度)

伸び(%)

図 5-2-2　有機繊維の写真及び SS カーブ説明

保持するための強度とそれを保持するための耐疲労性がある。その他の特性としては形状保持性と操縦安定性に影響すると考えられる引張り剛性やタイヤ形状のバラツキ(ユニフォーミティ)に影響すると考えられる熱収縮性が挙げられる。

　これまでボディプライ用繊維の主流は綿⇒レーヨン⇒ナイロン⇒ポリエステルへと変遷してきた。この理由は、**図 5-2-3** に示すとおり、レーヨンは綿より強度が約2～3倍程度高く、ナイロンはレーヨンより強度が約2倍程度高い、これによってタイヤの耐久性が大幅にアップし且つ軽量化が図られたためである。またポリエステルはナイロンより熱的寸法安定性に優れ、弾性率も高いため、ユニフォーミティの向上やフラットスポット(**図 5-2-4** 参照)の改良などの更なる性能メリットを目的に代替が進んだと考えられる。

　キャッププライ材とはタイヤのベルト部で主に回転方向に繊維を配置した補強部材のことを称する。1990年頃までは周上1箇所でジョイント(結

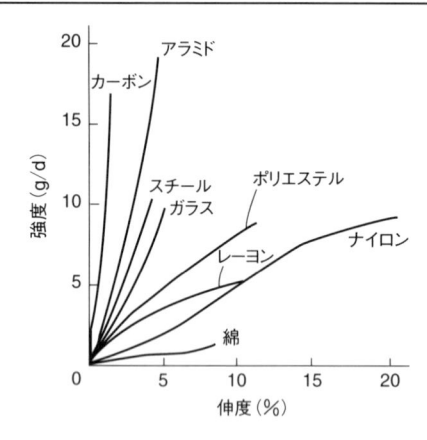

図 5-2-3　各素材の SS 特性

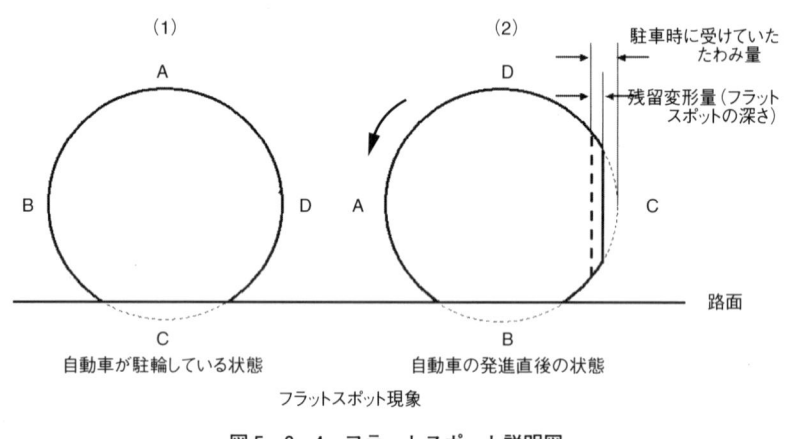

(1) 自動車が駐輪している状態
(2) 自動車の発進直後の状態
フラットスポット現象
図 5-2-4　フラットスポット説明図

合）する切り離し構造が主であったが、ユニフォーミティの問題などから現在では1本から数本のコードをジョイント無しで周上にスパイラル巻きにした構造のものが主流になっている。キャッププライ材の主な機能は高速走行中に生じる遠心力によりタイヤトレッド部がせり出すのを抑制することである（**図 5-2-5**）。これによってタイヤの高速耐久性向上や耐摩耗性向上、また近年では低騒音化も図られることが分かってきた。キャップ材に適用される繊維素材としては現在、収縮性や耐熱接着に優れるナイロンが使われる

表5-2-1 各有機繊維素材の物性表

繊維種	引張強度		引張弾性率		破断伸度	密度	融点	熱収縮率
	cN/dtex	Gpa	cN/dtex	Gpa	%	g/cm₃	℃	%
ナイロン66	8.3	0.9	44	5	19.0	1.14	265	5.5
ポリエチレンナフタレート	7.5	1.0	331	45	9.0	1.36	272	1.5
ポリエチレンテレフタレート	8.1	1.1	140	19	13.0	1.38	260	4.0
アラミド(p)	19	2.7	410	59	3.8	1.44	500(分解)	0.3
レーヨン	5.2	0.8	221	34	9.0	1.52	260(分解)	0.3
カーボン繊維	23	4.1	1240	223	1.7	1.8	—	
ガラス繊維	8.5	2.2	250	64	4.0	2.54	1300	
スチール	3	2.4	250	196	1.7	7.85	1450	

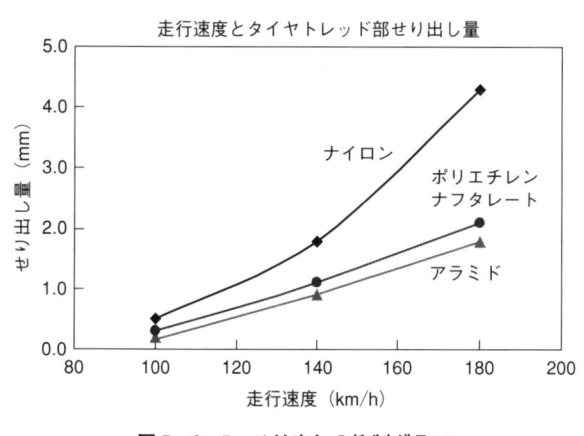

図5-2-5 せり出しの抑制グラフ

ことが多い。しかし最近のタイヤ大型化や更なる高速化また低騒音化に対応するため、高価であるが引張り剛性の高いポリエチレンナフタレート(PEN)繊維やアラミド繊維の使用も拡大されてきている。

　タイヤ剛性を支配する重要な因子としてビード部の剛性が挙げられる。ビード部の剛性をコントロールすることにより、走行時のタイヤのビード部倒れ込み変形やサイド変形を制御しタイヤの操縦安定性能や乗り心地を制御できることが知られてきている。このため、タイヤのビード部に様々な繊維補

強をするタイヤが増加してきた。フリッパー材に適用される代表的な素材としてはナイロンやポリエステルまたはスチールコード等が挙げられる。また補強の構造も様々な角度に配置されたコードによるものから短繊維補強まで多種多様なものが各タイヤメーカーによって開発されてきておりタイヤの性能向上が図られている。

5.2.5 補強用繊維材料の使用量変遷

近年のタイヤ補強用繊維材料の使用量の変化を図5-2-6に示す。

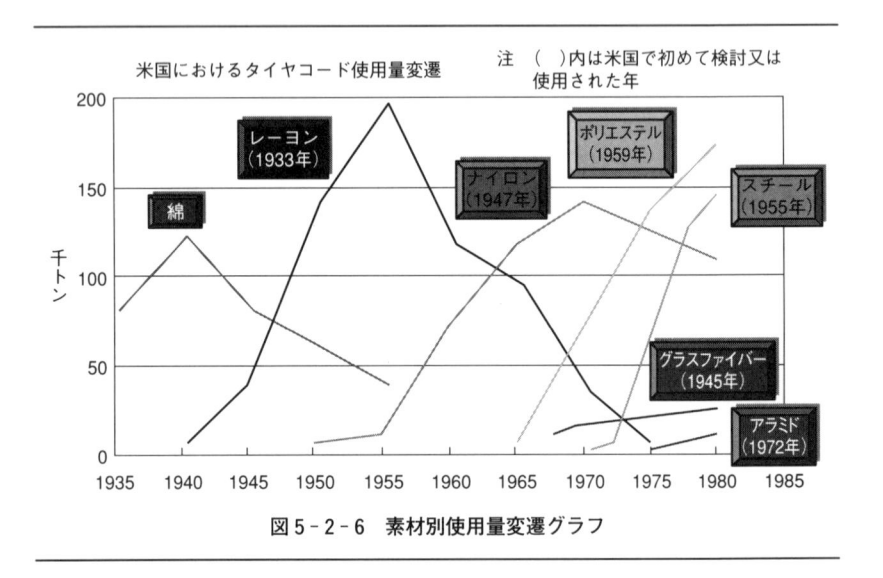

図5-2-6 素材別使用量変遷グラフ

米国におけるタイヤコード使用量変遷
注 ( )内は米国で初めて検討又は使用された年
- 綿
- レーヨン（1933年）
- ナイロン（1947年）
- ポリエステル（1959年）
- スチール（1955年）
- グラスファイバー（1945年）
- アラミド（1972年）

5.2.6 繊維種と接着手法の違い

ゴムを繊維で補強する際にその両者をしっかりと接着し、タイヤの使用される様々な環境下においてその接着を保持し続けることは極めて重要である。逆に接着がおろそかであってはいかなる高機能な補強をしても補強効果を得ることはできない。ゴムと繊維を接着するにはその間に接着剤を入れる必要がありそれはゴムの種類や繊維材質によって最適化する必要がある。

接着剤も繊維の変遷（綿⇒レーヨン⇒ナイロン⇒ポリエステル）とともに

変化してきている。タイヤ初期に使用されていた綿は繊維表面が毛羽立っていたため、ゴムとは投錨効果（アンカー効果）を現し、接着剤を用いなくてもゴムとの接着は問題にならなかった。しかし、繊維表面が綿に比べ平滑であるレーヨンの登場とともに、接着力が不足するようになってきたため、繊維とゴムの接着剤としてRFL（R；レゾルシン、F；ホルムアルデヒド、L；（ゴム）ラテックス）接着剤が発明された。タイヤの大型化に伴い高強度を得易いナイロンがタイヤに使用されることになったが、更に過酷な使い方をされるようになったため、従来の接着剤では接着力が不足するという問題が発生した。そこで、試行錯誤の上、接着力を向上させるにはRFLだけでは不充分であることが分かり、新たにVP（ビニルピリジン）ラテックスを付加することにより接着力を向上させることに成功し問題を解決した。その後、寸法安定性に優れたポリエステル（PET、最近はPENも含む）が登場するがポリエステル繊維表面は化学反応性が弱かったため、①表面をエポキシ処理した後RFL処理を施す2浴処理と②RFL液の中にポリエステル表面層に溶け込むことのできる特殊な接着剤を添加する1浴処理のいずれかの方法を用いることになった（図5-2-7）。

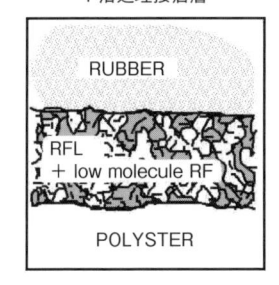

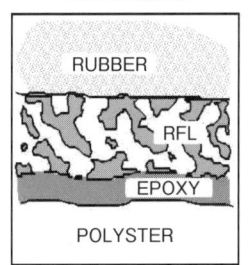

図5-2-7　接着のメカニズムモデル

　過去、新繊維がタイヤに適用される度に新繊維に適した接着剤が開発されていることから、今後もタイヤ用有機繊維に新素材が適用される度に新たな接着剤を開発していく必要があると考える。

5.2.7 タイヤ用補強有機繊維の疲労

　タイヤ用補強繊維の疲労は使用環境下における強力低下や剛性の低下によって確認される。この疲労現象は熱や水分の関与する化学的な反応によるもの（化学的疲労）と歪による機械的なもの（物理的疲労）とに大きく分類される。ここでは乗用車用タイヤで主に使用されているナイロンやポリエステルの疲労を例にして説明する。

　化学的疲労；化学的な疲労に強く作用する因子として繊維やゴム中の水分によるものやゴム中のアミンなどによるものが知られている。

　繊維及びゴム中の水分による主な疲労現象としてナイロンの強力低下がある。これはナイロンの分子間の水素結合が水分によって切断されるためと考えられる。このようなコードは当然のことながら市場走行でも耐疲労性が悪化する結果となる。ナイロンコードの水分率管理は市場での寿命を安定して得る上で極めて重要な管理項目のひとつになっている。

　ゴム中のアミン成分による疲労現象としてポリエステルの強力低下がある。加硫時にアミンを多く発生するゴムを使用するとポリエステル分子鎖がアミンによる加水分解を受け、分子量低下による強力低下を起こす。このため、ポリエステルを適用する際にはゴム中のアミン成分をできるだけ少なくするゴム配合設計法やゴムの発熱を抑制するためのタイヤ構造設計との組み合わせが重要である。

　物理的疲労；繊維の物理的疲労に関与する因子として入力歪及びその入力回数、またその時の環境（温度、水分）等が考えられる。入力歪の種類としては引張り、圧縮、せん断等が考えられるが、一般に有機繊維の疲労は圧縮方向の歪によって進み易く、引張り方向の歪入力のみでは進み難いことが知られている。

　走行時のボディプライは"ショルダー部"や"ビード部"などで圧縮歪による繊維分子の配向乱れによる強力低下を起こすことがある。代表的な例はナイロンやアラミド繊維で観察されるキンクバンドなどの塑性変形を伴う疲労である。一般にポリエステルではキンクバンドは観察し難いがモノフィラメントのモデル実験で塑性変形帯の発生が観察された事例が報告されている。

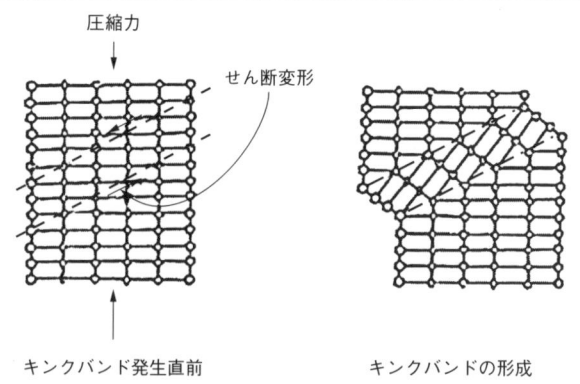

圧縮力
せん断変形

キンクバンド発生直前　　　　キンクバンドの形成
（J of Applied physics Vol.33, 1962, D.A.Zaukeliesより）

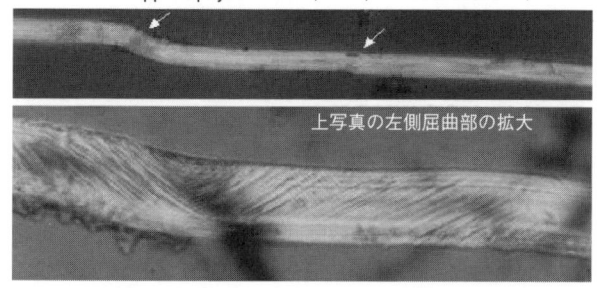

上写真の左側屈曲部の拡大

高歪下走行疲労後のポリエステルコードのフィラメント
図5-2-8　キンクバンド疲労のモデル及び写真

　上記圧縮入力による疲労以外の物理的疲労としては引張り、圧縮の繰り返し入力によるコードの上撚り界面の摩滅疲労や極端な引っ張り歪を加え続けた場合のクリープ劣化などが知られている。

5.3　スチールコード

5.3.1　スチールコードの役割

（1）　スチールコードの特徴

　タイヤコードの歴史についてまずは簡単に触れておきたい。木綿に始まり、レーヨン⇒ナイロン⇒ポリエステルといった有機繊維が次々と登場し、タイ

ヤコードの高強度化や高弾性化に伴い、タイヤ寿命が大幅にアップしてきた。1958年にスチールコードが登場するに到り、ラジアルタイヤの普及とともに、スチールコードはベルト部材や大型タイヤのカーカス部材としてその使用を急激に拡大してきた。スチールコードは、細いスチールワイヤーを複数本撚り合わせたものであり、ゴム製品用補強コードの中で、その用途によっては最も優れたコードであると言える。有機繊維コード対比、強度並びに弾性率は、数倍から十数倍にも達し、且つ有機繊維コードが引張り軸方向にしかほとんど強度と剛性を持たないのに対し、スチールコードは引張方向のみならず、曲げ・せん断・圧縮方向に強度と剛性を有している。しかもスチールコードの撚り構造の種類やスチールコードを構成するスチールフィラメントの直径及び撚り角度（フィラメントとスチールコード垂直断面とのなす角度）等を変化させることにより、ある程度それらを制御することが可能である。すなわち様々な材料の中で、スチールコードの有する特徴が、軽量化を除きタイヤ用補強材の要求特性に一番合致していると言える。この点については、5.3.2項で詳しく述べるが、まずはタイヤ用スチールコードの特徴を示す。

a) メリット；高強度、高剛性、高耐熱性、高寸法安定性、低コスト
b) デメリット；重い、錆び易い

　確かにスチールコードは、重い、錆びるといった特性を有しているが、強度と剛性が著しく高いので、結果的にカーカスやベルトの枚数を大幅に減少させることができる。更には寸法安定性にも優れるためユニフォーミティの向上にもなり、また走行後の経時変化（径成長）抑制にも優れる。このようにスチールコードは他の素材を用いたコードでは達成できない特性を有しているため、乗用車やトラック・バス用のラジアルタイヤで幅広く使用されている。

（2） タイヤ内スチールコードへの要求特性

　タイヤに課せられる要求特性は、時代のニーズを反映しながら、時代とともに少しずつ変化してきている。例えば高度経済成長期においては、高速道路網の発達に伴い、連続高速走行による熱の蓄積に耐え得るタイヤ開発要求が強まり、また1970年代のオイルショック時や地球環境問題に社会が関心

を強く持ち始めた昨今においては、低転がり抵抗タイヤの開発要求が増大している。更には、コードに対する要求も変化しつつあり、耐久性に直接影響を及ぼす a) 高強力（保持性）b) 高耐疲労性 c) 高接着耐久性 の3大基本特性に加え、昨今では特に機能面より d) 高剛性 が極めて重要な要求特性と位置付けられる。それではそれぞれについて簡単に説明していこう。

(a) 強力

　タイヤの基本機能として"車輌を支える""力（駆動力と制動力）を路面に伝達する""方向を転換するまたは維持する""路面からの衝撃を吸収緩和する"が挙げられる。そのうち最も基本的な"車輌を支える"という機能を果たすために不可欠なスチールコードの必要特性として、強力の確保が挙げられる。つまり骨格材としてのスチールコードにおいては、圧力容器としてのタイヤの形状を維持し車輌の荷重に耐え、且つ走行時においての各種外力に対しても破壊しないよう、充分なコード強力及びその保持が求められる。

(b) 疲労性

　タイヤは車が走行する限り、常に転動し続ける宿命にある。従って繰り返し入力がベルト部材ならびにカーカス部材に負荷され続けるため、スチールコードには繰り返し入力に対する耐久性（疲労性）も求められる。またタイヤはいろいろな環境下において使用されるため、特に腐食環境下においての疲労性（腐食疲労性）についても考慮する必要がある。例えば、耐疲労性向上の事例としては、スチールコード製造時に積極的に曲げや引張加工を施すことによって、スチールコード表面の残留応力を圧縮側へシフトさせる手法が挙げられる。

(c) 接着耐久性

　スチールコードが、タイヤの中で骨格部材としてその機能を果たすためには、少なくともその隣接部材であるゴムとしっかりくっついていることが必要不可欠である。すなわち、スチールコードの優れた各種特性を発揮するためには、接着耐久性の確保が大前提と言える。しかも、様々な環境下において接着耐久性（耐熱接着性、湿熱接着性等）を考慮しなければならない。接着耐久性を左右する支配因子については、次項（5.3.2）にて述べる。

(d) 剛性

　例えば運動性能向上に対する要求の高い乗用車用ラジアルタイヤのベルト部材について考えてみよう。ベルト部材は内圧による張力を負担し、"箍効果"を発揮させるため周方向に大きな剛性を持つ必要がある。また、ベルト部材はコーナリング時に図5-3-1に示すように面内曲げ変形を受けるため、ベルトの面内曲げ変形が小さいタイヤの方が、大きなコーナリングフォースを発生し、良好な操縦安定性を発揮することができる。

　そのため、ベルト部材は高い周方向剛性と面内曲げ剛性を持つ必要がある。ベルト部材は一般的に交錯したスチールコードとゴムとの複合体で形成され、そのベルト交錯複合体は面内変形を受けた際、引張変形、圧縮変形、せん断変形を複合して受ける（図5-3-2）。

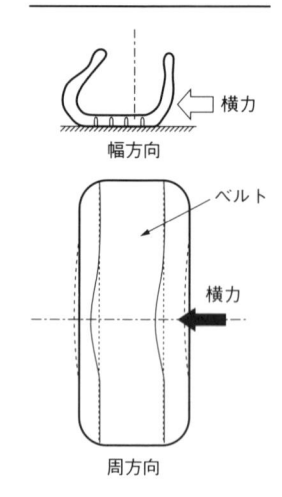

図5-3-1　コーナリング横力によるベルト変形

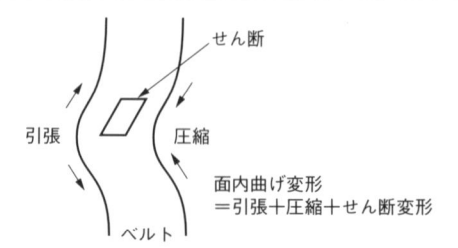

図5-3-2　面内曲げ変形によりベルトに発生する変形

　すなわちベルト交錯層複合体は、引張、圧縮、せん断に対して大きな剛性を持つ必要がある。スチールコードは軸方向への引張及び圧縮に対して大きな剛性を持ち、複合体としてタイヤのベルト層に必要な異方性特性を付与することが可能になるため、他の有機繊維材料に比べ、ベルト材として最適であると考えられている（図5-3-3）。

ベルト交錯層の剛性は、スチール及びゴム材料の剛性、それら材料の配置のし方で決まる。特にその配置は重要で、ベルト交錯層の層間厚さを薄くする、あるいはコード打ち込み間隔（層内のコードとコードとの間隔）を狭くする等、様々な方法でベルト層剛性を大きくすることができる。つまり、スチールコード自身の剛性だけでなく、スチールコードによりゴム材料の変形をいかに拘束するかもベルト層の剛性に大きく影響する。実際には、スチールコードの配置は重量及び耐久性とも密接な関わりを持つため、トータルバランスを考えて設計されることが望ましいことは言うまでもない。また、ベルト層の剛性を高くすることにより、良好な操縦安定性を発揮するだけでなく、接地面内の局所的な動きが少なくなることに起因して、耐摩耗性の向上や転がり抵抗の低減も期待できる。

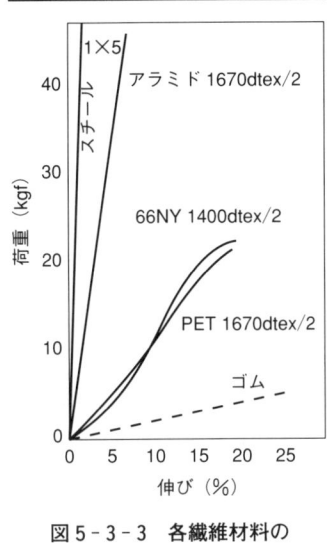

図5-3-3 各繊維材料の引張り特性

5.3.2 スチールコードの特性支配因子

（1） 鋼材

タイヤ用のスチールコードには高炭素鋼が用いられており、通常 0.72～0.82% の C が含まれている。高炭素鋼は焼入れによる硬化の程度が大きいため、高い引張り強さが得ることができる素材と言える。スチールコードの結晶組織はパーライト組織と呼ばれ、フェライト（α鉄）とセメンタイト（Fe_3C）とが層状に重なった形態の複合材である（図5-3-4）。

セメンタイトは非常に硬く、スチールコードの強力発揮に寄与する部分であり、またフェライトは靭性（粘り）発揮に寄与する部分である。スチールコードに伸線加工を施すと、径が絞られかつ組織が軸方向に引き揃えられることで、密度の高い繊維状組織が形成されるため、高い抗張力（軸方向の単位面積あたりの強力）が得られる。タイヤ用コードには高い強力と強い靭性

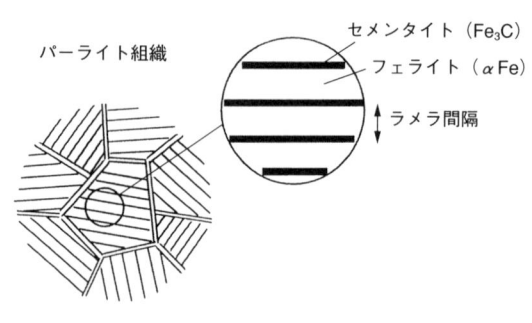

図5-3-4 スチールコードの結晶組織

が求められているため、不純物の少ないロッド素材の吟味をはじめ、熱処理及び伸線加工には高い製造最適化技術が要求される。

(2) メッキ

メッキの役割としては、①ゴムとの接着、②防錆、③伸線加工時の潤滑、が挙げられる。スチールコードが、タイヤ中で骨格部材としてその機能を果たすためには、隣接部材であるゴムとの接着が大前提であることは前にも述べたが、その接着を実現させるため、コード表面にブラスメッキ（通常Cu％：60〜70％、Zn％：30〜40％）を施している。コードの接着機構は、ブラスメッキ中のCuとゴム中のSとが結合して界面に硫化銅を形成することによる。すなわち加硫中においては、ゴム中のSは架橋反応のみならず、接着反応にも用いられるためバランス良く反応させる必要がある。Cu％が高いとブラスメッキとSとの反応性は高まるが、あまりCu％を高めると反応性が高まりすぎ、過度に接着層を形成し、耐久上及び取り扱い上望ましくないことが知られている。一方、Znの役割としては、コード表面にZnOを形成することにより、接着反応性をコントロールする点が挙げられる。ただし、Znは酸化し易く、また水との反応性も高いため、タイヤ走行中に空気やゴム中水分と反応し、酸化物や水酸化物を過度に生成し接着劣化を引き起こす要因となり得るため、界面反応コントロール技術は極めて重要である。ゴム配合面においても工夫が見られ、接着性向上のため、Sを接着に必要な分だけコーティングゴム中に増量し、また接着反応助剤と考えられている有

(3) 撚り構造

撚り構造は**図5-3-5**に示すように、①1回の撚りから成る単撚り（1×N）②中心部から順番に層状に2～3層周囲に巻きつける層撚り（N+M+L）③撚りコード数本を更に撚り合せる複撚り（N×M）に層別される。層撚りの場合、中心部の第1層目をコア、第2層目以降をシースと呼ぶ。尚、必要に応じ1本のフィラメントを撚りコード最外層の回りに巻きつける場合があり、そのフィラメントをスパイラルあるいはラッピングワイヤーと呼び、例えばN+M構造の場合N+M+1と最後に+1を付け加えて表わす。

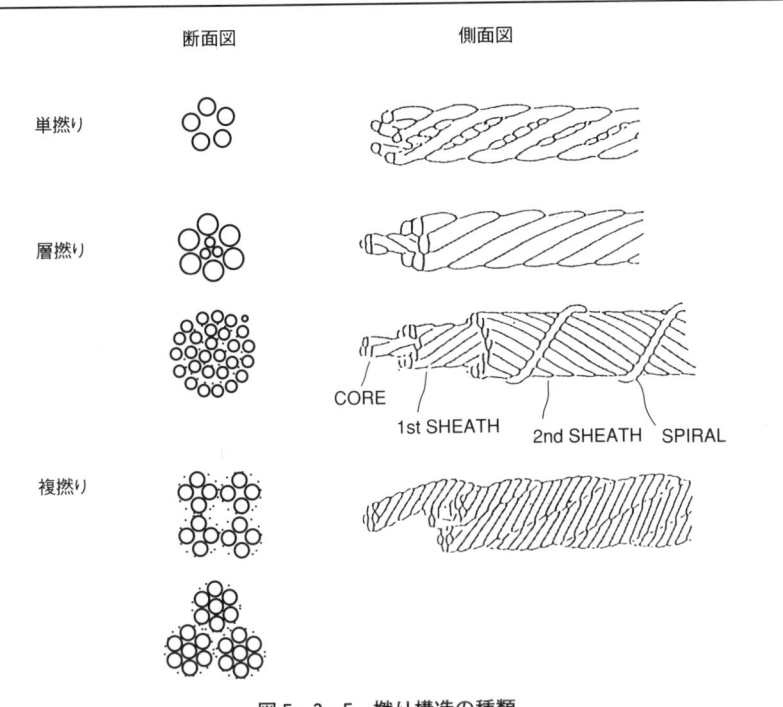

図5-3-5 撚り構造の種類

代表的なタイヤ用スチールコード構造と使用区分例を**表5-3-1**に示す[1]。
乗用車用ラジアルタイヤのベルトコードは単撚り構造を代表とする簡素化構造が一般的であり、剛性としなやかさをあわせ持つコードの適用により、

表5-3-1 タイヤ用スチールコード構造と使用区分例[1]

使用区分	スチールコード構造
乗用車用ベルトコード	
トラック・バス用ベルトコード	
トラック・バス用プライコード	
建設車両用コード	

高い操縦安定性が得られる。またトラック・バス用ラジアルタイヤのベルトコードやプライコードには、高内圧下において形状を維持し車輌荷重に耐えられ、且つ走行時においての各種外力に対しても破壊しないよう、2層以上のスチールコード構造が用いられている。最近の撚り構造のトレンドとしては、タイヤ中の補強部材への要求特性を満たしながらより生産性の高い簡素化構造が増加する傾向にある。複撚り→層撚り構造や、3層→2層撚り構造、多本数のワイヤーを束ねるスパイラルを取り除く等が簡素化の主な例である。また、強力・疲労性・剛性は、撚り構造に大きく依存し、スチールコードの選定や設計に際しては、部材ごとの必要特性を充分考慮する必要がある。

　タイヤの機能である"力の路面への伝達"ならびに"路面からの衝撃吸収"を考えても明らかなように、タイヤは絶えず路面と接するため、その影響をまともに受ける宿命にある。すなわち、タイヤは石や凹凸の激しい悪路走行中や、良路でも釘等の金属片を踏んだ場合、あるいは段差に乗り上げた場合等を考慮に入れて設計しなくてはならない製品である。例えば外傷がトレッド面を貫通し、スチールベルトにまで到達した場合、例え破断に到らないまでも水分がコード表面まで達すると、スチールコードに錆びが発生する可能性がある。そこで、更なるコード内部への水分侵入や伝達を防ぐために、フィラメントの隙間にゴムを浸入させるために、様々に改良したコードが開発されてきた。そのゴム侵入型コード構造の具体例を図5-3-6に示す[1]。

　いずれも素線間に何らかの手法により構造的な隙間を設けることにより、

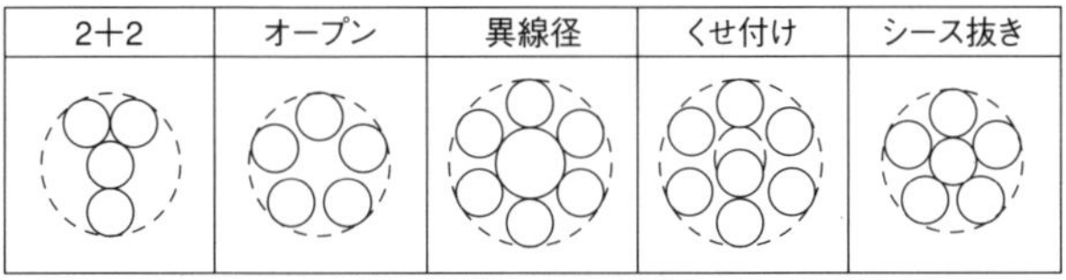

| 2+2 | オープン | 異線径 | くせ付け | シース抜き |

図5-3-6　ゴム侵入型コード構造の具体例[1]

　高温加圧処理とも言える加硫中に、周辺のゴムがその隙間を通じてコード内部に浸透するというものである。これにより、外傷から水分がタイヤ内に侵入しても、コード内部での進展を防げるため、破壊が進展しタイヤ耐久性を損なうことはほとんどなくなった。

　最後に、今後のスチールコードの課題について簡単に触れておきたい。これまでスチールコードはタイヤの骨格部材として、タイヤの安全面、耐久面に大きく貢献してきた。その役割を担い続けながら、これからはますますタイヤ機能面での向上、特に操縦安定性向上や軽量化での貢献が期待されている。操縦安定性を例にとれば、特にスポーツ系車輌用タイヤやレース用タイヤでは、タイヤは大きなコーナリング横力、制動力、駆動力を受けるため、路面からの入力を柔軟に吸収し、路面に対して確実に接地することが重要になる。接地性を確保するため、ベルト部材も路面からの入力に対してしなやかに変形し力を伝達する役割が必要となるため、細くてしなやかなスチールコードをベルト部材に適用することで路面追従性が向上し、良好なタイヤ操縦安定性を発揮することができるというわけである。しかしながら、細い線径のスチールコードは生産コストが高いため、通常 0.2～0.3 mm の線径が主流となっている。また軽量化についても、高強力スチールコードの適用や高剛性スチールコード適用による使用ゴム量低減技術等により、更なる軽量化を図ることが可能であると考えられる。

参 考 文 献

5.1
1) 田中康之:日本ゴム協会誌, 10, 652 (1982)
2) 田中, 浅井:ゴム・エラストマー, p.62, 大日本図書
3) IRSG Rubber Statistical Bulletin, Vol. 64, No. 1-3, July-September, 2009
4) Bindr: *Ind. Eng. Chem.*, 46, 1727 (1954)
5) Bindr: *Anal. Chem.*, 26, 1877 (1954)
6) J. COMYN: POLYMER PERMEABILITY p 61, Elsevier applied Science Publishers, London and New York
7) 久英之:日本ゴム協会誌, 73, 362 (2000)
8) 堤文雄, 榊原満彦, 他:日本ゴム協会誌, 63, 243 (1990)
9) Ayala, J. A., Hess, W. M., Kistler, F. D., Joyce, G. A.: *Rubber Chem. Technol.*, 64, 19 (1991)
10) Pike, M., Watson, W. F.: J. Polym. Sci., 9, 229 (1952)
11) カーボンブラック協会編集:カーボンブラック便覧 (第三版), P.266, カーボンブラック協会 (1995)
12) 日本ゴム協会ゴム工業技術員会編集:フィラーハンドブック, p.201, 大成社 (1985)
13) 特許第 1860681 号
14) 特許第 3447747 号
15) 特許第 3445623 号
16) 特許第 3451094 号
17) Coran, A. Y.: *Rubber Chem. Technol.*, 37, 679 (1964)
18) Coran, A. Y.: *Rubber Chem. Technol.*, 38, 1 (1965)
19) Dibbo, A.: *Trans I. R. I.*, 42, T 154 (1965)
20) 寒川誠二:日本ゴム協会誌, 44, 365 (1971)
21) Campbell, D. S.: *J. Appl. Polym. Sci.*, 14, 1409 (1970)
22) 渡邊隆, 平田靖編:ゴム用添加剤活用技術, p.52, 株式会社工業調査会 (2000)
23) 渡邊隆, 平田靖編:ゴム用添加剤活用技術, p.62, 株式会社工業調査会 (2000)
24) Criegee, R.: *Ber.*, 88, 1878 (1955); *Chem. Ber.*, 87, 766 (1954)
25) Bailey, P. S., Bath, S. S.: *J. Chem. Soc.*, 88, 4098 (1966); *Chem. Rev.*, 58, 1548 (1957)
26) Yoshimura, N., Okuyama, M. and Yanagawa, K.: 122nd Meeting ACS Chicago, Oct. (1982)

5.3
1) 西川道夫:塑性と加工, Vol. 39, p.303, 日本塑性加工学会 (1998)

第6章　タイヤの設計

6.1　乗用車用タイヤの設計

タイヤの設計を始めるに当たり収集すべき情報としては以下が挙げられる。
・販売先（新車向け、補修向け、販売地域）
・販売地域のタイヤ使用環境（道路状況、気温、湿度等）
・装着車輌情報（リム、内圧、荷重等）
・タイヤ使用実態（内圧管理状況、走行速度、荷重負荷状況等）
・販売先要望（性能目標、競合他社品、目標コスト、納期等）
・自社品情報（市場での評判等）
・他社品情報（自社品との性能比較、適用部材、構造等）

上記情報を基に具体的な設計を実施することとなるが、ここでは代表的な設計手法について形状・構造・パターン・材料の観点から説明する。

6.1.1　形状設計

タイヤはほぼ万国共通な規格に則り、その主要寸法が決められているが、主要寸法以外の形状に関しては各メーカーで独自の理論やKnow–Howを保有しており、目標性能に応じてタイヤの形状を決定している。ここでは代表的な寸法の具体的な設計手順について以下に説明する。

（1）タイヤ外径・断面幅

そのタイヤが販売される地域で規定される基準及び規格、例えば、日本国内の場合はECE基準をベースとした基準及びJATMA、欧州の場合はECE No. 30及びETRTO、USAの場合はFMVSS及びTRAを満足するように設定

する。尚、基準及び規格は世界的にほぼ共通の標準が設定されているので通常はほぼ全ての基準及び規格を満足するよう、各基準及び規格の許容範囲並びに製造上のバラツキを考慮して設計中心値が設定される。尚、基準及び規格については2.1節を参照のこと。以下、**図6-1-1**に沿って説明する。

（2） トレッド幅

そのタイヤが販売される地域で規定される規格にトレッド幅の規定がある場合はそれを満足するように設定するが、更に新車向け標準装着サイズ以外のサイズ（特にトレッド幅の広い30、35シリーズ等の低偏平比のタイヤ）を設計する際には市場実績のある自社品及び他社品の形状を参考とし、装着車輌との干渉がないことを確認することが重要である。トレッド幅がタイヤ性能に及ぼす影響としては一般的にトレッド幅を広くすると接地面積が大きくなり、操縦安定性や摩耗ライフが向上する傾向にある。また、トレッド幅はタイヤ外観に大きく影響するため、トレッド幅設定時は性能のみならず、外観面も考慮する必要がある。

（3） クラウンR

一般的にクラウンRを大きくすると接地面積が大きくなり操縦安定性が向上し、ベルト端部の歪が小となり燃費性能が向上する傾向にある。また、偏摩耗性能に大きな影響を与えるため、路面との接地する踏面内の接地圧分布が均一になるように2つ以上のクラウンRを複合させるケースが多い。

（4） サイドR1・R2

カーカス及びベルト張力分布をコントロールする手法のひとつである。一般的にサイドRを大きくすると操縦性が向上する傾向にある。最近ではコンピューターを活用し、カーカス及びベルト張力分布を計算して性能目標に応じて操縦安定性志向の形状、振動乗心地志向の形状といった最適なサイド形状を設定することが可能となってきている。

（5） ビード形状

リム組みとリム解きのし易さやコーナリング時（特に緊急危険回避の小R旋回時）におけるタイヤのリムからの脱落のし難さ等を考慮し、形状を設定する。最近ではタイヤがリムの周上で均一にフィットするよう、ビード背面を凹ませた形状のものも適用され、直進安定性及び振動乗り心地を向上させ

図6-1-1 断面形状の名称

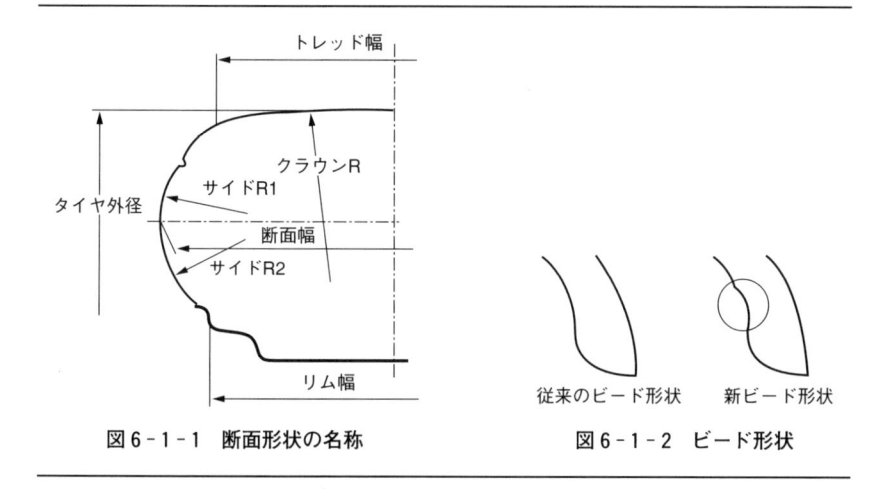

図6-1-2 ビード形状

ている（図6-1-2）。

6.1.2 構造設計

タイヤの強度計算は圧力容器としてのビード・カーカス・ベルトの破壊圧をある値以上に設定するようにしており、乗用車用タイヤの場合、使用空気圧対比での安全率（＝破壊圧／使用空気圧）は5～6以上を目安としている。ただし、商品の速度区分・性能目標・販売される地域特有の環境（気候・道路状況・使用方法等）に応じ、カーカス強度を増加（枚数増加や高強度材料の適用）、ベルト補強層の追加等がなされる。

具体的な設計としては基準（FMVSS、ECE No. 30、日本の技術基準 等）で規定された高速耐久性・破壊エネルギー・ビード離脱抵抗等を満足した上で、それぞれの商品の性能目標に応じてクラウン部～サイド部～ビード部の剛性バランスをいかに設定するかにポイントが置かれる。以下に主要部材の設計手法について説明する。

（1）カーカス構造設計

カーカス材質としてはポリエステルとレーヨンが多く用いられ、ポリエステルが幅広い領域で活用されている。レーヨンは耐熱接着性に優れるため、高い速度区分YからWレンジ並びにランフラットタイヤに適用されること

が多い。

それぞれの材質のコードサイズとしては以下が代表例として挙げられる。

　　ポリエステル；1100 dtex/2 本撚り、1670 dtex/2 本撚り
　　レーヨン　　；1840 dtex/2 本撚り、1840 dtex/3 本撚り
　　　　　　　　（1万mで1gのものを1 dtexと呼ぶ。）

カーカス構造としては安全率及びその商品の目標性能を考慮しながら材質や枚数を設定するが、1枚あるいは2枚のカーカスをビードから巻き上げサイドウォール中央部で止めるハイターンナップ構造が主流であるが、剛性段差が少なく剛性バランスの取り易いアップダウン構造やエンベロープ構造もある。尚、5.2節に、有機繊維について詳しい解説がある。

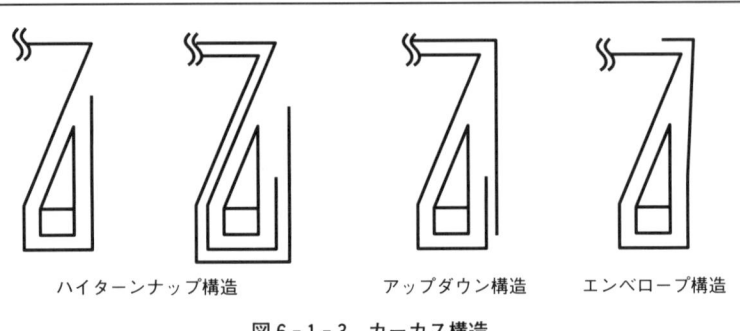

図6-1-3　カーカス構造
（ハイターンナップ構造／アップダウン構造／エンベロープ構造）

（2）ベルト構造設計

ベルト材質としては過去にはレーヨン・ポリエステル・ガラス繊維が用いられることもあったが、最近では運動性能及び耐摩耗性に優れたスチールがほぼ100%となっている。

表6-1-1　スチールコードの種類

1×2	1×3	2+2	1×5	1+6

6.1 乗用車用タイヤの設計 　309

コード構造としては**表6-1-1**に示されるものが代表例として挙げられ、その適用は各タイヤメーカーにより異なる。

ベルト構造としては安全率及びその商品の目標性能に応じコード構造並びにベルトコードの幅や角度を設定する。例えば、ベルト幅についてはベルト交錯層の幅（一般的に、トレッド寄りのスチールベルト幅）をトレッド接地幅対比通常90～105%程度に設定する。

また、スチールベルトの上に配置する補強層についてもその商品の速度区分や目標性能に応じその材質（ナイロン、アラミド等）と構造を設定する。

代表例としては以下の構造がある。

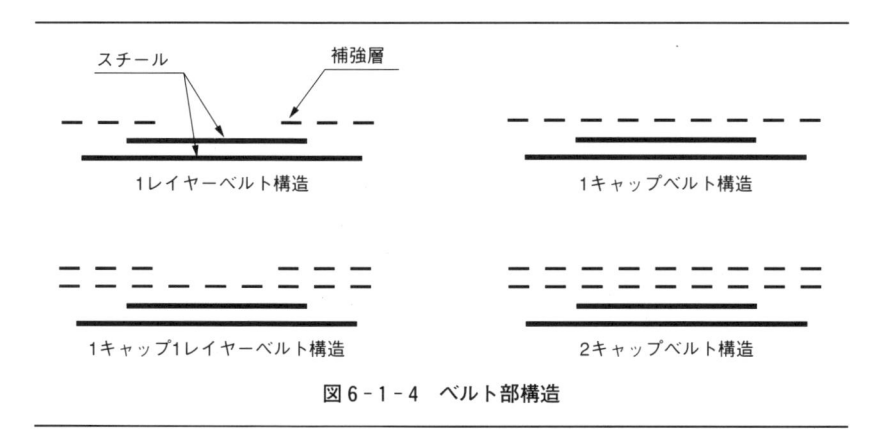

図6-1-4　ベルト部構造

（3）ビード構造設計

ビード部構造としてはタイヤ全体の剛性バランスを考慮した上でその製品の性能目標に応じ、ビードフィラーゴムの材質（硬ゴムや軟ゴム）を選定し、その高さを設定する。また、高速走行時のサイド部スタンディングウェーブを抑制し高速耐久性を確保するため、あるいは操縦応答性及びコーナリング時の限界操縦安定性を高めるためにサイド部剛性を高めるため特に高性能タイヤにおいて**図6-1-5**に示すビード補強を実施する場合もある。

6.1.3　パターン設計

タイヤ性能に大きな影響を与えるのみならず補修向け乗用車用タイヤの場

310   第6章　タイヤの設計

図6-1-5　ビード部構造

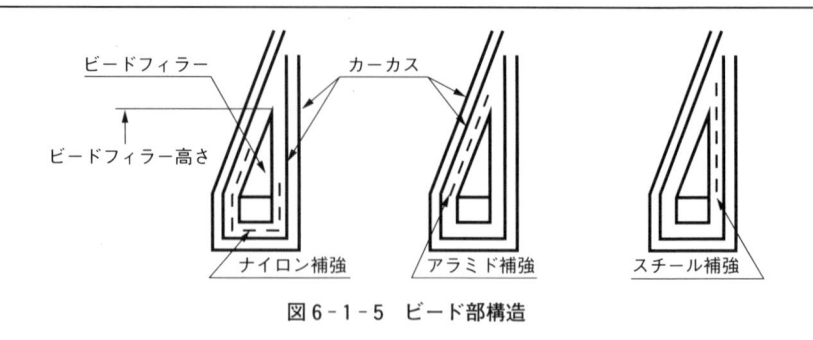

合、顧客が販売店の店頭にて目にする機会が非常に多いため、機能面のみならずデザイン面での良し悪しや商品イメージとの連携が重要となっている。
　すなわち、操縦安定性重視の商品にはブロッキーなパターン、居住性重視の商品には繊細なパターンといった具合にパターンを設定する。通常、パターンデザイン専門の部署にて候補パターンを複数作成し、コンピューターを活用しての性能予測や社内のエキスパートによる性能予測を踏まえ、更に、販売部門及び顧客の意見も加味し開発パターンを絞り込む。
　パターンはタイヤ性能に大きな影響を持ち、パターンの良し悪しにより商品開発がスムースに推進できるかどうかを左右すると言っても過言ではない。
　実際の設計に際しては例えば溝面積比率（ネガティブ比率）を高くすると雪上性能・ハイドロプレーニング性能は良化するが、パターンノイズは悪化し易い等の相反する性能をいかにバランスさせるか、あるいはいかに他の手法で補うかが設計者の腕の見せ所となる。以下に各性能に関するパターン設計手法について説明する。

（１）　平滑路面でのパターンノイズ

　溝の面積比率を低く、特にタイヤの進行方向と交差するラグ溝を少なくする。また、コンピューターを活用しノイズを最小とするため図6-1-6の『・』印のラグ溝が同時に接地しないよう、接地端形状を考慮しながらラグ溝の位置を周方向に位相をずらす「ラグ溝の最適位相ずらし」も適用される。
　通常、乗用車用タイヤは2〜5種の異なる長さのパターンユニットを30〜80個程組み合わせてタイヤ１周分としているが、コンピューターを活用し

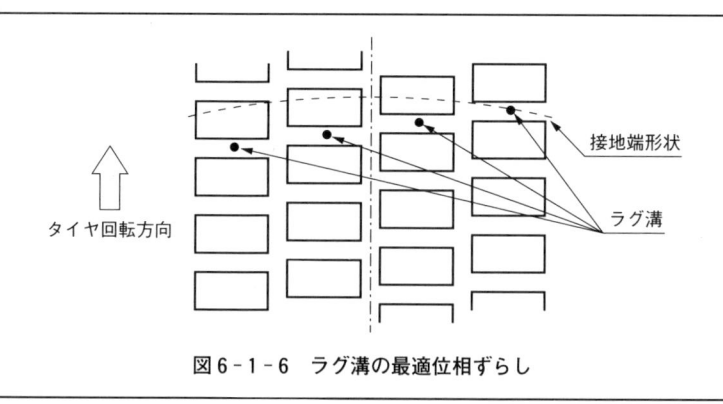

図6-1-6 ラグ溝の最適位相ずらし

特定の周波数の音が出ないようにパターンユニットの配列方法を設定する。

(2) ハイドロプレーニング性能

溝面積比率を高く、特にタイヤの進行方向のストレート溝を太くする。また、コンピューターを活用して接地面内の水の流れを予測し、排水効率の高い方向性パターンも高性能タイヤにおいて適用される。

(3) 偏摩耗性

接地面内全体及び個々のブロックにおいてブロック剛性の不均一性をできるだけ少なくするように設定する。特に接地端に近いショルダーブロックでのラグ溝前後にタイヤ周方向の段差（ヒール＆トー）が発生し易いため、ラグ溝の溝壁角度を適正化する等の工夫がなされる。

(4) 雪上性能

溝面積比率を高く且つサイプ密度を多くすることにより雪氷上性能の向上を図るが、それと同時にウェット及びドライ路面での性能も考慮しブロック剛性を最適化する。

6.1.4 材料設計

タイヤに使用される材料としては有機繊維とスチールコード及びゴム材料があるが、ここではゴム材料について説明する。

ゴムの構成要素としてはポリマー（天然ゴムや合成ゴム）、補強材（カーボンブラックやシリカ）の他、加硫剤（硫黄が一般的）、加硫促進剤、老化

防止剤等の薬品類が挙げられ、配合の内容や分量をうまく組み合わせることによりゴムとしての特性を幅広く変えることが可能となる。乗用車用タイヤの場合、10種類以上の異なるゴムが用いられ、その部材毎に求められる性能に応じ配合内容を変えている。以下に主要部材の求められる性能について説明する。

(1) トレッドゴム

タイヤ部材で唯一路面に接触しているのがトレッドゴムであり、その役割は駆動力・制動力・旋回力等タイヤに掛かる種々の力を路面に伝達すること、トレッドゴム以外の部材を外力から保護することが挙げられ、求められる性能としては耐クラック性・耐摩耗性・耐熱性・耐スキッド性がある。乗用車用タイヤの場合、運動性能に非常に大きな影響を与え一般的に全ての性能を満足するゴム配合を設定することは困難なため、それぞれの商品の性能目標に応じて種々のトレッドゴムを保有している。例えば、速度区分WやYレンジの超高性能タイヤの場合は耐熱性が良くウェット及びドライ路面でのグリップ性の高い配合内容、冬用タイヤの場合は低温環境下でも路面との密着性を高めるために柔軟な弾性を保持する配合内容となっている。

尚、トレッドゴムに使用される補強材はカーボンブラックが一般的であったが、近年ウェット性能と燃費性能を高度に両立できるシリカを併用することが多くなってきている。

(2) サイドウォールゴム

トレッドとともにタイヤ表面のほとんどの部分をカバーしており、その役割は他のタイヤ部材を外力から保護することが挙げられる。求められる性能としては繰り返しの屈曲変形を受けてもその耐久性を保持し、外傷の拡大を極力抑え、また日光にも暴露されるため、耐オゾンクラック性にも優れていることが挙げられる。

(3) インナーライナーゴム

乗用車用タイヤはほぼ100％がチューブレスタイヤとなっているため、インナーライナーゴムの役割は空気の透過を防ぎ、長期間タイヤ空気圧を保持することにある。求められる性能としては耐空気透過性に優れ、繰り返しの屈曲変形を受けてもその耐久性を保持することにある。

(4) ベルトゴム

ベルトにスチールが使用されることが多いため、ベルトゴムの役割はスチールコードとの接着にある。求められる性能として特にベルト端部で繰り返しせん断歪を受けてもその接着性を保持し、耐熱性に優れていることが挙げられる。

(5) カーカスゴム

カーカスゴムの役割は有機繊維コードとの接着にある。求められる性能としては繰り返しの屈曲変形を受けてもその接着性を保持し、耐熱性に優れていることが挙げられる。

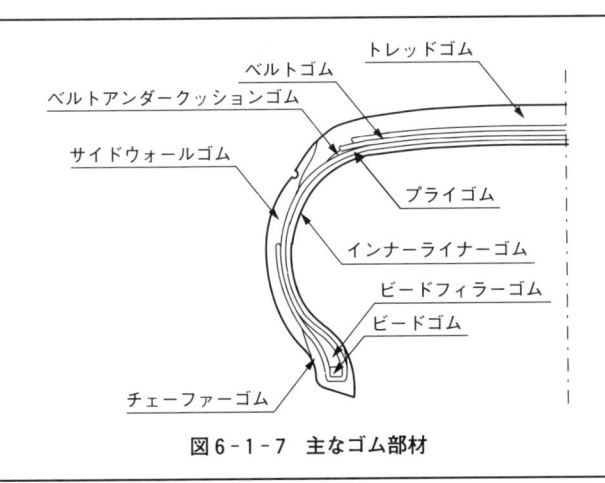

図6-1-7 主なゴム部材

6.1.5 新しい設計の流れ；最適設計技術

コンピューターの計算速度が飛躍的に速くなった結果、タイヤの性能予測にもスーパーコンピューターを活用し、タイヤを実際に作らなくてもその性能を予測することが可能となってきている。ここでは性能予測技術を活用した最適設計技術[1]について簡単に説明する。

過去、タイヤ断面形状については自然平衡形状やブリヂストン独自の操縦安定性能を改良したRCOT（Rolling Contour Optimization Theory）形状や耐久性能を改良したTCOT（Tension Control Optimization Theory）形状など

種々の形状設計法が生み出されてきた。これらの多くの形状設計理論を統合化し、新たにブリヂストンにより生み出された理論のGUTT（Grand Unified Tire Technology）は形状のみならず、パターンユニットの配列方法、構造、材料など、タイヤの種々の設計要素を最適化技術に基き最適化できるもので、有限要素法に代表される予測技術と最適化技術を融合させた自動進化設計法である。この理論を用い現行タイヤの設計案と制約条件に最適化したい性能項目を与えると現行タイヤの設計案がスーパーコンピューターの中で自動的に進化し数学的に裏付けられた最適解が得られる。

上記最適化技術の活用例を以下に説明する。

（1） タイヤ形状の最適化

操縦安定性に優れるタイヤ形状を自動進化設計法で計算させた過程は図6-1-8の通りである。

1) 第1ステップ；初期形状である。この形状に『操縦安定性能最適化』、例えば、ベルト及びビード張力最大という目的関数を与える。

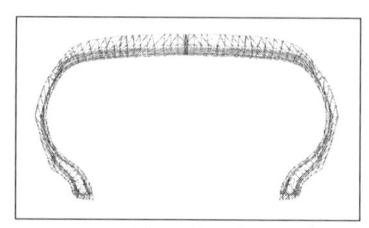

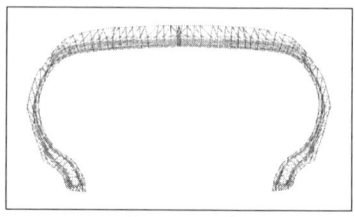

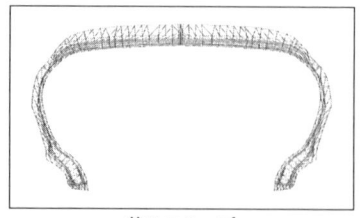

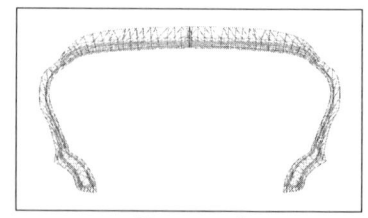

第1ステップ　　　　　　　第2ステップ

第5ステップ　　　　　　　第9ステップ

図6-1-8　自動進化設計法での計算過程

2) 第2ステップ；目的に従い、感度解析、最適化のステップを踏み、この形状が求められる。判定により更なる最適化が可能という判断が下される。
3) 第5ステップ；最適化手法により更に数学的に正しい方向に進化していく。
4) 第9ステップ；最適な形状が完成。ビード内面が内側に凹み、ベルト付近は外側に膨らむという、今までは考えられない形状となる。

同様に自動進化設計法を用いて振動や騒音性能及び転がり抵抗性能を最適化した形状は**図6-1-9**のように進化し、向上させたい性能に応じて異なった最適形状が得られることが分かる。

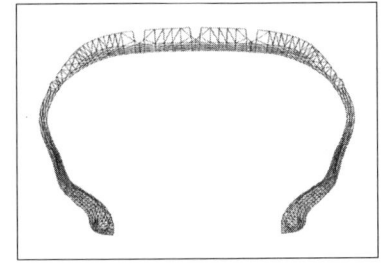

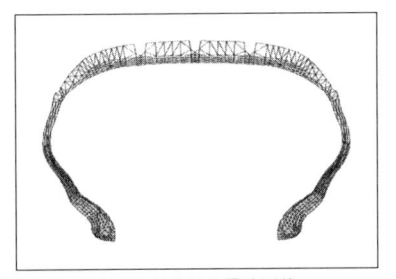

振動・騒音性能最適形状　　　　　転がり抵抗性能最適形状

図6-1-9　自動進化設計法で得られた最適断面形状

(2) クラウン形状の最適化

回転しているタイヤの直進時やコーナリング時におけるトレッド接地面内の接地圧分布を均一化させることを目的としたクラウン最適化形状を採用することにより、タイヤの路面との接地特性の変化は抑制されタイヤ性能が充分に引出され運動性能を向上させることが可能となる。クラウン形状を従来設計法、最適化設計法で実施した場合の接地圧分布（直進時）は以下のようになり、従来設計では両ショルダー部の接地圧が若干高いのに対し、クラウン最適形状では接地圧がより均一化されていることが分かる。

従来設計形状の接地圧分布	最適設計形状の接地圧分布

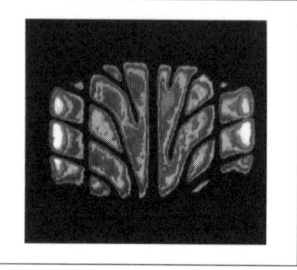

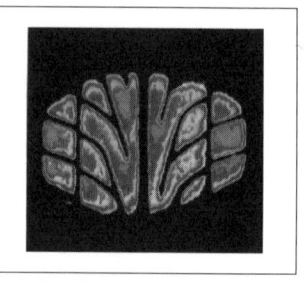

図6-1-10　自動進化設計法で得られた最適クラウン形状
※カラーの図は口絵参照

6.2　トラック・バス用タイヤの設計

6.2.1　トラック・バス用タイヤへの要求性能

　市場の要求性能に合致した性能を達成することが、肝要であることは言うまでもない。相手はプロのドライバーであり、経営者である。業態によっても要求性能は変わる。タイヤ設計を行うに当たり、ターゲットゾーンの明確

表6-2-1　検討評価すべき代表的な性能特性

(1)	適合性	安全基準、保安基準、規格、要求重量
(2)	耐久性	発熱耐久性、高速耐久性、サイドフォース耐久性、ビード耐久性、低内圧耐久性、悪路耐久性、更生耐久性、その他（耐油性、リムずれ）
(3)	耐候性	大気劣化性、低温脆化性、高温脆化性
(4)	経済性	耐摩耗性、耐偏摩耗性、燃費性
(5)	操縦安定性	ドライ操縦安定性、ウェット操縦安定性、ワンダリング性（轍路走行安定性）、氷雪上性
(6)	振動騒音性	振動乗り心地性、騒音
(7)	マッチング性	リム組み性、フラップ着脱性、チェーン着脱性、車輌装着性（車輌当たり）、アライメント、車輌特性（振動、操縦）
(8)	外観	新品外観、使用外観、末期外観
(9)	その他	エアー保持性、保管・輸送性、新品時の性能の維持性

化と、その領域での性能目標の明確化が重要である。

設計に当たり、検討評価すべき代表的な性能特性を**表6-2-1**に示す。ただし、市場の要求や技術の進歩によって、これ以外の項目も当然あり得る。

6.2.2 基本構造設計

(1) トレッドパターン～構造

乗用車用タイヤの場合、特殊な場合を除くと、走行する路面が比較的限定されるため、トレッドパターンにより、構造を変えることはあまりない。

一方、トラック・バス用タイヤは、走行路面が多岐にわたるため、構造もそれに応じて変えることが多い。すなわち、比較的良路を走るリブパターンの場合は、高速耐久性を重視した構造、悪路を走ることが多いラグパターンの場合は、カットやバースト等の外傷を防止する構造がとられる。

トレッドゴムについては、良路系パターンは特に低発熱のコンパウンド、悪路系パターンでは、特に耐カット性のコンパウンド、スタッドレスでは、氷との摩擦係数が大きいコンパウンド（発泡ゴム等）が要求される。耐摩耗性や耐クラック性などは、全てのパターンに必要な特性である。

発熱耐久力を確保するため、通常はトレッドパターンの部分は2層構造を採用している。上部は摩耗や偏摩耗など要求される性能を満足するゴム材料を使用し、下部に発熱耐久力に優れたゴム材料を使用することで、摩耗などの要求性能と発熱耐久力の両立を図っている。

(2) ベルト構造

トラック・バス用に使われているベルト構造は、一般的サイズのタイヤでは、スチールコードをゴムでコーティングしたシート状のトリートと呼ばれるものを、コードの方向及び角度を変えて、3層から4層重ね合わせて形成する。基本的には、コードの方向及び角度で三角形を形成するようにする。また、使用条件により適用するスチールコード種を決定する。超偏平タイヤは、ベルトの張力が高くなり、通常のベルト構造ではベルトの径方向の拡張が大きくなるとともに歪が増加するため、径の成長を抑えることを目的に周方向にスチールコードを配列した特別なベルト構造を採用している。

スチールコード種、コード本数、ゴム種、ゴムのコーティングゲージ、ベ

ルト幅、ベルト角度まで入れると、ベルト構造は膨大なものになる。ここでは、基本構造について触れる。ベルト構造の基本構造は大きく分けて4つになる。

トラック・バス用タイヤのベルト構造
  ・3枚ベルト構造；ライト〜中型トラック・バス用タイヤに採用
  ・4枚ベルト構造；一般トラック・バス用タイヤに採用
  ・1ベルト中抜き；準良路系で突起等によるベルトの変形が大きい領域のトレーラー軸で大スリップ角がかかる条件用
  ・周方向ベルト構造；主として偏平率60シリーズ以下の偏平サイズに採用しており、周方向ベルトにより内圧成長と走行成長を抑制し、偏平タイヤのベルト耐久力を向上させている(周方向ベルト；ウェーブドベルト構造)
  注）ウェーブドベルト構造
  波状の癖付けをしたスチールコードをゴムでシーティングしたトリートを周方向に巻きつけて形成したベルト層を含むベルト構造。

（3） ビード構造

一般的なビード構造は、1枚のカーカスプライ（スチールトリート）をビ

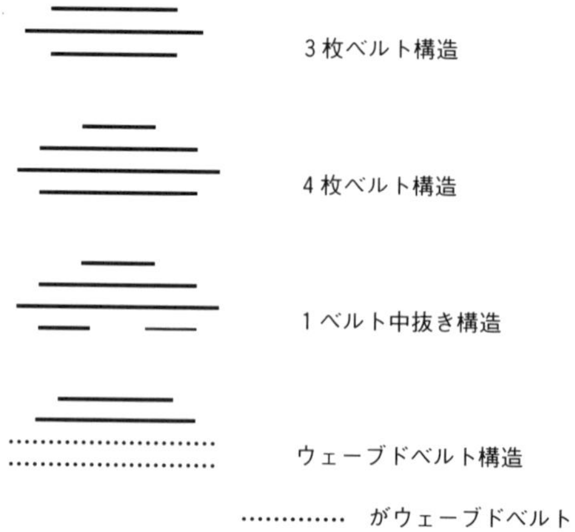

図6-2-1　トラック・バス用タイヤのベルト構造

ードコアで巻き上げ、スチールないしはナイロンコードのトリートで補強した構造をとる。補強のし方は、そのタイヤの使用条件やタイヤサイズにより決定する。

(4) ケースライン

　タイヤの性能を左右する重要な部分である。過去は自然平衡形状にて一般的に設計されていた。内圧充填時に、コード張力及び形状変形が均一になる自然平衡形状のタイヤは、耐久力に優れていると信じられていた。しかし、この形状には、摩耗ライフを向上させようとするとベルト耐久が低下し、転がり抵抗が増大するなど、単一の性能レベルを向上させると、どうしても他の性能が低下してしまう「二律背反」の問題があった。タイヤにおけるひとつの限界とも言える、この問題の解決は、新しいタイヤを開発していく上で大きな壁となっていた。こうした二律背反の問題に対して、今まで、タイヤ構成部材の改良や新たな構造の開発など、様々なアプローチが繰り返されてきた。しかし、これらの試みは部分的には成果を上げたものの、それ以上の発展には繋がらず、足踏み状態が続いていた。そこで、従来常識とされていた自然平衡形状を覆し非自然平衡形状を基にした思考方法を導入した。その構造上、トラック・バス用ラジアルタイヤには向かないと考えられてきたこの方法をあえて採用し、二律背反の打破を積極的に試みた。様々な研究を続けてきた結果、TCOT（Tension Control Optimization Theory）という新形状設計理論を開発した。このTCOTは、「空気充填時の形状変化をコントロールする」という新しいコンセプトに基き設計するものである。詳しく説明すると「タイヤに内圧を充填したときにコードにかかる張力と、タイヤ部材端に生じる歪をタイヤの用途に応じて、あらかじめ最適にコントロールすることにより、負荷転動時のタイヤ各部材端における破壊核からの亀裂の発生や進展を抑制するタイヤ形状設計理論」と言える。

　このTCOTにより、従来、構成部材や構造の改良では打破することが難しかったトラック・バス用タイヤにおける「二律背反の問題」をクリアした。形状のみを変化させることで、耐久性をはじめ総合的に性能を向上させることが可能となった。

　内圧を充填した時のTCOT形状は、サイド部のベルトに近い部分の曲率

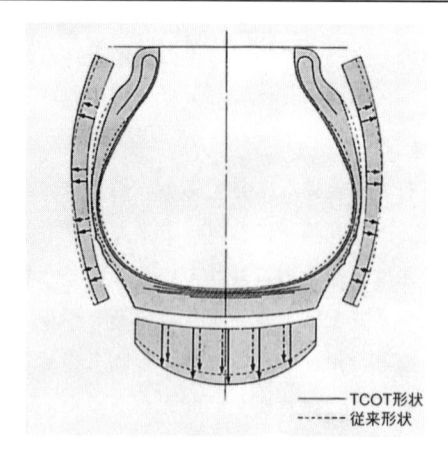

図6-2-2　プライコード張力分布比較図

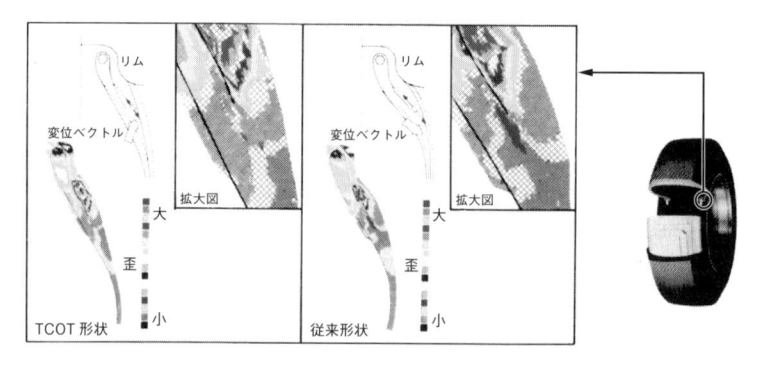

図6-2-3　空気圧充填時におけるビード部プライ端歪の比較
※カラーの図は口絵参照

　半径は小さく、ビード部の曲率半径は大きくなっている。張力分布では、TCOT形状は従来形状の際に均一だったサイド部の張力が減少し、ベルト及びビード部の張力が増加することになる（**図6-2-2**）。
　TCOT形状は、ビード部の変位ベクトルを、従来形状とは逆のリム側に向けることで、ビード部プライ端歪を低減させている（**図6-2-3**）。
　TCOT形状は、ベルトの張力が大きくサイド部の張力が小さいため、偏心変形の占める割合が増加し、その結果、ベルトの変形が小さくなり、ベルト端の歪が低減する（**図6-2-4**）。

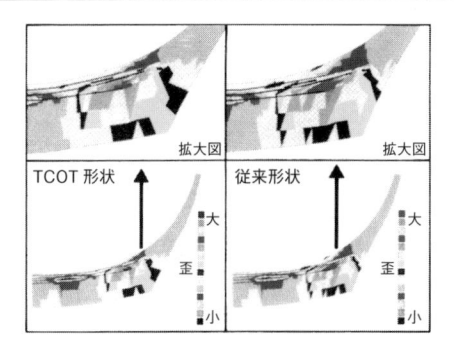

図6-2-4 転動時におけるベルト端部歪分布比較
※カラーの図は口絵参照

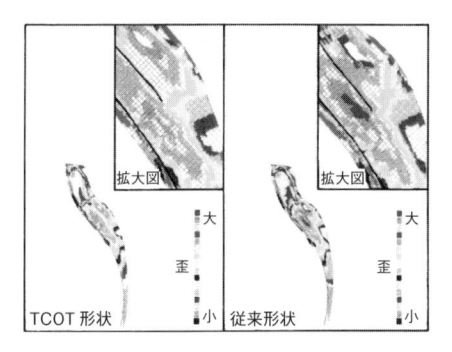

図6-2-5 転動時におけるビード部プライ端部歪分布比較
※カラーの図は口絵参照

　TCOT形状は、ビード部の張力が大きく、剛性が増加するため、転動時のビード部の変形が抑制され、プライ端部の歪が低減する（**図6-2-5**）。

　タイヤが転動すると、タイヤ内部で無駄なエネルギーが消費され、それが熱に変わって放出されるが、この熱が小さい程転がり抵抗が低く、破壊の進展も抑制されて耐久力が向上する。TCOT形状の方が、発熱温度が低く、その効果が認められた（**図6-2-6**）。

　更に、TCOTに加え、その他の形状設計理論を統合し進化させたGUTT（Grand Unified Tire Technology）という自動進化設計法を確立した。これにより、更に高度な要求性能に合致した設計が可能となった。

　GUTTは省燃費タイヤ（**図6-2-14**　M881）の開発など、広く活用され

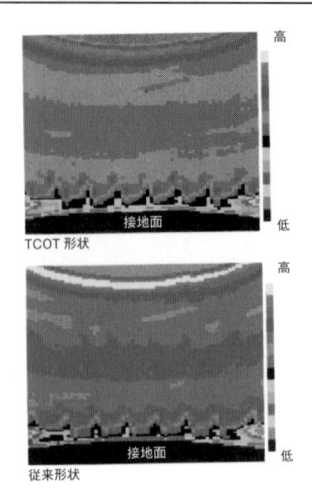

図6-2-6 転動時における発熱性の比較
※カラーの図は口絵参照

ている。

6.2.3 代表的なタイヤ性能について

(1) 耐久性能

〈ベルト耐久〉

　ベルトの耐久力を向上させることは、言い換えればベルト交錯層間の歪を抑えることであると言える。トラック・バス用タイヤは高内圧で使用され、その時のタイヤの径成長量は、内圧充填時半径で1.5～3.0 mm大きくなる。径成長量はプライとベルトの張力負担によって変わり、従ってケースラインとベルト構造によって変わる。偏平サイズになればなる程ベルトの張力負担は大きくなる。更に、内圧充填時のみならず、荷重転動時のベルト層に発生する歪量についても充分考慮しておく必要がある。内圧充填で周方向に伸ばされてテンションが掛かり、荷重時に平面に押し付けられることで更にベルト端部にテンションが掛かる。使用条件の影響については、サイドフォースが掛かると、サイドフォースの反入力側のベルト端部が、周方向に更に伸ばされテンションが更に増してベルト層の歪が増大する。このベルト層に発生

する歪をいかに極少に抑えるかが、設計のポイントとなる。

〈ビード耐久〉

トラック・バス用タイヤのビード耐久向上のためには、主にはプライコードの巻き上げ端の耐久力を向上させることが重要である。この耐久力向上のためには、大きく発熱起因の場合と歪起因の場合がある。どちらの場合も、プライコードの端からプライコーティングゴム内で亀裂が発生し、スティフナー側と背面側に亀裂が進むゴム破壊である。この基本メカニズムは、内圧時に先ずプライコードに大きな張力が掛かるため、プライコードが引き抜けようとする力が発生する（**図6-2-7**）。

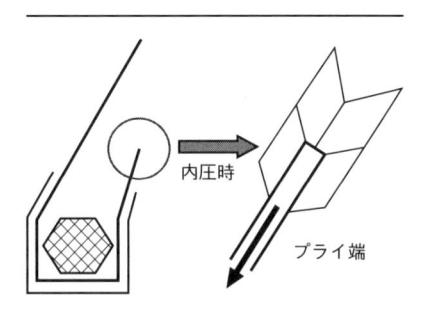

図6-2-7　内圧充填時のプライ端部の歪変形

この状態でタイヤが転動すると、荷重直下では圧縮方向の力が掛かる。この繰り返し運動により、発熱しゴム劣化が進み内圧の歪が大きくなり、抗しきれなくなりプライ端を起点に亀裂が発生する。従って、ビードの故障の支配要因は『内圧時歪』『荷重時歪』『熱』の3つが挙げられる。

ビード耐久力向上のためには、プライ端の歪の絶対値低減と転動時の歪の振幅を低減させることが重要である。

（2）摩耗ライフ

トラック・バス用タイヤにとって、摩耗ライフは経済性・環境の面で重要性能である。摩耗ライフを決める要素として、トレッドのゴム特性・トレッドの摩耗に寄与するゴム量・トレッドパターン・ベルト剛性を含めたケース剛性がある。タイヤへの入力が、定応力なのか定変形なのかで設計する方向が変わってくる。たとえばケース剛性について、定応力入力であればケース剛性は高くして変形を抑制した方が摩耗量は減る。定変形入力であればケース剛性を低くして、変形した時の力を低減した方が摩耗量は減る。一般的には、定応力入力の場合が多く、ケース剛性を高める方が摩耗ライフの向上に繋がる。

（3）偏摩耗性

偏摩耗性は、商品価値を左右する性能である。偏摩耗性の良し悪しでタイヤのローテーション回数が削減でき、それに伴う経費削減・軽労化に繋がる。偏摩耗発生の要因は多岐にわたり、それにより発生する偏摩耗は、多種多様

表6-2-2　偏摩耗形態一覧

名称	発生形態	主な発生原因	補足説明	チェックポイント
センター摩耗		1．空気過多による使用。 2．リヤ駆動軸で多く見られ、荷重が垂直に掛かるためセンター部分が摩耗する。	トレッド全体に比べ、クラウンセンターのみが早期に摩耗したもの。ベルト及びブレーカーコードが出ている場合もある。	
肩落ち摩耗		1．フロント装着時におけるトーイン、キャンバーの影響によって発生する。 2．尚、促進要因として空気不足もある。 3．また、路面傾斜の影響により発生する場合がある。	トレッド全体に比べ、ショルダーリブが早期に摩耗し、溝をきっかけに"段"がついたもの。	
リバーウェア		ひんぱんに急カーブを切った場合等、サイドフォースが掛かる場合発生しやすい。	リブエッヂが周上連続して早期に摩耗したもの。	
両肩落ち摩耗		1．オーバーロード（過荷重）及び空気圧不足のときに多く見られる。 2．また、フロント装着時においてはトーイン、キャンバーの影響によっても発生する。	クラウンセンターの溝が残り、両ショルダーの溝が早期摩耗したもの。	
片減り摩耗		1．フロント使用時トーイン、キャンバーの影響により大なり小なり発生する。 2．ひんぱんに、急カーブをきった場合。 3．また、路面傾斜の影響により発生する場合がある。	トレッド全体に比べ、片側のみ早期に摩耗したもの。	
フェザーエッヂ摩耗		1．トーイン、キャンバー不良。 2．空気圧不足。 3．ひんぱんに急カーブをきった場合。 4．また、路面傾斜の影響により発生する場合がある。	リブ及びサイプエッヂ多く見られる径方向へ羽状に摩耗したもの。	
リブパンチング		後輪使用時に外径差及び空気圧差が複輪内外でついた場合に発生する。	ショルダーリブを除くある一定のリブのみが早期に摩耗して"段"がついたもの。	
波状摩耗		1．トーイン、キャンバーの調整不良により発生する。 2．空気圧不足。 3．複輪外径差及び空気圧差。	トレッドショルダー部に多く見られ、周方向へ波状に摩耗したもの。	
多角形摩耗		1．複輪外径差及び空気圧差。 2．空気圧不足。 3．タイヤ+ホイールアッセンブリーでのバランス不良。 4．ベアリングとキンピングのガタ。	ショルダーからショルダーまで摩耗がわたっている場合で、周方向へある一定（複雑なものもある）の角を構成したもの。	
スポット摩耗		1．複輪外径差及び空気圧差。 2．ベアリングのガタなど、回転部のアンバランスにより特定部分で過大な摩擦が掛かると発生する。 3．急激なブレーキ、または発進により局部的摩耗が増長し発生する。 4．ブレーキドラムの変形による特定部分でのブレーキの効きすぎ。	周上である一部分のみ局部的摩耗が進んだもので、トレッドセンター部に多い。	
ヒール＆トー摩耗	回転方向	1．特にフロント装着時に多く見られるが、この軸はブレーキ力（制動力）だけが作用するのでこのような摩耗が発生する。 2．また、リヤ装着時においても空気圧不足であると発生する。	ラグパタン及びブロックパタンに多く見られ、周方向に片側が残ってのこぎり歯状となったもの。	

の形態がある（**表 6-2-2**）。

偏摩耗の発生原因は、車両のアライメント・タイヤ内圧・積車条件・走行条件等あるが、タイヤについては、構造・形状（パターン含む）・トレッドゴムでタイヤの偏摩耗性の良し悪しが決まる。タイヤ接地面内では、様々な力が発生しているが、その力の不均一さが拡大することで偏摩耗が発生する。

偏摩耗に繋がる力（せん断力）を、いかにコントロールするかがポイントである。そのせん断力分布のコントロール技術として開発したものを、**図 6-2-8**、**図 6-2-9**、**図 6-2-10**、**図 6-2-11** に示す。

偏摩耗吸収グルーブ
[TCG:Tread wear Control Groove]

偏摩耗は発生部分を中心にして進展し、それ以外の部分は逆に偏摩耗が起き難いという特徴を解明。TCGはタイヤ踏面部にあえて「摩耗しやすい」部分をつくることで、そこに摩耗を促進する力を集中し他の部分における偏摩耗の発生や進展を抑制する。

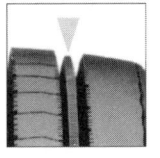

図 6-2-8　偏摩耗吸収グルーブ

横力防御グルーブ
[D/G:Defense Groove]

サイドフォース（車輌進行方向に対し横方向に働く力）により、タイヤ踏面部の角に発生する局部的な摩耗は偏摩耗の要因のひとつ。ディフェンス・グルーブはこの局部的摩耗を核とした偏摩耗進展を抑制するために開発された技術。

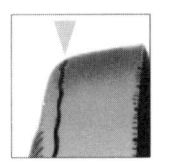

図 6-2-9　横力防御グルーブ

ドームブロック
[D.Block]

各ブロックの断面形状をドーム型にすることで、ブロックの角に働く力を分散し個々のブロックにおける偏摩耗（段差摩耗）発生を抑制。

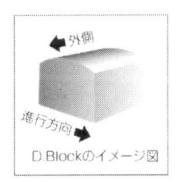

図 6-2-10　ドームブロック

適正化リブ配分
[S.B RIB: Stiffness Balanced Rib]

タイヤショルダー部とセンター部のリブ配分の適正化を図り、片べりを抑制。

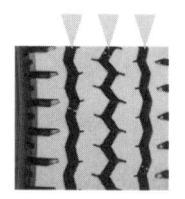

図6-2-11　適正化リブ配分

（4）燃費性

　経済性や環境という観点で、燃費性の重要性がクローズアップされてきている。タイヤにおける燃費性のメジャーは、転がり抵抗で評価できる。転がり抵抗と実燃費性は、使用条件で寄与が大きく変わる。高速走行主体の場合

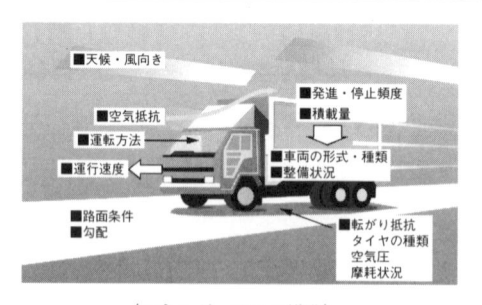

〈エネルギーロスの構造〉

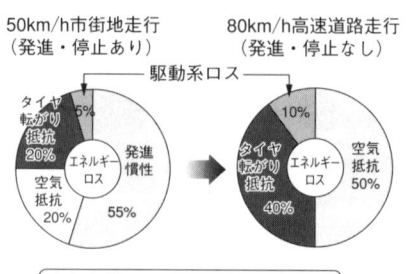

50km/h市街地走行　　　　80km/h高速道路走行
（発進・停止あり）　　　　（発進・停止なし）

駆動系ロス

タイヤ転がり抵抗 20%／空気抵抗 20%／発進慣性 55%／5%

タイヤ転がり抵抗 40%／空気抵抗 50%／10%

走行条件で、タイヤ転がり抵抗の寄与率は大きく変化する

図6-2-12　エネルギーロスの構造

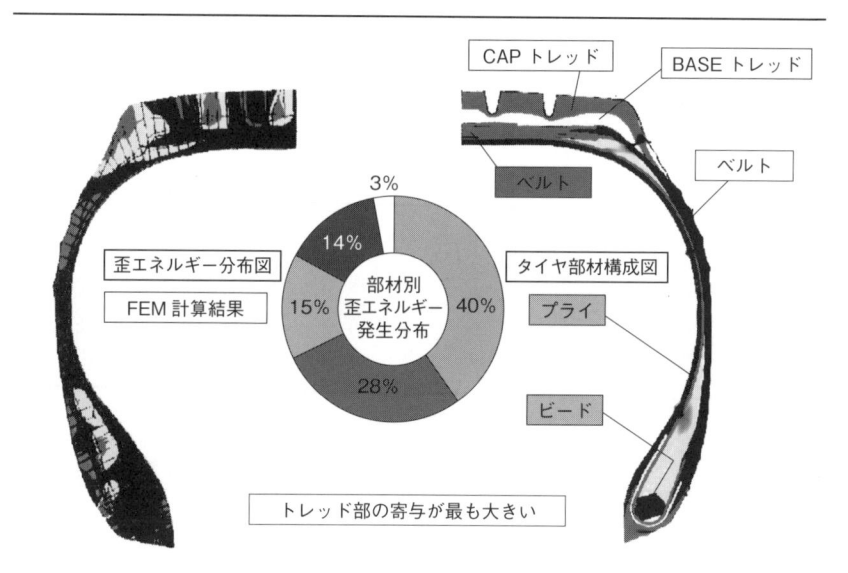

図6-2-13 トラック・バス用タイヤのエネルギーロス分布図
※カラーの図は口絵参照

の方が、一般道主体の条件に較べ、発進停止の回数が少なく、タイヤの転がり抵抗の寄与率が上がる（図6-2-12）。

タイヤの転がり抵抗は、タイヤ各部材のエネルギーロスの結果であるが、トラック・バス用タイヤのエネルギーロスが大きい部材は、トレッド部である（図6-2-13）。

これらの知見を基に、各部材のエネルギーロスを低く抑えるゴム部材の新開発を行い、自動進化設計法（GUTT）による骨格部材配置及びケースラインの新設計をも行い、省燃費タイヤを開発している（図6-2-14）。

これにより、転がり抵抗値を従来タイヤ対比20％以上低減させ、輸送業界に対し経済性のメリットを提供するばかりでなく、環境（省資源、排ガス削減）の面でも貢献する商品を開発している。基本コンセプトは、燃費性を特化させるのではなく、安全性の面のウェット性や経済性のひとつの重要な性能である摩耗ライフといった性能を大きく損なわずに、総合バランスの良い省燃費タイヤでなければならない。

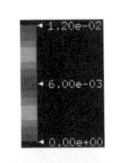

従来タイヤ　　歪エネルギーロス密度分布　　省燃費タイヤ

M880Z　　　　　　　　　　　　　　　　M881Z

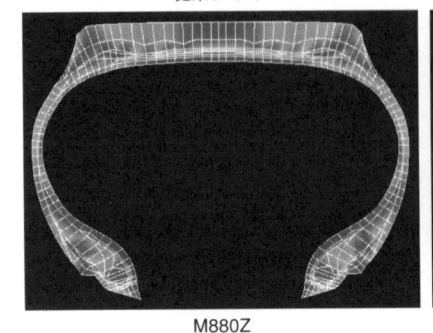

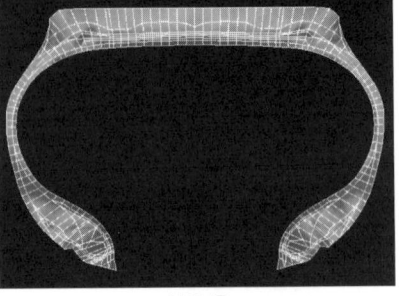

歪エネルギーロス
　index　　　　100　　　　　　　　　　　　　　　　76

図 6-2-14　M880 と M881 のエネルギーロス比較
　　　　　　※カラーの図は口絵参照

(5) ウェット性

安全性の面で重要なウェット性については、次の条件下の性能が必要である。

- ウェットブレーキ　低 μ 路ブレーキ（ペイント路、鉄板路 等）
  （積車状態）　通常路ブレーキ（アスファルト、コンクリート）
  　　　　　　　　　　　　＊特に、高速走行時のブレーキ性能
- ウェット低 μ 路発進性　（ペイント路、鉄板路 等）
  （空車状態）
- ウェット旋回性

〈ウェットブレーキ〉

市場で重要視される低 μ 路において、リブパターンに較べてブロック系パターンが効きの面で優れている。ウェット性向上の方向としては、低 μ 路は実接触面積が大きくパターンエッヂが多いものが良い。高速域のウェット性については排水性の向上（溝容積が大きい）が有効である。勿論、トレッド

ゴムによる μ の増大が、全領域に有効であることは言うまでもない。

〈ウェット低 μ 路発進性〉

基本的には、ウェット低 μ 路ブレーキ性の向上方向と同じであるが、加えてパターン剛性が高いとトラクションが抜け易くなるため、適度にエッヂ圧が上がるようにパターン剛性を設定する必要がある。

また、特に偏平タイヤにおいて重要な性能であり、パターン設計時にはサイプ付加等を行い、エッヂ成分を増やす。

(6) 氷雪上性

氷雪上走行に適したタイヤとして、雪上走行はスノータイヤ、氷上走行にはスパイクタイヤがあったが、スパイクタイヤによる粉塵公害が発生し、環境面での対応が必要であった。1990年6月のスパイクタイヤ粉塵発生防止法公布に先駆け、トラック・バス用スタッドレスタイヤを開発した。最も性能向上要求がある性能は、磨かれたアイスバーン上でのブレーキ性能及び発進性能である。氷上での性能を向上させるためには、摩擦係数をアップさせることが主な目標になる。向上するには、ゴムと氷との摩擦係数を上げることが、最も重要であるが、他に、①接触面積をできるだけ大きくする、②発生する水をすばやく除去する、③氷面の引っ掻き効果を持たせることが、より性能を向上させるために不可欠である。氷上での性能を向上させるために開発されたのが、『発泡ゴム（マルチセルコンパウンド）』である（図6-2-15）。

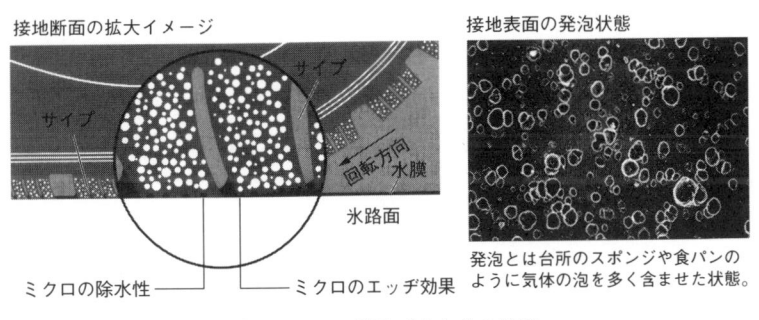

図6-2-15 発泡ゴムとその効果

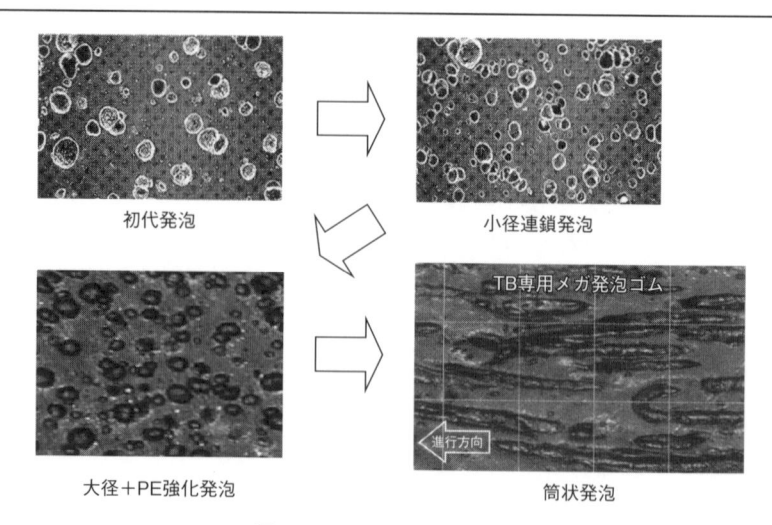

| 初代発泡 | 小径連鎖発泡 |
| 大径＋PE強化発泡 | 筒状発泡（TB専用メガ発泡ゴム、進行方向） |

図6-2-16　発泡ゴムの進化

　分散する気泡が、順次トレッド面に現れ、多数のミクロな窪みを作り出し、氷上でのすべりの主原因となる"水膜"の逃げ場としての役割（除水性・排水性）を果たし接地性を向上させる。更に、この気泡の回りがエッヂ効果を持つことで氷上での摩擦力を向上させる。

　はじめてスタッドレスに採用した『初代発泡ゴム』で、氷上性能を大幅に向上できたが、更に、発泡ゴムは進化し続けている。排水性を更に向上させた『小径連鎖発泡ゴム』、更なる排水性と発泡部のエッヂ効果向上のため、発泡部のエッヂを強化し、経済性向上のために耐摩耗性を向上させた『大径＋強化発泡ゴム』、更に排水性と耐摩耗性を進化させた『筒状発泡ゴム；トラック・バス専用メガ発泡ゴム』と進化し続けている（**図6-2-16**）。

　パターン面では、氷上性能向上方向は、実際の接触面積を増加させ、エッヂ成分も増加させる必要があるが、エッヂ成分を増加させるとブロック剛性が低下し、タイヤへ力が加わることでブロック変形を起こし、実際の接地面積が減少してしまう。結果として、氷上性能はさほど向上しないことになる。そこで、考案されたのが、『アンチスリップブロック』である（**図6-2-17**）。

	一般的にサイプを増加	アンチスリップブロック
ブロック断面図 （ブレーキ時）	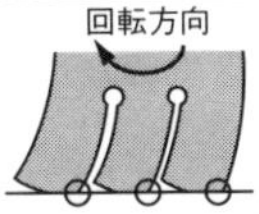 回転方向	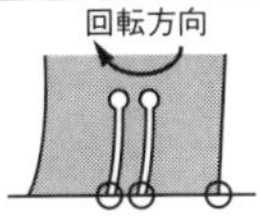 回転方向
有効エッヂ数	3カ所／1ブロック	3カ所／1ブロック
接地面積	小	大
氷上ブレーキ性能	やや優れている	優れている

図6-2-17 アンチスリップブロック

サイプを均等のように配置するのではなく、大ブロックで挟み込むような配置にすることにより、実際の接地面積とエッヂ成分の両立が可能となり、氷上の性能向上が可能となる。

(7) ワンダリング性

ワンダリングとは、主に輪重の重い大型車輛が走行することで道路に発生する轍が原因として起こる不安定な車輛挙動のことをいう。轍が発生した道路を走行すると、車輛は傾斜した路面を直進・レーンチェンジしなければならないが、傾斜路にタイヤが乗ると不要な横力が発生する。この横力は、ラジアルタイヤでは轍の底の方へ発生し、その結果、傾斜路に乗ると轍の底の方へ引っ張られ、直進している場合は蛇行するようになる。レーンチェンジの場合は、轍を乗り越える時に、より大きな保舵力が必要になり、乗り越えた後は、その反動で大きく振られる挙動になり易い。ワンダリング性が悪いと、非常に運転に神経を使い、ドライバーに嫌われる性能である。特に、轍の間隔があわない中型トラック・バス用タイヤの場合は、この性能を充分考慮する必要がある。

設計に際しては、いかに傾斜路に乗った時に発生する不要な横力を抑制するかが、ポイントとなる。良方向としては、踏面部の特に接地端部の接地圧を下げるために、踏面部の曲率半径を小さくすることが効果的である。しかしながら、耐偏摩耗性との兼ね合いが発生するため、パターンやケースラインなどで接地端部の接地圧が上昇し難くする手法をとることが一般的である。

6.2.4 設計の手順

基本は、タイヤは内圧に気体を充填することで、各性能を発揮させるものである。従って、内部圧力を充分保持できる構造体でなければならない。内部圧力に対するタイヤ安全率の考え方を下記する。

〈安全率設定の考え方〉

タイヤへの入力が動的であることから、動的振幅が大きい部材程大きくしている。すなわち、ベルトとカーカスの安全率を6～10とし、ビードの安全率を3～6としている。更に最終的にはサイズ毎の実績及び市場の使用条件によって決定する。

ベルト構造を選定する場合、適正な安全率を確保することは勿論だが、同時に具体的な評価特性としての破壊エネルギー（プランジャーエネルギー）が、規格値を充分上回るようにしなければならない。

次の**表6-2-3**において、各部の設計について簡単に述べる。

表6-2-3 各部の設計概要

	設計項目	設計内容
ケース形状設計	タイヤ外径	タイヤ規格と要求性能に適合するよう設定
	タイヤ幅	タイヤ規格と要求性能に適合し、市場使用リムサイズ、オフセット量、及び低内圧時を考慮して複輪接触しないように設定
	トレッド幅、溝深さ	トレッドパターン設計に関係するが、要求性能（摩耗ライフ、操縦安定性 等）により設定
	溝底のゴムゲージ	要求性能から設定
	ケースライン	目標の性能を達成するため形状計算を行う
パターン設計	摩耗ライフ	トレッド幅、溝深さ、溝面積比率（ネガティブ比率）、パターン剛性
	偏摩耗性	リブ・ブロック配分、溝幅、溝形状、ブロック形状、ブロック剛性
	ウェット性,雪上性,氷上性	エッヂ成分、溝面積比率（ネガティブ比率）、ブロック剛性
	発熱耐久性	トレッドボリューム、トレッド分割、溝ボリューム 等
構造設計	ケース耐久性 (仕向け先使用条件での適合性)	ビード構造、ベルト構造
材料設計	トレッドゴム	耐摩耗性、耐偏摩耗性、耐候性、耐クラック性、発熱性
	ケースゴム	耐候性、耐クラック性、ゴム剛性、耐劣化性、エアー透過性

上記のタイヤ性能を見積り、タイヤ性能目標に照らし合わせ、未達成の場合は再度検討を行い、性能目標が達成できるまで検討を行う。

6.2.5 今後の設計の流れ

今後更に偏平化が進み、偏平タイヤへ求められる性能が高度化していくと考えられる。安全性・環境・経済性・快適性の総合バランスを向上させていき、輸送業界・環境に対して貢献していくことが、設計者の使命と考える。

参 考 文 献

6.1
1) Y. Nakajima, T. Kamegawa, A. Abe : "Theory of Optimum Tire Contour and Its Application" Tire Science and Technology, TSTCA, Vol. 24, No. 3, P 184 July-September, 1996
    Y. Nakajima, H. Kadowaki, T. Kamegawa, K. Ueno : "Application of a Neural Network for the Optimization of Tire Design" Tire Science and Technology, TSTCA, Vol. 27, No. 2, P 62-83 April-June, 1999

第 7 章　タイヤの現状と将来

7.1　ランフラットタイヤ

7.1.1　はじめに

　読者の多くも体験しているであろう「パンク」。空気入りタイヤの発明以来、「パンク」はタイヤを履いているかぎり宿命であり、あって当然のものとして受け止められてきた。自動車にはタイヤのパンクに備えて「スペアタイヤ」というものが常備されているのが当たり前であった。しかしながら普段使用されることのない「スペアタイヤ」をいつも車に積んでいなければならないことを疑問に思った読者はいないだろうか。スペアタイヤを積むスペースや重さを無駄と感じたことはないだろうか。一方、高速道路でパンクした時のことを想像して欲しい。ビュンビュン自動車が通り過ぎる傍らでタイ

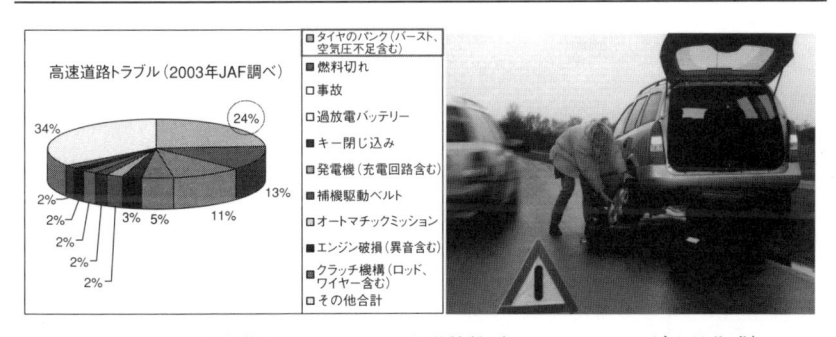

図 7-1-1　高速道路における JAF 出動件数（JAF ホームページより作成）

ヤ交換するのは危険極まりない。

これらの問題を回避するために、パンクしたときでもタイヤの基本性能のひとつである「荷重支持」を一定の距離の間維持して走ることができるタイヤが開発されてきている。これが「ランフラットタイヤ」である。

パンクしてもしばらくは走れるという発想は過去より幾つかあった。タイヤの内面を覆った柔らかいシール剤が小さい釘穴位なら自然に塞いでしまう機能を持った「シーラントタイヤ」や、シール剤をパンクした後にバルブから注入する「瞬間補修剤」というものが有名であった。ただしこれらには充分なパンクの補修機能が無く、スペアタイヤを不要にすることができるような商品とはならなかった。しかしながら、現在のいわゆる「ランフラットタイヤ」はパンク時でも充分な走行性能を持ち、スペアタイヤを不要にすることができる性能を持つに到った。また市場からのスペアタイヤレスの要求も大きくなっていることから「ランフラットタイヤ」は本格的にタイヤの潮流を変化させる可能性を持っていると考えられる。

7.1.2 ランフラットタイヤの歴史

いわゆる「ランフラットタイヤ」が一般化したのは、ここ4〜5年のことである。特に欧州の自動車メーカーがランフラットタイヤを標準装着し始めてから急速に一般化した。しかしながら実は「ランフラットタイヤ」は、既に20年以上の歴史を持っているのである。初期は1980年代に開発されたもので、身体障害者のためにパンクしてもタイヤ交換する必要がないように開発された。更に1985年以降、ポルシェ959やキャラウェイコルベットといったスーパーカーの一部がトランクスペースをセーブするために採用した。また自衛隊等の特殊車輌がパンクしても走れるようにランフラットタイヤが開発されたのは1990年代に入ってからである。1998年になると北米市場において、危険地域でのタイヤ交換が不要になるというコンセプトを謳って、補修市場で比較的汎用なサイズが販売された。しかしながら特殊車輌用やスーパーカー用はともかく、1998年からの北米市場での販売においても、ランフラットタイヤは大きな市場とはならなかった。これが2000年のBMW Z8への装着を機にBMWをはじめとするヨーロッパの自動車メーカーが積極

PHASE−I (1980〜)	PHASE−II (1985〜)	PHASE−III (1990〜)	PHASE−IV (1995〜)
特殊用途	スーパーカー用 超扁平タイヤ	回転中子	高扁平タイヤ (60シリーズ)
身体障害者用車輌	PORSCHE 959 CALLAWAY CORVETTE	高機動車輌 VIPリムジン	'98/8 USAにて販売
サイド補強タイプ	サイド補強タイプ	中子タイプ	サイド補強タイプ
・タップセンサー ・特殊リム （デルタハンプ）	・直接式内圧警報機 ・特殊リム （ウェッジハンプ、 デンロック）		・直接式内圧警報機 ・汎用リム ・北米3サイズ販売

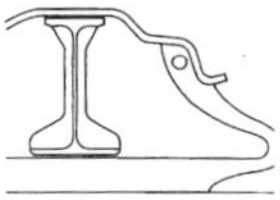

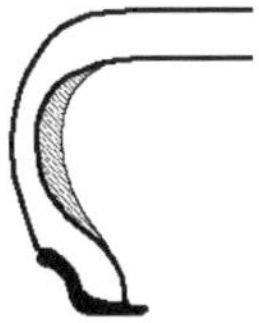

図7-1-2 ブリヂストンにおけるランフラットタイヤの歴史

的にランフラットタイヤを装着し始めたことで急速に市場が拡大したのである。ブリヂストンにおいても2002年には僅か20万本程度の出荷であったが、2005年には170万本を超える出荷となる程市場は急拡大している。

7.1.3 ランフラットタイヤの種類と特徴

　現代のランフラットタイヤは、その方式により大きく2種類に分類することができる。1つはパンクした時に、タイヤ内部側面のゴムで支える「サイド補強式」ランフラットタイヤ（Self Support Run-flat Tire（SSR））であり、もう1つはタイヤ内部のホイールに固定した「中子」と呼ばれる剛体でパンク時に車輌を支える「中子」式ランフラットタイヤである。

（1）サイド補強式ランフラットタイヤ

　サイド補強式ランフラットタイヤではタイヤの内面にある6〜12 mm程度の厚さの「サイド補強ゴム」がパンク時に車輌を支える。リムはずれを起こさないようにするために広幅のビードが使用されるとはいうものの、基本となる構造は従来のタイヤと同じであり、一般のホイールに組み付けることができるというのが大きな利点である。パンクしても一定の速度で一定の距離

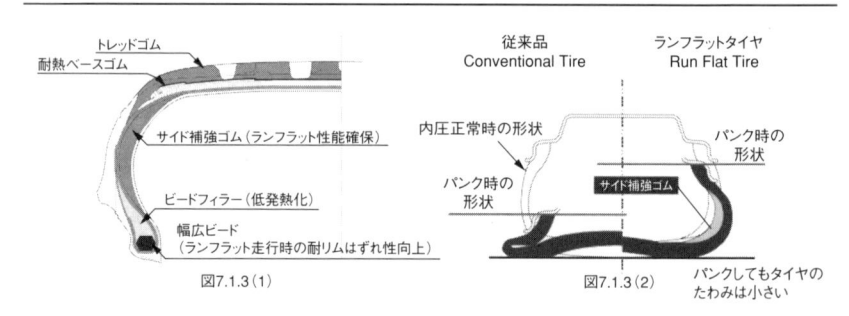

図7-1-3　サイド補強式ランフラットタイヤ
※カラーの図は口絵参照

を走ることができ、近くの修理工場やタイヤショップまで全く安全に走ることができる。そしてパンクしたタイヤのみ交換すればよい。当然スペアタイヤは不要となるので、タイヤ5本分の重量が4本で済むことにもなる。

　しかし、一方でサイド補強式ランフラットタイヤは、その補強ゴムが通常の走行時は車の乗り心地を硬くする原因となってしまう。基本的にサイド補強ゴムの厚さで、パンクしながら走れる距離は決まってくるので、パンクした後の耐久性（ランフラット耐久性と言う）を向上させようとすると、一方

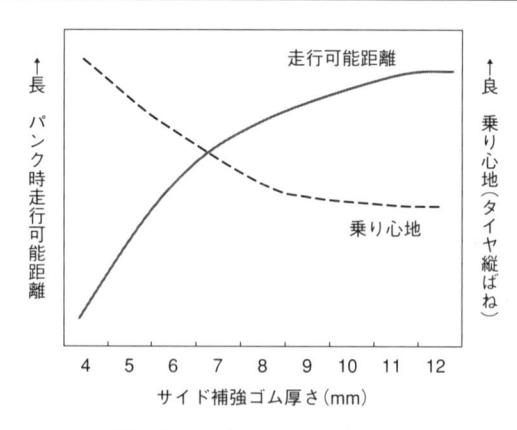

図7-1-4　サイド補強式ランフラットタイヤ　パンク時走行可能距離と乗り心地の背反（イメージ図）

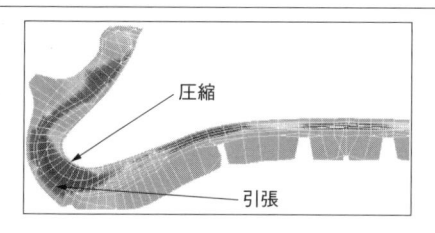

図7-1-5 FEAによるランフラットタイヤの歪予測
※カラーの図は口絵参照

で乗り心地の悪化をもたらす。このランフラット耐久性と乗り心地の背反性能を両立させることが、今後のサイド補強式ランフラットタイヤの最も大きな課題である。

サイド補強式ランフラットタイヤのランフラット性能は、パンク時のたわみによる発熱でタイヤが使用限度を超えることで決まる。発熱が少ない補強ゴムやタイヤ構造を開発し、同時に部材の配置をFEA等を用いることにより最適化する、などの技術的なアプローチによりランフラット耐久性能と乗り心地性能との両立は急速に進歩してきた。また車輌のダンパー等サスペンションの設計段階からサイド補強式ランフラットタイヤを考慮に入れて設計することによっても、かなり乗り心地を良化させることができるとされている。

（2） 中子式ランフラットタイヤ

現在の中子式ランフラットタイヤシステムにはミシュラン社が開発し、特殊ホイールを使用し、タイヤも特殊なタイヤである「PAXシステム」と、コンチネンタル社が開発した通常のタイヤとホイールを使用する「サポートリング」システムがある。

中子式のランフラットタイヤは、サイド補強式のランフラットタイヤに比べ、より大きな荷重を支え易いという利点を持つが、一方では中

図7-1-6 PAXシステム

図7-1-7 サポートリング

子を挿入する手間とリム組みの手間からくる市場でのインフラ整備の必要性、中子による重量増加、という課題も持っている。「PAXシステム」と「サポートリング」システムの両者とも、中子の材質の変更による重量軽減や、リム組機メーカーによるリム組機改良を推進しているが、いずれにせよ「タイヤシステム」を構成する部品が1つ増えることになる。SUVなどの重車輌に主に使用されるようになり、サイド補強式ランフラットタイヤと棲み分けることになるかもしれない。

7.1.4 ランフラットタイヤの今後

　ランフラットタイヤは既に述べたように、特に欧州の自動車メーカーをはじめとして、そのシェアをどんどん伸ばしている。今後は更に北米や日本市場も追随して、欧州同様に急速に市場規模を拡大することが予想される。これは前述のように危険な場所でのタイヤ交換が不要になるという利点は当然として、それ以上にスペアタイヤを不要にすることによる車輌設計の自由度向上や軽量化が自動車メーカーの大きなメリットとなることから、自動車メーカーからの要求が両市場でも大きくなると考えられるからである。更に、スペアタイヤを無くすことによる廃棄物減少の環境への貢献も今後ますます訴求されるであろう。

現在ではサイド補強式のランフラットタイヤが乗り心地の改善や大型車輛への展開という技術的な課題を持ちながらもランフラット市場の多くを占めており、中子式のランフラットタイヤシステムは一部の車輛に限られているのが現状である。今後これらサイド補強式及び中子式ともに技術が進歩して行きこの構成は変化するかもしれないが、一方では全く別の形でランフラット性能を確保する技術が現れるかもしれず、ランフラットタイヤ技術は更なる革命的な技術が出る可能性を持っていると言えよう。

7.2 超偏平シングルタイヤ「GREATEC（グレイテック）」及び安全装置「AIRCEPT（エアーセプト）」

図7-2-1 GREATEC 及び AIRCEPT

7.2.1 シングル化動向

今日、環境や安全性に対する法制化、また輸送効率の向上が世界各国で進められており、このような動向に対応できるタイヤとして、超偏平シングルタイヤが開発されている。

トラック・バスの後輪を複輪から単輪化（シングル化）することによるメリットとしては

- 「転がり抵抗」の低減
  排気ガス排出量の低減、燃料消費量低減への貢献
- 「タイヤ横幅」の低減
  車輌スペースの設計自由度向上、省スペース化によりバスの通路幅の確保
- 「タイヤ総重量」の低減
  積載重量アップが可能、廃タイヤ量の削減

が挙げられる（**表7-2-1**）。

表7-2-1　シングルタイヤの特徴

	市内バス用	トラック用（＊）
従来複輪タイヤ	275/70 R 22.5	315/70 R 22.5
超偏平シングルタイヤ GREATEC	435/45 R 22.5 (外径 964 mm)	495/45 R 22.5 (外径 1035 mm)
転がり抵抗低減	10% 以上	12% 以上
重量低減量（リム付）	50 kg	45 kg
廃材ゴム量低減	20%	25%
タイヤ横幅低減	145 mm	175 mm

（＊）495/45 R 22.5 は AIRCEPT 組み込み時のデータ

7.2.2　超偏平シングルタイヤ「GREATEC」

（1）シングル化のメリット

大型トラック・バスの2本の複輪タイヤを1本にすることができれば、タイヤとリムのトータルセット重量が軽くなり、車輌の燃費向上、積載量のアップに貢献できる。

また、廃材ゴム量も減り、環境にやさしいタイヤであると同時に、トータルのタイヤ幅も狭くでき省スペースとなり、バスでは後部通路が広くなるなどのメリットが得られる。

複輪タイヤの単輪化（シングル化）のためには、タイヤを偏平比50%以下の超偏平形状にする必要があり、ベルトやビードに従来のトラック・バス用タイヤに比べ大幅な耐久性の向上が必要となる。このため、超偏平タイヤGREATECでは「ウェーブドベルト構造」と「ワインドビード」と呼ばれる

7.2 超偏平シングルタイヤ「GREATEC」及び安全装置「AIRCEPT」　*343*

新しい技術が適用されている。

(2) ベルト耐久性〜ウェーブドベルト構造〜

　タイヤは内圧を充填すると、自然平衡形状になろうとする。ラジアルタイヤではベルトの箍（たが）をはめることにより強制的に形状をコントロールしている。超偏平形状では形状維持のため、ベルトには非常に高い張力（負荷）が掛かることからベルトの耐久力を向上させることが課題となる。この張力を負担するためには、タイヤ周方向にコードを巻きつけた構造が適しているが、接地時に圧縮を受けるため充分な耐久性を得る技術が必要となった。

　この課題を解決するために、コードを波状に癖付けし、タイヤ周方向に巻き付けた「新ウェーブド」ベルト構造を適用した（図7-2-2）。

　この結果、内圧充填時のタイヤ成長量を劇的に減少させることが可能となり、且つベルト端部に発生する歪を大幅に減少させ、ベルト耐久力を飛躍的に向上させることが可能となった（図7-2-3）。

(3) ビード耐久〜ワインドビード構造〜

　超偏平シングルタイヤでは、タイヤ2本で受け持っていた荷重とトルクを

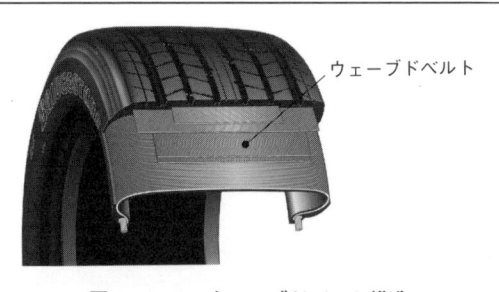

図7-2-2　ウェーブドベルト構造

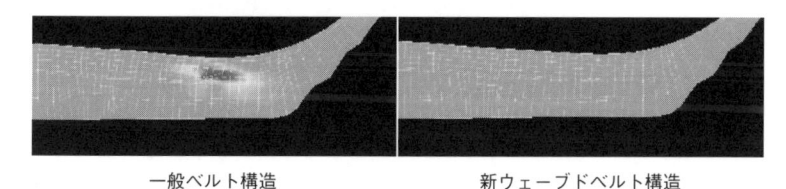

図7-2-3　通常ベルト構造と新ウェーブドベルト構造の歪分布比較（FEA、荷重時）
　　　　　　※カラーの図は口絵参照

1本のタイヤで受け持つことになる。通常のタイヤのビード部は、スチール製のタイヤプライコードが、ビードコアで折り返されている。しかし、この構造のままでタイヤを超偏平化すると、走行中に起きる歪が非常に大きくなるため新たな構造の開発が必要となった。

GREATECではワインド（巻きつける）という名の通り、ビードコアにプライコードを巻きつけることに成功し、この課題を解決した（図7-2-4、図7-2-5）。

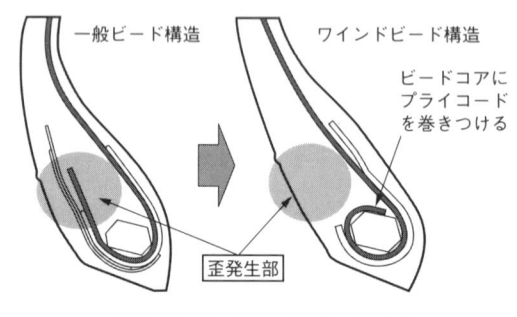

図7-2-4　ワインドビード構造

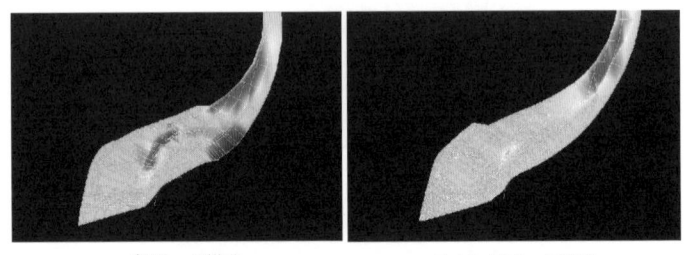

図7-2-5　通常ビード構造とワインドビード構造の歪分布比較
※カラーの図は口絵参照

多くのメリットを有するシングルタイヤであるが、2本が1本になったことにより不測のタイヤ故障時の安全性をどのように確保するかという課題があった。安全性の確保として何らかの要因でタイヤ内の空気が急激に低下すると、瞬時に膨らみ、タイヤ内の急激な内圧低下を抑え車輌を安全に停止さ

7.2 超偏平シングルタイヤ「GREATEC」及び安全装置「AIRCEPT」

せる安全装置『AIRCEPT』を組み合わせ使用することで、この課題を解決している。

7.2.3 安全装置「AIRCEPT」

[AIRCEPT は Assistant Inner Ring Interceptor からの造語]

(1) タイヤ損傷とエアー流出速度

タイヤが受ける損傷の程度とタイヤ空気圧低下の速度を、表7-2-2に示す。

表7-2-2 タイヤ損傷とエアー流出速度

エアー洩れのタイプ	釘・ボルト踏み	大きな異物刺さり	サイド外傷(カット)
	異物の直径≒φ8mm	異物の大きさ≒60×10 mm	
エアー流出の速度	<刺さった状態> ⇒約10日 <抜けた状態> ⇒約100分	<刺さった状態> ⇒約10分 <抜けた状態> ⇒約50秒	約2秒
安全確保の対応	内圧警報器で感知可能。安全な場所まで移動可能。	内圧警報器で感知し、安全停止は可能。	タイヤがリムから離脱し車輛コントロール不能となる可能性有り。*
	内圧警報器	内圧警報器 安全装置————望ましい	内圧警報器 安全装置————必要*

*後1軸形式の車輛の場合

通常の釘踏み等のダメージでは、釘がタイヤに刺さっている間はほとんど空気が抜けず、釘が抜けた場合でも圧力低下は非常に緩やかであるため、異常を空気圧警報装置で検知することができる。

タイヤのダメージで、最も危険なものは、サイドカットのような損傷であり、1～2秒でタイヤの空気が完全に抜け、シングルドライブタイヤがこのような損傷を受けた場合、車はコントロールを失う可能性がある。

安全装置「AIRCEPT」は空気圧警報装置（TPMS）と組み合わせることにより、このような状況下で、タイヤの内圧を保ち安全に車輌を停止させることを目的として設計された。

（2）安全装置コンセプト

トラック・バス用安全装置に求められる性能は、
・急激なエアー流出時にも大きな荷重を支えられる
・通常時にはタイヤの性能に影響を及ぼさない
・通常形状のリムが使える（通常のリム組み機が使える）
・軽量であること（シングル化のメリットを奪わない）

である。

安全タイヤの概念は過去から様々な種類が考案され、幾つかのものは実用化されており、例としては乗用車用タイヤのサイド補強方式のSSR(Self Support Run-flat Tire)などがある。しかし、トラック・バス用ラジアルタイヤと乗用車用ラジアルタイヤで支える荷重は、一例として 225/50 R 16 92 V では 630 Kg だが、トラック・バス用ラジアルタイヤ GREATEC 495/45 R 22.5 の場合、5800 Kg という非常に大きな荷重を支えている。補強ゴムのみではこの荷重に耐えることができないためサイド補強式は適用することができない。また中子式でも中子自体の強度、重量の問題及びたわみが大きすぎることによる動荷重半径の減少の問題があり採用は困難である。

これらの点から、トラック・バス用ラジアルタイヤ用の安全装置としてはタイヤを2重構造として、タイヤがダメージを受けた場合には内側のタイヤが拡張して荷重を支える構造が適切である。

安全装置の配置位置については、安全装置がタイヤの内面に接触している構造では転がり抵抗や発熱耐久等のタイヤの性能に大きな影響を与える。また、タイヤが異物によるダメージを受けた場合に一緒にダメージを受ける可能性があるため、AIRCEPTではタイヤの内側に、タイヤがたわんだ場合にも接触しない位置に配置している（図7-2-6）。

この方式では、通常のタイヤ転動時の遠心力に耐え得ること、タイヤの変形による熱、歪によっても形状を維持することが求められる。これに加え、急激な内圧低下時には均一に破断することなく拡張し、タイヤにかかる荷重

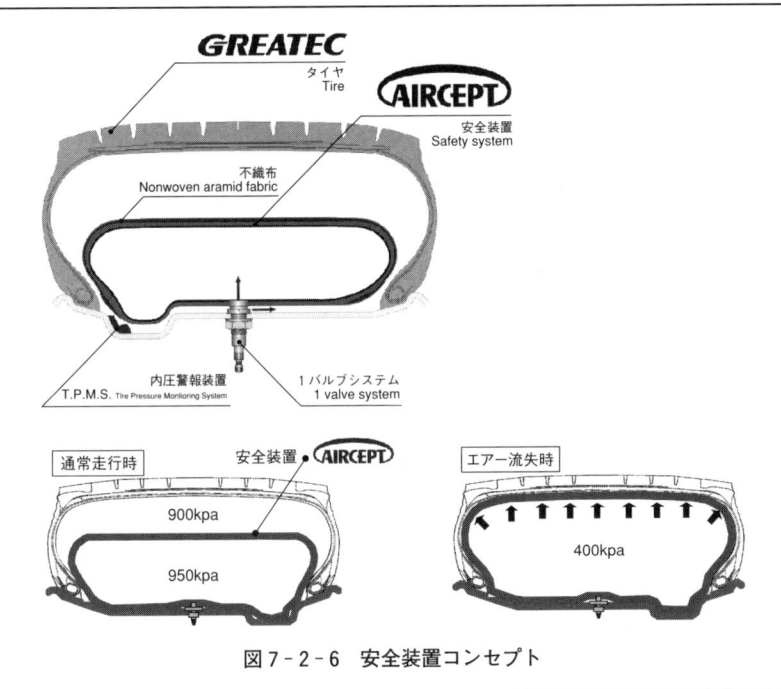

7.2 超偏平シングルタイヤ「GREATEC」及び安全装置「AIRCEPT」

図7-2-6 安全装置コンセプト

を支える必要がある。形状維持と伸張という背反する特性が必要である。

この特性を得るため、新規の材料として、不織布とゴムの複合体を開発し適用した。この材料の特性は、低歪域では、繊維が強固に絡まり弾性体の挙動を示し、ある一定の歪に達すると絡まっていた繊維が引き抜け始め降伏点挙動を示し、この後ゴムのような特性を示す材料である（図7-2-7）。

超偏平形状の維持と急激な圧力低下時に瞬時に破断することなく拡張という、相反する特性を得、作動後の走行耐久性も確保することができた。

図7-2-8にCTスキャン撮影によるAIRCEPTが作動する様子を示す。

7.2.4 トラック・バス用シングルタイヤの今後

トラック・バス用シングルタイヤについて従来の複輪よりタイヤ重量、転がり抵抗を大幅に低減することが可能であり、環境への対応や輸送効率の改善に期待できることから、今後採用する車輌が増加するであろうと考えられる。

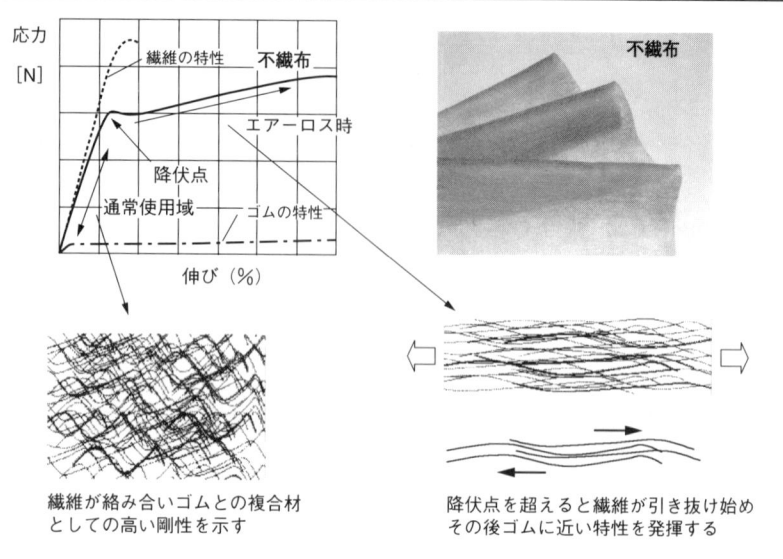

図7-2-7 不織布の特性

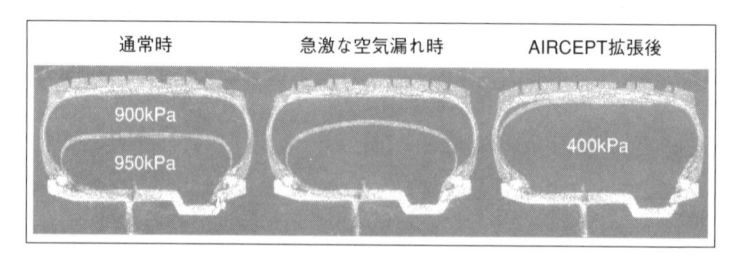

図7-2-8 AIRCEPT作動の様子（CTスキャン）

7.3 ITタイヤ（Intelligent Tire）

7.3.1 はじめに

　タイヤは黒く丸くてゴムでできているのは知っているが、実は性能の違いについてはよく分からないというのが過去からの一般通念であろう。タイヤ

7.3 ITタイヤ (Intelligent Tire)

はまずゴムを中心とした化学製品であるとともに、空気を封入した風船のようなものであり使用条件で性能が大きく変わることが、その大きい理由であろう。またタイヤはあくまでも路面からまたは車輌からの入力を忠実に伝えることが求められている"黒子"であるから、あまり今まで気にされていなかったというのも真実であろう。一方で世の中にこれほど多くの電子機器が存在し、すべてがデジタル制御により急速に進歩してきている現在、タイヤだけが感性とアナログの世界に取り残されている感は大きい。

また、タイヤは一度生産されてしまったら性能は変えられない、性能をコントロールできない、という性格をもっており、タイヤの価値は、最初の設計や製造段階で決まってしまうとも考えられてきた。つまりタイヤはずっとその付加価値を生まれながらの性能の向上だけで高めてきたのである。

ようやくここ数年遅ればせながらも、タイヤを情報の供給元や情報のセンサーとして使用して、機能を高めたり、付加価値を高めたり、という試みが加速し始めている。最近これらを称して「インテリジェントタイヤ（ITタイヤ）」と呼び始めている。この節ではRFID (Radio Frequency Identification) やTPMS (Tire Pressure Monitoring Sensor) をはじめとした現状の「インテリジェントタイヤ」の解説に加え、今後予想されるインテリジェントタイヤの可能性を紹介したい。

インテリジェント化には①タイヤや車輌の初期情報をタイヤに組み込む、②タイヤが内圧や温度などの情報を時々刻々取得して車輌にフィードバックする、③タイヤが路面や車輌の状況をセンシングして車輌にフィードバックする、④タイヤ自身の性能を変化させる、という発展段階があると考えられる。現在はタイヤや車輌の情報を組み込んでおき（RFID）、タイヤ内圧や温度など変化する情報を取得し車輌へフィードバックする（TPMS）という段階の技術が商品化されつつあるところと言えよう。路面や車輌の状況をタイヤで捉えてフィードバックすることも今後4〜5年の間に急速に発展して行くと思われる。一方タイヤ自身の性能を任意に変化させることは未だ当分時間が掛かる技術であろう。

7.3.2 RFID (Radio Frequency Identification)

　RFID自体は既に読者の多くに馴染み深い製品であろう。JRの「スイカ」や一部の車輌のキーに使われている「イモビライザー」もRFIDである。定義とし

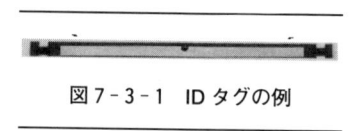

図7-3-1　IDタグの例

てはリーダーライター（アンテナ＋コントローラー）と、情報を電子回路に記憶可能なIDタグとで構成され、無線通信によりデータ交信することができる自動認識技術を言う。タイヤにはすでに旧来のバーコードシステムは取り入れられているが、RFIDの場合タグ自体が情報を持っているので、バーコードのようにデータとの照合を行う必要はない。

　近年、タイヤにおいてもこのRFIDの導入が検討されている。タイヤの場合にはその製造時にあらかじめIDタグを埋め込んでタイヤを製造することになる。このIDタグにはタイヤの製造情報のほかに、コーナリングパワーやコーナリングフォース更にはばね定数などのタイヤ特性情報を組み込むことが考えられる。利用方法としては、装着されているタイヤ性能を車輌側に知らせることで、タイヤ交換した後の車輌制御の変更が自動的にできるようになったり、冬場の道路検問等で的確なスタッドレスを履いているかどうか、外部受信機をかざすだけで判断できたりする。以上の機能は書き込みができないIDタグでも可能であるが、発展型としては、後から書き込みが可能なタイプのIDタグの利用が考えられる。この場合はタイヤの摩耗に応じて特性情報を書き換えたり、摩耗状況を読み込ませたりしてドライバーに注意を喚起するといった利用方法も考えられる。

7.3.3　TPMS(Tire Pressure Monitoring Sensor；内圧警報装置)

　文字通りこれはタイヤの内圧をモニターして車輌に知らせる機能を持った装置である。同時にタイヤの内部温度をモニターすることもできる。
　タイヤの空気圧不足は転がり抵抗の増加による燃費の悪化やタイヤの異常摩耗や故障などに繋がり経済損失を招くほか、特に高速走行においてはドライバーや乗客の安全が脅かされる。またタイヤの故障は、時間の損失や故障

7.3 ITタイヤ (Intelligent Tire)

にかかわる諸費用の損失をも招く。つまりユーザーの立場からすれば、TPMSの装着によるタイヤ空気圧の確保は①走行の安全性の確保、②経済性の確保、③ロスタイムの予防、の3つの目的があると考えられる。

またランフラットタイヤにはTPMSの装着が義務付けられており、ランフラットタイヤ市場の拡大に伴い、その需要は急速に増えてきている。米国におけるTPMSの装着の義務化（トレッド法という法律）も決定され、新車への装着が順次義務化されることになっている。以上より今後は急速にTPMSの需要が増えると考えられる。

TPMSとして今まで多かったものは、車輛のABSシステムを応用して左右輪の輪速の差からタイヤ内圧の低下をタイヤ周長の変化として捉える、「間接式TPMS」であった。しかしながら、精度の点から最近はセンサーで直接内圧を測定する「直接式TPMS」が増えてきた。インテリジェントタイヤにおけるTPMSは、この「直接式TPMS」の一種である。

現在の直接式TPMSはホイールのバルブにつけられたものである。

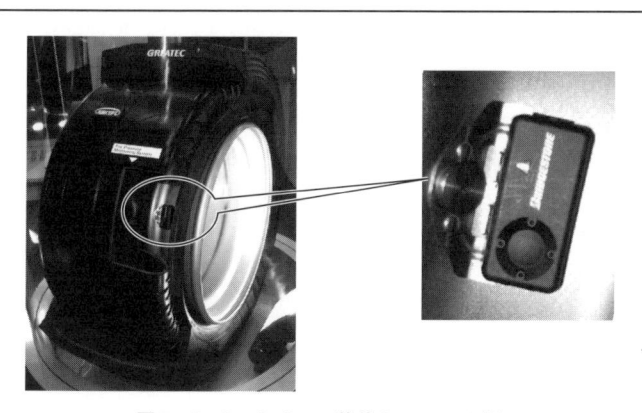

図7-3-2　ホイール装着のTPMSの例

ホイール装着のTPMSの欠点のひとつとしては、ブレーキ温度からの影響が大きいことが挙げられている。その点の改良としてタイヤ内面に直接装着されるタイプのTPMSが幾つか開発され始めている。TPMSをタイヤ内面に装着する場合に問題となるのは、①TPMSをいかにタイヤに接着するか、

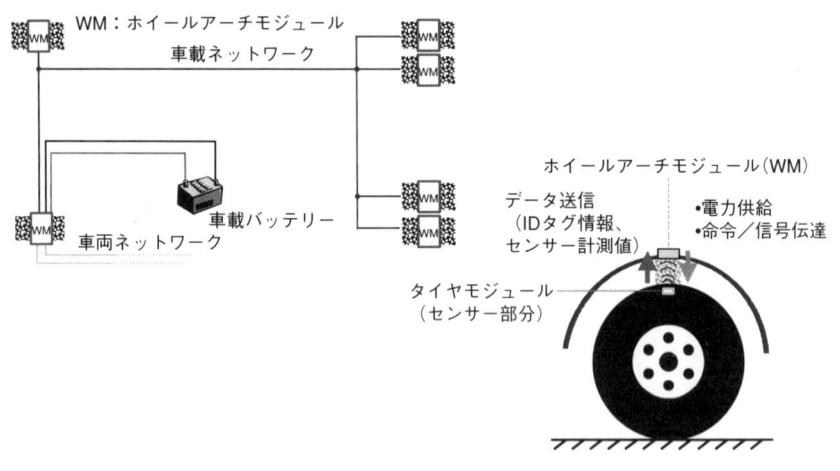

図7-3-3　商用車用先進タイヤ内圧警報システム

②TPMSの耐久性、③TPMSの通信性の確保、④TPMSへのエネルギー供給である。先ずTPMSのタイヤへの接着と耐久性であるが、タイヤが廃棄されるときまできちんと壊れずに接着されていなければならない。タイヤ内部は高温から低温まで幅広い環境条件にさらされるし、使用条件によりタイヤは大きく歪む。この環境条件下で接着耐久性、TPMSの耐久性を確保する必要がある。次に通信性の確保であるが、タイヤ内部から電波を車輌側の受信機に飛ばす必要がある。多くのタイヤはベルトにスチールを使用しており、これが大きな通信阻害要因になる場合がある。またTPMSへの電源供給も問題である。一度タイヤへ装着されたら電池交換はほぼできないと考えるべきであろう。従って、タイヤ使用期間を通じて電池がもつか、バッテリーレスである必要がある。また電池使用の場合は、タイヤ使用後の廃棄の問題も今後重要な要素になってくるであろう。

7.3.4　路面情報・車輌状況のセンシング

　これこそが今後の「インテリジェントタイヤ」の目標と言えるのではないだろうか。現在の自動車では車輌の自動制御が非常に一般化されてきており、安全に大きな貢献をしている。その制御には車輌状態のセンシングが大きな

要素を占めるが、現状では車輌に積んだGセンサーやヨーレートセンサー、車高センサー、スリップセンサー等の情報により制御にフィードバックを掛けている。もしタイヤをこれら情報のセンシングに使用できたら、路面の状況を直接測ることもでき、車輌に積み込んだセンサーで測るより高い精度と素早いレスポンスの制御ができる可能性がある。

現状で考えられている方法としては、例えば独コンチネンタル社はサイドウォールを磁気化し、磁力の変化を測定することで、サイドウォールの歪を直接捕らえ、タイヤに加わっている横Gや前後Gを推定し、このデータを車輌制御に使用することを提唱している。一方タイヤの踏面に歪センサーを埋め込み、その歪の変化で荷重やμ、路面状況を判断する技術も提唱されている。センサーの小型化や電源供給、センシングのロジックやコスト、が課題であるが、すでに幾つかの提案が始まっており、今後数年のうちに実用化されると考えられる。

7.4 『環境』に関するタイヤの技術革新

7.4.1 はじめに

タイヤの転がり抵抗は主に走行中のタイヤの変形による発熱が原因であり、構造設計と材料設計の両面から発熱を抑制する研究が行なわれている。材料設計面からのアプローチのひとつとしてゴム材料の中にあるナノスケールの充填剤同士の摩擦による発熱を低減するための研究を通して新たな充填剤が開発されてきている。また構造面では、特にタイヤの輪郭形状を変えることで、転がり抵抗を低減する技術が開発されている。

7.4.2 低転がり抵抗用タイヤ輪郭形状

タイヤの輪郭形状は、内圧を充填した時にカーカスコードに生じるコード張力が一定となる自然平衡形状理論[2]を基準にした設計が長く行われていたが、1984年に発表されたRCOT理論（Rolling Contour Optimization Theory）[3]や1987年に発表されたTCOT理論（Tension Control Optimization Theory)[4]を発端に、転がり抵抗低減等、種々の性能改良のための輪郭形状が提案されている。また構造解析に広く用いられている有限要素法と最適化手法を組み合わせて転がり抵抗低減のための輪郭形状を求める技術も開発されている[5]。更に最近では荷重時のタイヤの変形方向を変え、偏心変形を大きくすることでトレッド部の変形量を小さくしてエネルギー損失を抑制する新たなタイヤ形状の設計技術[6]（**図7-4-6**）も提案されている。

　タイヤの転がり抵抗が燃費に及ぼす影響は、一般市街地走行の場合に約1割、定常走行の場合は1/4程度の寄与があると言われている（4.8.1項参照）。

　タイヤの転がり抵抗には、①タイヤが転動する際の変形で発生するヒステリシスロスによる損失エネルギー、②タイヤと路面の摩擦、③タイヤの空気抵抗、の三つの発生要因が挙げられる[1]。転がり抵抗の大部分は上述の①であり、エネルギーバランスで考えると、変形のロスは熱エネルギーとしてタイヤの温度を上昇させ、その分だけ運動エネルギーを消費されることになり、結果として転がり抵抗となる。

　有限要素法によるタイヤの部位別のロス発生率を（タイヤサイズ；235/

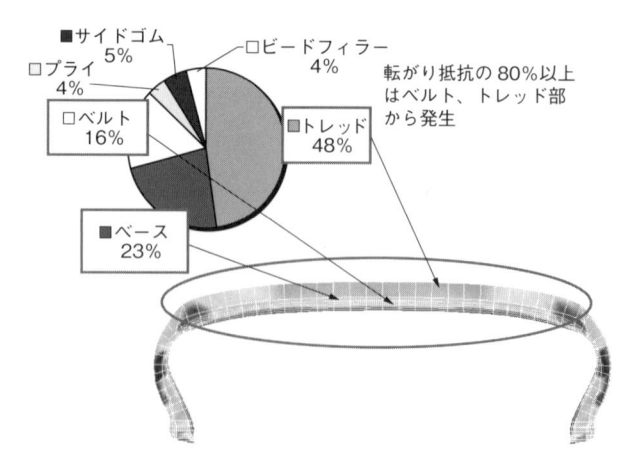

図7-4-1　部材別の歪エネルギーロス発生率の割合（タイヤサイズ；235/35 R 19）
　　　　※カラーの図は口絵参照

7.4 『環境』に関するタイヤの技術革新

35R19) 図7-4-1に示す[6]。そこに示すように、トレッドゴムの寄与率は48％、ベースゴムは23％、ベルト周りのゴムは16％となる。合計すると約90％をクラウン領域（トレッド～ベルト）が占めており、中でもクラウン領域のゴム（トレッド＋ベース）で7割以上占めているのが分かる。そのため、このクラウン領域のゴムのロスを低減させると、転がり抵抗低減を大きく低減できることになる。

ここで、タイヤの輪郭形状でクラウン部のロスを低減させるには、偏心変形を増加させることがポイントである。ここでタイヤの変形について簡単に述べる。タイヤが荷重を受けた時の変形は大まかに、2つの変形に分けることができる。図7-4-2に示すように[4]、トレッドリング（クラウン領域のこと）が円形を保ったまま垂直方向に変位する1次モード（図7-4-2(2)）と横方向につぶれて変形する2次モードに分けられる（図7-4-2(3)）。前者がいわゆる偏心変形である。これら以外にも、三角形のおむすび型のような変形モードの3次モード、四角形の角を丸めたような変形モー

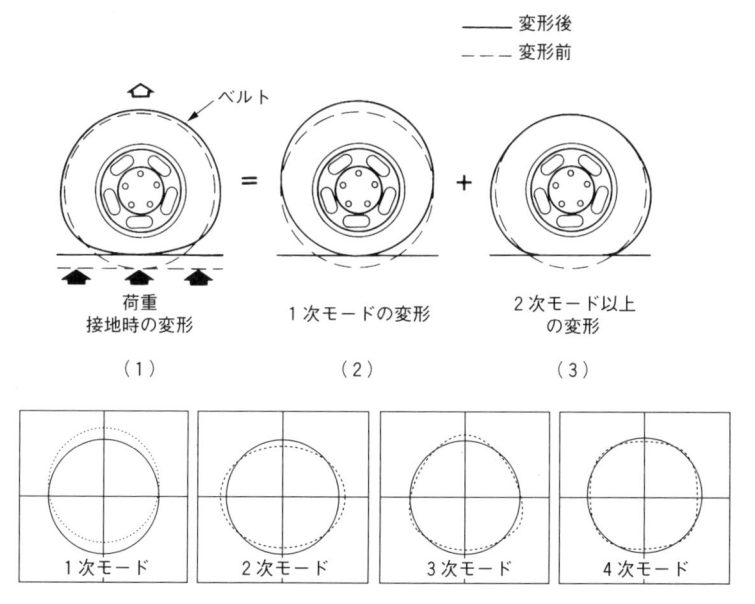

図7-4-2 (1)、(2)、(3)、(4) 偏心変形の模式図

ドの4次モード、のように高次モードも当然存在する。参考までに、トレッドリングの周長が変化しない、つまり不伸長仮定での、1次から4次までの変形モードを図7-4-2(4)に示す。実線が荷重負荷前のトレッドリング形状で、点線が負荷後の各モードの変形様式である。各モードの変形様式を表す式は複雑なのでここでは割愛する。尚、変形の多くは1次及び2次モードで特徴づけられる。

1次モードと2次モードの割合は、1次モードの方が大きく、そのため、反荷重直下のトレッドリングは半径方向外側に変位する（図7-4-3)。また、トレッドリングの荷重直下から反直下に到る周方向曲率変化を図7-4-4に

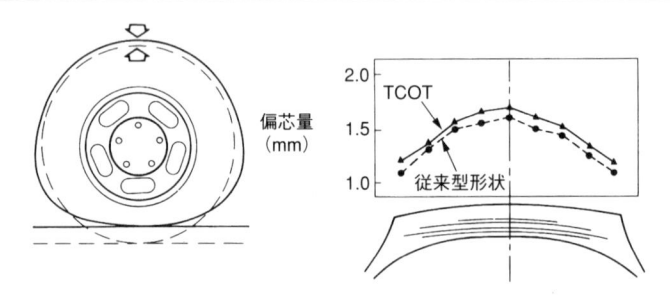

図7-4-3 荷重反直下でのクラウン部の幅方向偏芯量分布

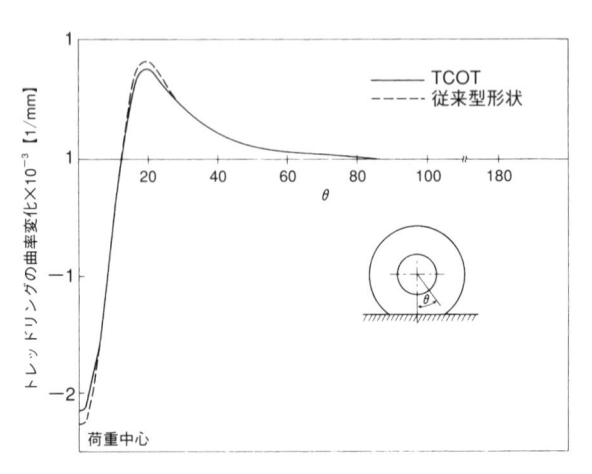

図7-4-4 トレッドリングのタイヤ周方向曲率変化分布

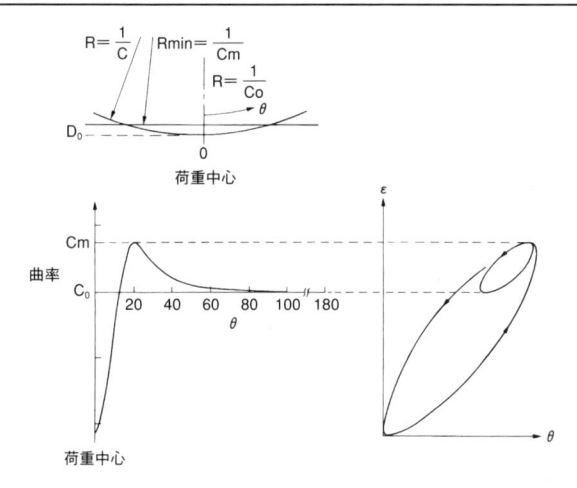

図7-4-5 周方向曲率変化と歪エネルギーロスの関係

示すが、踏み込み、蹴り出し部において、正の曲率変化が最も大きくなることが分かる。これは接地端の外側領域での変形は、上述の2次モードや三角形の3次モードの寄与が大きくなるためである。

接地前の周方向曲率をC_0、踏み込み、蹴り出し時の曲率をC_m(タイヤ周上で最大の周方向曲率)とするとクラウン領域での歪エネルギーロスは

$$エネルギーロス \propto V \cdot E \tan\delta \left[C_m^2 + (C_m - C_0)^2 \right]$$

で表現される(**図7-4-5**)。ここで、Vはトレッドやベースゴムのボリューム、Eはトレッドやベースゴムのヤング率、$\tan\delta$はゴムのヒステリシスロスを表す。上式から分かるように、ゴムの$\tan\delta$を変えずに(摩耗性能を犠牲にせずに)、エネルギーロスを下げるには、最大周方向曲率C_mを小さくすれば良いことが分かる。またトレッドの厚さに代表されるボリュームの項がリニアに効くのは言うまでもなく、特にショルダー部のボリュームの寄与が大きい。

最大周方向曲率C_mを下げるには、タイヤ変形の中で1次モード(偏心変形)の割合を高める(踏み込み時・蹴り出し時でのトレッドリングの曲げ変形を小さくする)ことであり、次に述べる2つの方法がある。1つめはベルトの総張力をアップし、トレッドリングの張力剛性を高めること、2つめは、

輪郭形状を大きく変えて、タイヤの縦ばね（上下方向のばね定数）を下げる、ことである。

前者は、文献[3],[4]に具体的なタイヤ輪郭形状が示されている。トラック・バス用タイヤの場合は、カーカスプライがスチールコードで構成されているため、後者のような大きく輪郭形状を変更させることは難しく、有機繊維コードで構成されている乗用車用タイヤには比較的、適用可能である。

後者の場合は、サイド部のばね定数（縦ばね、前後ばね）を下げているため、タイヤの縦たわみは大きくなるが、タイヤのサイド部がトレッドリングの変形を拘束する力が弱くなるために、2次モード以降の高次モードの割合が減り、1次モードの割合が増えるため、結果として C_m を小さくできる。尚タイヤ輪郭形状で縦ばねを下げるということは、タイヤサイド部の内圧充填時の半径方向張力が小さくなり、反対にベルト張力が大となる傾向にあるので、前者のベルト総張力アップとも繋がる。

この後者の方法を適用したのが、文献[6]に示す輪郭形状である（図7-4-6）。これは、転がり抵抗低減に特化したタイヤ設計技術であり、ブリヂストン・エコロジーフォーカス・タイヤデザイン・テクノロジーとして発表されたものである。図7-4-6右が新形状であるが、サイド部の断面内曲率半径が極端に小さく、ビード部から最大幅にかけてオーバーハングした形状である。このような形状のため、サイドの半径方向張力が小さく、縦ばねは従来形状対比▲33%減、反対に反直下での偏心変形量は従来形状対比、4倍以上アップ（クラウンセンター部、図7-4-7）を達成している。そのため、転がり抵抗は従来形状対比大幅に低減している。

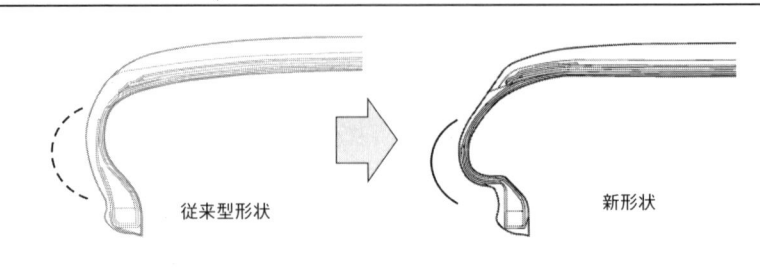

図7-4-6　文献[6]のタイヤ輪郭形状

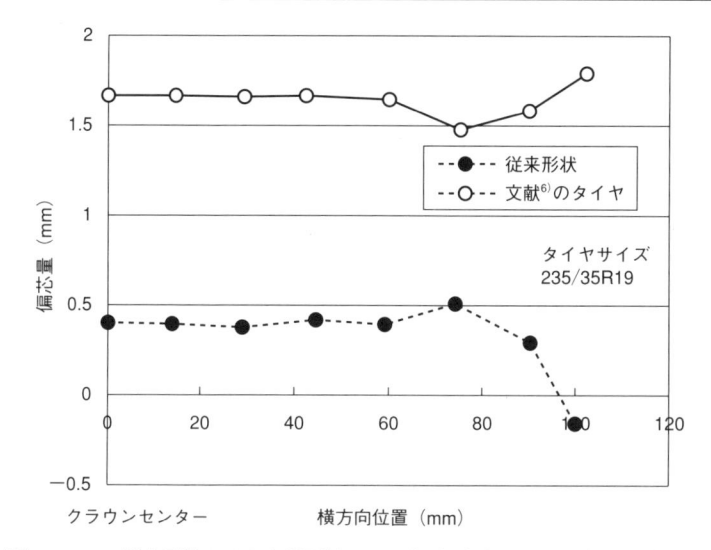

図7-4-7 従来形状タイヤと新形状タイヤ[6]の幅方向偏心量分布比較（実測）

ただしタイヤに要求される性能は、低転がり抵抗のみならず、操縦安定性、乗心地、耐久性等、多岐にわたっており、実用化には各種性能のバランスが必要となる。環境問題の重要性から将来、こうした大幅に転がり抵抗を低減したタイヤが、電気自動車との組み合わせも含めて実用化されていくものと思われる。

7.5　インホイールモーター駆動システム

7.5.1　インホイールモーターシステムの接地特性

タイヤの接地特性を最大限発揮させるために、タイヤ単体だけでなく、タイヤ、ホイール、サスペンションシステムとしての足回りの改良も進められている。現在燃料電池車やハイブリッド車等の電気自動車（EV；Electric Vehicle）の開発が進められているが、将来のEVの駆動システムのひとつとしてインホイールモーター方式が注目を集めている。インホイールモーター方

式は駆動用のモーターをホイール内部に配置するために、ドライブトレーンが無くなり、シャーシの設計自由度が増すとともに、駆動系の振動も無い。また、駆動時の慣性も小さいので、タイヤごとに数 msec 周期の 4 輪独立制御が可能となり、タイヤ性能を最大限に活用して車の運動性能を大幅に向上させることが期待できる。

その一方で、インホイールモーター方式は、モーター車載タイプの EV に比べてばね下質量が大幅に増加するため、タイヤの接地性能が悪化し、タイヤの限界性能が低下する問題がある。悪路を走行すると、ばね下の軽い車載モーター方式に比べて、ばね下の重いインホイールモーター方式は路面変位に対してばね下が大きく振動し、それに伴ってタイヤが大きな変形を繰り返

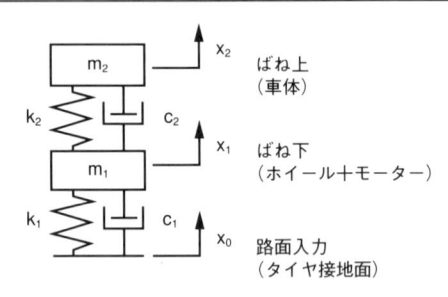

図 7-5-1　2 自由度モデル

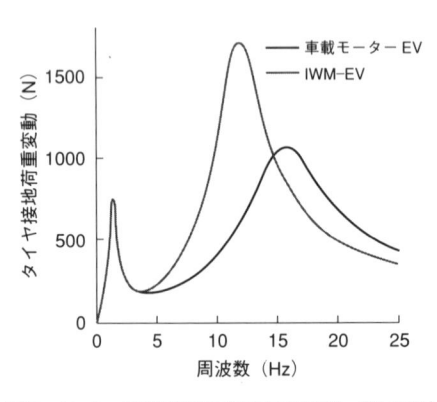

図 7-5-2　悪路走行時接地荷重変動（計算値）

7.5 インホイールモーター駆動システム

すので、接地荷重が変動してタイヤ性能が影響を受ける。

図7-5-1に示す2自由度モデルにてsin波状の不整路を走行した際の、接地荷重変動を計算した結果を図7-5-2に示すが、インホイールモーター方式はばね下質量が大きいため、モーター車載方式に比べてばね下共振の荷重変動が大きくなるという課題がある。

図7-5-3に示すようにタイヤの接地荷重に対し、コーナリングフォースは非線形性があるため、荷重変動の振幅が大きくなる程横力が低下する。また接地荷重変化に対するコーナリングフォースの応答遅れによる動的ロスがあるため、振幅が一定でも変動周波数が高くなるとコーナリングフォースが低下する性質がある。図7-5-4は、荷重変動の周波数と振幅がタイヤのコーナリングフォースに及ぼす影響を計算[1]したものである。このような荷重変動を生じる車輌特性と、荷重変動によって性能が低下するというタイヤ特性が組み合わされると、車輌のばね下共振の荷重変動によって、タイヤのコーナリングフォースが低下する。すなわちインホイールモーター方式はばね下質量が重く、荷重変動が大きいため、コーナリングフォースが低下し接地性が悪化する。

インホイールモーター方式EVの接地性を改良するには、ダンパーの減衰

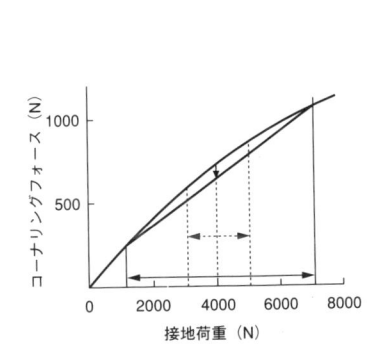

図7-5-3 コーナリングフォースの非線形挙動

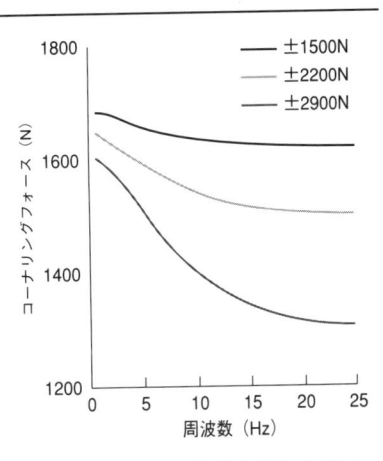

図7-5-4 接地荷重変動によるタイヤ特性変化(計算値)[1]

力の強化、ばね下の軽量化、タイヤ剛性の低減といった手法があるが、荷重変動を低減する一方で、ダンパーの減衰力を強くすると乗心地が悪化し、タイヤ剛性を下げると操縦性が悪化するという新たな問題が生じる。すなわちばね下質量増は車輌性能において非常に不利な要素であり、ばね下とモーターが一体のインホイールモーターの構造自体に問題がある。

7.5.2 ダイナミックダンパーの適用

この問題に対しモーター自体を、振動を吸収する装置であるダイナミックダンパーとして用いることで、タイヤの接地性を改善する画期的なシステム（ブリヂストン・ダイナミックダンパータイプ・インホイールモーターシステム）が提案されている。

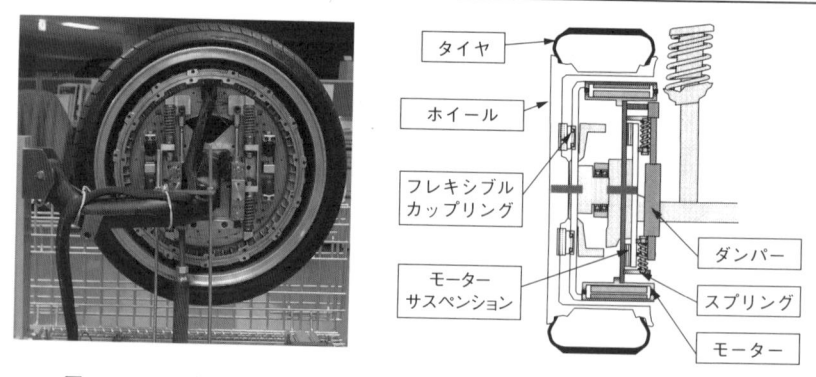

図7-5-5 ブリヂストン・ダイナミックダンパータイプ・インホイール・モーターシステム

ダイナミックダンパーとは、図7-5-6のようにダンパーマスと呼ばれる重りを、専用のサスペンションを介してばね下に装着するもので、ばね下共振時にばね下の変位に対して逆方向に減衰力を発生するようセッティングすると、ばね下の動きが抑えられタイヤに生じる荷重変動を小さくできる。更に、路面からの振動がダイナミックダンパーに分散されるので、ばね上に伝達される振動も小さくなり、乗心地も向上する。

ブリヂストン・ダイナミックダンパータイプ・インホイールモーターシス

7.5 インホイールモーター駆動システム

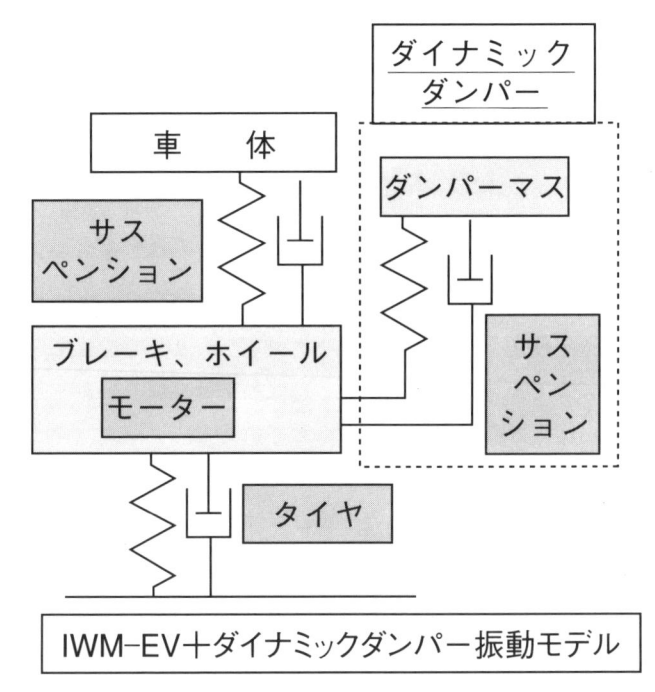

図7-5-6 ダイナミックダンパー

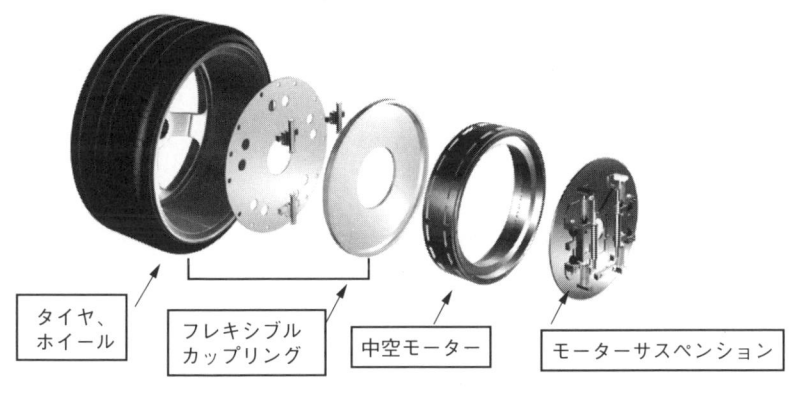

図7-5-7 モーターサスペンション及びフレキシブルカップリング

テムでは図7-5-7に示すように、中空モーターをダンパーマスとしてモーターサスペンションで支持することでモーターをばね下質量から切り離し、ばね下の振動をモーターの振動で相殺して、タイヤの接地性を向上させている。またモーターと車輪の回転軸がずれても、4箇所に配置されたクロスガイドで構成されたフレキシブルカップリングにてモーターで発生した動力がスムーズに車輪に伝えられる。

　ダイナミックダンパー方式インホイールモーターとは、従来のインホイールモーター方式のように、ばね下とモーターを一体にするのではなく、ばね下からモーターを独立させ、ダイナミックダンパーとして装着するというもので、これによってモーターの無くなったばね下は車載モーター方式と同等まで軽くなり、従来は荷重変動を大きくしていたモーターが、ダイナミックダンパーとして逆に荷重変動を抑えるように作用する。

　ダイナミックダンパーを搭載したEVの特性は、図7-5-6の3自由度モデルで計算すると、図7-5-8のように車載モーター方式の特性にダイナミックダンパー効果を加えたものとなり、ばね下共振の荷重変動をモーター車載タイプより小さくすることができる。つまり、インホイールという形式を取りながら、モーターをダイナミックダンパーとして活用することで、車載タイプ以上の接地性能を発揮できる。

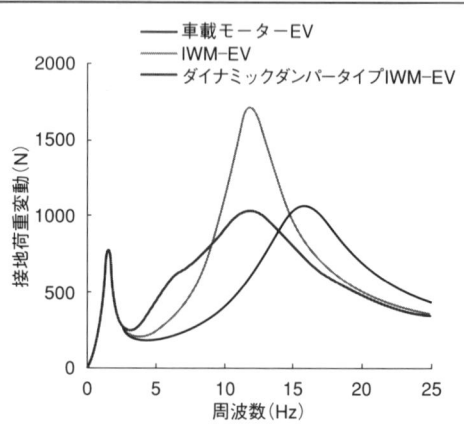

図7-5-8　接地荷重変動（計算値）

図 7-5-9 に時速 40 km/h で高さ 10 mm、幅 20 mm の突起乗り越し時のタイヤ接地荷重変動を示すが、実際の車輛でも、車載モーター方式に比べて従来のインホイールモーター方式の荷重変動は大きくなるのに対し、ダイナミックダンパー方式 EV は車載方式よりも遥かに荷重変動を小さくすることができる。

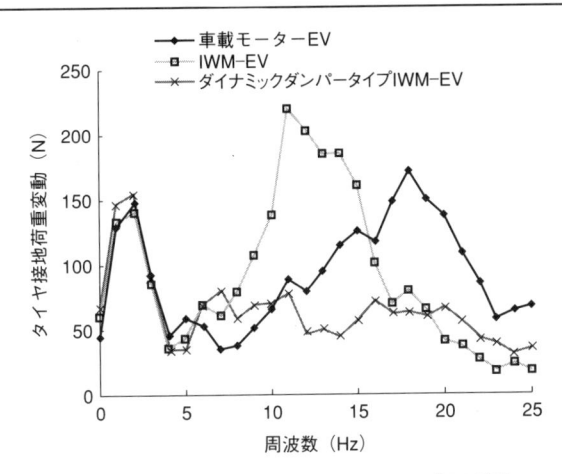

図 7-5-9 接地荷重変動の周波数特性（実測値）

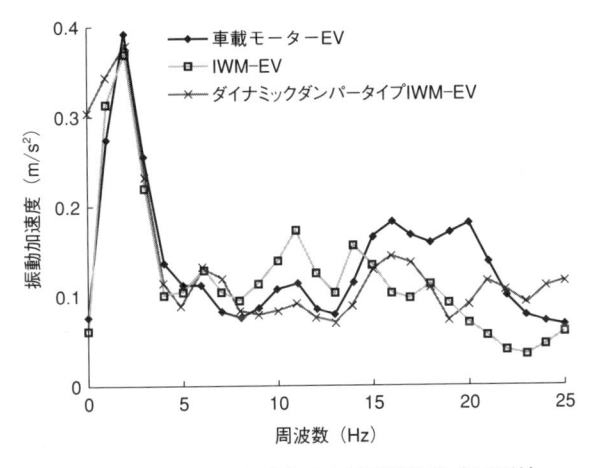

図 7-5-10 ばね上振動加速度周波数特性（実測値）

また、乗り心地性能についてばね上振動加速度でみると（図7-5-10）車載モーター方式や従来のインホイールモーター方式に比べて、10 Hz 以上の振動が低減されており、車載方式以上に乗心地が向上し、タイヤの持つ性能を阻害することなく各種性能を向上させる。

今後こうしたタイヤとホイール、あるいはサスペンションシステムとして高機能化を図ることで、タイヤの性能を更に引き出す足回りシステムが開発されるものと考えられる。

参 考 文 献

7.4

1) 渡辺徹郎：タイヤのおはなし，日本規格協会，(1994)
2) Day, R. G., Gehman, S. D.：THEORY FOR THE MERIDIAN SECTION OF INFLATED CORD TIRES, Rubber Chemistry & Technology, Vol. 36, p. 11 (1963)
3) Yamagishi, K., et al.,：Rolling Contour Optimization Theory, Tire Science and Technology, Vol. 15, p. 3 (1987)
4) Ogawa, H., et al.,：Tension Control Optimization Theory, Tire Science and Technology, Vol. 18, p. 236 (1990)
5) 中島幸雄：最適化手法を用いたタイヤの転がり抵抗低減技術開発，自動車研究，Vol. 21, No. 6, p. 305 (1999)
6) http://www.bridgestone.co.jp/news/c_031020.html，ブリヂストン・エコロジーフォーカス・タイヤデザイン・テクノロジー，(株) ブリヂストン広報資料，(2003)

7.5

1) 高橋俊道：タイヤ動特性と非平坦路走行時のコーナリング特性，1994 自動車技術会シンポジウム (9414) pp. 36-42, No. 9435261

おわりに

　これまで、タイヤに関する専門書や工学書は、先達の手により幾つかまとめ上げられてきたが、本書では「はじめに」のところでも触れたように、あらためて読者諸氏が日常的に見て使っておられる「黒くて丸いタイヤ」における「理学・工学」を基軸としてまとめ上げた。

　「理学・工学（3章、4章）」を基軸とするものの、一般読者にも、「黒くて丸いタイヤ」を広く深くご理解頂くために、その「歴史（1章）」や「概説（2章）」や「骨格を成す材料（5章）」や「設計の実際（6章）」や「現時点で考えられる将来像（7章）」という具合に、様々な読者の目線に受け入れられるように構成にも配慮した。

　一方、理学・工学を専攻された方々のみならず、広く一般読者をも意識したことから、本文の表現形態については、当用漢字・常用漢字・一般表現で統一するように努めた。

　そうした中で、理学・工学を専門分野とされる方々にとっては、英語をカタカナ表記にした場合、語尾の音引きを省略することが慣習となっているが、一般読者にも違和感なく用語をご理解頂くために、あえて一般的に語尾を音引き表記とさせて頂いた点を、先ずご容赦頂きたい。尚、規格や基準における公的な用語については、その性格上極力変えずに記載している（一部、一般化する場合には、注記も添えさせて頂いた）。理学・工学の専門家にとっては、こうした表記上のアンバランスが目につくかもしれないが、何卒ご容赦の程お願い致したい。

　また、本文中の各数式に使用されている記号については、本書全体を通じて必ずしも統一されていないケースがある。これは、各技術分野（章や節）で、過去の文献からの引用が慣習化している、あるいは特定技術分野では過去から使用記号に慣習がある、といった理由によるものであり、この点もあわせてご容赦願いたい。

　こうして、お詫びばかり連ねることになったが、執筆者一同「タイヤとその工学」について識って頂こうと努力した。そして、本書を通じて、タイヤのみならず大きく深く関連する自動車の文化・産業・技術の更なる発展に少しでも貢献できれば、「執筆者一同のこの上ない喜び」となることを記して、筆をおさめたい。

索　引

〔あ　行〕

アーティキュレートダンプトラック …… 51
アウトサイド方式 ……………………… 122
アグリゲート …………………………… 267
圧縮剛性 ………………………………… 65
圧力容器 ………………………………… 7
アニオン重合 …………………………… 256
アブレージョンパターン ……………… 200
網目理論 ……………………………… 87, 91
アミン …………………………………… 294
アライニングトルク …………………… 140
アラミド繊維 …………………………… 38
安全装置 ………………………………… 345
安全率 …………………………………… 307
アンダーステア ……………… 137, 139, 141
アンチスリップブロック ……………… 330
イソプレンポリマー …………………… 253
一次遅れ系 ……………………………… 136
1次モード ……………………………… 355
1軸拘束1軸伸張試験 ………………… 80
1軸伸張試験 …………………………… 80
一次粒子径 ……………………………… 268
一方向繊維強化材 ……………………… 60
一般産業車輌 …………………………… 55
インサート ……………………………… 287
インサイド方式 ………………………… 122
インナーライナー …………………… 10, 14
インナーライナーゴム ………………… 312
インホイールモーター ………………… 359
インホイールモーターシステム ……… 359
ウェーブドベルト …………… 72, 318, 343
ウェーブドベルト構造 ………………… 120
ウェット性 ……………………………… 328

ウェットタイヤ …………………… 31, 38
浮き上がり変形 ………………………… 225
運動性能 ………………………………… 24
エアボリューム ………………………… 53
エキストリームウェザータイヤ ……… 38
エペックス ……………………………… 11
エポキシ処理 …………………………… 293
円弧梁 …………………………………… 73
エンベロープ特性 ……………… 163, 174
応力緩和 ………………………………… 84
横力防御グループ ……………………… 210
オーバーステア ………………………… 137
オールシーズンタイヤ ………………… 20
オクルードラバー ……………… 268, 269
オゾナイド ……………………………… 280
オゾニド ………………………………… 281
帯状積層板 ……………………………… 68
折り返し部 ……………………………… 70
音響インテインシティ法 ……………… 188
音響特性 ………………………………… 192
音源探査 ………………………………… 188

〔か　行〕

カーカス ………………………………… 11
カーカス構造 …………………………… 307
カーカスコード ………………………… 353
カーカス材質 …………………………… 307
カーカスプライ ………………………… 287
カーボンファイバー ………………… 14, 38
カーボンブラック …………… 266, 312
外径 ……………………………………… 21
回転移動量 ……………………………… 227
過酸化物分解剤 ………………………… 279
荷重直下 ………………………………… 356

索　引

荷重負荷率 ················· 53
加速度応答 ················ 165
加速度測定装置 ············· 217
肩落ち摩耗 ················ 199
片振幅 ····················· 74
片減り摩耗 ················ 199
カップリングせん断歪 ········ 62
カップリングせん断変形 ······ 62
カップリング捩じれ変形 ······ 71
過渡特性 ·················· 134
金型（モールド）············ 253
可溶性硫黄 ················ 274
加硫機 ···················· 253
加硫工程 ·················· 253
加硫剤 ···················· 274
加硫促進剤 ················ 275
間接式 TPMS ··············· 351
完全固定 ··················· 66
緩和弾性率 ················· 85
緩和長 ················ 136, 158
機構解析ソフト ············· 143
気柱管共鳴音 ·········· 190, 196
基本的な剛性（基本剛性）···· 116
キャスタートレール ········· 141
キャップ ··················· 15
キャッププライ材 ··········· 287
キャンバー角 ···· 42, 146, 154, 155, 156
キャンバー角（CA）·········· 127
キャンバースラスト ·········· 42
共振周波数 ················ 172
強制摩耗 ············· 200, 201
強度 ······················· 23
強力 ······················ 297
居住性能 ··················· 24
亀裂進展 ·················· 121
亀裂進展モード ············· 122
近接音響ホログラフィ法 ····· 188
空気圧 ···················· 128
空気圧警報装置（TPMS）····· 345
空気入りタイヤ ············· 4, 7

空気入りタイヤ（Pneumatic Tire）········ 6
空気伝播（直接音）········· 160
空洞共鳴 ·················· 168
クーロン摩擦 ·············· 133
クエンチング ·············· 267
クラウン ··················· 10
クラウン R ················ 306
グラスファイバー ········ 14, 38
クリープ ··················· 83
グルーブドタイヤ ······ 33, 37, 39, 40
グルーブフェンス ··········· 197
グレーダー ················· 50
径差 ················· 199, 207
経済性能 ··················· 24
形状理論 ················ 87, 93
径成長 ····················· 59
ケース ····················· 11
ケブラコード ··············· 14
減衰係数 ·················· 153
建設車輛用 ················· 19
建設車輛用タイヤ ············ 50
牽引力 ····················· 50
コア ······················ 301
航空機用タイヤ（Air Craft Tire；AC）······ 48
高シス BR ················· 261
高シスポリブタジエン ······· 261
鋼材 ······················ 299
剛性 ······················ 298
合成ポリイソプレンゴム（IR；Isoprene Rubber）··················· 256
合成ゴム ·················· 255
更生タイヤ ················· 49
剛性バランス ·············· 307
剛性マトリックス ············ 61
構造記号 ··················· 21
高速耐久性能 ··············· 23
高速ユニフォーミティ ······· 177
剛体リング ················ 143
剛体リングモデル ······ 151, 153
高弾性ポリエステル ········· 14

高炭素鋼 299
コード 11
コードカレンダー 253
コード〜ゴム複合材料 59
コード軸方向 60
コード垂直方向 60
コード垂直方向ヤング率 60
コード張力 353
コード方向弾性率 60
コード曲げ剛性 76
コーナリング性能 25
コーナリング特性 126
コーナリングパワー（CP） 127
コーナリングフォース 35, 126, 129, 131, 132, 134, 136, 155, 156
コーナリングフォース（CF） 126
コールド E-SBR 258
小形トラック用 19
国際合成ゴム製造協会 259
固体伝播音（間接音） 159
古典積層理論 63
コニシティ 132
コニシティ残留コーナリングフォース（$CRCF$） 132
ゴム侵入型コード構造 302
ゴム練り工程 253
ゴム部材押出工程 253
固有振動数 137, 153, 165, 167
固有振動数解析 167
転がり抵抗 237, 240, 326, 353
転がり半径 244
コンパウンド 15
コンプライアンス 140
コンプライアンスステア係数 140
コンプライアンマトリックス 61
サーキット 29

〔さ 行〕

最小可聴音圧 185
最大静止摩擦係数 223
最大静止摩擦力 223
最大負荷能力値 21
裁断工程 253
最適化手法 354
最適設計技術 313
サイド部 10
サイド R 306
サイドウォール 10
サイドウォールゴム 312
サイドゴム 11, 17
サイドフォース 200
サイド補強式ランフラットタイヤ 337
サイプ 232, 236
サイレント AC ブロック 193
サブエレメント 74
サポートリング 339
産業車輌 55
産業車輌用 19
産業車輌用タイヤ 54
3 次元立体サイプ 27
サンプ 178
残留 CF 131
残留 M_2 148
残留 SAT 131
残留アライニングトルク（Residual Aligning Torque） 131
残留コーナリングフォース（Residual Cornering Force） 131
シーラントタイヤ 336
試験装置 154
シス-1, 4 256
自然平衡形状理論 353
実験式モデル 143, 145
時定数 136
自動進化設計法 314
シミュレーション 38
車外騒音（通過騒音） 160
車載モーター方式 365
車内騒音 160

索　引　*371*

修正積層理論	66, 67
充填剤	266
周方向応力	63
周方向曲率	356
周方向剛性	63
周方向張力	64
周方向歪	63
瞬間補修剤	336
純せん断	66
乗用車用	19
乗用車用タイヤ	23
ショベルロメーダー	50
シランカップリング剤	272
シリカ	270, 312
自励摩耗	200, 202
白サイドウォール	263
新交通用タイヤ	57
振動伝達特性	172
振動特性	192
振動モード	165
振幅変化	75
スタッダブルタイヤ	27
スタッドレス	46
スタッドレスタイヤ	27, 234
スタビリティファクター	137, 139, 140, 141, 142
スタンディングウェーブ	309
スチールコード	11, 14
スチールベルト	38
スチールワイヤー	11
スチレン含量	258
スチレンモノマー	258
スティフナー	11
ステッチング	70
ストラクチャー	268
ストラドルキャリアー	55
スノー	46
スパイク	26
スパイク粉塵	9
スパイラル	301

すべり域	125
すべり摩擦	223
スリック	46
スリックタイヤ	30, 33, 39, 41
スリップ角	127, 131, 134, 135, 154, 155, 157, 158
スリップ角 (SA)	126
スリップ率	149, 157, 158
成型機	253
静的ばね特性（静ばね特性）	116
静的負荷半径	21
制動	132
性能基準	23
静ばね定数	163
雪上性能	311
接地圧均一最適クラウン形状	211
接地圧分布	315
接地摩擦振動音	195
接着	292
接着耐久性	297
セメンタイト	299
せり出し	290
セルフアライニングトルク	131, 147, 151, 155
セルフアライニングトルク (SAT)	126
繊維強化複合材料	59
繊維の疲労	294
旋回半径	137
線形粘弾性体	244
前後ばね	358
センター摩耗	199
せん断剛性	60, 128
せん断抵抗	76
層間ゴム	62
層間せん断歪	67
走行成長	60
総ゴムタイヤ（ソリッドタイヤ）	19
操縦安定性	50
操縦性試験装置	154
操蛇周波数応答特性	137

総張力 ………………………………… 357
層撚り ………………………………… 301
測地線 ………………………………… 102
測定音圧 ……………………………… 185
速度記号 …………………………… 20, 21
ソリッドタイヤ …………………… 7, 56
損失正接 ……………………………… 86
損失弾性率 …………………………… 86

〔た 行〕

耐オゾンクラック …………………… 17
耐カット性 ………………………… 17, 50
耐久性能 ……………………………… 23
体積分率 ……………………………… 60
ダイナミックダンパー …………… 362
耐熱性 ………………………………… 50
耐摩耗試験 ……………………… 214, 215
耐摩耗性 ……………………………… 50
タイヤ外径 …………………………… 305
タイヤ空気圧低下 ………………… 345
タイヤコード ………………………… 288
タイヤ振動特性 ………… 165, 182, 197
タイヤ騒音 …………………………… 185
タイヤ道路騒音 ……………… 185, 186
タイヤノイズ ………………………… 160
タイヤの規格 ………………………… 20
タイヤの基準 ………………………… 22
タイヤのコーナリングフォース ……… 132
タイヤの種類 ………………………… 19
タイヤの呼び ………………………… 20
タイヤ放射音 ………………………… 185
タイヤモデル ………………………… 143
タイヤローラー ……………………… 50
ダウンフォース ……………………… 35
耐オゾンクラック性 ……………… 312
箍（たが） …………………………… 93
多角形摩耗 …………………………… 200
箍効果（たがこうか） ………………… 11
惰行式 …………………………… 240, 241

縦ばね ………………………… 118, 358
単位面積当りの馬力負荷比較 ……… 43
単純引張条件 ………………………… 64
弾性リング …………………………… 101
弾性リングモデル ……… 102, 153, 167
単層板 ………………………………… 63
ダンプトラック ……………………… 50
断面2次モーメント ………………… 74
断面幅 …………………………… 21, 305
単撚り ………………………………… 301
逐次増分 ……………………………… 75
チューブタイプ …………………… 10, 11
チューブレス ……………………… 10, 11
チューブレスタイヤ …………… 23, 312
超弾性体 ……………………………… 77
超偏平シングルタイヤ ……… 341, 342
張力 …………………………………… 320
張力剛性 …………………………… 357
直接式 TPMS ……………………… 351
貯蔵弾性率 …………………………… 86
直交異方性材 ………………………… 61
定常円旋回 …………………… 137, 140
低シスポリブタジエン …………… 262
低速ユニフォーミティ …………… 177
低内圧高速性能 ……………………… 23
泥濘地走破性 ………………………… 50
低燃費 ………………………………… 9
デュアルフィラー …………………… 14
電気自動車 ………………………… 359
天然ゴム …………………………… 253
等価 CP ……………………………… 141
動水圧 ………………………………… 230
動的粘弾性 …………………………… 85
動的ばね特性 ……………………… 161
動ばね定数 ………………………… 161
投錨効果（アンカー効果） ……… 293
踏面観察機 ………………………… 219
トーイングトラクター ……………… 55
ドーム型3次元ブロック形状 …… 210
特異角 ………………………………… 62

突起乗り越し …………………… 163
突起乗り越し特性 ……………… 174
トライアル ……………………… 44
ドライビングフォース ………… 200
トラクター ……………………… 3
トラック・バス用タイヤ ……… 45
トラック及びバス用 …………… 19
ドラム操縦性試験機 …………… 155
トルク式 ………………………… 240
トレッド ………………………… 10
トレッド剛性 …………………… 129
トレッドゴム ……… 11, 15, 312, 317
トレッドコンパウンド ………… 39
トレッドパターン …………… 132, 317
トレッド幅 …………………… 129, 306
トレッド法 ……………………… 351
トレッドリング ………………… 355

〔な 行〕

ナイロン ………………………… 292
ナイロン補強層 ………………… 25
中子 ……………………………… 337
中子式ランフラットタイヤ …… 339
夏用タイヤ ……………………… 19
2次モード ……………………… 355
2軸伸張試験 …………………… 80
2層対称積層板 ………………… 63
日本のタイヤ規格 ……………… 19
乳化重合 SBR（Emulsion SBR；E-SBR）
　……………………………… 257
ニュートラルステア …………… 137
ニューマチック型クッションタイヤ … 56
ニューマチックトレール … 126, 141, 149
二輪自動車用 …………………… 19
二輪自動車用タイヤ …………… 42
2輪モデル ……………………… 139
任意積層板 ……………………… 71
練りステージ数 ………………… 273
粘着域 …………………………… 205

粘着摩擦 ………………………… 223
燃費 ……………………………… 9
燃費性 …………………………… 326
農業機械用タイヤ ……………… 56
農業車輌用 ……………………… 19

〔は 行〕

ハーシュネス ……………… 174, 178
パーライト組織 ………………… 299
バイアス ………………………… 12
バイアスタイヤ ………………… 19
バイアスベルテッドタイヤ …… 19
配合設計 ………………………… 39
ハイドロプレーニング
　…………… 38, 49, 229, 230, 231, 311
ハイドロプレーニング性 ……… 25
波状ベルト ……………………… 72
パターン …………………… 10, 38
パターン加振音 ………………… 191
パターン主溝共鳴音 …………… 190
パターン設計 …………………… 310
パターンノイズ ………………… 310
波長 ……………………………… 73
バッチ重合 ……………………… 260
発泡ゴム ………………………… 28
発泡ゴム（マルチセルコンパウンド）… 329
ばね下共振 ……………………… 161
ばね下重量 ……………………… 161
ばね特性 …………………… 101, 116
幅方向拘束 ……………………… 65
幅方向収縮 ……………………… 65
パレットキャリアー …………… 55
パワー式 ………………………… 240
反荷重直下 ……………………… 356
半径方向剛性（Kr） …………… 103
反相定理 ………………………… 60
パンタグラフ変形 ……………… 87
非圧縮性 ………………………… 77
ビード …………………………… 10

ビードアンシーティングテスト ……… 23
ビート音 ……………………………… 178
ビード構造 …………………………… 318
ビードフィラー …………………… 11, 14
ビード部構造 ………………………… 309
ビードワイヤー製造工程 …………… 253
ヒール&トー（H&T） ………… 199, 311
ヒステリシスロス ……………… 238, 357
歪エネルギー関数 W ………………… 77
歪エネルギーロス ……………… 240, 357
ピッチノイズ ………………………… 191
ピッチバリエーション ……………… 192
引張剛性 ……………………………… 59
ビニルピリジン ……………………… 293
表示要件 ……………………………… 22
氷雪上性 ……………………………… 329
疲労性 ………………………………… 297
ファーネスブラック ………………… 266
フーリエ級数 ………………………… 158
フェライト …………………………… 299
フォークリフトトラック …………… 55
フォース式 …………………………… 240
フォースバリエーション …………… 176
フォールドベルト構造 ……………… 70
負荷能力 ……………………………… 21
複合則 ………………………………… 59
複撚り ………………………………… 301
腐食疲労性 …………………………… 297
不織布 ………………………………… 347
不伸長仮定 …………………………… 356
ブタジエンゴム（Butadiene Rubber；BR）
　……………………………………… 261
ブタジエンモノマー ………………… 258
ブチルゴム（Isobutylene Isoprene Rubber；IIR） …………………………… 263
普通硫黄 ……………………………… 274
物理モデル …………………………… 143, 151
冬用タイヤ …………………………… 20
不溶性硫黄 …………………………… 274
プライ ……………………………… 11, 14

プライコード ………………………… 11
プライステア ………………………… 132
プライステア残留コーナリングフォース
　（PRCF） ………………………… 132
プライステア力 ……………………… 63
ブラスメッキ ………………………… 300
ブラッシュモデル ……………… 114, 223
フラットスポット …………………… 289
フラットベルト ……………………… 154
フラットベルト試験機 ………… 156, 157
フラットベルト操縦性試験機 ……… 155
プランジャーテスト ………………… 23
ブリヂストン・エコロジーフォーカス・タイヤデザイン・テクノロジー ……… 358
ブリヂストン・ダイナミックダンパータイプ・インホイールモーターシステム
　……………………………………… 362
フリッパー材 ………………………… 287
フルフォールド化 …………………… 70
ブレーキングフォース ……………… 200
フローテーション性能 ……………… 56
プローブマイクロホン ……………… 196
並進移動量 …………………………… 227
平衡形状 ………………… 87, 91, 92, 93
ヘベアブラジリアン ………………… 253
ベルト ……………………………… 11, 14
ベルト角度 …………………………… 132
ベルト構造 …………………… 24, 309, 318
ベルトコード径 ……………………… 64
ベルト材質 …………………………… 308
変位関数 ……………………………… 71
偏心剛性 ……………………………… 116
偏心変形 ……………………………… 354
偏平比 …………………………… 13, 21, 128
偏摩耗吸収リブ ……………………… 209
偏摩耗試験 …………………………… 214
偏摩耗性 ………………………… 311, 324
偏摩耗性形態 ………………………… 324
ポアソン比 ……………………… 60, 77
ホイールクレーン …………………… 50

ホイール分力計 …………………… 216	面内せん断剛性 …………………… 59
放射線接地圧モデル ……………… 204	面内せん断変形 …………………… 67
ホーン効果 ………………… 192, 197	面内捩り剛性 ……………………… 116
母材 ………………………………… 59	面内曲げ変形 ……………………… 298
ホット E-SBR ……………………… 258	モータースポーツ ………………… 29
ボディ ……………………………… 11	モトクロス ………………………… 44
ボディプライ材 …………………… 287	モトクロスレース用タイヤ ……… 45
ポリイソプレン …………………… 262	
ポリエステル ……………………… 292	〔や 行〕
ポリエステルコード ……………… 14	
ポリエチレン ……………………… 262	ヤング率 …………………………… 77
ポリプロピレン …………………… 262	ヤング率変化 ……………………… 75
ポリマー …………………………… 253	有機繊維 ……………………… 11, 14, 287
ポリマー末端変性 ………………… 259	有限変形弾性論 …………………… 75
ホルムアルデヒド ………………… 293	有限要素 (FEM) …………………… 242
ホワイトノイズ …………………… 165	有限要素法 ………… 87, 93, 231, 236
	ユニフォーミティ ………………… 176
〔ま 行〕	溶液重合 SBR (Solution SBR；S-SBR)
	……………………………………… 259
巻き込み変形 ……………………… 226	ヨーイング ………………………… 139
膜力 ………………………………… 68	ヨーイング慣性モーメント ……… 139
膜理論 ……………………………… 87	ヨーイング固有振動数 … 137, 140, 142
マクロヒステリシス摩擦力 ……… 228	ヨーレイト ………………………… 137
摩擦円 ……………………………… 133	横剛性 ………………… 107, 116, 129
摩擦係数 ………… 128, 129, 133, 153, 158	横剛性 (Ks) ………………………… 107
摩擦楕円 …………………………… 133	撚り構造 …………………………… 301
摩耗エネルギー ………… 202, 204, 219	
摩耗形状測定装置 ………………… 219	〔ら 行〕
摩耗ドラム ………………………… 214	
ミクロヒステリシス摩擦力 ……… 227	ラグ ………………………………… 46
溝面積比率 ………………………… 310	ラグ溝の最適位相ずらし ………… 310
溝面積比率 (ネガティブ比率) …… 27, 232	ラジアル …………………………… 12
ミックス …………………………… 46	ラジアルタイヤ …………………… 19
ミラーバーン ……………………… 234	ラジカル重合開始剤 ……………… 257
メッキ ……………………………… 300	ラジカル連鎖禁止剤 ……………… 278
メルカプト化合物 ………………… 257	ラッピングワイヤー ……………… 301
綿 …………………………………… 292	ラテックス ………………………… 254
面外捩り剛性 ……………………… 116	ラフネス …………………………… 178
面内回転剛性 ……………………… 110	ランダム信号 ……………………… 165
面内回転剛性 (Kt) ………………… 110	ランフラットタイヤ ……………… 335

離散的配列	70
リチウム触媒	256
リバーウエア	200
リブ	46
リブラグ	46
リム	10
リム径	21
リム外れ	23
リム外れ抵抗	23
粒子径	268
両振幅	73
両減り摩耗	199
良路／悪路兼用タイヤ	43
レイヨンコード	14
レーシングタイヤ	30
レース	29
レース用タイヤ	29
レーヨン	292
レゾルシン	293
レドックス系	257
連続重合	260
老化防止剤	277
ロードノイズ	180
ロードレース	44
ロードレース用タイヤ	45
ロール	139, 140, 141
ロス発生率	354

〔わ 行〕

ワインドビード	343
ワインドビード構造	121
ワンダリング性	331

〔ギリシャ・欧文〕

μ	35
AIRCEPT	345
ASTM	269
BR	255
CDTire	153
CF	35, 127, 137, 139
Combined Slip	149
CP	128, 136, 139, 142
Curvature Factor	146
ECE	22
ECE No. 30	22
ECE No. 54	22
ECE No. 75	22
ETRTO	20
EV	359
FEM	143, 231
FFT（Fast Fourier Transform）アナライザー	158
F 1	29, 34
FMVSS	22
FMVSS 109 及び 139	22
FMVSS 119	22
FRM	59
FRR	59
FTire	152
GREATEC	73, 342
GUTT	94, 95, 314
GUTT（Grand Unified Tire Technology）	321
HIL	144
Horizontal Shift	146
ID タグ	350
IT タイヤ（Intelligent Tire）	348
JATMA	20
JATMA YEAR BOOK	19
JIS	22
LFV	176
LI 値（ロードインデックス）	21
Magic Formula	145, 151
Maxell モデル	82
Maxwell–Betti	60
Mooney–Rivlin モデル	78
neo–Hookean モデル	78
Ogden モデル	78

Pacejka ················· 145, 151	SS カーブ ················· 288
PAX システム ················· 339	STD ················· 177
Peak Facter ················· 146	Stiffness Factor ················· 146
PEN ················· 293	STV ················· 177
PEN（ポリエチレンナフタレート）········ 26	SWIFT ················· 151
Pure Slip ················· 145, 149	tan δ ················· 86, 239
RCOT ················· 94, 313	TCOT ················· 94, 120, 313
RCOT 理論 ················· 353	TCOT（Tension Control Optimization
RFID ················· 349	Theory）················· 319
RFID（Radio Frequency Identification）	TCOT 理論 ················· 353
················· 350	TFV ················· 177
RFL 処理 ················· 293	Tg（ガラス転移点）················· 262
RFV ················· 176	TPMS ················· 349
RMOD-K ················· 153	TPMS（Tire Pressure Monitoring Sensor：
RSS ················· 255	内圧警報装置）················· 350
SA ················· 135, 137, 145, 149	TRA ················· 20
SAT ················· 127, 141	TSR ················· 255
SBR ················· 255	T タイプスペアー専用タイヤ ················· 28
SBR（Styrene Butadiene Rubber）········ 257	Vertical Shift ················· 146
Shape Factor ················· 146	Voigt モデル ················· 82
SSR ················· 346	

執筆者紹介

中川　雅夫（なかがわまさお）はじめに、1章、おわりに
　1954年生まれ。
　1977年㈱ブリヂストンに入社。レース用（四輪・二輪）、ライトトラック用、乗用車用、農業機械用、建設車輌用、ATV用に到る各タイヤの設計・開発に携わる。
　現在、開発企画・管理部にて技術センターにおける企画・管理に従事。

田中　秀夫（たなかひでお）2.1節
　1948年生まれ。
　1971年㈱ブリヂストンに入社。タイヤの試験・評価を経て、自動車メーカー向けタイヤの技術サービス業務に携わる。
　現在、タイヤ開発第3本部タイヤ規格・法規・認証室にてタイヤ規格及びISO等のJATMA関連業務に従事。

坂巻　雄二（さかまきゆうじ）2.2節、6.1節
　1952年生まれ。
　1975年㈱ブリヂストンに入社。レース用タイヤ、ライトトラック用タイヤ、乗用車用タイヤの設計・開発に携わる。
　現在、ブラジルの南米技術センターにて南米市場向け乗用車タイヤ及びトラック・バス用タイヤの設計・開発に従事。

浜島　裕英（はましまひろひで）2.3節
　1952年生まれ。
　1977年㈱ブリヂストンに入社。乗用車用低燃費タイヤの研究及び乗用車用タイヤの設計を経て、1981年からレース用タイヤ（四輪）の設計・開発に携わる。
　現在、MS・MCタイヤ開発本部にてF1及びレース用タイヤ全般、並びにMC（モーターサイクル）用タイヤ全般の設計・開発に従事。

戸村　敦次（とむら　あつし）2.4節
　1954年生まれ。
　1978年㈱ブリヂストンに入社。ライトトラック用タイヤの設計・開発を経て、1981年からMC（モーターサイクル）用タイヤの設計・開発に携わる。
　現在、MCタイヤ開発部にてスクーター用からMotoGP用タイヤに到る設計・開発に従事。

久木元　隆（くきもとたかし）2.5節、2.8節、6.2節
　1959年生まれ。
　1983年㈱ブリヂストンに入社。トラック・バス用タイヤの摩耗・偏摩耗の研究、トラック・バス用ラジアルタイヤの設計、建設車輌用タイヤの開発に携わる。
　現在、APタイヤ開発部にて航空機用タイヤの設計・開発、並びに製造技術開発に従事。

高浪　猛（たかなみたけし）2.6 節
　1964 年生まれ。
　1987 年㈱ブリヂストンに入社。航空機用タイヤの設計・開発、並びに製造技術開発に携わる。
　現在、TB／CV タイヤ開発第 2 部にてトラック・バス用ラジアルタイヤの設計・開発に従事。

小林　靖彦（こばやしやすひこ）2.7 節
　1960 年生まれ
　1986 年㈱ブリヂストンに入社。超大型建設車輌用ラジアルタイヤの耐久性向上研究、並びに設計・開発に携わる。
　現在、OR タイヤ開発部にて主に超大型建設車両用タイヤの設計・開発に従事。

遠竹　靖夫（とおたけやすお）2.8 節
　1962 年生まれ。
　1986 年㈱ブリヂストンに入社。トラック・バス用タイヤの試験・評価法開発を経て、ID タイヤの設計・開発に携わる。
　現在、TB／CV タイヤ開発第 2 部にて ID タイヤの設計・開発に従事。

江面　栄（えづらさかえ）2.8 節
　1950 年生まれ。
　1973 年㈱ブリヂストンに入社。乗用車用タイヤの設計・開発、次いで試験・評価法開発を経て、AG タイヤの設計・開発に携わる。
　現在、TB／CV タイヤ開発第 2 部にて AG タイヤの設計・開発に従事。

河野　好秀（こうのよしひで）3.1 節、7.4 節
　1960 年生まれ。
　1985 年㈱ブリヂストンに入社。ラジアルタイヤのビード構造・ベルト構造及び複合材料の研究・開発に携わる。
　現在、タイヤ先行技術開発部にて低転がり抵抗タイヤの研究・開発に従事。

大沢　靖雄（おおさわやすお）3.2 節、3.3 節、4.1 節
　1963 年生まれ。
　1988 年㈱ブリヂストンに入社。タイヤの耐久性能向上、数値解析を利用した性能向上に関する技術開発に携わる。
　現在、タイヤ研究部にて数値解析を利用したタイヤの性能向上技術開発に従事。

宮園　俊哉（みやぞのとしや）4.2 節
　1964 年生まれ。
　1989 年㈱ブリヂストンに入社。タイヤの耐久性に関する基礎研究、トラック・バス用タイヤの研究・開発に携わる。
　現在、タイヤ研究部にてタイヤの耐久性に関する基礎研究に従事。

田中　顕一（たなかけんいち）4.2 節、4.8 節
1955 年生まれ
1978 年㈱ブリヂストンに入社。繊維材料の開発、MC タイヤの開発、レースタイヤの操縦安定性の研究、室内雪氷性能・摩耗・耐久評価法の開発に携わる。
現在、タイヤ実験部にて試験計画・試験機の開発に従事。

築地原　政文（つきじはらまさふみ）4.3 節
1949 年生まれ
1978 年㈱ブリヂストンに入社。乗用車用、トラック用、レース用タイヤの評価法開発に携わる。
現在、タイヤ研究部にて車輌-タイヤ系での操縦安定性研究に従事。

小西　哲（こにしさとし）4.3 節
1953 年生まれ。
1978 年㈱ブリヂストンに入社。タイヤの制動特性や車外騒音の実車及び室内評価法開発に携わる。
現在、タイヤ実験部にて運動性能／NVH 関連の室内評価法やタイヤモデルの開発に従事。

佐口　隆成（さぐちたかなり）4.4 節、4.5 節
1964 年生まれ。
1989 年㈱ブリヂストンに入社。一貫して、タイヤ振動・騒音の改良技術開発に携わる。
現在、タイヤ研究部にてタイヤ振動・騒音に関する基盤技術研究・開発に従事。

冨田　新（とみたあらた）4.6 節、4.7 節
1965 年生まれ。
1991 年㈱ブリヂストンに入社。乗用車用タイヤ及びトラック・バス用タイヤの偏摩耗改良技術開発に携わる。
現在、タイヤ研究部にてタイヤの摩耗・摩擦性能の研究及び基盤～要素技術開発に従事。

亀川　龍彦（かめがわたつひこ）4.6 節
1956 年生まれ。
1982 年㈱ブリヂストンに入社。乗用車用タイヤの設計、CAE 技術開発及びタイヤ耐久性能の研究に携わる。
現在、タイヤ実験部にて室内評価法全般の開発に従事。

平郡　久司（へぐりひさし）4.7 節、4.8 節
1960 年生まれ。
1985 年㈱ブリヂストンに入社。タイヤ向け有限要素法（FEM）プログラムの研究・開発に携わる。
現在、タイヤ研究部にてタイヤ用 CAE の企画・開発に従事。

荒木　俊二（あらきしゅんじ）5.1 節
1959 年生まれ。
1985 年㈱ブリヂストンに入社。ポリマー開発を経て 1993 年より充填剤開発に携わり、2000 年からの海外での研究を経て乗用車用タイヤのゴム材料の配合設計・開発に携わる。
現在、アメリカオハイオ州にあるブリヂストン・アメリカズ・センター・フォー・リサーチ・アンド・テクノロジーに派遣。

山本　雅彦（やまもとまさひこ）5.2 節
1961 年生まれ。
1988 年㈱ブリヂストンに入社。タイヤ補強用有機繊維及びビードワイヤーの研究・開発に携わる。
現在、補強材開発部にてタイヤ補強用有機繊維の開発に従事。

中川　澄人（なかがわすみと）5.3 節
1960 年生まれ。
1985 年㈱ブリヂストンに入社。乗用車・MC タイヤ用のスチールコード開発、トラック・バスタイヤ用のゴム材料設計に携わる。
現在、スチールコード開発部にてタイヤ用スチールコードの設計・開発に従事。

市川　良彦（いちかわよしひこ）7.1 節、7.3 節
1959 年生まれ。
1985 年㈱ブリヂストンに入社。レース用タイヤの設計、自動車メーカー向けタイヤの開発に携わる。
現在、タイヤ開発第 3 本部にて自動車メーカー向けタイヤ全般の設計・開発に従事。

山根　英一郎（やまね　えいいちろう）7.2 節
1962 年生まれ。
1988 年㈱ブリヂストンに入社。トラック・バス用ラジアルタイヤの研究・開発に携わる。
現在、アメリカオハイオ州にあるアクロン技術センターに派遣。

門田　邦信（かどたくにのぶ）7.5 節
1955 年生まれ。
1980 年㈱ブリヂストンに入社。トラック・バス用タイヤの構造研究、航空機用ラジアルタイヤの開発、タイヤの耐久性研究に携わる。
現在、タイヤ先行技術開発部にて将来タイヤの新技術開発に従事。

自動車用タイヤの基礎と実際

2008年4月10日　第1版1刷発行　　ISBN 978-4-501-41710-9 C3053
2022年10月20日　第1版8刷発行

編　者　株式会社　ブリヂストン
　　　　Ⓒ Bridgestone Corporation 2008

発行所　学校法人 東京電機大学　〒120-8551　東京都足立区千住旭町5番
　　　　東京電機大学出版局　　Tel. 03-5284-5386（営業）03-5284-5385（編集）
　　　　　　　　　　　　　　　Fax. 03-5284-5387　振替口座 00160-5-71715
　　　　　　　　　　　　　　　https://www.tdupress.jp/

JCOPY ＜(社)出版者著作権管理機構 委託出版物＞
本書の全部または一部を無断で複写複製（コピーおよび電子化を含む）することは，著作権法上での例外を除いて禁じられています。本書からの複製を希望される場合は，そのつど事前に，(社)出版者著作権管理機構の許諾を得てください。
また，本書を代行業者等の第三者に依頼してスキャンやデジタル化をすることはたとえ個人や家庭内での利用であっても，いっさい認められておりません。
［連絡先］Tel. 03-5244-5088，Fax. 03-5244-5089，E-mail：info@jcopy.or.jp

印刷・製本：新日本印刷（株）　　装丁：鎌田正志
落丁・乱丁本はお取り替えいたします。　　　　　Printed in Japan

東京電機大学出版局出版物のご案内

自動車工学

樋口健治 監修・自動車工学編集委員会 編
A5判　198頁

エンジン／トランスミッション／車体・タイヤ／サスペンション・ステアリング／運動性能／操縦性・安定性／自動車の人間工学／オートバイ

自動車エンジン工学

村山正・常本秀幸 著　A5判　238頁

歴史／サイクル計算・出力／燃料・燃焼／火花点火機関／ディーゼル機関／大気汚染／シリンダー内のガス交換／冷却／潤滑／内燃機関の機械力学

自動車の運動と制御
　　　　　　　　車両運動力学の理論形成応用

安部正人 著　A5判　276頁

車両の運動とその制御／タイヤの力学／外乱・操舵系・車体のロールと車両の運動／駆動や制動を伴う車両の運動／運動のアクティブ制御

自動車の走行性能と試験法

茄子川捷久・宮下義孝・汐川満則 著　A5判　276頁

概論／自動車の性能／性能試験法／法規一般／自動車走行性能に関する用語解説

自動車用タイヤの基礎と実際

株式会社ブリヂストン 編　A5判　410頁

タイヤの概要／タイヤの種類と特徴／タイヤ力学の基礎／タイヤの特性／タイヤの構成材料／タイヤの設計／タイヤの現状と将来

エレクトリック　エンジン・カー
　　　　　　　　　新しい自動車時代のはじまり

藤中正治 著　B5判　180頁

自動車工学の新しい動向／石油代替自動車技術／手づくりソーラー電気自動車，日本一周から世界一周へ／残された課題

マルチボディダイナミクスの基礎
　　　　　　　3次元運動方程式の立て方

田島洋 著　A5判　424頁

マルチボディダイナミクスとは／数学の準備／運動力学に関わる物理量の表現方法と運動学の基本的関係／動力学の基本事項／運動方程式の立て方

免震構造と積層ゴムの基礎理論

ジェームズ・M・ケリー 著　藤田隆史 監訳　A5判　246頁

耐震設計のための免震／振動絶縁／免震／建物への理論の拡張／免震建物の水平応用とねじれ応答の練成／積層ゴムの圧縮と曲げ／積層ゴム支承の座屈／積層ゴム支承の設計法

MATLABによる
制御系設計

野波健蔵 編著　A5判　330頁

安定化をめざす制御系設計／評価関数の最適化をめざす制御系設計／外乱抑制をめざす制御系設計／$H\infty$制御によるロバスト制御系設計／μ設計法によるロバスト制御系設計／スライディングモード制御によるロバスト制御系設計

MATLABによる
制御理論の基礎

野波健蔵 編著　A5判　234頁

ラプラス変換と伝達関数／状態空間と伝達関数／ブロック線図とブロック線図の簡単化／システムの応答／周波数応答／システムの安定性／線形システムの構造と性質／状態フィードバック制御とオブザーバ／サーボ系

＊ 定価，図書目録のお問い合わせ・ご要望は出版局までお願いいたします。
　　　URL　http://www.tdupress.jp/

基礎機械工学図書

わかりやすい機械教室
機械力学 考え方・解き方 演習付

小山十郎 著　A5判　214頁　2色刷

好評の「機械の力学考え方解き方I 機械力学編」を全面的に見直し，SI単位系に切り換えると共に書名を「機械力学考え方解き方」とした。講習会のテキストとしても自習書としても活用できる。

わかりやすい機械教室
材料力学 考え方・解き方 演習付

萩原國雄 著　A5判　278頁　2色刷

前書「機械の力学考え方解き方II 材料力学編」を全面的に見直し，SI単位系に切り換えると共に書名を「材料力学考え方解き方」とした。

わかりやすい機械教室
改訂 流体の基礎と応用

森田泰司 著　A5判　214頁

流体についてやさしく理解できるように，難解な数式の展開をさけ，多くの図表により解説。例題と詳しい解答により理解が深められる。

わかりやすい機械教室
熱力学 考え方・解き方

小林恒和 著　A5判　242頁

例題を多く取り入れ，各例題にそれぞれ「考え方」，「解き方」を詳しく解説し，実力が身に付くよう配慮した。

わかりやすい機械教室
空気圧の基礎と応用

高橋徹 著　A5判　210頁

流体の基礎事項から卓上空気圧プレスの設計例までを例題や練習問題を用いて空気圧の基礎と応用を解説。

わかりやすい機械教室
油圧の基礎と応用

高橋徹 著　A5判　226頁

多くの図や表により，油圧の基礎事項から応用まで学生や初級技術者に容易に理解できるようやさしく解説した。

機械計算法シリーズ
機械の力学計算法

橋本広明 著　A5判　120頁

基礎的な公式や数式をできるだけわかりやすく解説してあり，各章とも例題と解答を豊富に取り入れ，これを基に練習問題を解き実力をつける。

機械計算法シリーズ
流体の力学計算法

森田泰司 著　A5判　176頁

水力学を中心にして，空気や油などの流体に関する基礎的な事項を計算問題を通じて修得できるようにやさしく解説。

機械計算法シリーズ
熱力学の計算法

松村篤躬/越後雅夫 共著　A5判　200頁

熱力学の基礎的な公式や数式をわかりやすく説明。改訂にあたって内容を見直すとともに，より理解しやすく編集した。

機械計算法シリーズ
熱・流体・空調の計算法

越後雅夫 著　A5判　232頁

熱・流体・空調の基礎について，公式や数式をわかりやすく説明。例題や応用問題についても，詳しく解説した。

＊定価，図書目録のお問い合わせ・ご要望は出版局までお願いいたします。
URL http://www.tdupress.jp/

理工学講座

基礎 **電気・電子工学** 第2版
宮入・磯部・前田 監修　A5判　306頁

改訂 **交流回路**
宇野辛一・磯部直吉 共著　A5判　318頁

電磁気学
東京電機大学 編　A5判　266頁

高周波電磁気学
三輪進 著　A5判　228頁

電気電子材料
松葉博則 著　A5判　218頁

パワーエレクトロニクスの基礎
岸敬二 著　A5判　290頁

照明工学講義
関重広 著　A5判　210頁

電子計測
小滝國雄・島田和信 共著　A5判　160頁

改訂 **制御工学 上**
深海登世司・藤巻忠雄 監修　A5判　246頁

制御工学 下
深海登世司・藤巻忠雄 監修　A5判　156頁

気体放電の基礎
武田進 著　A5判　202頁

電子物性工学
今村舜仁 著　A5判　286頁

半導体工学
深海登世司 監修　A5判　354頁

電子回路通論 上／下
中村欽雄 著　A5判　226／272頁

画像通信工学
村上伸一 著　A5判　210頁

画像処理工学
村上伸一 著　A5判　178頁

電気通信概論 第3版
荒谷孝夫 著　A5判　226頁

通信ネットワーク
荒谷孝夫 著　A5判　234頁

アンテナおよび電波伝搬
三輪進・加来信之 共著　A5判　176頁

伝送回路
菊池憲太郎 著　A5判　234頁

光ファイバ通信概論
榛葉實 著　A5判　130頁

無線機器システム
小滝國雄・萩野芳造 共著　A5判　362頁

電波の基礎と応用
三輪進 著　A5判　178頁

生体システム工学入門
橋本成広 著　A5判　140頁

機械製作法要論
臼井英治・松村隆 共著　A5判　274頁

加工の力学入門
臼井英治・白樫高洋 共著　A5判　266頁

材料力学
山本善之 編著　A5判　200頁

改訂 **物理学**
青野朋義 監修　A5判　348頁

改訂 **量子物理学入門**
青野・尾林・木下 共著　A5判　318頁

量子力学概論
篠原正三 著　A5判　144頁

量子力学演習
桂重俊・井上真 共著　A5判　278頁

統計力学演習
桂重俊・井上真 共著　A5判　302頁

＊定価，図書目録のお問い合わせ・ご要望は出版局までお願いいたします。
URL　http://www.tdupress.jp/

SR-100